考虑间隙效应的空间并联机构动力学

陈修龙　贾永皓　崔梦强　著

科学出版社

北　京

内 容 简 介

本书是一部系统论述考虑运动副间隙效应的空间并联机构动力学理论的专著，主要内容包括：含干摩擦间隙的空间并联机构动力学建模与分析；含润滑间隙的空间并联机构动力学建模与分析；含非规则磨损间隙的空间并联机构动力学建模与分析；考虑运动副间隙的空间并联机构动力学优化设计；含间隙的空间并联机构动力学响应试验研究。

本书适合从事机械工程和动力学研究与应用的科技工作者及工程技术人员阅读使用，也适合机械工程和工程力学等相关专业的高校教师、研究生等阅读参考。

图书在版编目（CIP）数据

考虑间隙效应的空间并联机构动力学 / 陈修龙，贾永皓，崔梦强著. -- 北京 : 科学出版社，2025. 6. -- ISBN 978-7-03-082450-9

Ⅰ. TH113

中国国家版本馆 CIP 数据核字第 2025AD0465 号

责任编辑：陈　婕 / 责任校对：任苗苗
责任印制：肖　兴 / 封面设计：陈　敬

科学出版社 出版
北京东黄城根北街 16 号
邮政编码：100717
http://www.sciencep.com

涿州市般润文化传播有限公司印刷
科学出版社发行　各地新华书店经销
*
2025 年 6 月第　一　版　开本：720×1000　1/16
2025 年 6 月第一次印刷　印张：15 1/2
字数：307 000

定价：138.00 元

（如有印装质量问题，我社负责调换）

前　　言

空间并联机构具有精度高、承载能力强、动态响应灵敏等优点，自 20 世纪 70 年代以来一直是先进制造和机器人领域的研究热点，在需要高刚度、高精度、高负载且没有很大工作空间的领域得到了广泛应用。

由于空间并联机构受到加工制造精度的限制且存在装配误差、关节磨损，实际空间并联机构中不可避免地存在运动副间隙。间隙的存在导致并联机构的运动精度及稳定性降低，从而产生振动，使得机构的动力学性能恶化。空间并联机构是典型闭环结构多体系统，相比于串联机构更为复杂，其运动关节也相对较多，运动副间隙效应更为突出。因此，研究运动副间隙对空间并联机构动力学性能的影响具有十分重要的意义。

本书介绍作者十余年来在考虑运动副间隙效应的空间并联机构动力学理论和试验方面的研究成果，主要涉及含干摩擦间隙的空间并联机构动力学建模、动力学特性分析与优化设计，含润滑间隙的空间并联机构动力学建模、动力学特性分析与优化设计，含非规则磨损间隙的空间并联机构动力学建模、动力学特性分析与优化设计，考虑运动副间隙的空间并联机构动力学优化设计，以及含间隙的空间并联机构动力学响应试验研究等内容。

与本书内容相关的研究工作得到了国家自然科学基金(52275115)、山东省重点研发计划(2019GGX104011)、山东省自然科学基金(ZR2022ME040、ZR2017MEE066)等项目的支持，在此表示感谢。此外，感谢研究生李跃文、郭景尧、赵飞跃、居硕、董子阳、王自国为本书做出的贡献；感谢山东科技大学机械电子工程学院对本书出版给予的支持。

限于作者水平，书中难免有不妥之处，恳请读者批评指正。

目　　录

前言
第 1 章　绪论 ………… 1
1.1　本书研究意义 ………… 1
1.2　本书研究内容 ………… 2
第 2 章　含干摩擦间隙的空间并联机构动力学建模与分析 ………… 4
2.1　概述 ………… 4
2.2　含干摩擦转动副间隙的 3-RRPaR 空间并联机构动力学建模与分析 ………… 4
2.2.1　含干摩擦转动副间隙的 3-RRPaR 空间并联机构动力学建模 ………… 4
2.2.2　含干摩擦转动副间隙的 3-RRPaR 空间并联机构动力学分析 ………… 13
2.3　含干摩擦球面副间隙的 4-UPS-RPS 空间并联机构动力学建模与分析 ………… 27
2.3.1　含干摩擦球面副间隙的 4-UPS-RPS 空间并联机构动力学建模 ………… 27
2.3.2　含干摩擦球面副间隙的 4-UPS-RPS 空间并联机构动力学分析 ………… 44
2.4　含干摩擦球面副间隙的 4-UPS-UPU 空间并联机构动力学建模与分析 ………… 61
2.4.1　含干摩擦球面副间隙的 4-UPS-UPU 空间并联机构动力学建模 ………… 61
2.4.2　含干摩擦球面副间隙的 4-UPS-UPU 空间并联机构非线性动力学分析 ………… 69
2.5　本章小结 ………… 86
第 3 章　含润滑间隙的空间并联机构动力学建模与分析 ………… 87
3.1　概述 ………… 87
3.2　含润滑转动副间隙的 3-RRPaR 空间并联机构动力学建模与分析 ………… 87
3.2.1　含润滑转动副间隙的 3-RRPaR 空间并联机构动力学建模 ………… 87
3.2.2　含润滑转动副间隙的 3-RRPaR 空间并联机构动力学分析 ………… 91
3.3　含润滑球面副间隙的 4-UPS-RPS 空间并联机构动力学建模与分析 ………… 101
3.3.1　含润滑球面副间隙的 4-UPS-RPS 空间并联机构动力学建模 ………… 101
3.3.2　含润滑球面副间隙的 4-UPS-RPS 空间并联机构动力学分析 ………… 105
3.4　含润滑球面副间隙的 4-UPS-UPU 空间并联机构动力学建模与分析 ………… 115

3.4.1 含润滑球面副间隙的 4-UPS-UPU 空间并联机构动力学建模 ………… 115
3.4.2 含润滑球面副间隙的 4-UPS-UPU 空间并联机构非线性动力学分析…… 122
3.5 本章小结 ………… 139
第 4 章 含非规则磨损间隙的空间并联机构动力学建模与分析 ………… 141
4.1 概述 ………… 141
4.2 含非规则磨损转动副间隙的 3-RRPaR 空间并联机构动力学建模与分析 ………… 141
4.2.1 含非规则磨损转动副间隙的 3-RRPaR 空间并联机构动力学建模 ………… 141
4.2.2 含非规则磨损转动副间隙的 3-RRPaR 空间并联机构动力学分析 ………… 146
4.3 含非规则磨损球面副间隙的 4-UPS-RPS 空间并联机构动力学建模与分析 ………… 160
4.3.1 含非规则磨损球面副间隙的 4-UPS-RPS 空间并联机构动力学建模 …… 160
4.3.2 含非规则磨损球面副间隙的 4-UPS-RPS 空间并联机构动力学分析 …… 164
4.4 本章小结 ………… 176
第 5 章 考虑运动副间隙的空间并联机构动力学优化设计 ………… 177
5.1 概述 ………… 177
5.2 考虑间隙效应的空间并联机构动力学优化建模 ………… 177
5.2.1 径向基函数元模型 ………… 177
5.2.2 寻优策略 ………… 178
5.2.3 考虑间隙效应的空间并联机构动力学优化设计模型 ………… 180
5.3 考虑间隙效应的空间并联机构动力学优化分析 ………… 183
5.3.1 考虑间隙效应的空间并联机构动力学优化的求解流程与结果 ………… 183
5.3.2 考虑间隙效应的 3-RRPaR 空间并联机构动力学优化分析 ………… 185
5.3.3 考虑间隙效应的 4-UPS-RPS 空间并联机构动力学优化分析 ………… 195
5.4 本章小结 ………… 204
第 6 章 含间隙的空间并联机构动力学响应试验 ………… 206
6.1 概述 ………… 206
6.2 含间隙的 3-RRPaR 空间并联机构试验系统搭建 ………… 206
6.2.1 并联机构机械系统 ………… 206
6.2.2 运动控制系统 ………… 209
6.2.3 数据采集与分析系统 ………… 212
6.3 含间隙的 3-RRPaR 空间并联机构动力学响应试验 ………… 215
6.3.1 干摩擦间隙对 3-RRPaR 空间并联机构动力学特性影响的试验 ………… 216
6.3.2 润滑间隙对 3-RRPaR 空间并联机构动力学特性影响的试验 ………… 219

6.3.3 非规则磨损间隙对 3-RRPaR 空间并联机构动力学特性影响的试验 ······ 224
6.4 本章小结 ······ 230
参考文献 ······ 232

第 1 章　绪　　论

1.1　本书研究意义

随着现代制造技术的不断进步和发展，机械系统需要同时兼顾高效率、高精度和高可靠性。空间并联机构作为机械系统中的重要组成部分，具有结构紧凑、累计误差小、承载能力强和动态响应灵敏等特点(Chen and Gao，2023)。如何充分发挥空间并联机构的潜在优势，是并联机构产业化道路上的迫切需求之一。

近三十年来，全新的型综合理论、高精度的运动学和动力学分析方法以及高效的控制策略均使得空间并联机构在理论研究方面取得了蓬勃的发展；在工业领域中，空间并联机构逐渐得到认可，广泛应用于航空航天、数控加工、精密测量及物件分拣等众多领域(图 1.1～图 1.4)，并体现出独有的价值(Peng et al.，2022)。

图 1.1　六轴飞行模拟器

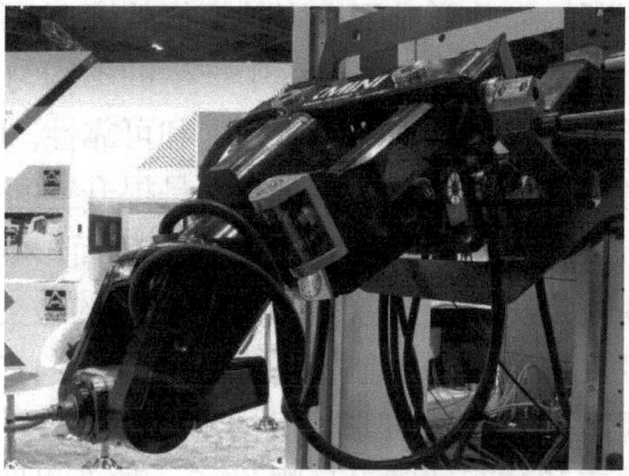

图 1.2　Exechon 三轴并联机床

图 1.3　六轴精密测量平台

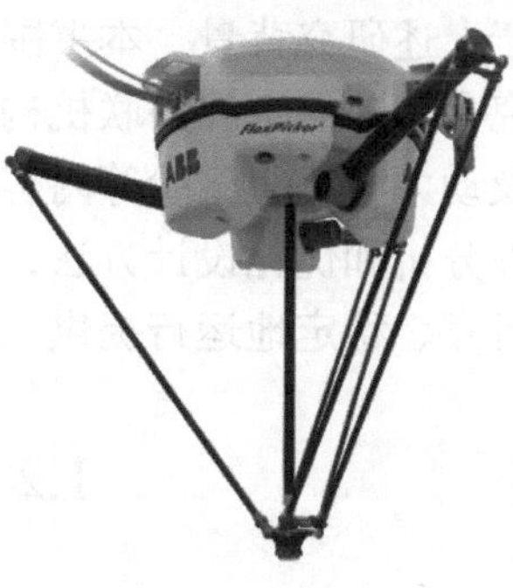

图 1.4　Delta 并联机器人

空间并联机构作为典型的多体系统，由若干构件通过运动副连接组成。运动副用于传递构件之间的运动和动力，是影响空间并联机构动态特性的关键因素之一。然而，鉴于制造误差、装配的需要及机构在运行过程中构件之间的摩擦磨损等因素的影响，运动副中间隙的存在不可避免(田强等，2017)。运动副中间隙的存在会引发一系列复杂的动力学现象，如构件间的碰撞、摩擦和约束反力激增，进而导致空间并联机构运动精度和可靠性降低、磨损进程加速，甚至诱发混沌行为(Zhang et al.，2021)。因此，为了准确评估含运动副间隙的空间并联机构的动力学性能，量化间隙效应对空间并联机构动力学响应的影响具有重要意义。

润滑剂通过改善运动副处的滑动接触条件，减轻了运动副元素之间的摩擦接触，缓解了运动副磨损对空间并联机构动力学性能的劣化(Zhao et al.，2022)。润滑流体中产生的高压使运动副元素保持分离状态，润滑油形成的薄膜减少了运动副磨损和擦伤的可能性，增加的阻尼可消除不希望存在的机械振动。对含润滑间隙的空间并联机构进行动力学建模与分析，是空间并联机构机械系统摩擦学设计方案评估和筛选的重要手段，对提高空间并联机构的动力学性能和延长服役时间具有指导意义。

空间并联机构中间隙运动副元素之间的频繁接触，会引起运动副元素表面材料不断缺失并形成不规则的磨损轮廓，这种不可逆的过程是机械系统失效最主要的原因之一。动态磨损过程中产生的不均匀磨损现象，加剧了机构的振动、疲劳损坏，严重降低了机构的运动精度和可靠性。因此，对含运动副间隙的空间并联机构进行磨损预测及动力学性能研究是提升空间并联机构动力学性能的关键问题之一。

为了缓解间隙效应带来的负面影响，常采用提高加工精度的方法，虽然可以在一定程度上改善空间并联机构的动力学性能，但是随之而来的是严苛的加工精度要求和高昂的制造成本(阎绍泽等，2016)。而优化设计方法从动力学层面开展间隙效应与空间并联机构动力学特性的内在联系研究，为空间并联机构缓解间隙效应和减摩抗磨设计提供了一种新思路(Bai et al.，2018)，也是充分提升空间并联机构动力学性能的重要发展方向。

基于上述研究背景，本书围绕含运动副间隙的空间并联机构动力学问题，系统地研究含间隙的空间并联机构的动力学建模、动力学行为预测、动力学优化设计，以及动力学响应试验等内容，旨在建立一套考虑间隙效应的空间并联机构动力学特性分析和优化设计方法，为提升空间并联机构的动力学性能和保障其服役周期内可靠、稳定地运行提供一定的理论依据。

1.2　本书研究内容

本书分别以 3-RRPaR 空间并联机构、4-UPS-RPS 空间并联机构、4-UPS-UPU

空间并联机构为研究对象，围绕考虑间隙效应的空间并联机构动力学建模、动力学行为分析、动力学优化设计以及试验平台搭建与试验分析展开深入系统的研究。主要研究内容如下。

(1) 含干摩擦间隙的空间并联机构动力学建模与分析。推导转动副和球面副的间隙运动学矢量模型，提出一种描述间隙运动副接触行为的共形接触力模型，采用第一类拉格朗日方法建立含干摩擦间隙的两类空间并联机构动力学模型；系统地研究运动轨迹等不同工况参数和间隙参数对空间并联机构动力学性能的影响，明确干摩擦间隙与机构运动特性的相互影响机制，并进一步识别对空间并联机构性能影响较大的间隙运动副。

(2) 含润滑间隙的空间并联机构动力学建模与分析。推导转动副和球面副的润滑间隙运动学矢量模型，构建润滑间隙运动副的油膜承载力模型与接触状态过渡力模型，建立考虑润滑间隙效应的两类空间并联机构动力学模型；对比干摩擦间隙情况探讨润滑效应对机构动力学性能的改善作用；揭示运动副润滑特性与机构运动特性的相互影响机制以及主要工况参数和间隙参数对含润滑间隙的空间并联机构动力学性能的影响规律。

(3) 含非规则磨损间隙的空间并联机构动力学建模与分析。结合 Archard 磨损理论和多体系统动力学理论，研究间隙运动副的动态磨损预测方法；建立运动副间隙效应与磨损特性的双向耦合机制，构建含非规则磨损间隙的两类空间并联机构动力学模型；探讨考虑运动副磨损效应的空间并联机构动力学性能的演变过程，剖析运动轨迹等不同工况参数和间隙参数对空间并联机构动力学性能与运动副磨损特性的影响规律。

(4) 考虑运动副间隙的空间并联机构动力学优化设计。结合多体动力学理论与基于元模型的辅助优化策略，提出一种考虑间隙效应的空间并联机构动力学优化设计方法；采用质量分配策略优化关键构件的属性参数以获取最佳设计方案，降低间隙效应对空间并联机构动力学性能的劣化效应；对比分析不同目标函数对优化设计效果的影响以选择最佳优化方式，系统地对比分析优化前后考虑间隙效应的空间并联机构动力学性能。

(5) 含间隙的空间并联机构动力学响应试验研究。搭建含间隙的 3-RRPaR 冗余并联机构试验系统，设计并联机构机械系统、运动控制系统、数据采集与分析系统及动力学响应试验方案；开展考虑间隙效应的空间并联机构动力学响应试验研究，对比分析不同工况条件下，含干摩擦间隙、润滑间隙和非规则磨损间隙的 3-RRPaR 冗余并联机构动力学响应的试验结果与数值计算结果，验证所提出理论模型的正确性。

第 2 章　含干摩擦间隙的空间并联机构动力学建模与分析

2.1　概　　述

空间并联机构由若干运动副连接各构件组成，运动副用于传递构件之间的运动和动力，是影响空间并联机构动力学性能的关键因素之一。多个间隙运动副之间耦合作用引起的摩擦、冲击、振动等一系列力学行为改变了多体系统原有的拓扑结构，造成运动副的损伤甚至功能失效，从而导致空间并联机构整体性能衰退。

本章结合空间并联机构的高精度和高可靠性需求，研究干摩擦间隙对空间并联机构动力学性能的影响：从描述间隙运动副的接触行为入手，建立三维转动副间隙和球面副间隙的运动学矢量模型与共形接触力模型，并据此研究含干摩擦间隙的 3-RRPaR 空间并联机构、4-UPS-RPS 空间并联机构和 4-UPS-UPU 空间并联机构的动力学建模方法；在此基础上，分析运动轨迹、间隙值、运动速度以及间隙运动副位置对空间并联机构动力学性能的影响，最后结合相图、庞加莱映射图和分岔图分析间隙参数对 4-UPS-UPU 空间并联机构的非线性特性影响。

2.2　含干摩擦转动副间隙的 3-RRPaR 空间并联机构动力学建模与分析

2.2.1　含干摩擦转动副间隙的 3-RRPaR 空间并联机构动力学建模

1. 三维转动副间隙运动学模型

转动副是典型的平面运动副，通常在建模过程中认为销轴和轴套的轴线始终保持重合。在实际情况中，间隙的引入导致接触表面压力分布不均，转动副可能会发生轴线错位呈现空间运动特性。三维转动副间隙模型如图 2.1 所示，可能出现三种接触情况，即点接触、线接触和面接触。R_i 和 R_o 分别是轴套内径和外径的一半。销轴的半径为 R_j，L_j 和 L_b 分别表示销轴和轴套的长度。轴向间隙和径向间隙分别定义为

$$c_a = \frac{1}{2}\left(L_j - L_b\right),\ \ c_r = R_i - R_j \tag{2.1}$$

对于点接触情况，销轴和轴套的接触检测可以看作判断位于轴套顶部和底部的两个冲击环与销轴的相对位置关系问题。如图 2.1 和图 2.2 所示，四个潜在接触点位于顶部冲击环中，其中 P_b 和 P_j 用于检测轴套顶面与销轴上部端面之间的接触，M_b 和 M_j 用于检测轴套内壁与销轴之间的接触。同理，底部冲击环对应的四个潜在接触点分别为 Q_b 和 Q_j、N_b 和 N_j。销轴和轴套的中心分别为 o_j 和 o_b。J_T 和 B_T 分别为销轴和轴套顶面的中心。当销轴和轴套平行时，全局坐标系中销轴和轴套的单位向量 $\boldsymbol{e}_j$ 和 $\boldsymbol{e}_b$ 平行。

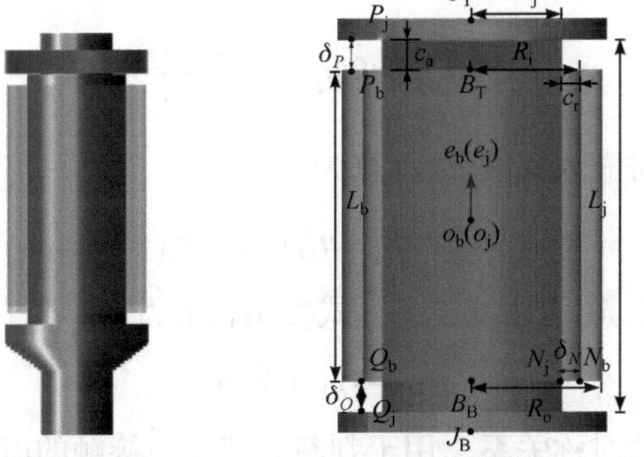

(a) 试验模型　　(b) 简化模型

图 2.1　三维转动副间隙模型

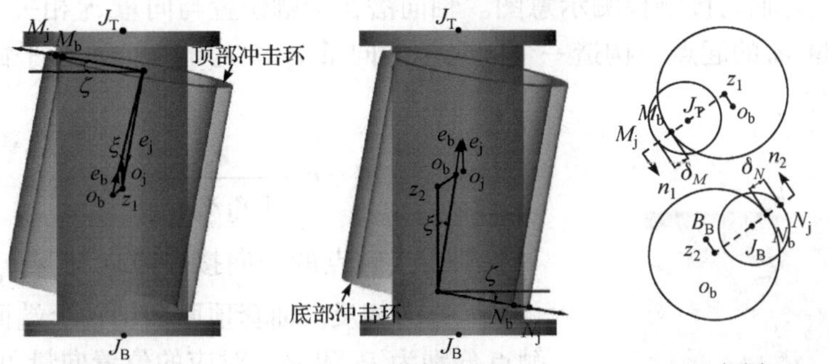

(a) 顶部冲击环　　(b) 底部冲击环　　(c) 上视图

图 2.2　径向接触检测示意图

J_T 和 B_T 的位置向量可分别表示为

$$\begin{cases} \boldsymbol{r}_{JT} = \boldsymbol{r}_{oj} + \dfrac{L_j}{2}\boldsymbol{e}_j \\ \boldsymbol{r}_{BT} = \boldsymbol{r}_{ob} + \dfrac{L_b}{2}\boldsymbol{e}_b \end{cases} \tag{2.2}$$

式中，$\boldsymbol{r}_{\mathrm{oj}}$ 和 $\boldsymbol{r}_{\mathrm{ob}}$ 分别为 o_{j} 和 o_{b} 在全局坐标系中的位置向量。销轴端面与轴套的夹角为 ζ，向量 $\boldsymbol{e}_{\mathrm{j}}$ 与轴套的夹角为 ξ。构造一个由 J_{T}、B_{T}、J_{B} 三点组成的平面，该平面法向单位向量为

$$\boldsymbol{n}_1=\boldsymbol{e}_{\mathrm{j}}\times\frac{\boldsymbol{r}_{\mathrm{JT}}-\boldsymbol{r}_{\mathrm{BT}}}{\|\boldsymbol{e}_{\mathrm{j}}\times(\boldsymbol{r}_{\mathrm{JT}}-\boldsymbol{r}_{\mathrm{BT}})\|} \tag{2.3}$$

垂直于 M 点所在接触平面的方向向量可以表示为 $\boldsymbol{n}_M=\boldsymbol{n}_1\times\boldsymbol{e}_{\mathrm{j}}$。向量 $\boldsymbol{e}_{\mathrm{b}}$ 在向量 $\boldsymbol{n}_1$ 上的投影为 z_1 点，其位置向量可由式(2.4)给出：

$$\boldsymbol{r}_{z1\mathrm{b}}=(\boldsymbol{r}_{\mathrm{BT}}-\boldsymbol{r}_{\mathrm{ob}})^{\mathrm{T}}\boldsymbol{n}_1\boldsymbol{n}_1 \tag{2.4}$$

位于轴套上的潜在接触点 M_{b} 的位置向量可表示为

$$\boldsymbol{r}_{M\mathrm{b}}=\boldsymbol{r}_{\mathrm{BT}}+R_{\mathrm{i}}\boldsymbol{n}_1\times\frac{\boldsymbol{r}_{\mathrm{BT}}-\boldsymbol{r}_{\mathrm{Z1b}}}{\|(\boldsymbol{r}_{\mathrm{BT}}-\boldsymbol{r}_{\mathrm{Z1b}})\|} \tag{2.5}$$

径向冲击引起的相对嵌入深度 δ_M 计算为

$$\delta_M=R_{\mathrm{j}}-\boldsymbol{n}_M^{\mathrm{T}}(\boldsymbol{r}_{M\mathrm{b}}-\boldsymbol{r}_{\mathrm{JT}}) \tag{2.6}$$

销轴上的潜在接触点 M_{j} 可由式(2.5)、式(2.6)表示为

$$\boldsymbol{r}_{M\mathrm{j}}=\boldsymbol{r}_{M\mathrm{b}}+\delta_M\boldsymbol{n}_M \tag{2.7}$$

根据位置分布的对称关系，用于判断底部径向接触的潜在接触点 N_{j} 和 N_{b} 的矢量位置同理可以推导出，不再赘述。

图 2.3 为轴向接触检测示意图。轴向潜在接触位置与向量 $\boldsymbol{e}_{\mathrm{b}}$ 相关。将向量 $\boldsymbol{e}_{\mathrm{j}}$ 移动到向量 $\boldsymbol{e}_{\mathrm{b}}$ 的起点，构造一个同时包含向量 $\boldsymbol{e}_{\mathrm{j}}$ 和 $\boldsymbol{e}_{\mathrm{b}}$ 的平面。该平面的单位法向量表示为

$$\boldsymbol{n}_3=\boldsymbol{e}_{\mathrm{j}}\times\frac{\boldsymbol{e}_{\mathrm{b}}}{\|\boldsymbol{e}_{\mathrm{j}}\times\boldsymbol{e}_{\mathrm{b}}\|} \tag{2.8}$$

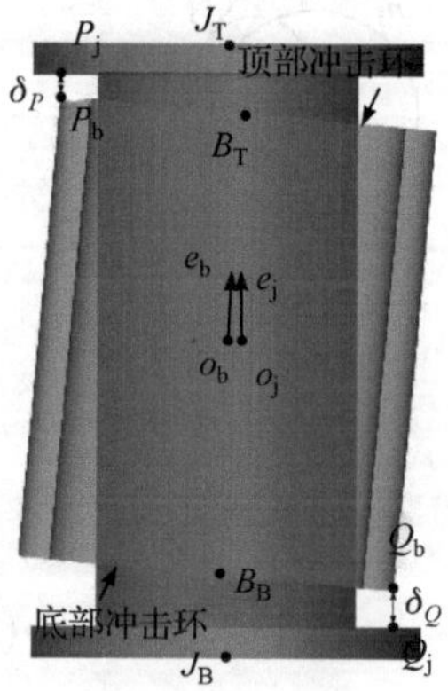

图 2.3 轴向接触检测示意图

潜在接触点的法向接触方向向量 $\boldsymbol{n}_{\mathrm{p}}$ 与 $\boldsymbol{e}_{\mathrm{j}}$ 大小相同，方向相反。轴套顶面和销轴上端面的潜在接触点分别为 P_{b} 和 P_{j}，对应的位置向量可以写为

$$\begin{cases}\boldsymbol{r}_{P\mathrm{b}}=\boldsymbol{r}_{\mathrm{BT}}+R_{\mathrm{o}}(\boldsymbol{e}_{\mathrm{b}}\times\boldsymbol{n}_3)\\ \boldsymbol{r}_{P\mathrm{j}}=\boldsymbol{r}_{P\mathrm{b}}-\delta_P\boldsymbol{e}_{\mathrm{j}}\end{cases} \tag{2.9}$$

式中，相对嵌入深度 δ_P 可以表示为 $\delta_P=\boldsymbol{e}_{\mathrm{j}}^{\mathrm{T}}(\boldsymbol{r}_{P\mathrm{b}}-\boldsymbol{r}_{\mathrm{JT}})$。同理，可以表示出潜在接触点 Q_{b} 和 Q_{j} 的位置向量。

任一潜在接触点处的相对法向速度和相对切向速度可以表示为

$$\begin{cases} \boldsymbol{v}_{\mathrm{n}}^{k} = \left(\dot{\boldsymbol{r}}_{\mathrm{b}}^{k} - \dot{\boldsymbol{r}}_{\mathrm{j}}^{k}\right)^{\mathrm{T}} \boldsymbol{n}_{k} \\ \boldsymbol{v}_{\mathrm{t}}^{k} = \left(\dot{\boldsymbol{r}}_{\mathrm{b}}^{k} - \dot{\boldsymbol{r}}_{\mathrm{j}}^{k}\right)^{\mathrm{T}} \boldsymbol{t}_{k} \end{cases}, \quad k = M, N, P, Q \tag{2.10}$$

式中，$\dot{\boldsymbol{r}}_{\mathrm{b}}^{k}$ 和 $\dot{\boldsymbol{r}}_{\mathrm{j}}^{k}$ 分别为潜在接触点 k 处的轴套速度和销轴速度；$\boldsymbol{t}_k$ 为单位切向向量，与 $\boldsymbol{n}_k$ 垂直。

当轴套和销轴平行时，可能出现线接触和面接触的状态。线接触和面接触对应的嵌入深度分别为 δ_{l} 和 δ_{s} 。此种情况夹角 $\zeta = 0$ 、$\xi = 0$ ，可以视为点接触的特殊情况。

轴向接触和径向接触的检测是独立的，根据接触点处的嵌入深度 δ_m 进行接触模式判别：

$$\begin{cases} \delta_m \geqslant 0, & \text{接触状态} \\ \delta_m < 0, & \text{自由运动状态} \\ \delta_m = 0, & \text{发生碰撞或分离} \end{cases}, \quad m = k, \mathrm{l}, \mathrm{s} \tag{2.11}$$

根据式(2.11)，可以通过两个连续步长内的嵌入深度检测轴套和销轴的相对运动状态。发生碰撞的时刻可以通过式(2.12)计算得到：

$$\delta_m\left(t_n\right) \cdot \delta_m\left(t_{n+1}\right) \leqslant 0 \tag{2.12}$$

式(2.12)表明间隙运动副在区间[t_n , t_{n+1}]时刻内至少发生了一次碰撞，为了避免碰撞模拟失真，应准确捕捉接触状态发生变化的时刻。采用三次多项式插值或者自适应变步长策略(Flores and Lankarani，2010)可有效解决该问题。

2. 接触力模型

在机构运动过程中，间隙转动副处会发生频繁的接触碰撞现象，合适的接触力模型是准确模拟间隙关节运动和预测机构整体动力学行为的关键。当销轴和轴套处于碰撞或连续接触状态时，碰撞点处的作用力包含法向接触力和切向摩擦力两部分。

1) 法向接触力模型

Flores 连续接触力模型(Flores et al.，2011)修正了 Lankarani-Nikravesh(L-N)连续接触力模型的能量耗散项，同时适用于软材料和硬材料之间的接触。该模型综合考虑了接触体的材料属性、几何信息以及接触表面的变形和冲击速度等物理意义明确的信息，描述三维转动副间隙中点接触状态时的法向接触力为

$$\begin{cases} F_k^{\mathrm{N}} = K\delta_k^n + H\delta_k^n\dot{\delta}_k, & \delta_k \geqslant 0 \\ F_k^{\mathrm{N}} = 0, & \delta_k < 0 \end{cases}, \quad k = M,N,P,Q \tag{2.13}$$

式中，等号右边第一项 $K\delta_k^n$ 由赫兹接触力模型评估，用于描述弹性力；第二项 $H\delta_k^n\dot{\delta}_k$ 用于表示加载-卸载过程中的能量耗散；幂指数 n 的取值为 1.5；δ_k 为每个接触点的相对嵌入深度(也称弹性变形量)；$\dot{\delta}_k$ 为两个接触体的相对法向接触速度。

刚度系数 K 可以表示为

$$K = \frac{4E^*}{3}\left(\frac{R_{\mathrm{i}}R_{\mathrm{j}}}{R_{\mathrm{i}} - R_{\mathrm{j}}}\right)^{\frac{1}{2}} \tag{2.14}$$

式中，复合杨氏模量 E^* 与轴套的杨氏模量 E_{b}、销轴的杨氏模量 E_{j}、轴套的泊松比 υ_{b}、销轴的泊松比 υ_{j} 相关，即有

$$\frac{1}{E^*} = \frac{1-\upsilon_{\mathrm{b}}^2}{E_{\mathrm{b}}} + \frac{1-\upsilon_{\mathrm{j}}^2}{E_{\mathrm{j}}} \tag{2.15}$$

迟滞阻尼因子 H 取决于材料的恢复系数 c_{e} 以及两接触体之间的相对初始碰撞速度 $\dot{\delta}_k^{(-)}$：

$$H = \frac{8(1-c_{\mathrm{e}})}{5c_{\mathrm{e}}}\frac{K}{\dot{\delta}_k^{(-)}} \tag{2.16}$$

对于销轴和轴套轴线平行时两圆柱体之间的径向接触，基于赫兹接触理论，已经开发出 Johnson 模型、Radzimovsky 模型、Goldsmith 模型等非线性接触力模型(Johnson，1987)。但上述模型是隐函数形式，需要数值迭代来计算接触力，对于接触碰撞频繁的多体系统进行动力学分析并不是优先选择。在实际中，转动副发生线接触时的接触刚度与基于赫兹接触力模型开发的球面副点接触情况不同。采用 Wang-Liu 模型(Wang et al.，2020)描述可能出现的线接触状态，该模型基于 Winkler 弹性地基理论开发，具有描述转动副共形接触的能力。线接触时的接触力为

$$F_{\mathrm{l}}^{\mathrm{N}} = \left\{\frac{1}{2}\pi L_{\mathrm{b}}E^*\left[\frac{\delta_{\mathrm{l}}}{2(R_{\mathrm{i}} - R_{\mathrm{j}} + \delta_{\mathrm{l}})}\right]^{\frac{1}{2}}\right\}\delta_{\mathrm{l}}\left[1 + \frac{3(1-c_{\mathrm{e}}^2)}{4}\frac{\dot{\delta}_{\mathrm{l}}}{\dot{\delta}_{\mathrm{l}}^{(-)}}\right] \tag{2.17}$$

式中，δ_{l} 为线接触时的嵌入深度；$\dot{\delta}_{\mathrm{l}}$ 为线接触时两接触体之间的相对碰撞速度。需要准确捕捉碰撞时刻，以获取线接触时的相对初始碰撞速度 $\dot{\delta}_{\mathrm{l}}^{(-)}$。

当两接触体轴线平行时，轴向上销轴端面和轴套可能出现接触面积为环状的面接触情况。此时，接触力可以表示为

$$F_{\mathrm{s}}^{\mathrm{N}}=\frac{E_{\mathrm{b}}\delta_{\mathrm{s}}\pi\left(R_{\mathrm{o}}^{2}-R_{\mathrm{i}}^{2}\right)}{L_{\mathrm{b}}} \tag{2.18}$$

2) 切向摩擦力模型

库仑摩擦力模型是应用最广泛的摩擦模型之一，它将摩擦力表示为法向接触力和相对切向速度的函数。然而，一些缺点也限制了该模型的应用，如零速度附近的不连续性、忽略了 Stribeck 效应和黏性特性等。之后，一些动态摩擦模型被开发，这些模型可以描述一些复杂的微观现象，但通常会导致系统方程求解效率低，并且引入了难以准确识别的额外物理参数。Brown-McPhee 摩擦模型(Brown and McPhee，2016)用于评估三维转动副间隙处的切向摩擦力，该模型可以在不延长计算时间的情况下描述静态摩擦、动态摩擦和黏性摩擦现象，具有连续性和可微性，适用于多体系统的仿真与控制，可表示为

$$F_{m}^{\mathrm{T}}=F_{m}^{\mathrm{N}}\mu_{\mathrm{k}}\tanh\frac{4v_{\mathrm{t}}}{v_{\mathrm{s}}}+F_{m}^{\mathrm{N}}\left(\mu_{\mathrm{s}}-\mu_{\mathrm{k}}\right)v_{\mathrm{t}}\left\{v_{\mathrm{s}}\left[\frac{1}{4}\left(\frac{v_{\mathrm{t}}}{v_{\mathrm{s}}}\right)^{2}+\frac{3}{4}\right]^{2}\right\}^{-1},\quad m=k,\mathrm{l},\mathrm{s} \tag{2.19}$$

式中，v_{t} 为接触体之间的相对切向速度；v_{s} 为动静摩擦之间的过渡速度；μ_{s} 和 μ_{k} 分别为静摩擦系数和动摩擦系数。

作用在轴套所在构件质心处的力和力矩可以表示为

$$\begin{aligned}&\boldsymbol{F}_{\mathrm{d}}=F_{m}^{\mathrm{N}}\boldsymbol{n}_{m}+F_{m}^{\mathrm{T}}\boldsymbol{t}_{m}\\&\boldsymbol{M}_{\mathrm{d}}=\boldsymbol{r}_{\mathrm{d}m}\times\boldsymbol{F}_{\mathrm{d}}\end{aligned},\quad m=k,\mathrm{l},\mathrm{s} \tag{2.20}$$

式中，$\boldsymbol{n}_m$ 和 $\boldsymbol{t}_m$ 分别为潜在接触点 m 处的法向单位向量和切向单位向量；向量 $\boldsymbol{r}_{\mathrm{d}m}$ 为轴套上潜在接触点到构件质心处的矢径。作用在销轴所在构件质心处的作用力和 $\boldsymbol{F}_{\mathrm{d}}$ 大小相等，方向相反。

3. 含干摩擦间隙的 3-RRPaR 空间并联机构动力学模型

3-RRPaR 空间并联机构是作者所在实验室自主研发的一种 Delta 型高速分拣机器人的动力机构，具有的结构冗余特性能起到规避奇异位姿、提高刚度的作用，如图 2.4 和图 2.5 所示。该空间并联机构的结构参数如表 2.1 所示，包含机架、末端执行器和三个具有相同拓扑结构的运动支链。机构中所有相邻构件均由转动副连接，运动支链Ⅰ和Ⅱ在竖直平面呈对称分布，运动支链Ⅲ位于水平面。该空间并联机构每条运动支链具有

图 2.4　3-RRPaR 空间并联机构三维模型

五个活动构件，编号如图 2.5(b)和(c)所示。主动臂、平行四边形(Pa)支链长杆和短杆的长度分别为 l_1^i 、l_2^i 和 l_3^i ，上标 i 为支链编号。该空间并联机构可以实现沿 X、Y 和 Z 三个方向的平移运动。末端执行器作为执行机构直接反映空间并联机构的动力学性能，故本节考虑末端执行器上的转动副间隙，研究干摩擦间隙对系统动力学性能的影响。

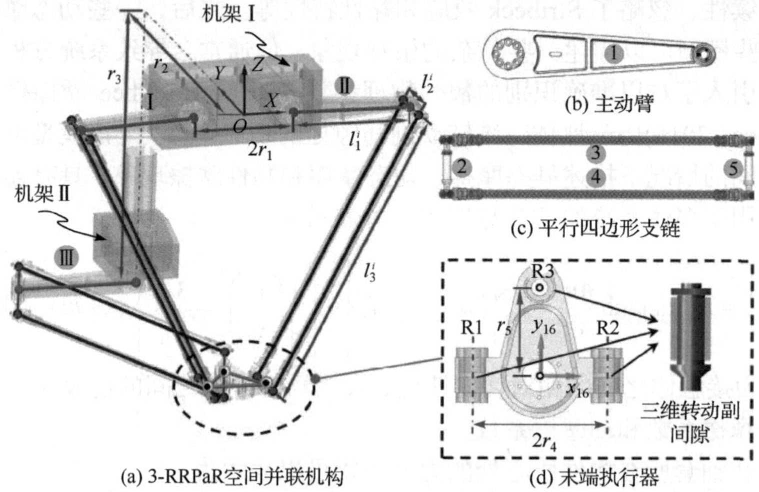

图 2.5　3-RRPaR 空间并联机构结构简图

表 2.1　3-RRPaR 空间并联机构的结构参数

构件	参数	数值	构件	参数	数值
主动臂	l_1^i 长度/m	0.125	Pa 支链长杆	l_2^i 长度/m	0.322
	m_1^i 质量/kg	2.129		m_2^i 质量/kg	0.199
	$[I_{xx}, I_{yy}, I_{zz}]$ 转动惯量/(kg · m²)	[1.127×10⁻³, 1.656×10⁻², 1.581×10⁻²]		$[I_{xx}, I_{yy}, I_{zz}]$ 转动惯量/(kg · m²)	[8.773×10⁻³, 8.773×10⁻³, 1.617×10⁻⁵]
Pa 支链短杆	l_3^i 长度/m	0.0525	机架 I	r_1 距离/m	0.1
	m_3^i 质量/kg	0.259		m_5 质量/kg	12.068
	$[I_{xx}, I_{yy}, I_{zz}]$ 转动惯量/(kg · m²)	[2.294×10⁻⁴, 1.624×10⁻⁵, 2.290×10⁻²]		$[I_{xx}, I_{yy}, I_{zz}]$ 转动惯量/(kg · m²)	[0.238, 0.185, 6.856×10⁻²]
末端执行器	r_4 距离/m	0.06	机架 II	r_2 距离/m	0.597
	r_5 距离/m	0.08		r_3 距离/m	0.685
	m_4 质量/kg	1.005		m_6 质量/kg	7.637
	$[I_{xx}, I_{yy}, I_{zz}]$ 转动惯量/(kg · m²)	[1.279×10⁻³, 1.014×10⁻³, 2.140×10⁻³]		$[I_{xx}, I_{yy}, I_{zz}]$ 转动惯量/(kg · m²)	[5.854×10⁻², 3.347×10⁻², 3.334×10⁻²]

采用笛卡儿方法对 3-RRPaR 空间并联机构中的活动构件进行位形描述。惯性坐标系 $O\text{-}XYZ$ 位于机架 I 中心处，活动构件的质心坐标系记为 $o_i\text{-}x_iy_iz_i$（$i=1,2,\cdots,16$）。多体系统中的任一刚体都可以采用六个广义坐标描述，包括三个描述刚体坐标系基点位置的笛卡儿坐标和三个描述坐标系姿态的方位坐标。该空间并联机构多体系统共包含 16 个活动构件，系统的广义坐标可以表示为

$$\boldsymbol{q}=\begin{bmatrix}\boldsymbol{q}_1 & \boldsymbol{q}_2 & \cdots & \boldsymbol{q}_{16}\end{bmatrix}^{\mathrm{T}} \tag{2.21}$$

$$\boldsymbol{q}_i=\begin{bmatrix}x_i & y_i & z_i & \alpha_i & \beta_i & \gamma_i\end{bmatrix},\ i=1,2,\cdots,16 \tag{2.22}$$

式中，$\boldsymbol{r}_i=\begin{bmatrix}x_i & y_i & z_i\end{bmatrix}^{\mathrm{T}}$ 为质心坐标系基点在惯性坐标系中的位置坐标；$\boldsymbol{\theta}_i=\begin{bmatrix}\alpha_i & \beta_i & \gamma_i\end{bmatrix}^{\mathrm{T}}$ 为由三个 Cardan 角组成的方位坐标，表示质心坐标系相对于惯性坐标系的姿态。

该空间并联机构只包含转动副，转动副约束相邻刚体仅绕旋转轴转动。转动副约束示意图如图 2.6 所示。多体系统中第 i 个转动副运动约束方程可以表示为

$$\boldsymbol{\Phi}_{\mathrm{R}}^{i}(\boldsymbol{q})=\begin{bmatrix}\boldsymbol{r}_j+\boldsymbol{A}_j\overline{\boldsymbol{s}}_j-\boldsymbol{r}_i-\boldsymbol{A}_i\overline{\boldsymbol{s}}_i\\ \boldsymbol{a}_i^{\mathrm{T}}\boldsymbol{c}_j\\ \boldsymbol{b}_i^{\mathrm{T}}\boldsymbol{c}_j\end{bmatrix}=\boldsymbol{0}_{5\times1} \tag{2.23}$$

式中，$\boldsymbol{r}_i$ 和 $\boldsymbol{r}_j$ 分别为局部坐标系 $o_i'\text{-}x_i'y_i'z_i'$ 和 $o_j'\text{-}x_j'y_j'z_j'$ 在惯性坐标系中的位置向量；$\overline{\boldsymbol{s}}_i$ 和 $\overline{\boldsymbol{s}}_j$ 为旋转轴线中心点分别在构件 i 和 j 所在局部坐标系 $o_i'\text{-}x_i'y_i'z_i'$ 和 $o_j'\text{-}x_j'y_j'z_j'$ 中的位置向量；矢量 $\boldsymbol{c}_j$ 与旋转轴线重合，且垂直于 $\boldsymbol{a}_i$ 与 $\boldsymbol{b}_i$；$\boldsymbol{A}_i$ 与 $\boldsymbol{A}_j$ 为局部坐标系相对于惯性坐标系的变换矩阵。

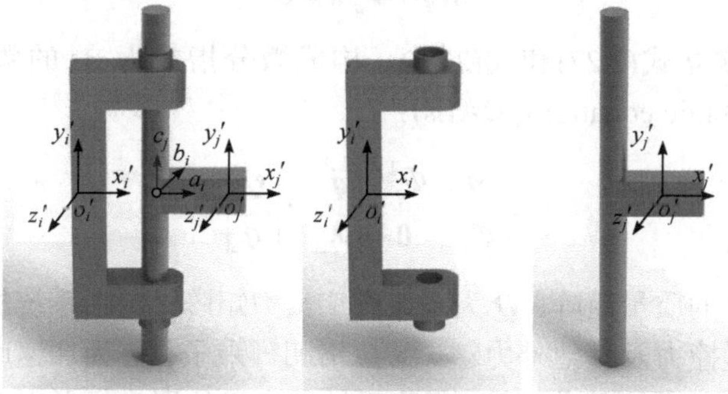

(a) 总体　(b) 轴套　(c) 销轴

图 2.6　转动副约束示意图

该空间并联机构多体系统共包含 21 个转动副，因此理想情况下系统的约束方程可以表示为

$$\boldsymbol{\Phi}_n(\boldsymbol{q},t) \equiv \left[\left(\boldsymbol{\Phi}_{\mathrm{R}}^1\right)^{\mathrm{T}} \quad \left(\boldsymbol{\Phi}_{\mathrm{R}}^2\right)^{\mathrm{T}} \quad \cdots \quad \left(\boldsymbol{\Phi}_{\mathrm{R}}^{21}\right)^{\mathrm{T}} \quad \left(\boldsymbol{\Phi}_{\mathrm{Dr}}^1\right)^{\mathrm{T}} \quad \left(\boldsymbol{\Phi}_{\mathrm{Dr}}^2\right)^{\mathrm{T}} \quad \left(\boldsymbol{\Phi}_{\mathrm{Dr}}^3\right)^{\mathrm{T}} \right]^{\mathrm{T}} = \mathbf{0}_{108\times1} \tag{2.24}$$

式中，$\boldsymbol{\Phi}_{\mathrm{R}}^1, \boldsymbol{\Phi}_{\mathrm{R}}^2, \cdots, \boldsymbol{\Phi}_{\mathrm{R}}^{21}$ 为转动副约束；$\boldsymbol{\Phi}_{\mathrm{Dr}}^1, \boldsymbol{\Phi}_{\mathrm{Dr}}^2, \boldsymbol{\Phi}_{\mathrm{Dr}}^3$ 为旋转驱动约束。

旋转驱动约束方程可以表示为

$$\boldsymbol{\Phi}_{\mathrm{Dr}}^i(\boldsymbol{q},t) = \left[\theta_i - \boldsymbol{f}_i(t)\right] = \mathbf{0}_{3\times1} \tag{2.25}$$

式中，θ_i 为第 i 个主动臂与惯性坐标系 X 轴的夹角；控制驱动函数 $\boldsymbol{f}_i(t)$ 可通过运动学逆解获得。

间隙的存在使转动副原有的几何约束消失，仅受到力约束。因此，对于考虑间隙的转动副，其对应的运动约束方程应去除。此外，该空间并联机构具有结构冗余特性，反映到系统运动约束方程中表现为存在线性相关项。采用下三角-上三角(lower-upper, LU)分解算法或者奇异值分解(singular value decomposition, SVD)算法可以有效识别出系统中存在的冗余约束方程。考虑位于末端执行器上的运动副间隙，最终 3-RRPaR 并联机构多体系统中共具有 81 个独立的约束方程。

将系统中独立的约束方程 $\boldsymbol{\Phi}(\boldsymbol{q},t) = \mathbf{0}_{81\times1}$ 对时间求一阶导和二阶导，分别得到系统的速度约束方程和加速度约束方程：

$$\boldsymbol{\Phi}_q \dot{\boldsymbol{q}} = -\boldsymbol{\Phi}_t \tag{2.26}$$

$$\boldsymbol{\Phi}_q \ddot{\boldsymbol{q}} = -\left(\boldsymbol{\Phi}_q \dot{\boldsymbol{q}}\right)_q \dot{\boldsymbol{q}} - 2\boldsymbol{\Phi}_{qt}\dot{\boldsymbol{q}} - \boldsymbol{\Phi}_{tt} \equiv \boldsymbol{\eta} \tag{2.27}$$

式中，$\boldsymbol{\Phi}_q$ 为约束方程的雅可比矩阵；$\boldsymbol{\Phi}_t$ 为约束方程对时间的偏导数；$\dot{\boldsymbol{q}}$ 和 $\ddot{\boldsymbol{q}}$ 分别为系统中广义坐标对应的速度矢量和加速度矢量；$\boldsymbol{\eta}$ 为加速度约束方程的右侧。

由第一类拉格朗日方程建立的 3-RRPaR 空间并联机构运动微分方程如下：

$$\boldsymbol{M}\ddot{\boldsymbol{q}} + \boldsymbol{\Phi}_q^{\mathrm{T}}\boldsymbol{\lambda} = \boldsymbol{Q} \tag{2.28}$$

采用增广法，联立式(2.27)和式(2.28)，构成微分指数为 1 的微分代数方程组(differential-algebraic equations, DAEs)：

$$\begin{bmatrix} \boldsymbol{M} & \boldsymbol{\Phi}_q^{\mathrm{T}} \\ \boldsymbol{\Phi}_q & \mathbf{0} \end{bmatrix} \begin{bmatrix} \ddot{\boldsymbol{q}} \\ \boldsymbol{\lambda} \end{bmatrix} = \begin{bmatrix} \boldsymbol{Q} \\ \boldsymbol{\eta} \end{bmatrix} \tag{2.29}$$

式中，$\boldsymbol{M}$ 为系统的质量矩阵；$\boldsymbol{Q}$ 为系统的广义力矩阵；包括系统的惯性力和间隙转动副产生的碰撞力及其他外力；$\boldsymbol{\lambda}$ 为拉格朗日乘子；$\boldsymbol{\eta}$ 为加速度约束方程的右侧。对式(2.29)进行数值积分，可以得到系统的广义位置坐标及对应的广义速度坐标。式(2.28)没有直接对系统的位置和速度进行约束，初始条件的影响以及在积分过程中引入的数值误差会随时间累积，破坏系统的位置和速度级约束。故采用 Baumgarte 违约控制算法(Flores et al., 2006a)控制系统中的约束违反，保持数值稳定性。

含干摩擦三维转动副间隙的3-RRPaR空间并联机构的动力学方程可由式(2.29)改写为

$$\begin{bmatrix} \boldsymbol{M} & \boldsymbol{\Phi}_q^{\mathrm{T}} \\ \boldsymbol{\Phi}_q & \boldsymbol{0} \end{bmatrix} \begin{bmatrix} \ddot{\boldsymbol{q}} \\ \boldsymbol{\lambda} \end{bmatrix} = \begin{bmatrix} \boldsymbol{Q} \\ \hat{\boldsymbol{\eta}} \end{bmatrix} \tag{2.30}$$

式中，$\hat{\boldsymbol{\eta}} = \boldsymbol{\eta} - 2\alpha\dot{\boldsymbol{\Phi}} - \beta^2\boldsymbol{\Phi}$，$\dot{\boldsymbol{\Phi}}$ 为约束方程对时间的微分，α、β 为 Baumgarte 违约控制算法的修正参数，当 α 与 β 取值相等时为临界阻尼，方程可快速收敛。通常 α、β 取 $[0,50]$ 的正实数，本节取 $\alpha = 5$，$\beta = 5$。当 α、β 均为零时，式(2.30)与式(2.29)一致。

2.2.2　含干摩擦转动副间隙的 3-RRPaR 空间并联机构动力学分析

不同间隙转动副之间的相互作用以及间隙效应与机械系统运动的耦合作用都使得空间并联机构呈现出复杂的动力学特性。为了采用相同的评价标准研究干摩擦间隙对并联机构动力学特性的影响，使用空间并联机构工程样机测试中最常用的圆形轨迹进行空载模拟分析。采用与理想转动副并联机构动力学响应的绝对误差，实时定量评估干摩擦间隙对空间并联机构的影响。此外，间隙效应对机构稳定后的运动特性影响更具工程价值，因此所选取的动力学响应为机构运动稳定后的两个可重复周期的响应。

本节针对不同工况条件下干摩擦间隙对空间并联机构动力学特性的影响展开研究，主要研究的影响因素包括运动轨迹、间隙值、运动速度及间隙转动副位置。末端执行器在空间并联机构中执行给定的工作路径，其动力学响应是动力学分析中首要关注的。此外，间隙转动副由于冲击碰撞其动力学特性也同样值得关注。

1. 含干摩擦间隙的空间并联机构动力学方程的求解流程

由 2.2.1 节中所集成空间并联机构的动力学方程(2.30)可知，含间隙多体系统的动力学方程形式是微分指数为 1 的 DAEs，通常采用常微分方程的数值解法对该方程进行求解。由于引入了接触碰撞现象，具有微分代数方程形式的多体系统动力学方程呈现高度非线性。为准确捕捉接触碰撞行为，采用 Runge-Kutta-Fehlberg 积分策略(Hairer et al., 1993)进行求解。含干摩擦间隙的 3-RRPaR 空间并联机构动力学仿真参数如表 2.2 所示。含干摩擦间隙的空间并联机构动力学方程的主要求解流程如图 2.7 所示，包括以下步骤。

(1) 读取系统初始拓扑结构，包括间隙几何参数变量、各构件几何参数变量和状态变量，其中状态变量可以通过多体系统运动学求解迭代获得。

(2) 建立间隙转动副运动学矢量模型。计算嵌入深度、偏心矢量、相对法向速度和相对切向速度及潜在接触点的位置向量，并判断接触类型及是否发生接触。

(3) 计算接触力。根据接触类型采用相应的接触力模型获取法向接触力和对应的切向摩擦力，集成接触力至广义外力矩阵。

(4) 求解 DAEs 形式的系统动力学方程。计算系统的质量矩阵、约束雅可比矩阵、广义力矩阵并组装成系统方程。将系统方程降阶并进行积分求解得到系统的状态变量。

(5) 更新系统拓扑结构。判断仿真是否完成，若完成，对每一时刻的状态变量进行保存；若未完成，将该步长求解结果作为初值，更新系统拓扑结构，进行下一积分步长求解。

表 2.2 含干摩擦间隙的 3-RRPaR 空间并联机构动力学仿真参数

参数名称	参数信息
轴套内径 R_i/m	0.0075
轴套外径 R_o/m	0.012
轴承长度 L_b/m	0.05
球头半径 R_{bj}/m	—
恢复系数 c_e	0.9
摩擦系数 μ_s, μ_k	0.1, 0.15
杨氏模量 E_b, E_j/GPa	200
泊松比 υ_b , υ_j	0.33, 0.29
积分步长/s	0.0001
积分方法	Runge-Kutta-Fehlberg

本节考虑位于末端执行器上的转动副全部为间隙转动副，各间隙转动副的几何参数和间隙仿真参数保持一致。在实际工程中，Delta 类高速空间并联机构通常在转动副销轴两侧安装包括碟形弹簧垫片和耐磨片等卡紧装置来尽可能减小轴向间隙。因此，轴向间隙 c_a 设置为 0.01mm 的定值。对于难以控制的径向间隙，高精密机械系统中间隙通常最大取转动副直径的 1%，结合实际工况径向间隙 c_r 取值为 0.1mm。若不作特殊说明，轴向间隙和径向间隙的默认取值均如上所述，末端执行器的运动轨迹规划如下，角速度 ω 默认设置为 4πrad/s。

$$\begin{cases} x_e = 0.03 - 0.03\cos(\omega t) \\ y_e = 0.03\sin(\omega t) \end{cases} \tag{2.31}$$

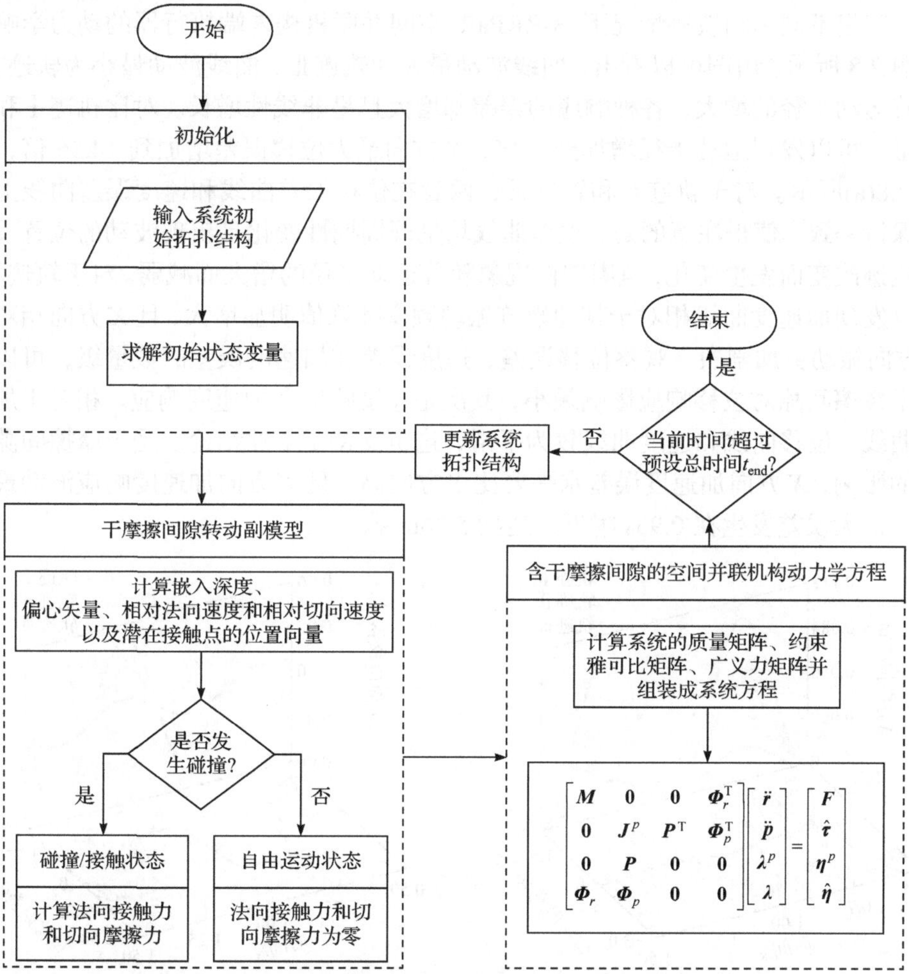

图 2.7　含干摩擦间隙的空间并联机构动力学方程主要求解流程

2. 运动轨迹对 3-RRPaR 空间并联机构动力学特性的影响

为了明确不同运动轨迹情况下干摩擦间隙对 3-RRPaR 空间并联机构动力学特性的影响，选取三组不同运动半径的轨迹来进行研究，如表 2.3 所示。三组运动轨迹中的运动角速度保持一致，均设置为 ω=4πrad/s。

表 2.3　3-RRPaR 空间并联机构的运动轨迹　　(单位：m)

轨迹类型	轨迹Ⅰ	轨迹Ⅱ	轨迹Ⅲ
公式	$\begin{cases} x_e = 0.01 - 0.01\cos(4\pi t) \\ y_e = 0.01\sin(4\pi t) \end{cases}$	$\begin{cases} x_e = 0.03 - 0.03\cos(4\pi t) \\ y_e = 0.03\sin(4\pi t) \end{cases}$	$\begin{cases} x_e = 0.05 - 0.05\cos(4\pi t) \\ y_e = 0.05\sin(4\pi t) \end{cases}$

三组不同运动轨迹情况下 3-RRPaR 空间并联机构末端执行器的动力学响应如图 2.8 所示。由图可以看出，曲线波动最大为轨迹Ⅲ，曲线波动最小为轨迹Ⅰ；随着运动半径的增大，各种响应的误差都增大且呈非线性增长。对比轨迹Ⅰ和轨迹Ⅲ，可以发现运动半径增加到 5 倍，X 方向最大位移误差增加到 14.56 倍，如图 2.8(a)所示。对于轨迹Ⅱ和轨迹Ⅲ，两者在位移误差曲线和速度误差曲线上基本保持一致。值得注意的是，误差曲线均呈现周期性变化且出现波动的位置没有随轨迹改变而发生变化，但周期性现象随着运动半径的增大而减弱。对于轨迹Ⅲ，可以发现加速度曲线相对于其他轨迹振动频率和峰值明显增大，且 X 方向相对于 Y 方向振动更加剧烈。观察位移误差、速度误差和加速度误差的数量级，可以发现干摩擦间隙对位移响应影响最小，其次是速度响应和加速度响应。相对于加速度曲线，位移曲线和速度曲线较为平滑，这也支持了上述结论。受干摩擦间隙效应的影响，X 方向加速度误差水平要比 Y 方向高，且 X 方向加速度响应波动最明显，最大误差发生在 0.95s 附近，达到 5.06m/s^2。

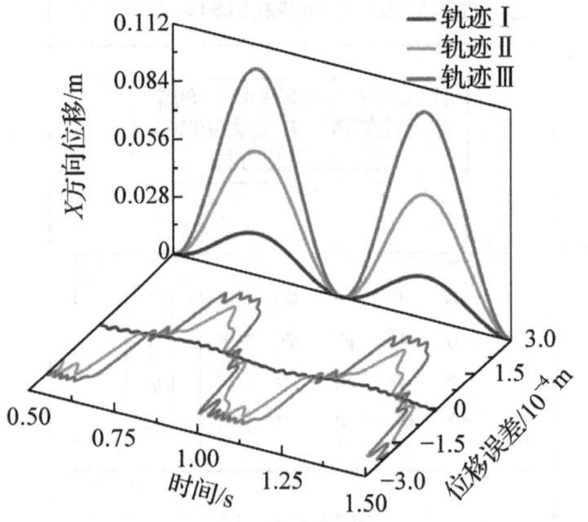

(a) X方向位移

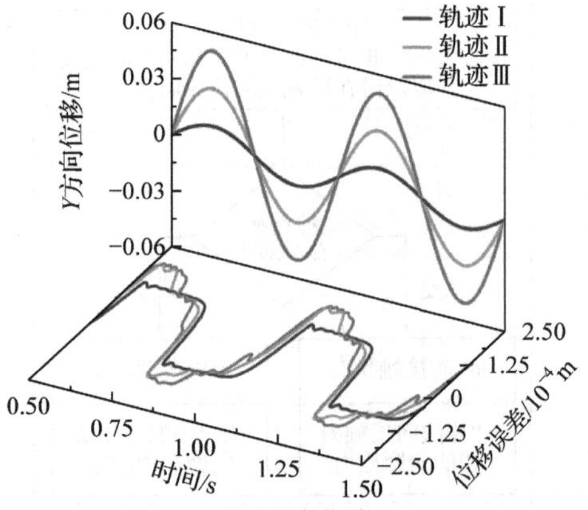

(b) Y方向位移

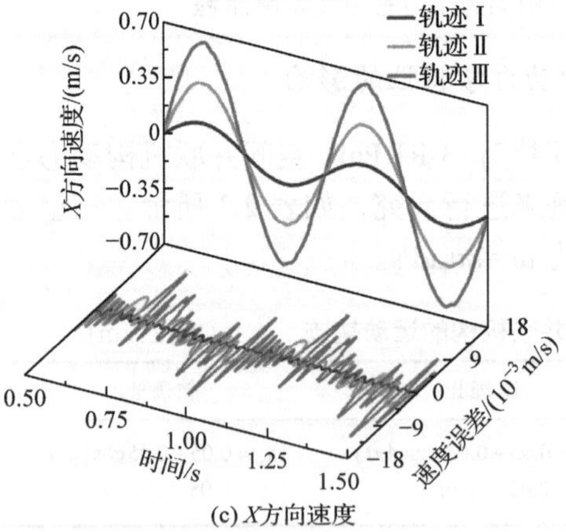

(c) X方向速度

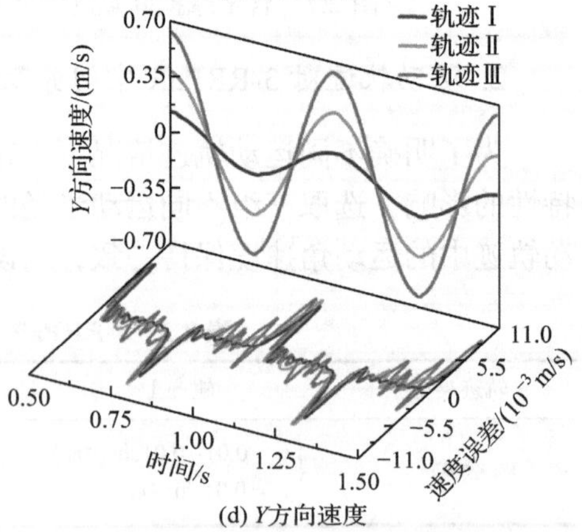

(d) Y方向速度

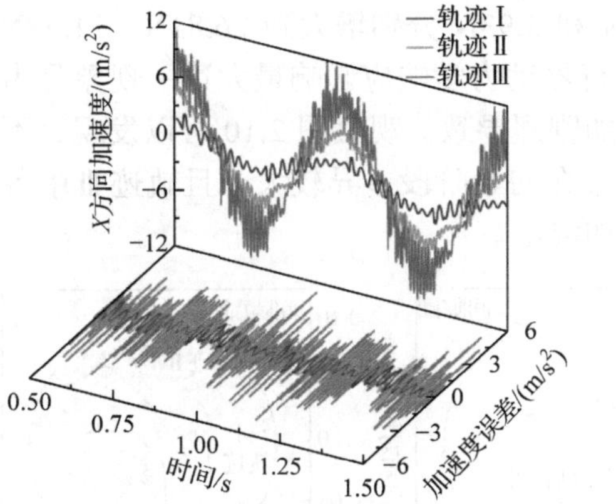

(e) X方向加速度

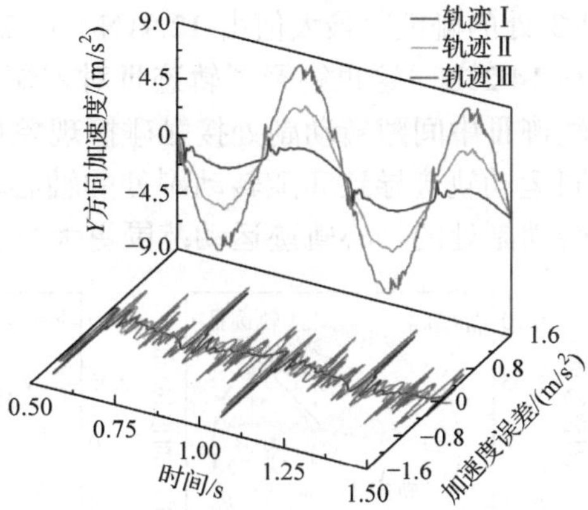

(f) Y方向加速度

图 2.8　不同运动轨迹情况下 3-RRPaR 空间并联机构末端执行器的动力学响应
(彩图请扫封底二维码)

不同运动轨迹时含干摩擦间隙转动副的碰撞力和轴心轨迹分别如图 2.9 和图 2.10 所示。由图可以明显看出，三种运动轨迹对应的转动副的碰撞力曲线都呈现周期性变化，且与末端执行器的运动周期相关。相对于轨迹Ⅰ，运动半径最大的轨迹Ⅲ的碰撞力曲线中出现了高频响应且振动频率较大，转动副 R1、R2 和

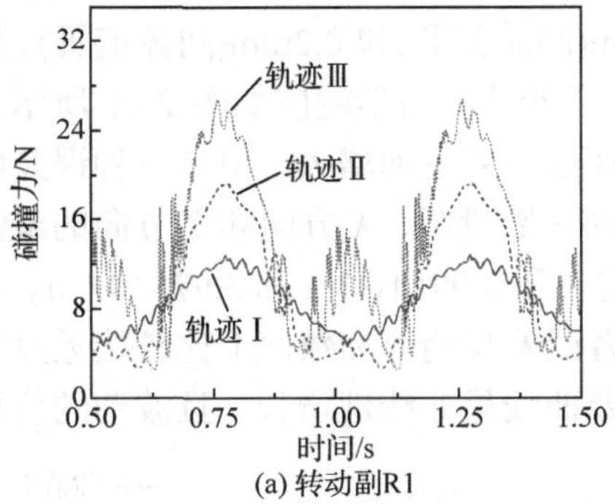

(a) 转动副R1

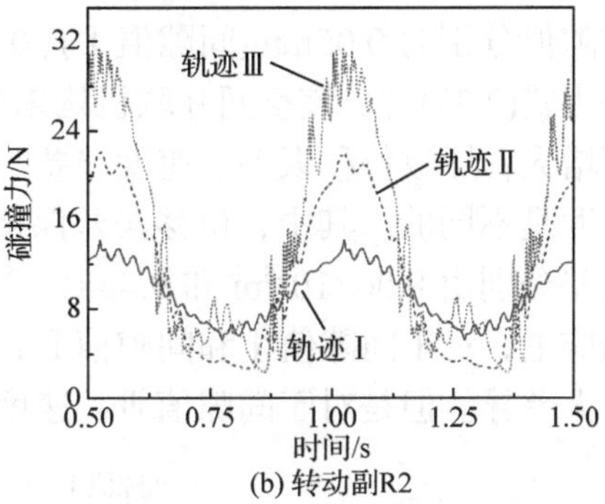

(b) 转动副R2

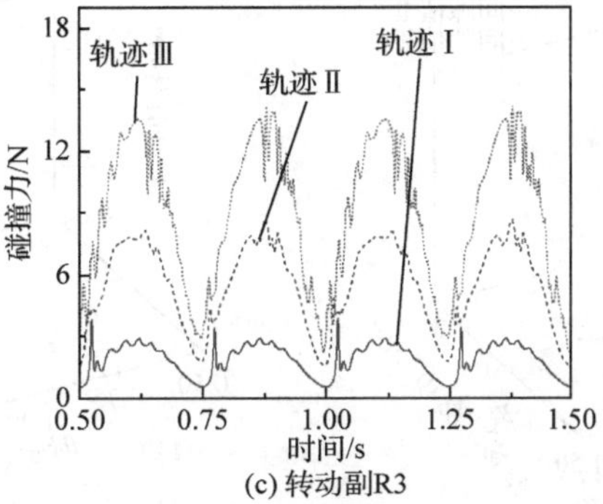

(c) 转动副R3

图 2.9　不同运动轨迹时含干摩擦间隙转动副的碰撞力

R3 处的碰撞力最大值由 12.91N、14.24N 和 3.93N 分别增大到 26.81N、31.48N 和 14.21N。这也解释了轨迹Ⅲ对末端执行器动力学响应影响最大这一现象是由轨迹Ⅲ中间隙转动副处接触碰撞现象更加剧烈导致。观察图 2.10 可以发现，不同运动轨迹导致间隙转动副处的轴心轨迹在初始阶段差异较大，且轨迹Ⅲ中各转动副处的轴心轨迹运动范围更大且更加混乱。

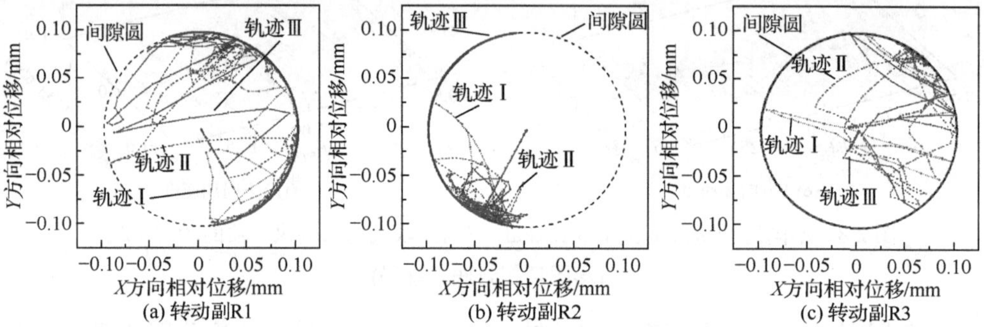

图 2.10　不同运动轨迹时含干摩擦间隙转动副的轴心轨迹

3. 间隙值对 3-RRPaR 空间并联机构动力学特性的影响

进一步探讨间隙值对 3-RRPaR 空间并联机构动力学特性的影响，选取的径向间隙值分别为 0.05mm(间隙值Ⅰ)、0.1mm(间隙值Ⅱ)和 0.2mm(间隙值Ⅲ)。执行轨迹为式(2.31)时，该空间并联机构末端执行器的动力学响应如图 2.11 所示。间隙值增大，导致位移误差、速度误差和加速度误差迅速增大，但是三种误差的增长速度是不同的。其中，位移误差保持在同一数量级，X 方向和 Y 方向的最大位移误差分别由 8.06×10^{-5}m 和 9.46×10^{-5}m 增大到 3.99×10^{-4}m 和 3.97×10^{-4}m。在速度响应上，对于间隙值Ⅰ和间隙值Ⅱ，两者误差在趋势和数值上比较接近没有出现巨大差异。但是对于间隙值Ⅲ，速度误差曲线呈非线性增长，且波动的位置和

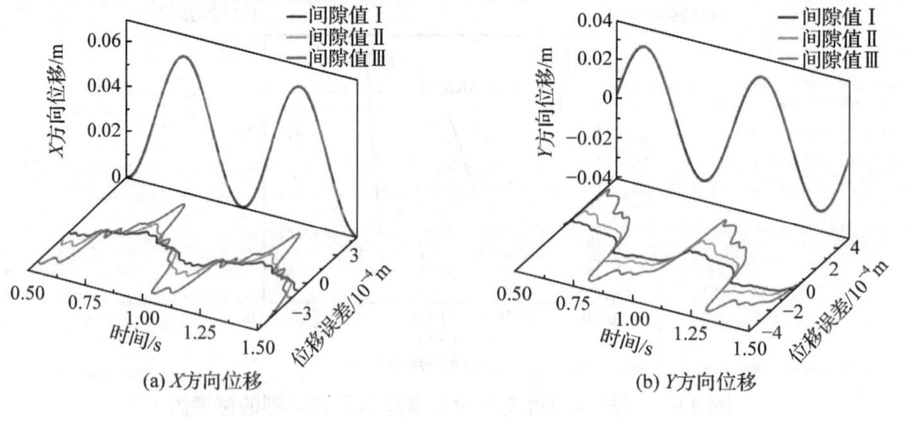

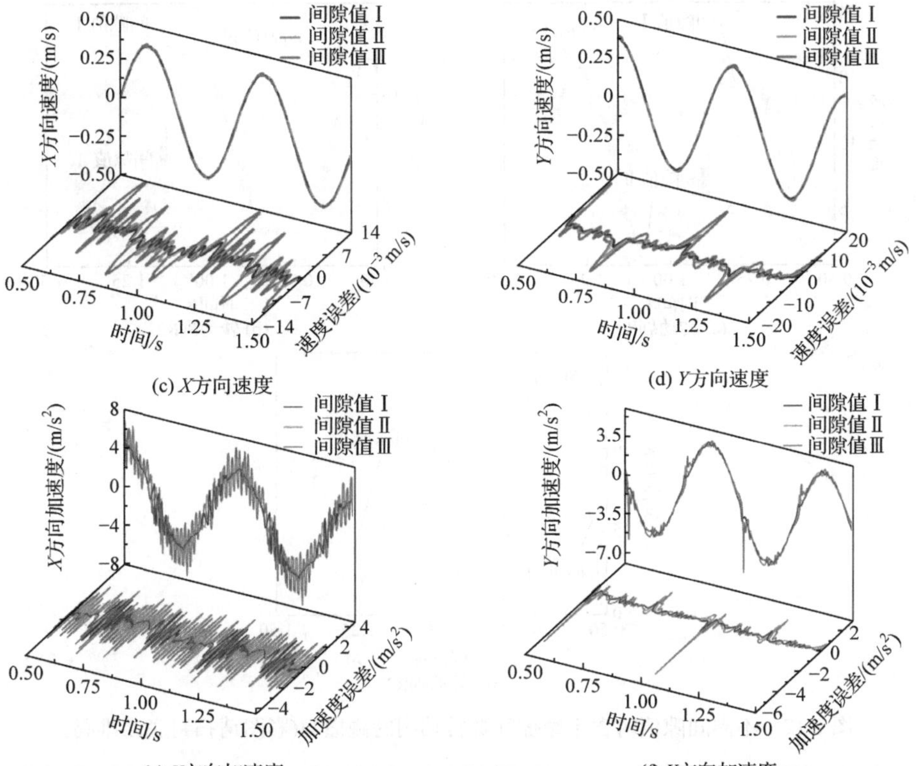

(c) X方向速度　(d) Y方向速度

(e) X方向加速度　(f) Y方向加速度

图 2.11　不同间隙时 3-RRPaR 空间并联机构的末端执行器的动力学响应
(彩图请扫封底二维码)

趋势同前两种情况存在巨大差异，类似的现象也出现在加速度响应曲线上。应当注意的是，随着间隙值的增大，在 X 方向上加速度响应的波动更加频繁且峰值有所增加，对于间隙值Ⅲ，波动一直持续在整个运动的过程中。而在 Y 方向上，加速度响应曲线的剧烈波动只出现在特定的位置上，此时，由接触碰撞引起的加速度误差最大达到-5.03m/s^2，为间隙值Ⅰ的 5.69 倍。

三种间隙值对应的含干摩擦间隙转动副的碰撞力和轴心轨迹分别如图 2.12 和图 2.13 所示。对于较小的间隙值Ⅰ，碰撞力曲线呈现出明显的规律性且波动平缓，这说明间隙转动副处碰撞现象时有出现但是并不剧烈。随着间隙值的增大，接触碰撞现象逐渐变得频繁、剧烈，碰撞力曲线上表现为振动密集、峰值增大且规律性减弱。此外，三种间隙值的轴心轨迹呈现出一定的相似性，都是经过若干次的碰撞后趋于稳定，然后保持连续接触状态。但是，间隙值Ⅲ对应的轴心轨迹更加不规则，这也说明了此时接触碰撞现象剧烈扰动了转动副处元素的相对运动状态，给各构件带来了振动与冲击，最终导致机构的性能受损。

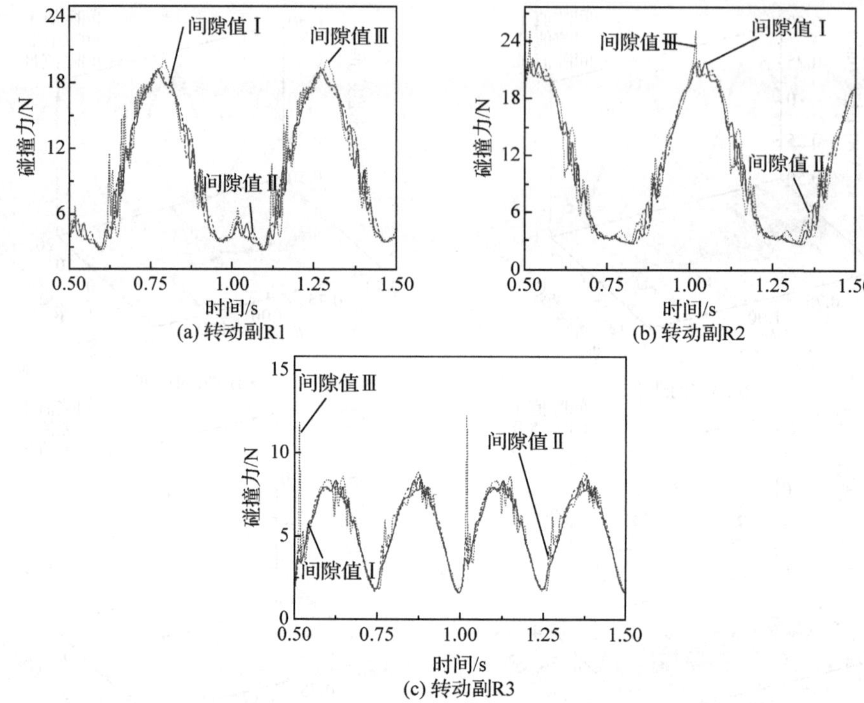

图 2.12 不同间隙值时含干摩擦间隙转动副的碰撞力(彩图请扫封底二维码)

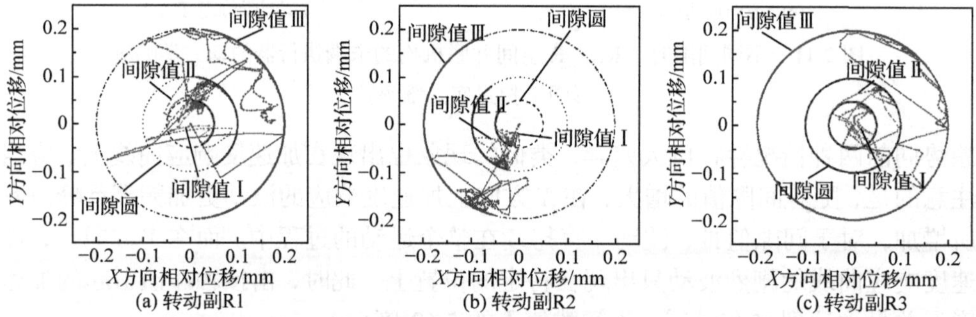

图 2.13 不同间隙值时含干摩擦间隙转动副的轴心轨迹

4. 运动速度对 3-RRPaR 空间并联机构动力学特性的影响

分析机构末端执行器的运动速度对该空间并联机构动力学特性的影响，对比不同运动速度下末端执行器的动力学响应，当机构的运动速度分别为 ω=3πrad/s、ω=4πrad/s 和 ω=5πrad/s 时，对应的结果如图 2.14 所示。由图可以看出，X 方向的响应对运动速度更为敏感，运动速度由 ω=3πrad/s 增加到 ω=4πrad/s 时响应误差变化明显；Y 方向的响应误差随着运动速度的增大有所增大，但是依然维持在相同的误差水平。这是由于随着运动速度的增大，间隙转动副处的元素碰撞更加频繁和剧烈，所引起的冲击和碰撞通过构件传递至末端执行器，运动轨迹与预设轨迹偏离，从而促使转动副关节元素的持续碰撞。这也表明转动副的接触特性和

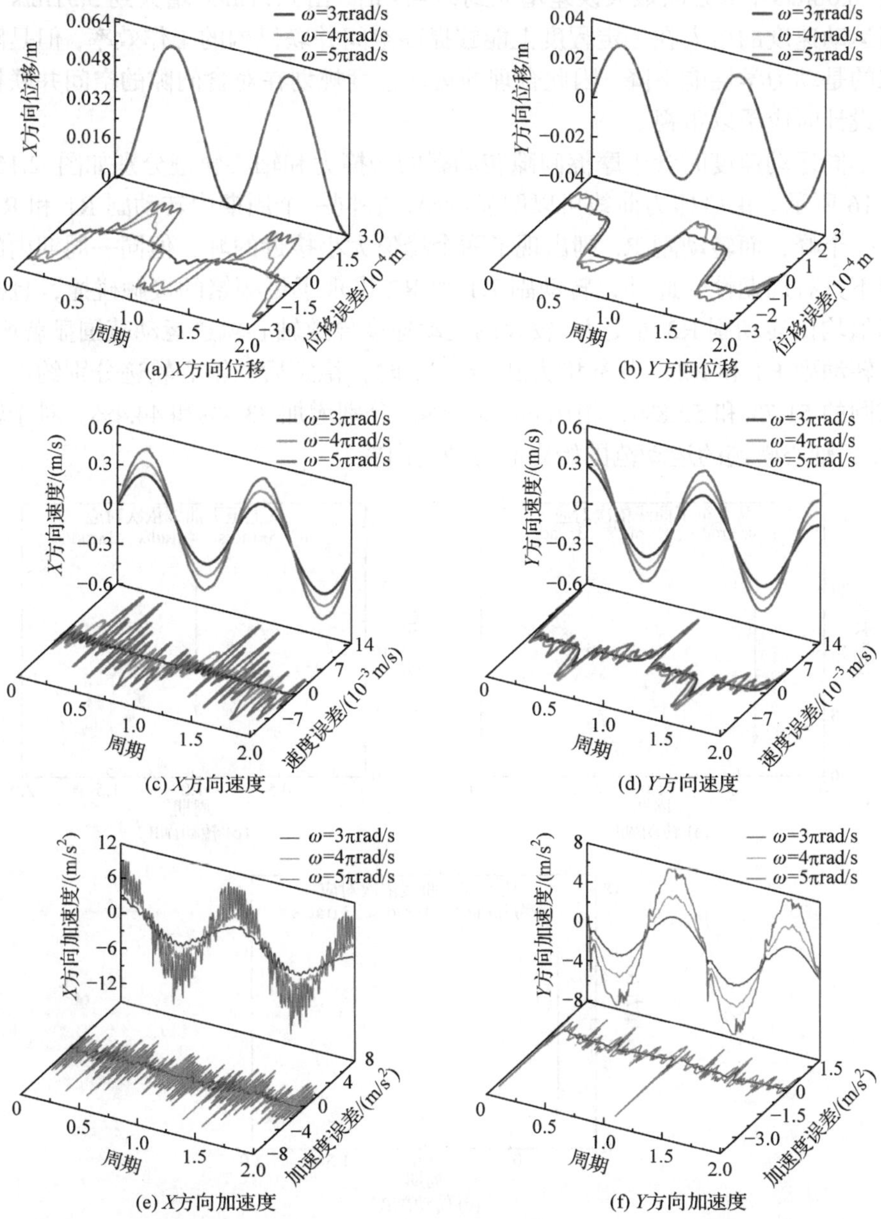

图 2.14　不同运动速度时 3-RRPaR 空间并联机构的末端执行器的动力学响应

(彩图请扫封底二维码)

机构的运动特性密切相关。通过加速度曲线和对应的误差曲线可以发现，随着机构运动速度的增大，X 方向的最大误差发生在第 0.282 个周期附近，由-1.03m/s^2变为-6.08m/s^2，Y 方向最大误差增大到约 4.9 倍，由 0.71m/s^2 增大到 3.51m/s^2。这表明运动速度的增大在一定程度上能够提高空间并联机构的工作效率，但是随之而来的是动力学性能下降，因此合理的运动速度规划在对含间隙的空间并联机构进行设计时应予以重视。

不同运动速度时含干摩擦间隙转动副的碰撞力和轴心轨迹分别如图 2.15 和图 2.16 所示。由碰撞力曲线可以明显看出，在同一个周期内转动副 R1 和 R2 呈现出一个峰，而转动副 R3 则出现了两个峰值大小接近的峰，但同一周期内的两个峰不具有周期性。此外，转动副 R1 和 R2 出现了更频繁的接触碰撞，且碰撞的幅值均比转动副 R3 处更大。较大的运动速度导致轴心轨迹运动范围显著增大，对于转动副 R1 和 R2，当 ω 增大到 5πrad/s 时，稳定后的轴心轨迹分别约占轴套间隙圆的 51.7%和 52.8%，相比 ω=3πrad/s，分别增加 33.8%和 44.4%。对于转动副 R3，轴心轨迹的运动范围始终遍历轴套内壁。

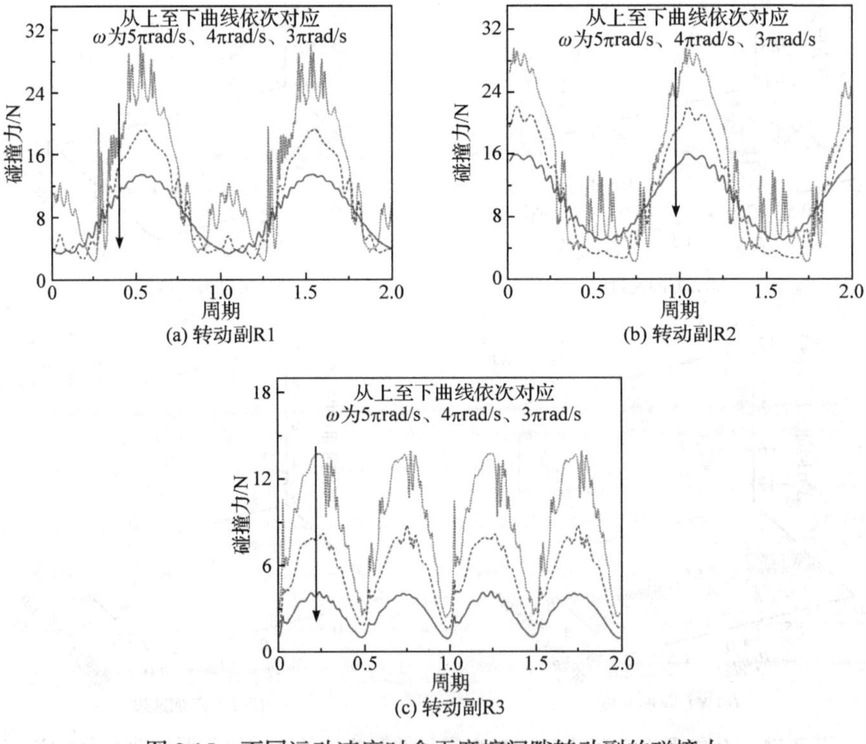

图 2.15　不同运动速度时含干摩擦间隙转动副的碰撞力

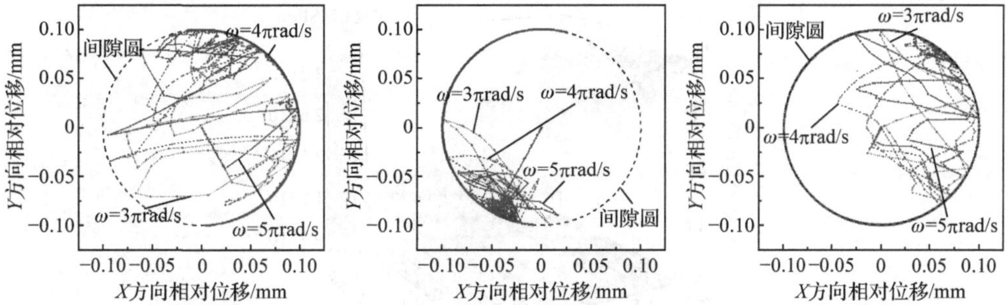

(a) 转动副R1　(b) 转动副R2　(c) 转动副R3

图 2.16　不同运动速度时含干摩擦间隙转动副的轴心轨迹

5. 间隙转动副位置对 3-RRPaR 空间并联机构动力学特性的影响

识别间隙转动副位置对空间并联机构动力学特性的影响，对明确各转动副间隙的重要程度及简化系统动力学模型具有重要的价值。为此，研究不同位置的间隙转动副在不同运动速度和间隙值情况时，间隙效应导致的末端执行器动态响应与理想动态响应(不考虑运动副间隙)之间的差异。采用均方根误差(root mean square error, RMSE)定量评估在整个工况周期内干摩擦间隙对不同动力学响应造成的误差：

$$\mathrm{RMSE}(y)=\sqrt{\frac{1}{m}\left[\sum_{i=1}^{m}\left(y^{(i)}-y_{\mathrm{p}}^{(i)}\right)^{2}\right]} \tag{2.32}$$

式中，m 为采样点的数量；$y^{(i)}$ 和 $y_{\mathrm{p}}^{(i)}$ 分别为考虑干摩擦间隙的空间并联机构的响应值和不考虑间隙的理想空间并联机构的响应值。

图 2.17 和图 2.18 为间隙转动副位置对末端执行器位移 RMSE 的影响。可以发现，尽管间隙转动副位置不同，但位移 RMSE 与末端执行器的运动速度呈正相关关系，与间隙值的关系没有明确的规律。应当注意的是，当末端执行器运动

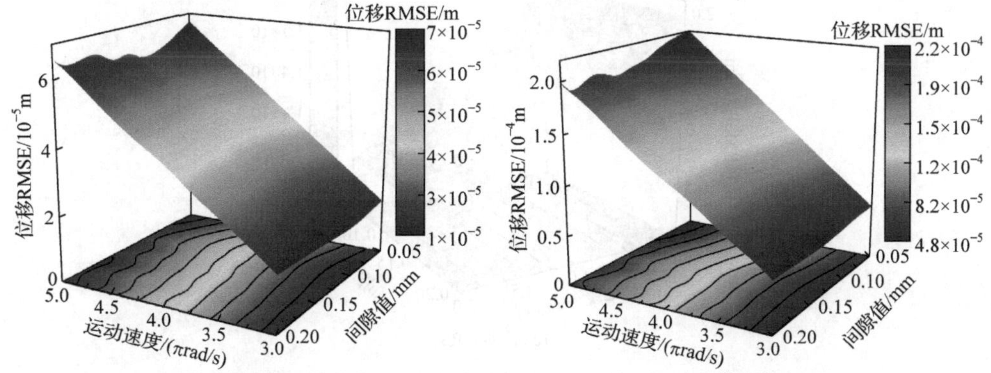

(a) 转动副R1　(b) 转动副R2

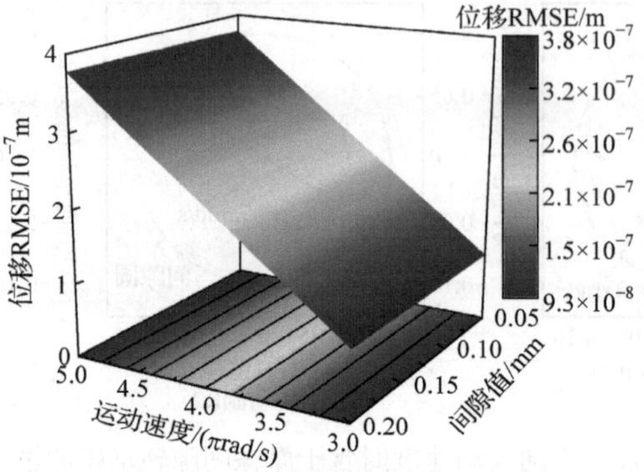

(c) 转动副R3

图 2.17　间隙转动副位置对末端执行器 X 方向位移 RMSE 的影响

速度较大时，间隙值在[0.05mm, 0.10mm]内位移 RMSE 随着间隙值的减小反而增大。这表明，转动副具有小间隙值时机构不一定具有最好的动力学性能，间隙值的选取应谨慎。转动副 R3 对位移 RMSE 的影响相比转动副 R1 和 R2 差 2～3 个数量级，结合投影等高线也可以发现转动副 R3 对不同的间隙值不敏感。

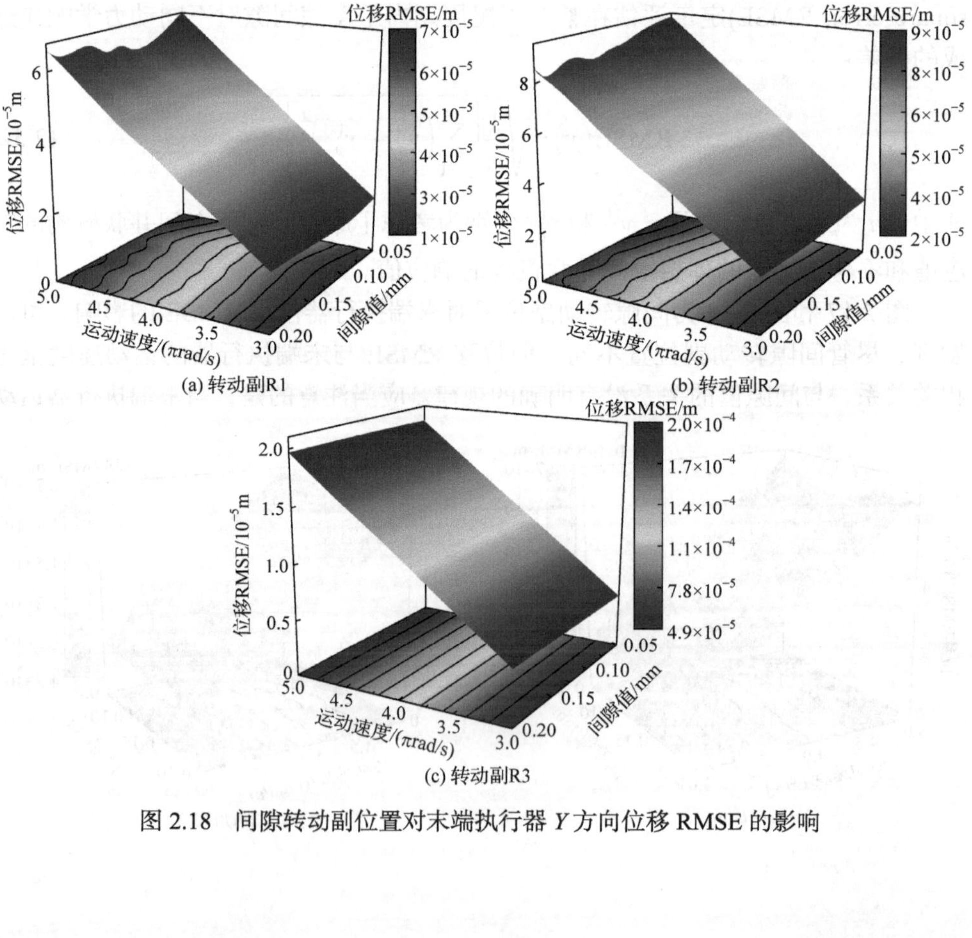

(a) 转动副R1　　(b) 转动副R2

(c) 转动副R3

图 2.18　间隙转动副位置对末端执行器 Y 方向位移 RMSE 的影响

图 2.19 和图 2.20 给出了间隙转动副位置对末端执行器速度 RMSE 的影响。由图可知，对于转动副 R1 和 R2，仅在间隙值小于 0.10mm、运动速度小于 3.5πrad/s 时，速度 RMSE 的水平保持在较低的范围内。随着运动速度和间隙值的同时增大，转动副 R1 和 R2 处所构成的关系曲面不再平滑，这意味着间隙值、运动速度和速度 RMSE 三者的关系更加复杂，而转动副 R3 处这种关系比较明确。

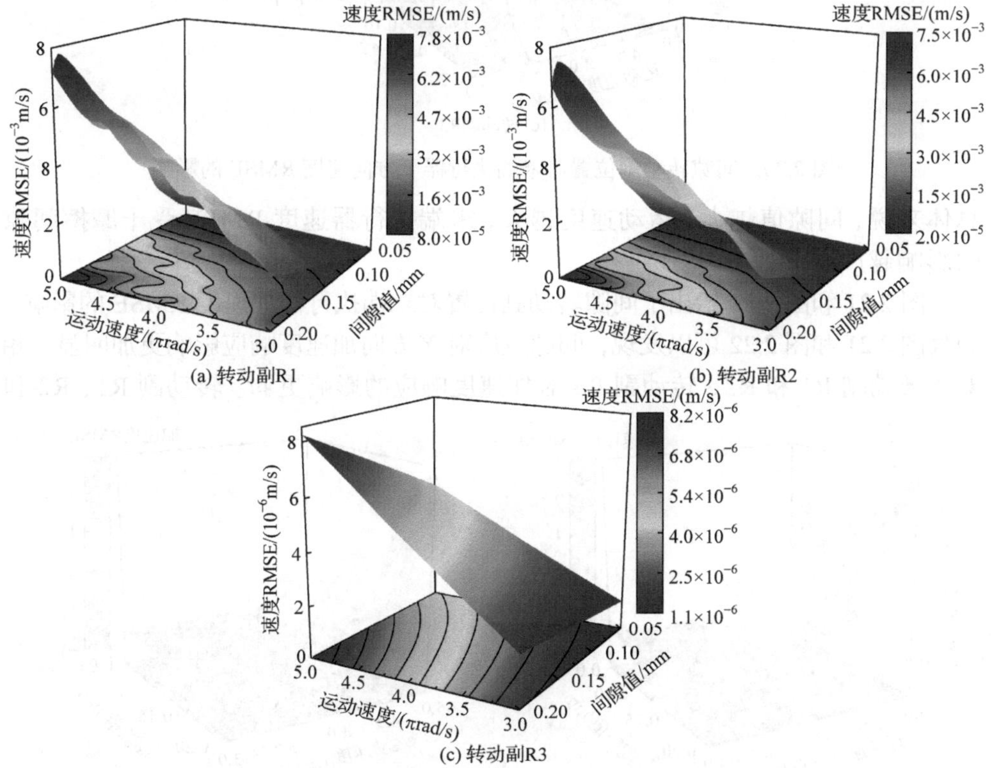

(a) 转动副R1　(b) 转动副R2　(c) 转动副R3

图 2.19　间隙转动副位置对末端执行器 X 方向速度 RMSE 的影响

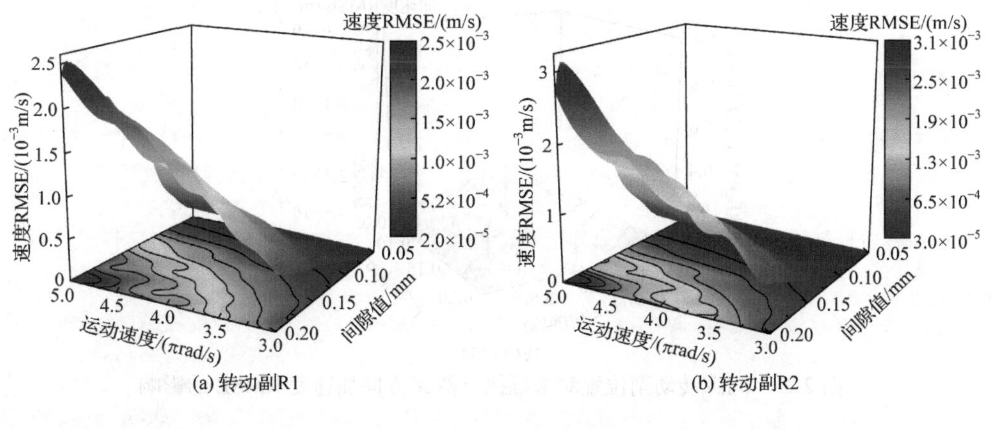

(a) 转动副R1　(b) 转动副R2

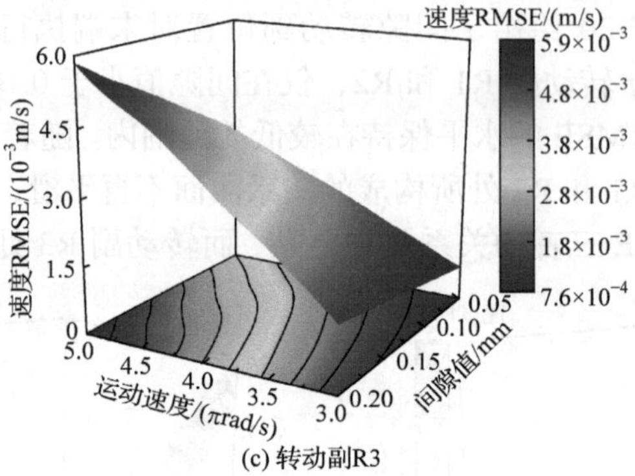

(c) 转动副R3

图 2.20　间隙转动副位置对末端执行器 Y 方向速度 RMSE 的影响

总体来说，间隙值越大、运动速度越大，末端执行器速度 RMSE 受干摩擦间隙的影响越严重。

图 2.21 和图 2.22 给出了间隙转动副位置对末端执行器加速度 RMSE 的影响。观察图 2.21 和图 2.22 可以发现，间隙效应对 X 方向加速度响应影响更加明显，相对于转动副 R1 和 R2，转动副 R3 对加速度响应的影响更弱。转动副 R1、R2 和

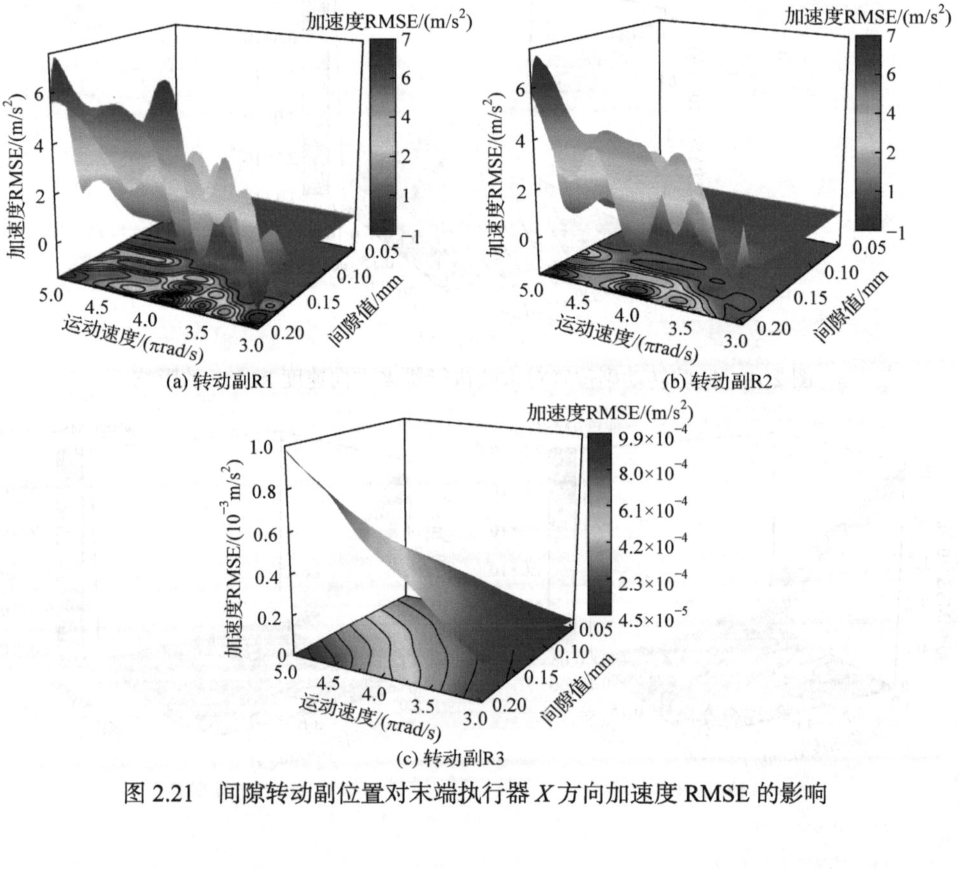

(a) 转动副R1　　(b) 转动副R2

(c) 转动副R3

图 2.21　间隙转动副位置对末端执行器 X 方向加速度 RMSE 的影响

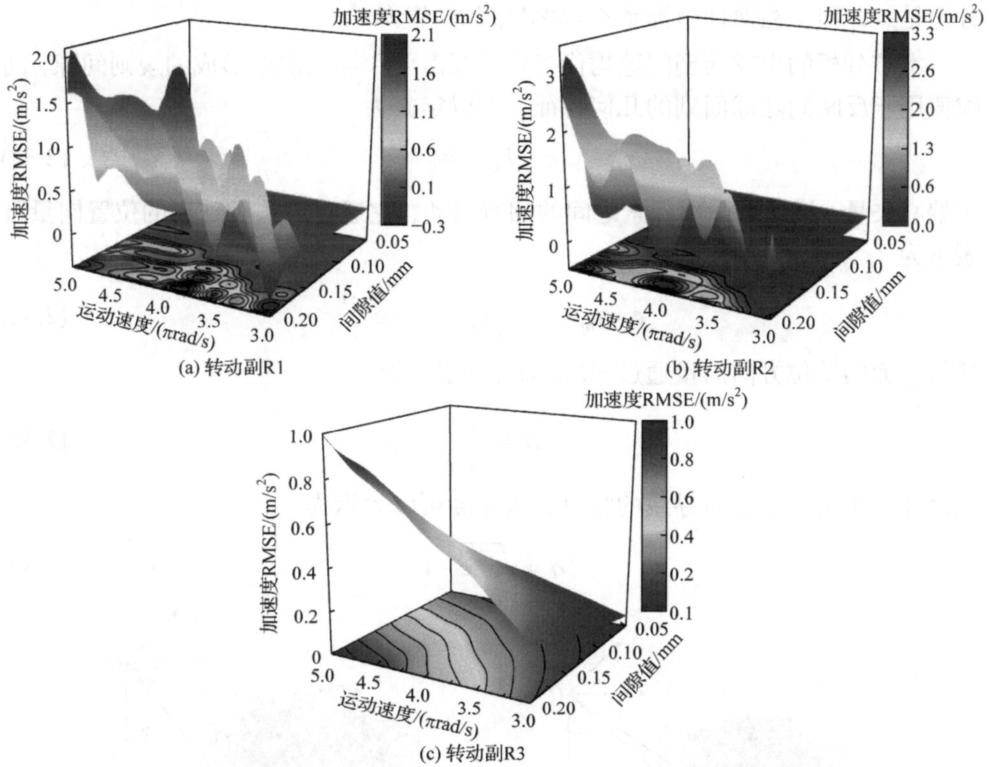

(a) 转动副R1　(b) 转动副R2　(c) 转动副R3

图 2.22　间隙转动副位置对末端执行器 Y 方向加速度 RMSE 的影响

R3 在 X 方向引起的加速度 RMSE 最大分别为 7.28m/s²、7.22m/s² 和 0.98×10⁻³m/s²。在 Y 方向上，转动副 R3 引起的加速度 RMSE 最大达到 1m/s²，要比 X 方向高出了约三个数量级。综上所述，可以发现转动副 R3 对该机构的动力学响应影响最小，因此在后续的分析过程中，为了减少计算量、简化建模分析过程，只考虑对系统动力学性能影响较大的转动副 R1 和 R2 为间隙转动副。

2.3　含干摩擦球面副间隙的 4-UPS-RPS 空间并联机构动力学建模与分析

2.3.1　含干摩擦球面副间隙的 4-UPS-RPS 空间并联机构动力学建模

1. 三维球面副间隙运动学模型

图 2.23 为三维球面副间隙示意图。由于间隙的引入，球面副释放了三个运动学约束，球头可以在球套内自由运动，仅由球面副元素之间产生的接触力约束控制。球面副关节的两个元素(球套和球头)的几何中心分别表示为 s_{i} 和 b_{j}。$\boldsymbol{r}_{\mathrm{si}}$ 和 $\boldsymbol{r}_{\mathrm{bj}}$

分别是点 s_i 和 b_j 在惯性坐标系 O - XYZ 中的位置向量。

本节分析的中球面副间隙均代表由装配需要和加工误差形成的规则间隙，间隙值用于反映间隙球面副的几何特征，可以定义为

$$c = R_{\mathrm{si}} - R_{\mathrm{bj}} \tag{2.33}$$

用偏心矢量 $\boldsymbol{e}$ 描述球面副元素之间的相对运动，它通过球头和球套的位置向量可表示为

$$\boldsymbol{e} = \boldsymbol{r}_{\mathrm{bj}} - \boldsymbol{r}_{\mathrm{si}} = \begin{bmatrix} e_x & e_y & e_z \end{bmatrix}^{\mathrm{T}} \tag{2.34}$$

接触平面的单位方向向量通过式(2.34)可以定义为

$$\boldsymbol{n} = \frac{\boldsymbol{e}}{\| \boldsymbol{e} \|} \tag{2.35}$$

接触体发生接触碰撞时导致的相对嵌入深度可以表示为

$$\delta = \sqrt{\boldsymbol{e}^{\mathrm{T}} \boldsymbol{e}} - c \tag{2.36}$$

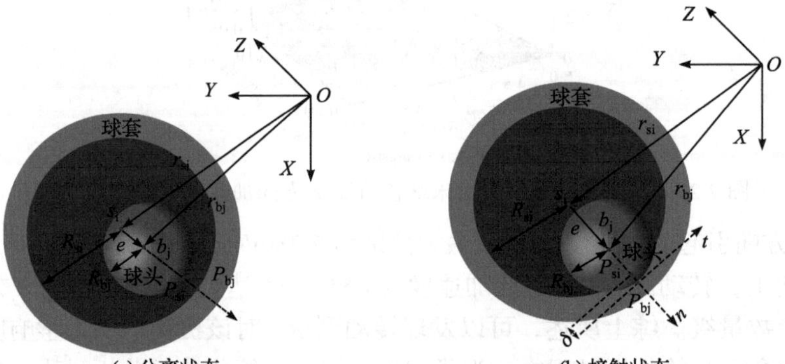

图 2.23　三维球面副间隙示意图

球头和球套上潜在接触点 P_{si} 和 P_{bj} 的位置向量可以表示为

$$\begin{aligned} \boldsymbol{r}_{\mathrm{si}}^{P} &= \boldsymbol{r}_{\mathrm{si}} + \boldsymbol{n} R_{\mathrm{si}} \\ \boldsymbol{r}_{\mathrm{bj}}^{P} &= \boldsymbol{r}_{\mathrm{bj}} + \boldsymbol{n} R_{\mathrm{bj}} \end{aligned} \tag{2.37}$$

接触体之间的相对法向速度和相对切向速度分别表示为

$$\begin{aligned} \boldsymbol{v}_{\mathrm{n}} &= \left(\dot{\boldsymbol{r}}_{\mathrm{bj}}^{P} - \dot{\boldsymbol{r}}_{\mathrm{si}}^{P} \right)^{\mathrm{T}} \boldsymbol{n} \\ \boldsymbol{v}_{\mathrm{t}} &= \left(\dot{\boldsymbol{r}}_{\mathrm{bj}}^{P} - \dot{\boldsymbol{r}}_{\mathrm{si}}^{P} \right)^{\mathrm{T}} \boldsymbol{t} \end{aligned} \tag{2.38}$$

式中，$\dot{\boldsymbol{r}}_{\mathrm{bj}}^{P}$ 和 $\dot{\boldsymbol{r}}_{\mathrm{si}}^{P}$ 分别为潜在接触点 P_{bj} 和 P_{si} 的速度，由式(2.37)对时间求一阶导得

到；$\boldsymbol{n}$ 和 $\boldsymbol{t}$ 分别为接触平面的法向单位向量和切向单位向量，用于表示摩擦力的作用方向。

同三维转动副类似，球面副元素的相对运动状态也可通过相对嵌入深度 δ 识别，判别公式和接触时刻检测可采用式(2.11)和式(2.12)。

2. 接触力模型

对于球头和球套之间的共形接触，基于 Winkler 弹性基础和赫兹应力分布获得球面副间隙的力-位移关系(Liu et al.，2006)。接触区域内的球头被假定为弦长是 l 的刚性锥体。沿刚性锥体轮廓的 Z 轴上接触应力呈椭圆分布。球套建模成 Winkler 弹性地基，如图 2.24 和图 2.25 所示。图中，R_{si} 和 R_{bj} 分别为球套和球头的半径，c 和 ε 分别为间隙值和半接触角。

沿刚性锥体轮廓的压力分布可以写为

$$p(x)=p_0\left[1-\left(\frac{x}{l}\right)^2\right]^{1/2} \tag{2.39}$$

式中，x 为从刚性轮廓上的点到中心法线的距离。

球套和球头的径向位移分别为 u_1 和 u_2，夹角为 φ_a。由于间隙值 c 与 R_{si} 和 R_{bj} 相比很小，接触中的位移边界条件应满足以下几何关系：

$$u_1-u_2=\delta\cos\varphi_a-c(1-\cos\varphi_a) \tag{2.40}$$

使 $u_1-u_2=0$，由式(2.40)可以确定半接触角：

$$\cos\varepsilon=\frac{c}{(c+\delta)} \tag{2.41}$$

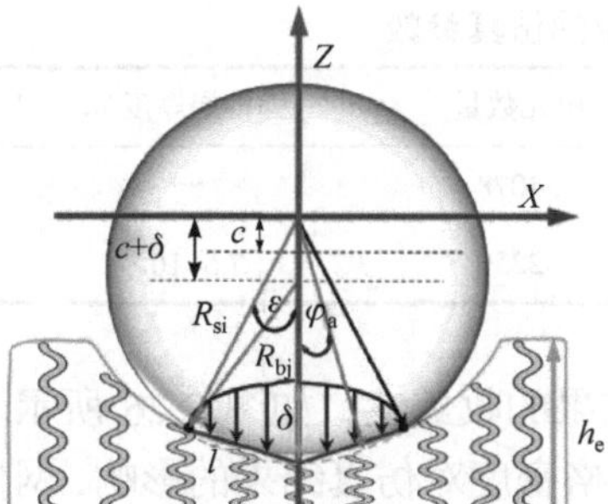

图 2.24　球面副共形接触示意图

图 2.25　球面副有限元网格

此外，弦长 l 可以根据图 2.24 中的几何关系得到

$$l=R_{si}\sqrt{(1-\cos\varepsilon)^2+\sin^2\varepsilon}=2R_{si}\sin\left(\frac{\varepsilon}{2}\right) \tag{2.42}$$

基于 Winkle 弹性地基的假设，界面点处的接触压力仅取决于对应点的弹性位移。最大接触压力 p_0 可以表示为接触中心处变形量 δ 的函数(Johnson，1987)：

$$p_0 = \frac{kE^*\delta}{2h_e} \tag{2.43}$$

式中，k 由通过有限元方法(finite element method, FEM)仿真的结果确定；h_e 为弹性层的厚度；E^* 为复合杨氏模量。

令 $\kappa = 1.5k$，球头上的载荷与接触变形之间的关系为

$$F_n = 2\int_0^l p(x)\pi X \cos\left(\frac{\varepsilon}{2}\right)\mathrm{d}X = \kappa\frac{\pi E^* R_{si}^2\delta^2}{h_e(c+\delta)}\sqrt{\frac{2c+\delta}{2c+2\delta}} \tag{2.44}$$

为了在不同工况下获取最优的参数 κ，将该问题表述为求解式(2.45)的问题：

$$\min_{\kappa_i}\sum_{j=1}^{m}\left[y_{i,j} - \kappa_i\frac{\pi E^* R_{si}^2\delta_j^2}{h_e(c_i+\delta_j)}\sqrt{\frac{2c_i+\delta_j}{2c_i+2\delta_j}}\right]^2 \tag{2.45}$$

式中，κ_i 为不同间隙值 c_i 时的校正因子；$y_{i,j}$ 为 ABAQUS/Standard 模块分析中与间隙值 c_i 和变形量 δ_j 相关的载荷。

使用 ABAQUS/Standard 模块分析确定与变形量 δ_j 相关的载荷 $y_{i,j}$。将该问题简化为二维轴对称问题，可以大幅减少计算成本。图 2.25 给出了球面副间隙关节的结构化网格，其中接触区域网格是经过细化的。相关仿真参数见表 2.4。对于精密机械系统，最大间隙值通常为球面副直径的 1/100(阎绍泽等，2016)，球套半径为 22.5mm，间隙值 $c_i(i=1,2,\cdots,5)$ 分别取 0.1mm、0.2mm、0.3mm、0.4mm 和 0.5mm。

表 2.4　ABAQUS/Standard 分析中的仿真参数

球面副元素	材料	复合杨氏模量/GPa	泊松比	单元数量	弹性层厚度/m
球头	钢	200	0.33	54078	—
球套	铝合金	71	0.3	32250	7.5×10^{-3}

使用不同的网格密度和约束施加方法来测试结果的收敛性，如图 2.26 所示。将轴套中心位置 Z 方向的变形量作为指标，评估网格密度对仿真结果的影响，网格细化区域每侧的种子数量每次增加 5，细化区域内不同网格密度对应的响应曲线如图 2.26(a)所示，可以看出，当该区域的种子数量达到 55×55 时，变形量达到收敛，进一步的网格细化对结果影响较小。静态求解过程中的后续模拟案例都是根据该网格密度计算得到的。三种约束强制方法获得的结果非常相似，如图 2.26(b)所示。经过网格独立性评估，将球套划分为 141799 个非协调轴对称应力单元。

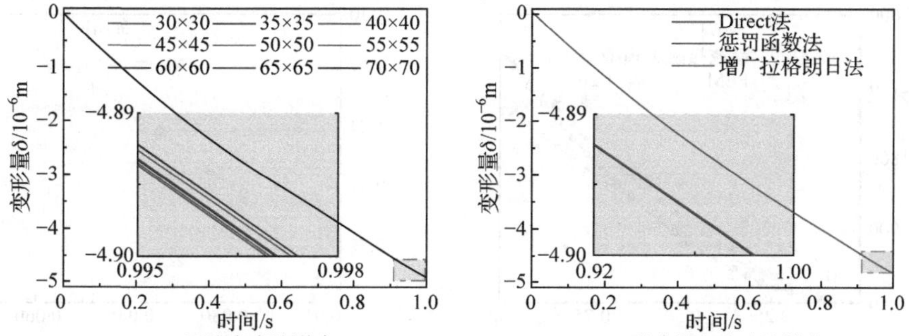

(a) 网格密度的影响　(b) 约束施加方法的影响

图 2.26　网格收敛性验证(彩图请扫封底二维码)

将式(2.45)作为目标函数，通过 MATLAB 遗传算法工具箱求解获得与 c_i 对应的参数 κ_i，如图 2.27(a)～(e)所示。校正因子 κ 为 c/h_e 的函数，其近似表达式通过非线性最小二乘拟合得到：$\kappa=\left(3.525c/h_e\right)^{0.3811}$，其计算流程如图 2.28 所示。图 2.27(a)～(e)表明，FEM 结果(ABAQUS/ Standard)和赫兹接触力模型结果之间的差异随着间隙值的增大而减小；在虚线方框区域(i)中，赫兹接触力模型表现更好，对应于较小的变形量(小于 2×10^{-6}m)。在本节间隙值的范围内，将球面副间隙

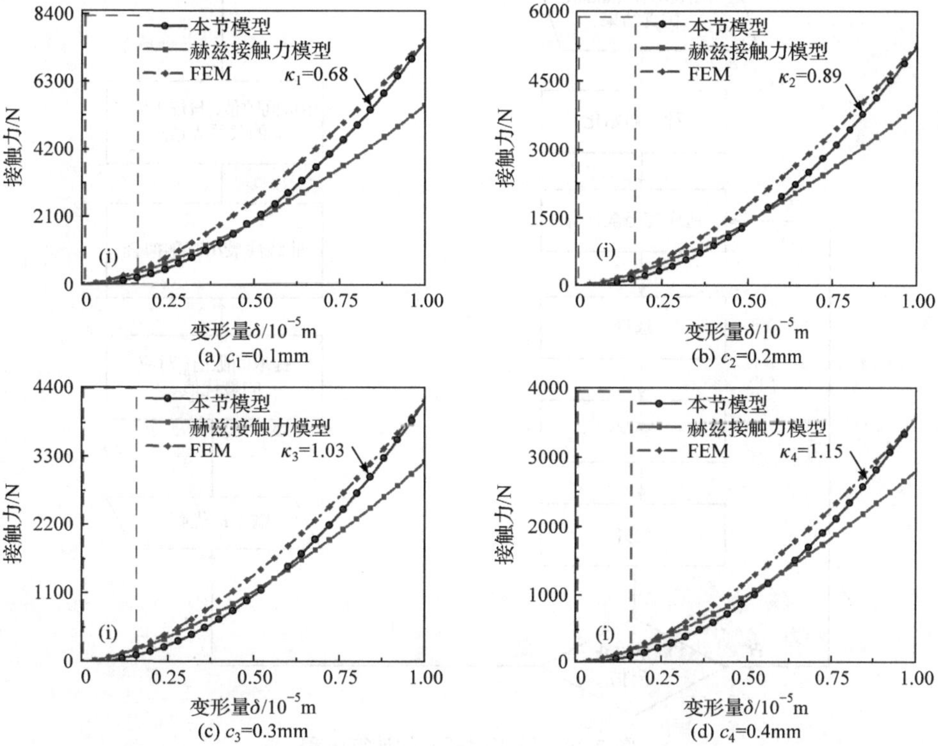

(a) c_1=0.1mm　(b) c_2=0.2mm

(c) c_3=0.3mm　(d) c_4=0.4mm

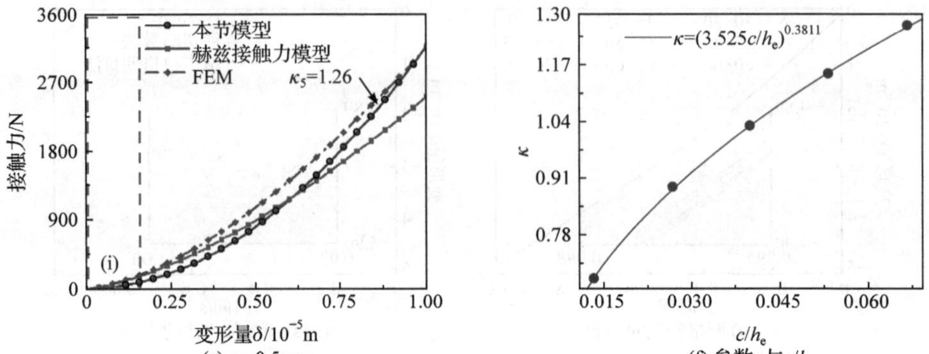

(e) c_5=0.5mm　(f) 参数κ与c/h_e

图 2.27　不同间隙值时的力-变形曲线

的接触建模为共形接触是合理的。此外，结果也证实了赫兹接触力模型在描述大间隙尺寸的接触问题时具有良好的性能。

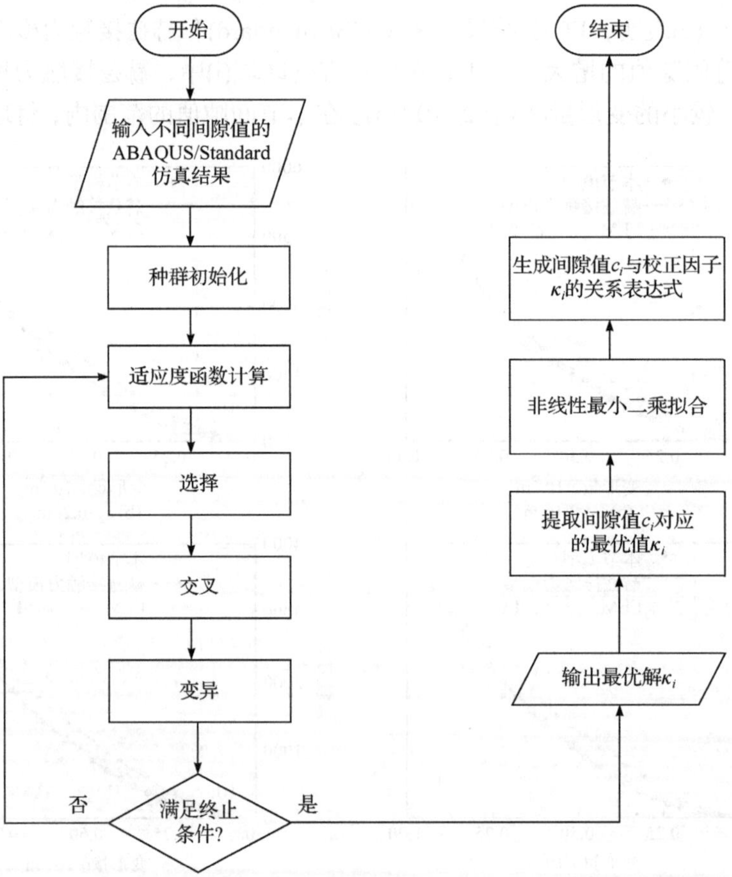

图 2.28　校正因子 κ 的计算流程

描述球面副间隙共形接触行为的力-位移关系可表示为

$$F_{\mathrm{n}}^{m}=\frac{\pi E^{*}R_{\mathrm{s}}^{2}\delta^{2}}{h_{\mathrm{e}}(c+\delta)}\sqrt{\frac{2c+\delta}{2c+2\delta}}\left(\frac{3.525c}{h_{\mathrm{e}}}\right)^{0.3811} \tag{2.46}$$

接触过程中的能量损失表示为恢复系数和初始冲击速度的函数：

$$C_{m}=\frac{3(1-c_{\mathrm{e}})F_{\mathrm{n}}^{m}}{2\left(0.6181\mathrm{e}^{-3.52c_{\mathrm{e}}}+0.899\mathrm{e}^{0.09025c_{\mathrm{e}}}\right)c_{\mathrm{e}}\dot{\delta}^{(-)}} \tag{2.47}$$

式中，c_{e}为恢复系数；$\dot{\delta}^{(-)}$为初始冲击速度。结合式(2.46)和式(2.47)，共形接触力模型可以表示为

$$F_{\mathrm{N}}=F_{\mathrm{n}}^{m}+C_{m} \tag{2.48}$$

图 2.29 给出推导的共形接触力模型中接触力、间隙值和变形量之间的关系。由图可知，共形接触模型刚度不恒定，接触力在间隙值小且变形量较大的区域变化较快，在大间隙值和小变形量的区域变化缓慢。间隙球面副处的切向摩擦行为采用式(2.19)所示 Brown-McPhee 静态摩擦模型描述。作用在球套所在构件质心处的力和力矩采用式(2.20)计算。

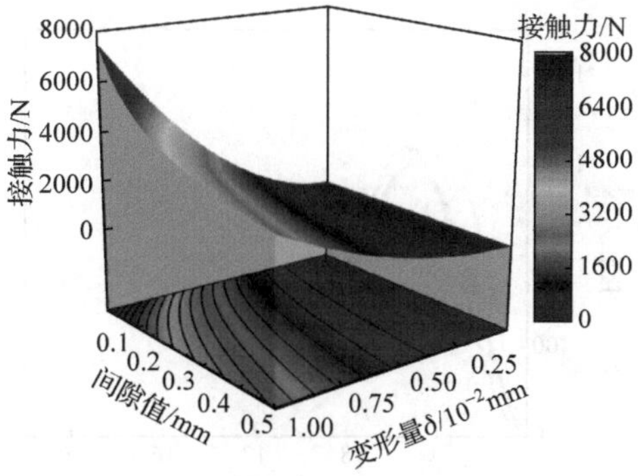

图 2.29　共形接触力模型

3. 接触力模型验证

本节采用与其他接触力模型对比、与商业软件仿真结果对比以及应用到计算力学领域的经典接触算例三种方式来进一步验证提出的共形接触力模型的有效性。

球头和球套的瞬态冲击模型如图 2.30 所示。采用连续接触力模型来描述图 2.30 中的共形接触事件，其中恢复系数设置为 0.9，球的半径和间隙值分别为 22.5mm 和 0.1mm，材料属性与表 2.4 中一致。

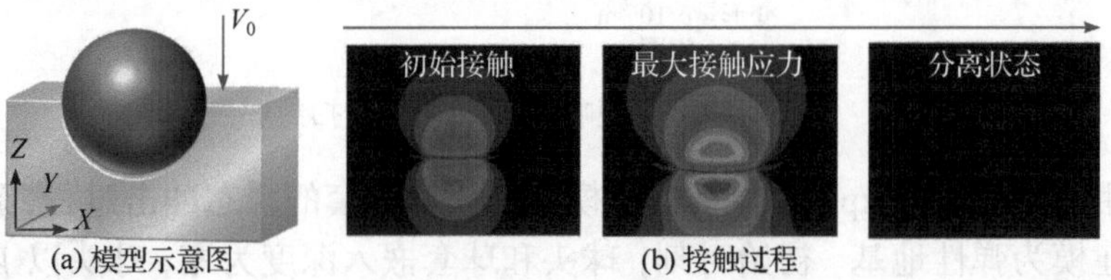

(a) 模型示意图　(b) 接触过程

图 2.30　球头和球套的瞬态冲击模型

由图 2.31(a)可知，由弹性地基理论导出的共形接触力模型(本节模型)具有最大的接触力峰值，其次是 Lee 和 Wang 模型，Gharib 和 Hurmuzlu 模型具有最小的接触力峰值。在这种工况条件下，Gharib 和 Hurmuzlu 模型具有最长的接触时间，且在最短的时间内达到最大接触力。由图 2.31(b)可知，Lee 和 Wang 模型具有最小的磁滞回线，这意味着该模型具有最低的能量耗散。因此，Lee 和 Wang 模型计算得到的分离速度最大，如图 2.31(c)所示。基于赫兹接触理论开发的前 8 个模型中接触力数值的差异主要取决于能量耗散项，因此能够准确描述能量耗散的模型(如 Flores 等的模型)更受欢迎。基于赫兹接触理论并能合理描述能量耗散的模型的滞回曲线分布位置相似，基于赫兹接触理论的接触力峰值均小于能够更好地描述共形接触的本节模型(图 2.31(b))，类似的现象也出现在已发表的文献中(Pereira et al.，2011；2015)。

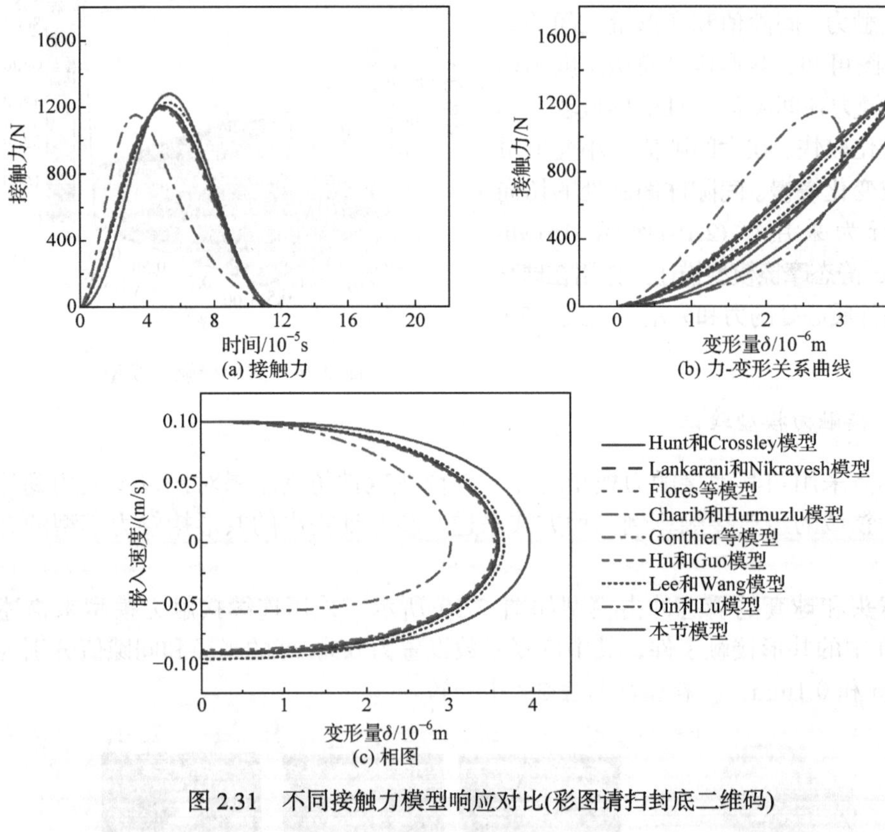

(a) 接触力　(b) 力-变形关系曲线　(c) 相图

图 2.31　不同接触力模型响应对比(彩图请扫封底二维码)

采用 ABAQUS/Explicit 分析模块模拟球头和球套的瞬态冲击过程，图 2.30 中的球套建模为弹性地基。初始时刻，球头和球套嵌入深度为零，球头以 V_0 的初始速度撞击球套。验证冲击响应的收敛性，加密区域内不同种子数量的响应曲线如

图 2.32 所示，使用球套中心位置的 Z 方向变形量作为收敛评估指标。加密区域每一侧的种子数量每次增加 5。由图 2.32 可以看出，当区域中的种子数量达到 80×80 时，变形量达到收敛。

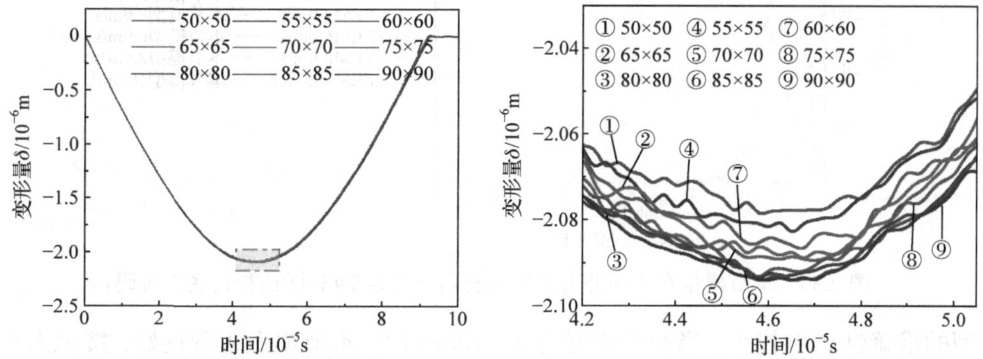

(a) 变形量与网格密度关系　(b) 变形量与网格密度关系的局部放大

图 2.32　网格密度对变形量 δ 的影响

为了验证所提出模型的适用性，考虑材料的软硬程度，研究本节模型在不同冲击速度下的性能。铝合金和钢是工程应用中常用的两种材料，其材料参数与表 2.4 中一致。图 2.33(a)～(c)给出了情况Ⅰ(铝球头-铝球套)、情况Ⅱ(钢球头-铝球套)和情况Ⅲ(钢球头-钢球套)三种情况下 ABAQUS/Explicit 分析模块模拟结果(图中记为 FEM)不同初始冲击速度下本节模型的结果。由图 2.33 可以明显看出，在这些条件下，本节模型曲线的趋势与相应 FEM 曲线的趋势一致。用最大相对误差定量评估本节模型接触力和接触时间，如表 2.5 和表 2.6 所示。当初始冲击速度为 0.1m/s 时，对于相同的材料接触，接触力和接触时间的最大相对误差同时处于最高水平。在铝球头与铝球套接触的情况下，接触力的最大相对误差为 15.2%。在所有情况中，当接触材料为钢和铝时，接触时间的最大相对误差达到最低水平为 1.5%。由同一情况下不同材料的最大相对误差可以看出，材料的差异对本节模

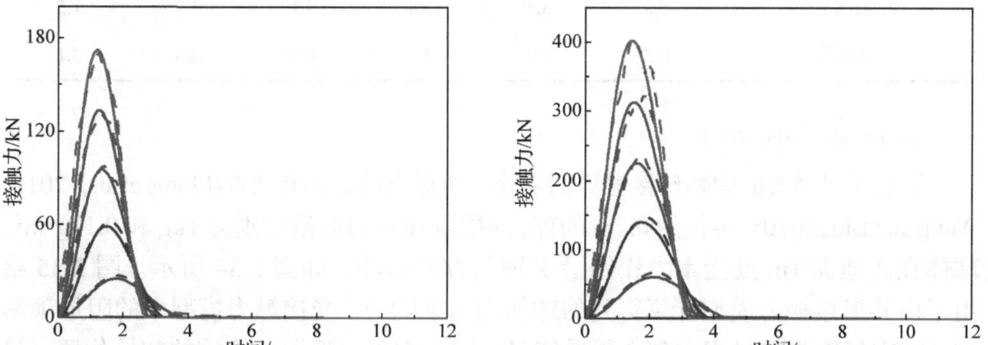

(a) 铝球头-铝球套　(b) 钢球头-铝球套

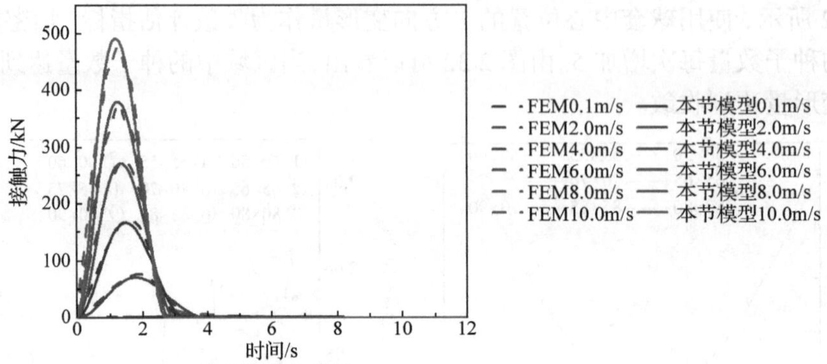

(c) 钢球头-钢球套

图 2.33　本节模型在不同冲击速度和材料下的性能(彩图请扫封底二维码)

型的准确性影响较小。当冲击速度为 4～10m/s 时，本节模型表现良好，接触力和接触时间的最大相对误差都小于 8%。

表 2.5　各种工况下接触力的最大相对误差　　(单位：%)

工况	不同初始冲击速度下的接触力最大误差					
	0.1m/s	2.0m/s	4.0m/s	6.0m/s	8.0m/s	10.0m/s
情况 Ⅰ	15.2	8.6	4.4	3.5	2.1	1.7
情况 Ⅱ	13.1	10.3	5.5	4.6	6.6	2.1
情况 Ⅲ	13.2	8.0	2.2	1.9	4.6	2.6

表 2.6　各种工况下接触时间的最大相对误差

工况	不同初始冲击速度下的接触时间最大误差					
	0.1m/s	2.0m/s	4.0m/s	6.0m/s	8.0m/s	10.0m/s
情况 Ⅰ	13.5	4.4	4.4	7.2	5.1	3.6
情况 Ⅱ	8.0	8.3	1.8	4.1	1.7	1.5
情况 Ⅲ	14.7	8.9	4.4	6.4	4.3	3.1

1) 模型应用算例 Ⅰ

下面通过经典的弹跳球接触算例来验证所提出模型的有效性(Flores et al.，2011；Wang and Liu, 2020)。半径为 0.1m 的球，其质量和转动惯量分别为 1kg 和 0.1kg·m^2。球体在离地面 1m 处受重力作用沿 Y 轴负方向运动，如图 2.34 所示。图 2.35 给出了由共形接触力模型计算得到的球体动力学响应。受接触力模型中的阻尼项影响，球在每次弹跳过程中都会耗散能量，因此它无法返回碰撞前的初始位置，最终随着动能衰减而静止。对比图 2.35(c)和(d)，可知由共形接触力模型得到的结果与文献(Flores et al.，2011)中接触响应曲线的幅值和持续时间能很好地对应，表明了所提出模型的有效性。图 2.36 给出了弹跳球接触算例进行 20 次模拟的平均计算成本。所有仿真都在一台具有 4.2GHz 主频的 CPU 和 64GB 内存的计算机上进行。共形接触力模型和文献(Flores et al.，2011)模型的平均计算成本分别为 3.63s 和 3.51s，表明共形接触力模型仍然具有较高的计算效率。

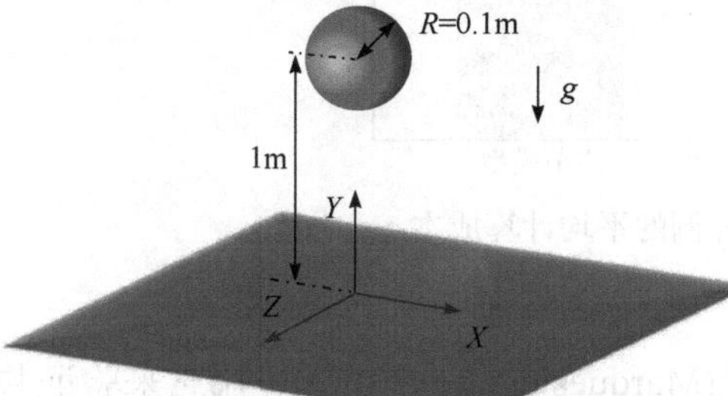

(a) 初始状态

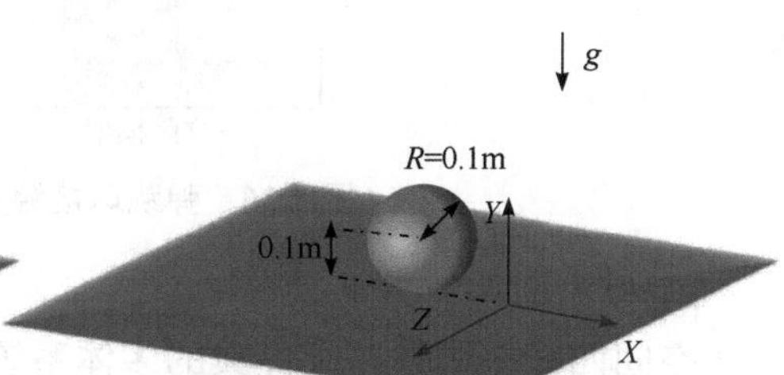

(b) 静止状态

图 2.34　弹跳球接触算例示意图

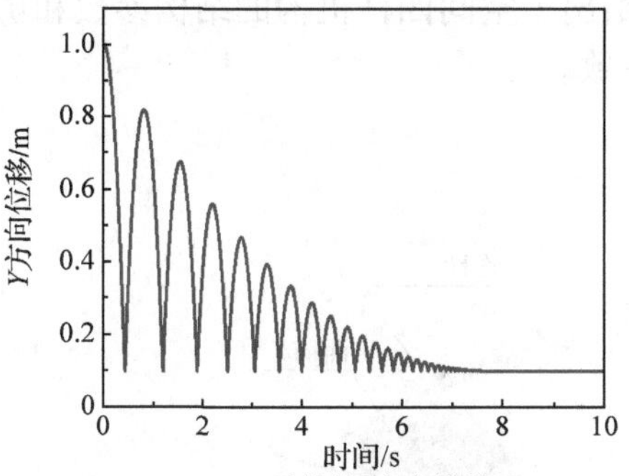

(a) 球体的Y方向位移

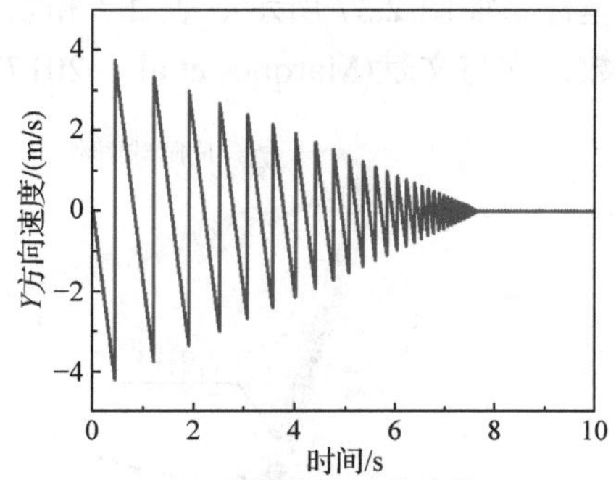

(b) 球体的Y方向速度

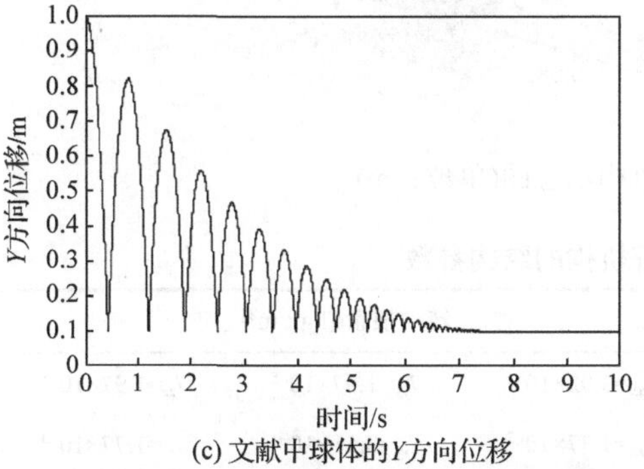

(c) 文献中球体的Y方向位移

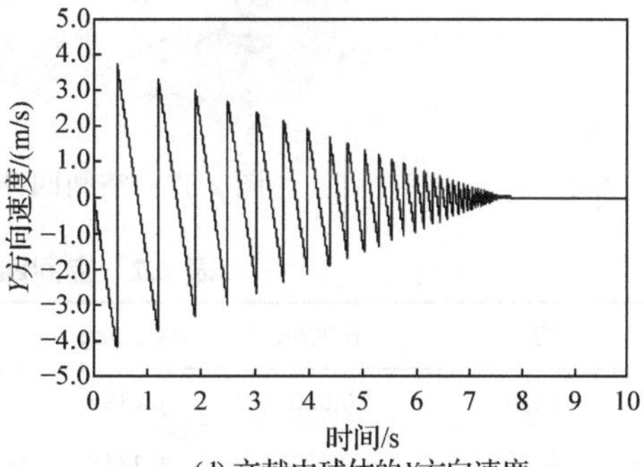

(d) 文献中球体的Y方向速度

图 2.35　弹跳球接触算例的球体动力学响应

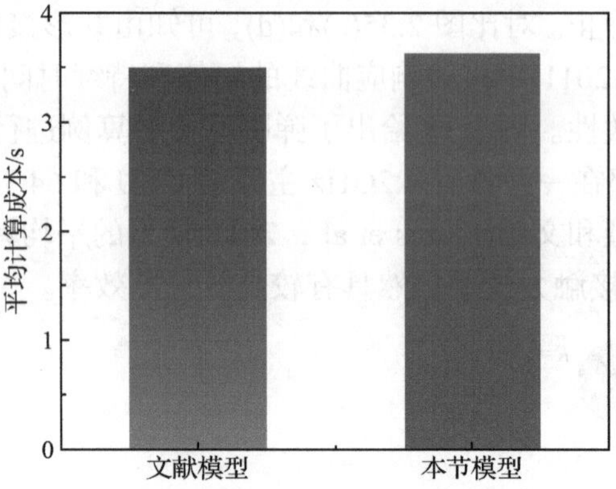

图 2.36　弹跳球接触算例的平均计算成本

2) 模型应用算例Ⅱ

空间四杆机构是一个经典的多体系统(Marques et al.，2017a)，用它来验证共形接触力模型在多体系统动力学仿真中的有效性。该多体系统由机架、曲柄、连杆和摇杆组成，间隙球面副位于摇杆和连杆的连接处。该系统的全局坐标系和局部坐标系如图 2.37 所示。表 2.7 和表 2.8 给出了空间四杆机构的结构参数和仿真参数，均与文献(Marques et al.，2017)中一致。

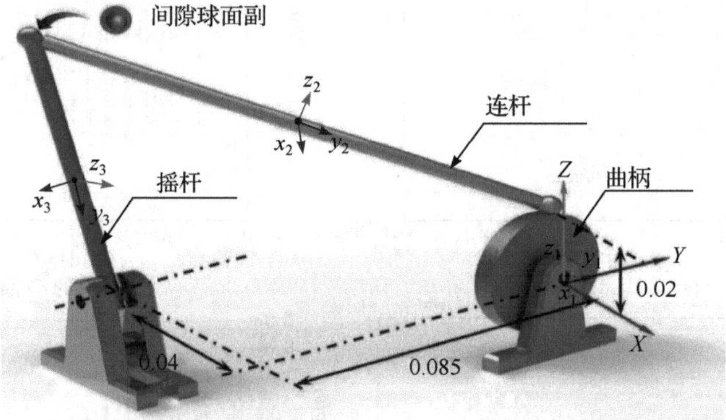

图 2.37　空间四杆机构示意图(单位：m)

表 2.7　空间四杆机构的结构参数

构件	长度/m	质量/kg	转动惯量/(kg · m²)		
曲柄	0.020	0.0196	I_{xx}=3.92×10^{-5}	I_{yy}=1.97×10^{-5}	I_{zz}=1.97×10^{-5}
连杆	0.122	0.1416	I_{xx}=1.77×10^{-3}	I_{yy}=3.51×10^{-5}	I_{zz}=1.77×10^{-3}
摇杆	0.074	0.0316	I_{xx}=1.46×10^{-4}	I_{yy}=2.90×10^{-6}	I_{zz}=1.46×10^{-4}

表 2.8　空间四杆机构的仿真参数

参数名称	参数信息	参数名称	参数信息
球头半径/m	0.0098	Baumgarte-α	5
球套半径/m	0.01	Baumgarte-β	5
杨氏模量/GPa	207	积分策略	Runge-Kutta-Felhberg
泊松比	0.3	积分步长/s	0.00001
恢复系数	0.9	积分容差	10^{-10}

将使用所提出模型描述法向接触力并忽略切向摩擦效应得到的结果与文献(Marques et al.，2017b)中的无摩擦结果进行比较，以消除摩擦模型差异造成的影响。由图 2.38(a)和(b)可以看出，由共形接触力模型获得的位移曲线与文献中的结果非常一致。文献中的速度曲线与由共形接触力模型模拟的结果基本一致，由共形接触力模型得到的速度曲线更平滑，如图 2.38(c)和(d)所示。图 2.38(e)和(f)表明，加速度曲线中的振荡位置与文献中描述的位置大致一致，并且趋势也保持一致。文献中提到更多的高频振荡同时在 1s 附近剧烈振荡，这可能与接触检测算法和积分算法之间的差异及未给出接触容差等因素相关。上述结果也表明了所提出模型的有效性。如图 2.39 所示，对不含间隙的球面副模型和共形接触力模型进行 20 次模拟，其平均计算成本分别为 4.54s 和 22.01s。增加的计算成本与接触碰撞

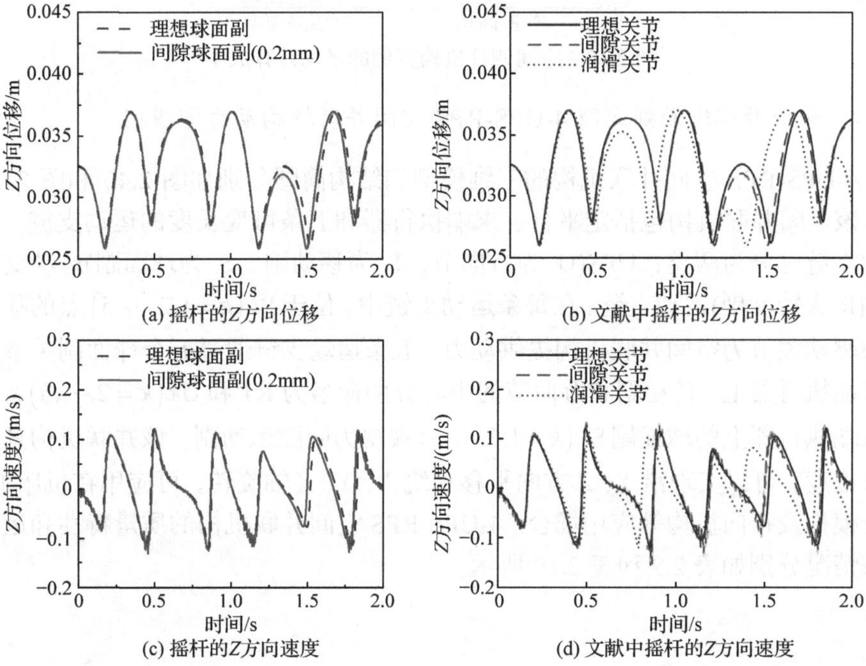

(a) 摇杆的Z方向位移　(b) 文献中摇杆的Z方向位移

(c) 摇杆的Z方向速度　(d) 文献中摇杆的Z方向速度

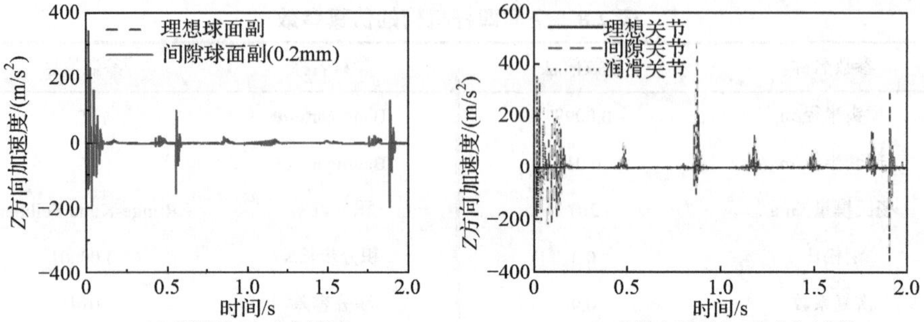

(e) 摇杆的Z方向加速度　　(f) 文献中摇杆的Z方向加速度

图 2.38　空间四杆机构动力学响应

现象的评估及间隙引入导致方程的高度非线性直接相关。

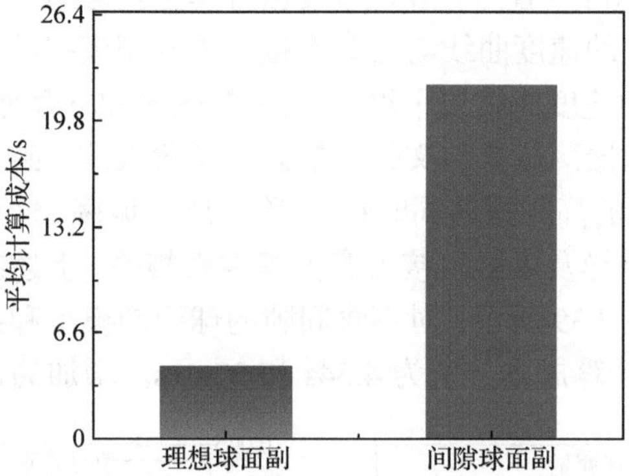

图 2.39　空间四杆机构算例的平均计算成本

4. 含干摩擦球面副间隙 4-UPS-RPS 空间并联机构动力学模型

4-UPS-RPS 空间并联机构的三维模型和结构简图分别如图 2.40 和图 2.41 所示。该空间并联机构包括定平台、末端执行器和五条可变长度的运动支链。五条运动支链可分为两类：UPS(U 为万向节，P 为移动副，S 为球面副)运动支链和 RPS(R 为转动副)运动支链。在每条运动支链中，位于 P$k$$(k=1,2,\cdots,5)$点的移动副作为驱动关节为空间并联机构提供动力。五条运动支链通过五个球面副关节连接在末端执行器上，转动副和万向节的中心分别命名为 R1 和 U$k$$(k=2,\cdots,5)$。分布在末端执行器上的球面副 S$k$$(k=1,2,\cdots,5)$被视为间隙运动副。该并联机构具有五个自由度，可以实现沿 Y、Z 方向平移和绕 X、Y、Z 轴旋转，可应用在机床加工、飞行模拟及指向机构等应用场合。4-UPS-RPS 空间并联机构的质量特性和运动副分布情况分别如表 2.9 和表 2.10 所示。

图 2.40　4-UPS-RPS 空间并联机构的三维模型

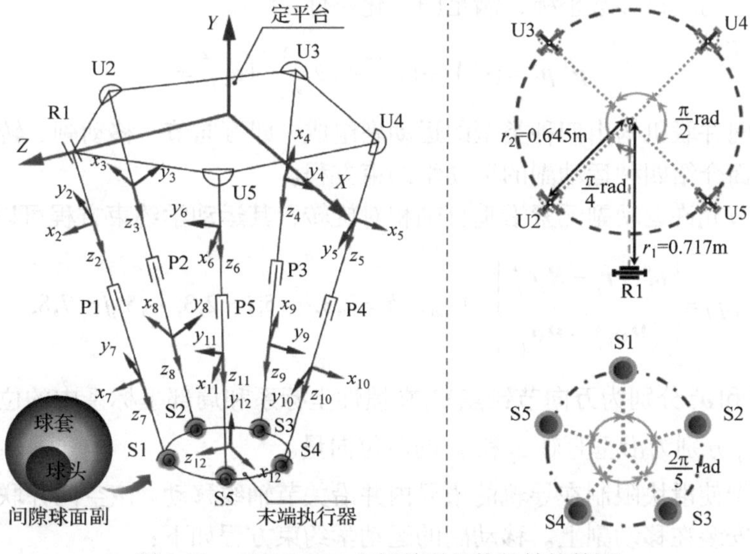

图 2.41　4-UPS-RPS 空间并联机构的结构简图

表 2.9　4-UPS-RPS 空间并联机构的质量特性

参数	摆动杆	伸缩杆	动平台
长度/m	0.760	0.840	—
质量/kg	10.540	8.570	18.640
转动惯量 I_{xx}/(kg · m^2)	0.006	0.002	0.458
转动惯量 I_{yy}/(kg · m^2)	0.643	0.549	0.237
转动惯量 I_{zz}/(kg · m^2)	0.643	0.549	0.237

表 2.10 4-UPS-RPS 空间并联机构的运动副分布情况

参数	R1	U2	U3	U4	U5	S1	S2	S3	S4	S5
分布半径/m	0.717	0.645	0.645	0.645	0.645	0.202	0.202	0.202	0.202	0.202
分布位置/rad	0	π/4	3π/4	5π/4	7π/4	0	2π/5	4π/5	6π/5	8π/5

该空间并联机构多体系统由 11 个活动构件和定平台组成，活动构件的位置和方向通过笛卡儿方法描述：

$$\boldsymbol{q}=\begin{bmatrix}\boldsymbol{q}_1 & \boldsymbol{q}_2 & \cdots & \boldsymbol{q}_{11}\end{bmatrix}^{\mathrm{T}} \tag{2.49}$$

式中，$\boldsymbol{q}_i=[\boldsymbol{r}_i \quad \boldsymbol{p}_i]\,(i=1,2,\cdots,11)$ 可以用来描述活动构件的位置和姿态，$\boldsymbol{r}_i=[x_i \quad y_i \quad z_i]$ 用于描述活动构件在惯性坐标系中的位置，$\boldsymbol{p}_i=[e_0^i \quad e_1^i \quad e_2^i \quad e_3^i]$ 是描述刚体姿态的欧拉参数坐标，满足归一化条件：

$$\boldsymbol{p}_i^{\mathrm{T}}\boldsymbol{p}_i=\left(e_0^i\right)^2+\left(e_1^i\right)^2+\left(e_2^i\right)^2+\left(e_3^i\right)^2=1 \tag{2.50}$$

该空间并联机构由四种类型的运动副组成，即万向节、移动副、转动副和球面副。下面介绍四种运动副的运动学约束方程。

万向节允许运动副元素沿垂直轴相对旋转，其运动学约束方程可以写为

$$\boldsymbol{\Phi}_{\mathrm{U}}^k(\boldsymbol{q})=\begin{bmatrix}\boldsymbol{o}_i^{\mathrm{u}}-\boldsymbol{r}_j-\boldsymbol{R}_j\boldsymbol{o}_j^{\mathrm{u}}\\ \left(\mathbf{Ro}_i\right)^{\mathrm{T}}\cdot\mathbf{Ro}_j\end{bmatrix}=\mathbf{0}_{4\times1},\quad k=2,3,\cdots,5;i=2,3,\cdots,5;j=7,8,\cdots,10 \tag{2.51}$$

式中，$\boldsymbol{o}_i^{\mathrm{u}}$ 和 $\boldsymbol{o}_j^{\mathrm{u}}$ 分别为万向节铰点 U_i 在惯性坐标系和局部坐标系中的位置向量；$\mathbf{Ro}_i$ 和 $\mathbf{Ro}_j$ 分别为沿垂直轴 z_i 和 y_j 的单位向量。

移动副使滑块限制在导轨的边界内并沿关节轴线移动。该空间并联机构的驱动执行器安装在移动副上。移动副的运动学约束方程如下：

$$\boldsymbol{\Phi}_{\mathrm{P}}^k(\boldsymbol{q})=\begin{bmatrix}\boldsymbol{p}_i\times\boldsymbol{q}_j\\ \boldsymbol{p}_i\times\boldsymbol{d}_{\mathrm{n}}\\ \boldsymbol{f}_i^{\mathrm{T}}\cdot\boldsymbol{f}_j\end{bmatrix}=\mathbf{0}_{5\times1},\quad k=1,2,\cdots,5;i=1,2,\cdots,5;j=6,7,\cdots,10 \tag{2.52}$$

式中，单位向量 $\boldsymbol{p}_i$ 和 $\boldsymbol{q}_j$ 分别与 x_i 和 x_j 的关节轴线对齐；$\boldsymbol{d}_{\mathrm{n}}$ 为从局部坐标系原点 o_i 到 o_j 的单位向量；$\boldsymbol{f}_i$ 和 $\boldsymbol{f}_j$ 分别为沿轴 z_i 和轴 y_j 的单位向量。

转动副具有五个运动学约束，只保留了运动副元素沿旋转轴的旋转，对应的运动学约束方程可以表示为

$$\boldsymbol{\Phi}_{\mathrm{R}}(\boldsymbol{q})=\begin{bmatrix}\boldsymbol{o}^{\mathrm{r}}-\boldsymbol{r}_6-\boldsymbol{R}_6\boldsymbol{o}_6^{\mathrm{r}}\\(\mathbf{Ro}_{\mathrm{r}})^{\mathrm{T}}\cdot\mathbf{Ro}_{j1}\\(\mathbf{Ro}_{\mathrm{r}})^{\mathrm{T}}\cdot\mathbf{Ro}_{j2}\end{bmatrix}=\mathbf{0}_{5\times1} \tag{2.53}$$

式中，$\boldsymbol{o}^{\mathrm{r}}$ 为转动副在全局坐标系中的位置向量；$\boldsymbol{r}_j$ 由构件 j 在惯性坐标系中的位置向量定义；$\boldsymbol{R}_j$ 为局部坐标系相对惯性坐标系的姿态变换矩阵；向量 $\mathbf{Ro}_{j1}$ 和 $\mathbf{Ro}_{j2}$ 正交，可以分别表示为 $\mathbf{Ro}_{j1}=\boldsymbol{R}_j[1\quad0\quad0]^{\mathrm{T}}$ 和 $\mathbf{Ro}_{j1}=\boldsymbol{R}_j[0\quad1\quad0]^{\mathrm{T}}$；$\mathbf{Ro}_{\mathrm{r}}$ 为平行于 Z 轴的单位向量。

在理想的球面副关节中，球头和球套的中心在整个运动过程中保持重合。因此，可以推导出对应的运动学约束方程为

$$\boldsymbol{\Phi}_{\mathrm{S}}^{k}(\boldsymbol{q})=\boldsymbol{r}_{11}+\boldsymbol{R}_{11}\boldsymbol{o}_{11}^{\mathrm{s}}-\boldsymbol{r}_j-\boldsymbol{R}_j\boldsymbol{o}_j^{\mathrm{s}}=\mathbf{0}_{3\times1},\quad k=1,2,\cdots,5;j=7,8,\cdots,11 \tag{2.54}$$

式中，$\boldsymbol{r}_{11}$ 为末端执行器中心在惯性坐标系中的位置向量；$\boldsymbol{o}_i^{\mathrm{s}}$ 和 $\boldsymbol{o}_j^{\mathrm{s}}$ 分别为球面副铰点 S_i 在局部坐标系 o_{11} - $x_{11}y_{11}z_{11}$ 和 o_j - $x_jy_jz_j$ 中的位置向量。

五个可变长度运动支链的驱动约束方程可以表示为

$$\boldsymbol{\Phi}_{\mathrm{Dl}}^{k}(\boldsymbol{q},t)=\left[\left\|\boldsymbol{r}_i-\boldsymbol{r}_j\right\|-\boldsymbol{f}_i(t)\right]=\mathbf{0}_{5\times1},\quad k=1,2,\cdots,5;i=1,2,\cdots,5;j=6,7,\cdots,10 \tag{2.55}$$

式中，$\boldsymbol{f}_i(t)$ 为每个驱动关节的运动函数。

间隙运动副的运动学约束被解除对系统的作用形式变为力约束，这意味着其对系统的整体运动学约束方程没有贡献。因此，系统的运动学约束方程可以表示为

$$\boldsymbol{\Phi}\equiv\left[(\boldsymbol{\Phi}_{\mathrm{R}})^{\mathrm{T}}\ \cdots\ (\boldsymbol{\Phi}_{\mathrm{U}}^{4})^{\mathrm{T}},\ (\boldsymbol{\Phi}_{\mathrm{P}}^{1})^{\mathrm{T}}\ \cdots\ (\boldsymbol{\Phi}_{\mathrm{P}}^{5})^{\mathrm{T}},\ (\boldsymbol{\Phi}_{\mathrm{Dl}}^{1})^{\mathrm{T}}\ \cdots\ (\boldsymbol{\Phi}_{\mathrm{Dl}}^{5})^{\mathrm{T}}\right]^{\mathrm{T}}=\mathbf{0}_{51\times1} \tag{2.56}$$

考虑干摩擦球面副间隙的 4-UPS-RPS 空间并联机构动力学方程为

$$\begin{bmatrix}\boldsymbol{M}&\mathbf{0}&\mathbf{0}&\boldsymbol{\Phi}_r^{\mathrm{T}}\\\mathbf{0}&\boldsymbol{J}^p&\boldsymbol{P}^{\mathrm{T}}&\boldsymbol{\Phi}_p^{\mathrm{T}}\\\mathbf{0}&\boldsymbol{P}&\mathbf{0}&\mathbf{0}\\\boldsymbol{\Phi}_r&\boldsymbol{\Phi}_p&\mathbf{0}&\mathbf{0}\end{bmatrix}\begin{bmatrix}\ddot{\boldsymbol{r}}\\\ddot{\boldsymbol{p}}\\\boldsymbol{\lambda}^p\\\boldsymbol{\lambda}\end{bmatrix}=\begin{bmatrix}\boldsymbol{F}\\\hat{\boldsymbol{\tau}}\\\boldsymbol{\eta}^p\\\hat{\boldsymbol{\eta}}\end{bmatrix} \tag{2.57}$$

式中，$\boldsymbol{\Phi}_r$ 和 $\boldsymbol{\Phi}_p$ 构成运动学约束方程 $\boldsymbol{\Phi}$ 的雅可比矩阵；$\boldsymbol{M}$ 为系统的质量矩阵；$\boldsymbol{J}^p$ 为广义惯性张量矩阵；矩阵 $\boldsymbol{P}$ 由欧拉参数组成；$\boldsymbol{F}$ 和 $\hat{\boldsymbol{\tau}}$ 分别为广义力和力矩向量，包括惯性力、外力和外力矩，接触体碰撞产生的接触力应视为系统的外力处理；拉格朗日乘子向量包含 $\boldsymbol{\lambda}$ 和 $\boldsymbol{\lambda}^p$；系统的加速度矢量由 $\ddot{\boldsymbol{r}}$ 和 $\ddot{\boldsymbol{p}}$ 组成；

$\hat{\boldsymbol{\eta}}=\boldsymbol{\eta}-2\alpha\dot{\boldsymbol{\Phi}}-\beta^2\boldsymbol{\Phi}$，$\boldsymbol{\eta}$为加速度方程的右侧，推导见式(2.27)，$\alpha$和$\beta$为Baumgarte违约稳定算法(Jiang and Chen，2020；Chen and Tang，2020)的反馈参数，通常取5；$\boldsymbol{\eta}^p$为欧拉参数的加速度约束方程。

2.3.2 含干摩擦球面副间隙的 4-UPS-RPS 空间并联机构动力学分析

本节进一步探讨含干摩擦间隙的4-UPS-RPS空间并联机构动力学特性，将位于末端执行器上的球面副全部视为间隙球面副，且各球面副的间隙几何参数相同。结合实际工况及本节中球面副直径，如不作特殊说明，球面副间隙值 c 取0.3mm，末端执行器的轨迹方程预设如式(2.58)所示，角速度 ω 默认设置为1.5πrad/s。机构动力学仿真参数如表2.11所示。

$$\begin{cases} y_e=-1.21+0.03\cos(\omega t) \\ z_e=0.03\sin(\omega t) \end{cases} \tag{2.58}$$

表 2.11 含干摩擦间隙的 4-UPS-RPS 空间并联机构动力学仿真参数

参数名称	参数信息
轴套内径 R_i/m	—
轴套外径 R_o/m	—
轴承长度 L_b/m	—
球头半径 R_{bj}/m	0.0225
恢复系数 c_e	0.9
摩擦系数 μ_s, μ_k	0.1，0.15
杨氏模量 E_b, E_j/GPa	200
泊松比 υ_b , υ_j	0.33
积分步长/s	0.0001
积分方法	Runge-Kutta-Fehlberg

1. 运动轨迹对 4-UPS-RPS 空间并联机构动力学特性的影响

在实际工况中，末端执行器会根据不同的需求执行运动规划。本节研究不同运动轨迹对含干摩擦间隙的4-UPS-RPS空间并联机构动力学特性的影响，所选取的运动轨迹如表2.12所示。为了方便比较，所选取运动轨迹中的角速度保持一致，均设置为 ω=1.5πrad/s。

表 2.12　4-UPS-RPS 空间并联机构的运动轨迹　(单位：m)

轨迹类型	轨迹Ⅰ	轨迹Ⅱ	轨迹Ⅲ
公式	$\begin{cases} y_e = -1.20 + 0.02\cos(1.5\pi t) \\ z_e = 0.02\sin(1.5\pi t) \end{cases}$	$\begin{cases} y_e = -1.21 + 0.03\cos(1.5\pi t) \\ z_e = 0.03\sin(1.5\pi t) \end{cases}$	$\begin{cases} y_e = -1.22 + 0.04\cos(1.5\pi t) \\ z_e = 0.04\sin(1.5\pi t) \end{cases}$

图 2.42 给出了不同轨迹情况下 4-UPS-RPS 空间并联机构末端执行器的动力学响应。由图可以发现，末端执行器位移曲线较为光滑，受间隙效应影响不明显。当执行轨迹Ⅲ时，位移误差明显增加，Y 方向和 Z 方向对应的误差范围保持在[-8.95×10^{-4}m, -4.67×10^{-5}m]和[3.03×10^{-3}m, 4.76×10^{-3}m]内。随着运动半径的增大，速度误差曲线波动幅值范围扩大。对于加速度响应，三种轨迹的误差曲线均出现不同程度的低频振动，轨迹Ⅲ沿 Z 轴负方向上最大加速度误差为 7.78×10^{-2}m/s^2，约为轨迹Ⅰ的 2.42 倍。与 3-RRPaR 空间并联机构的情况类似，受干摩擦间隙影响，误差响应剧烈波动的区域集中且呈现周期性，一般出现在对应响应曲线的波峰或波谷处。

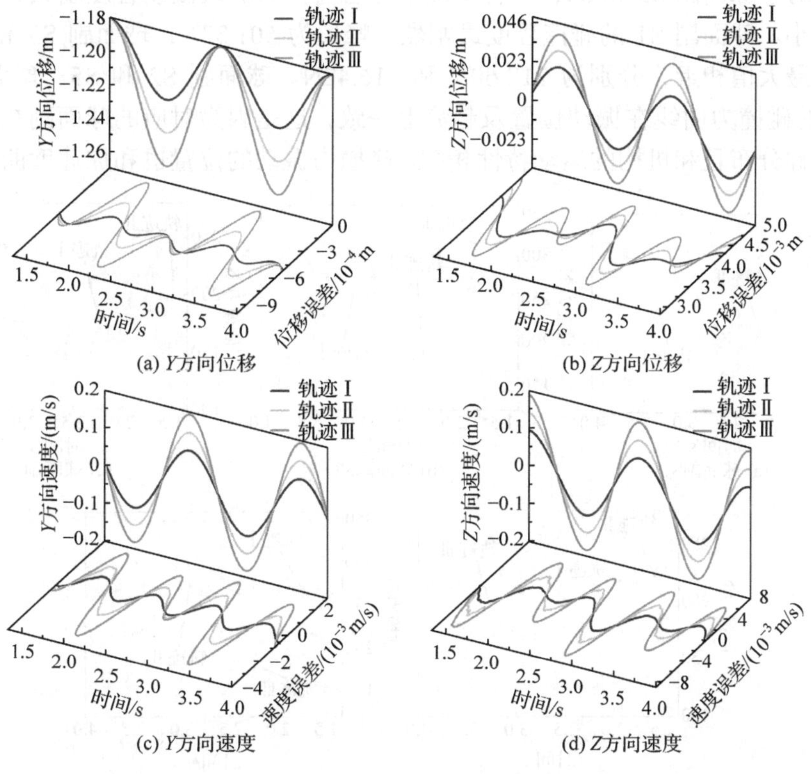

(a) Y方向位移　(b) Z方向位移

(c) Y方向速度　(d) Z方向速度

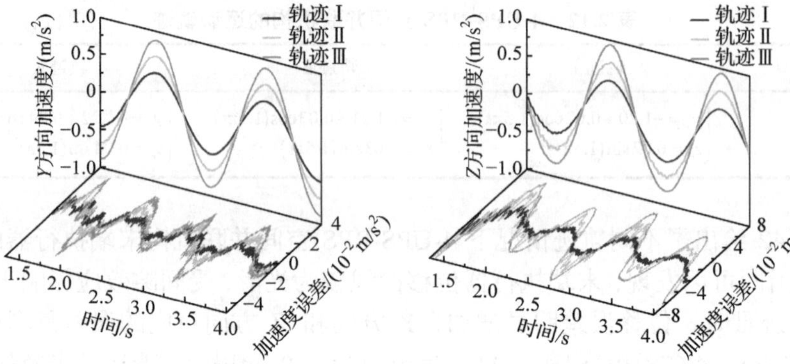

(e) Y方向加速度　　(f) Z方向加速度

图 2.42　不同轨迹情况下 4-UPS-RPS 空间并联机构末端执行器的动力学响应
(彩图请扫封底二维码)

图 2.43 和图 2.44 分别给出了不同轨迹情况下含干摩擦间隙球面副的碰撞力和轴心轨迹。对于球面副 S1、S2 和 S5，碰撞力的整体水平随运动半径的增大而增大。对于球面副 S3 和 S4，三种情况下尽管碰撞力曲线波动程度增大，但幅值范围缩小。球面副 S1 的碰撞程度最剧烈，峰值为 501.33N，球面副 S3 和 S4 的碰撞力最大值相近，分别为 218.60N 和 216.42N。球面副 S2 和 S5，球面副 S3 和 S4 的碰撞力曲线在振动位置及趋势上一致，这是因为对应的球面副在动平台上呈对称分布且和机构的运动特性相关。碰撞力振动的位置也和加速度曲线波动

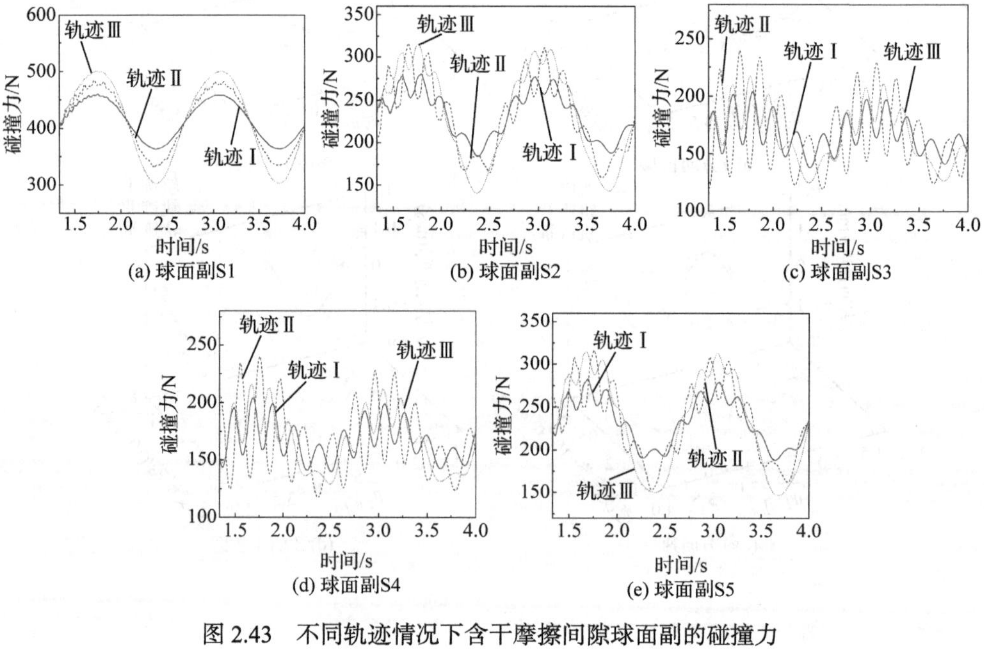

(a) 球面副S1　　(b) 球面副S2　　(c) 球面副S3

(d) 球面副S4　　(e) 球面副S5

图 2.43　不同轨迹情况下含干摩擦间隙球面副的碰撞力

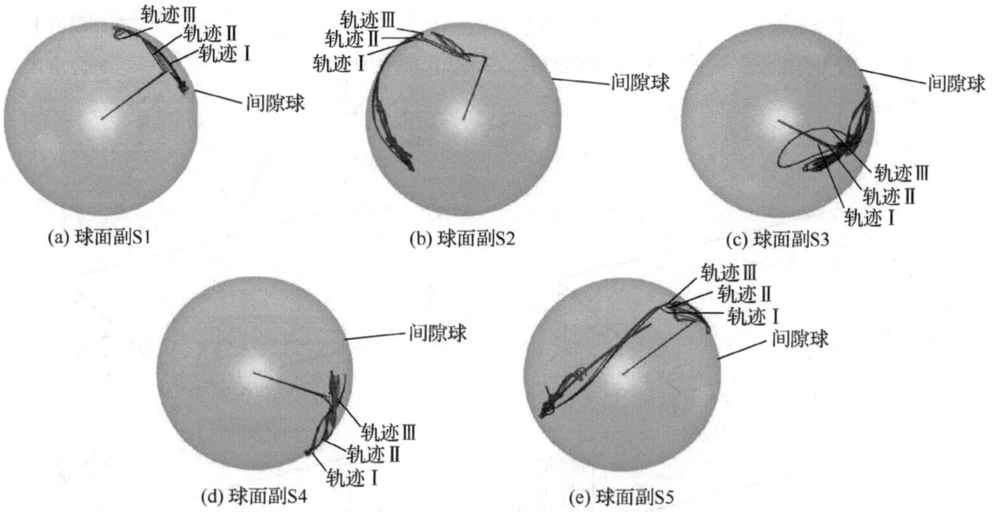

图 2.44　不同轨迹情况下含干摩擦间隙球面副的轴心轨迹

的位置相互对应，表明加速度曲线的波动主要由间隙球面副元素的碰撞导致。轴心轨迹表明，该机构在运动过程中球头的运动始终被限制在形成的间隙球内部，且伴随不断碰撞与分离现象。

2. 间隙值对 4-UPS-RPS 空间并联机构动力学特性的影响

下面研究间隙值对 4-UPS-RPS 空间并联机构动力学特性的影响，选取的三组间隙值分别为 0.1mm(间隙值Ⅰ)、0.3mm(间隙值Ⅱ)和 0.5mm(间隙值Ⅲ)。图 2.45 给出了不同间隙值时该机构末端执行器的动力学响应。由图 2.45(a)和(b)可以看出，随着间隙值的增大，位移误差沿 Y 轴负方向偏移，在 Z 方向上沿 Z 轴正方向偏移；对于 Z 方向位移，每组间隙值所引起的位移误差变化在 2.6×10^{-3}m 左右，而在 Y 方向上约为 3×10^{-4}m。此外，不同间隙值对应的位移误差曲线的波动趋势也表现出相似性。由图 2.45(c)和(d)可以发现，随着间隙值的增大，速度曲线出现低频振动，尤其 Z 方向更加明显；速度误差在零附近上下波动，间隙值的增大带来的是波动幅值上的差异。对比图 2.45(e)和(f)可以发现，随着间隙值的增大，Y 方向加速度曲线出现了大量的毛刺，Z 方向加速度曲线幅值明显增大，受干摩擦间隙效应的影响更显著；Y 方向加速度误差曲线的峰值由 2.33×10^{-2}m/s^2 增加至 3.1×10^{-2}m/s^2，Z 方向由 -4.41×10^{-2}m/s^2 变化为 -9.84×10^{-2}m/s^2。此外，由误差曲线的幅值和波动频率可知，加速度响应对干摩擦间隙效应最敏感，其次是速度响应和位移响应。

图 2.46 给出不同间隙值时含干摩擦间隙球面副的碰撞力。对于 0.1mm、0.3mm 和 0.5mm 间隙值，球面副 S1 处的最大碰撞力分别为 472.56N、484.78N

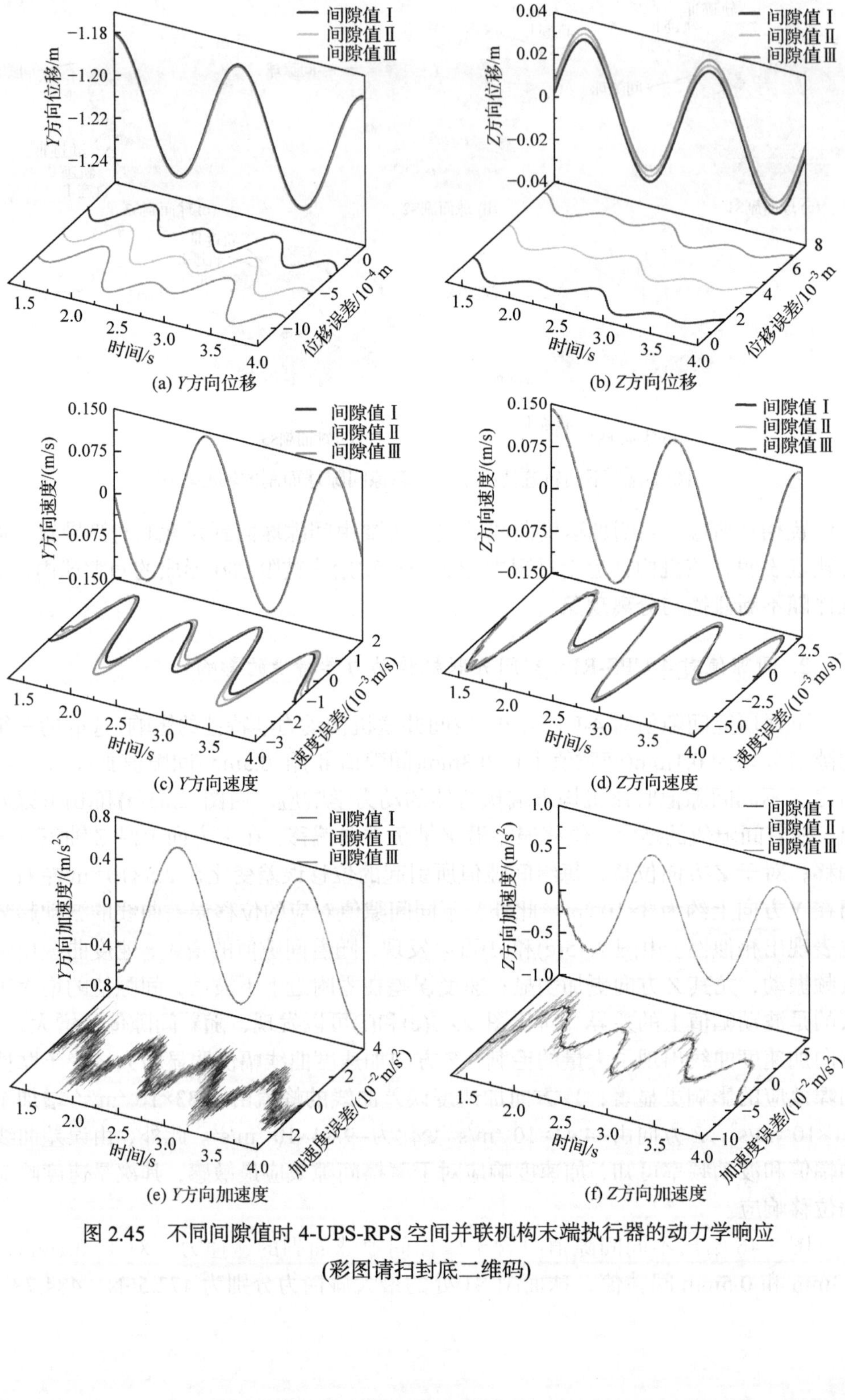

(a) Y方向位移　(b) Z方向位移

(c) Y方向速度　(d) Z方向速度

(e) Y方向加速度　(f) Z方向加速度

图 2.45　不同间隙值时 4-UPS-RPS 空间并联机构末端执行器的动力学响应

(彩图请扫封底二维码)

和 491.36N。碰撞力曲线发生波动的主要区域呈现周期性，碰撞较剧烈的区域主要发生在 1.8s 和 3s 附近。随着间隙值的增大，球面副发生剧烈碰撞，出现碰撞力整体水平增加、机构稳定性下降等一系列现象。对于较小的间隙值，关于 *Y-Z* 平面对称分布的间隙球面副处的碰撞力几乎相等，随着间隙值的增大，这一现象减弱。碰撞力曲线所对应的轴心轨迹如图 2.47 所示。由图 2.47 可以发现，由于

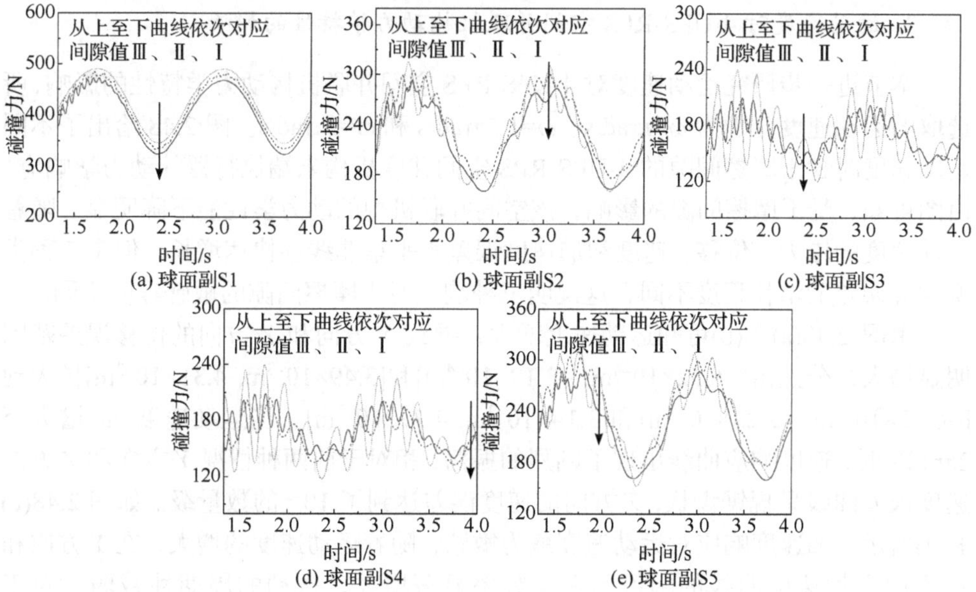

图 2.46　不同间隙值时含干摩擦间隙球面副的碰撞力

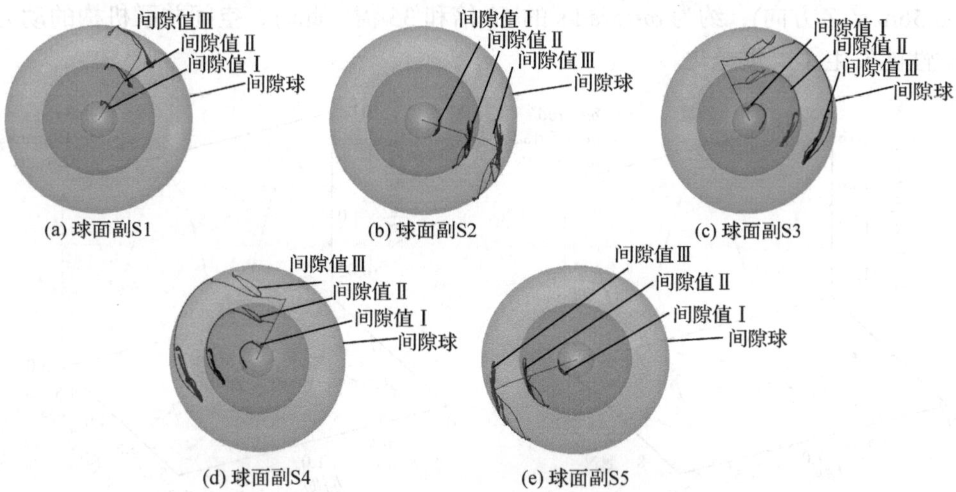

图 2.47　不同间隙值时含干摩擦间隙球面副的轴心轨迹

具有相同的初始条件，更大的间隙值给球面副元素带来了更大的相对运动空间，球头与球套内壁接触之前自由运动的时间增加，这变相累积了碰撞的势能，相对嵌入深度和碰撞力幅值增大。此外，由于初始条件相同，受并联机构运动特性及重力作用的影响，不同间隙值所对应球面副元素的轴心轨迹具有一定的相似性。

3. 运动速度对 4-UPS-RPS 空间并联机构动力学特性的影响

本节进一步研究运动速度对 4-UPS-RPS 空间并联机构动力学特性的影响，所选取的运动速度分别为 ω=πrad/s、ω=1.5πrad/s 和 ω=2πrad/s。图 2.48 给出了不同运动速度时含干摩擦间隙的 4-UPS-RPS 空间并联机构末端执行器的动力学响应。由图可知，受干摩擦间隙的影响，该空间并联机构的动力学性能下降明显。随着运动速度的增大，位移、速度和加速度误差水平呈非线性快速增长，但是三种类型响应误差的增长程度不同，这说明三种响应对干摩擦间隙的敏感程度不同。

由图 2.48(a)和(b)可知运动速度增大，导致 Y 方向和 Z 方向的位移误差范围明显增大，分别由[-6.52×10^{-4}m, -3.19×10^{-4}m]和[3.49×10^{-3}m, 4.31×10^{-3}m]扩大到[-6.95×10^{-4}m, -2.23×10^{-4}m]和[3.14×10^{-3}m, 4.77×10^{-3}m]。当运动速度 ω 增大至 2πrad/s 时，速度响应曲线出现了剧烈的振荡，相对于前两种情况 Y 方向和 Z 方向速度误差曲线呈现锯齿状，Z 方向的速度误差达到了 10^{-2} 的数量级。如图 2.48(e)和(f)所示，加速度响应对运动速度最为敏感，随着运动速度的增大，在 Y 方向和 Z 方向上加速度曲线的幅值与振动频率显著增大，振动的周期性减弱。对于 ω=2πrad/s 的情况，加速度误差的最大值分别达到了 -0.46m/s^2(Y 方向)和 -0.56m/s^2(Z 方向)，约为 ω=πrad/s 的 60 倍和 35 倍。此时，空间并联机构的动力学性能发生了严重退化。

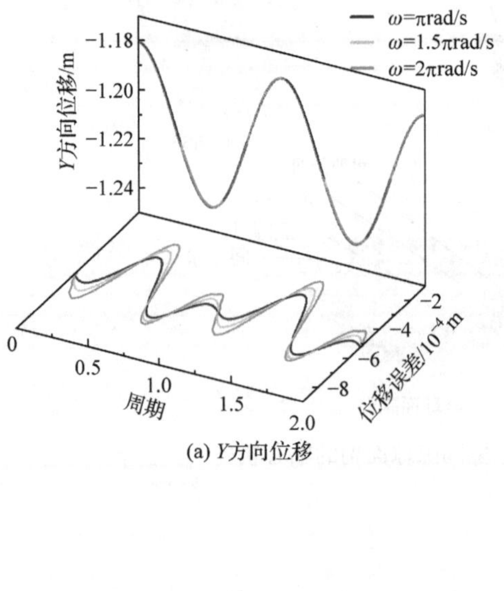

(a) Y方向位移

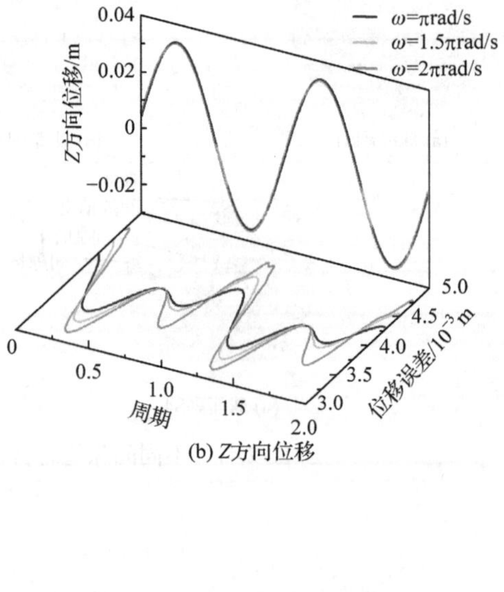

(b) Z方向位移

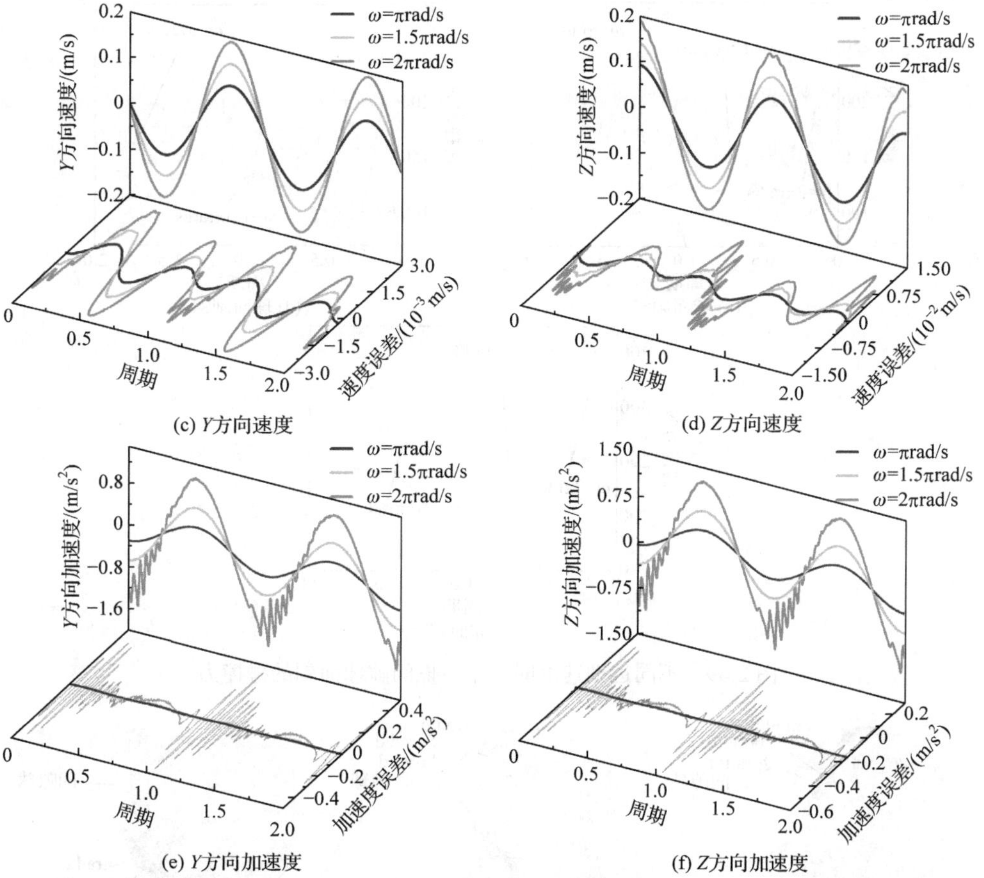

(c) Y方向速度　(d) Z方向速度

(e) Y方向加速度　(f) Z方向加速度

图 2.48　不同运动速度时 4-UPS-RPS 空间并联机构末端执行器的动力学响应
(彩图请扫封底二维码)

如图 2.49 和图 2.50 所示，观察不同运动速度对应的含干摩擦间隙球面副的碰撞力和轴心轨迹，可以发现，随着运动速度的增大，各球面副处的碰撞力激增。碰撞力幅值从大到小依次为球面副 S1、球面副 S2、球面副 S5、球面副 S3、球面

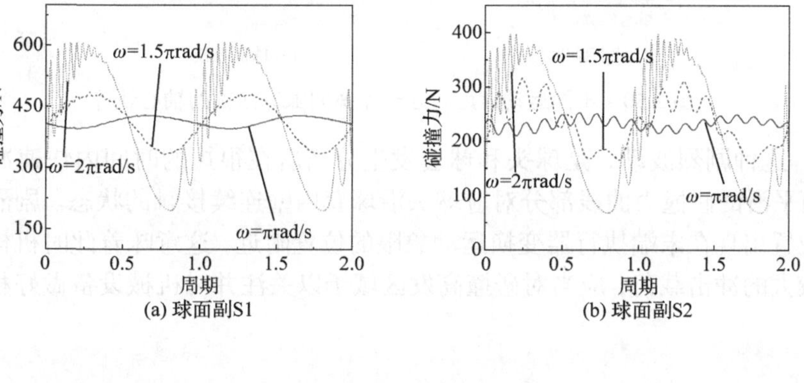

(a) 球面副S1　(b) 球面副S2

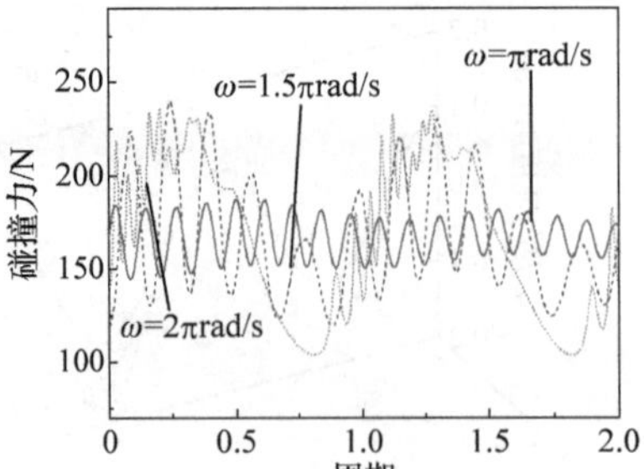

(c) 球面副S3

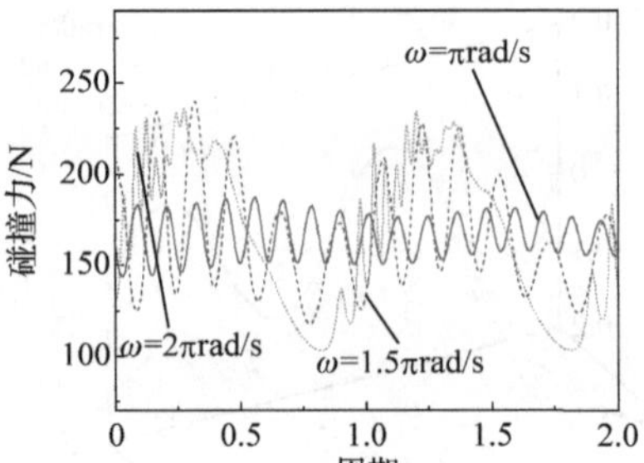

(d) 球面副S4

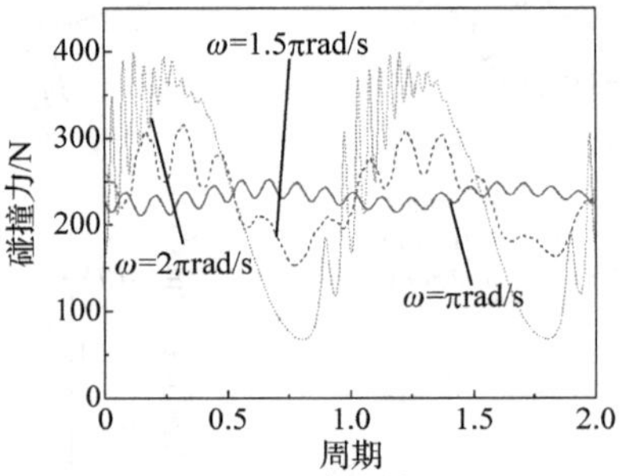

(e) 球面副S5

图 2.49　不同运动速度时含干摩擦间隙球面副的碰撞力

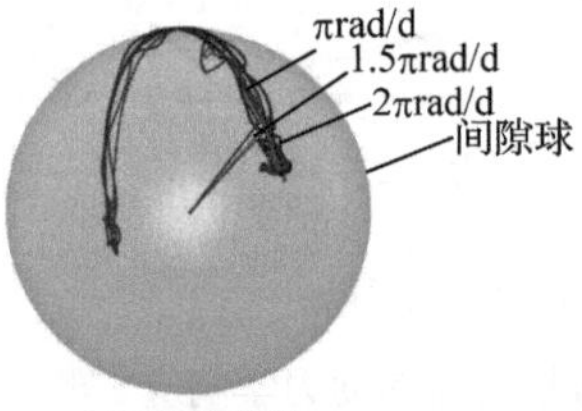

(a) 球面副S1

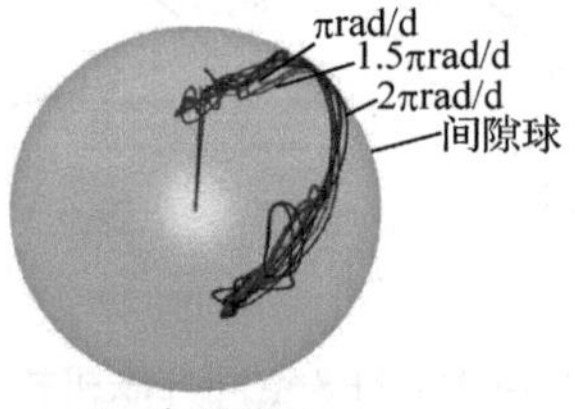

(b) 球面副S2

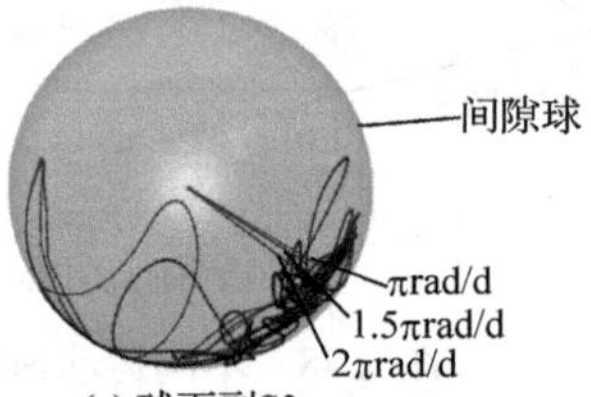

(c) 球面副S3

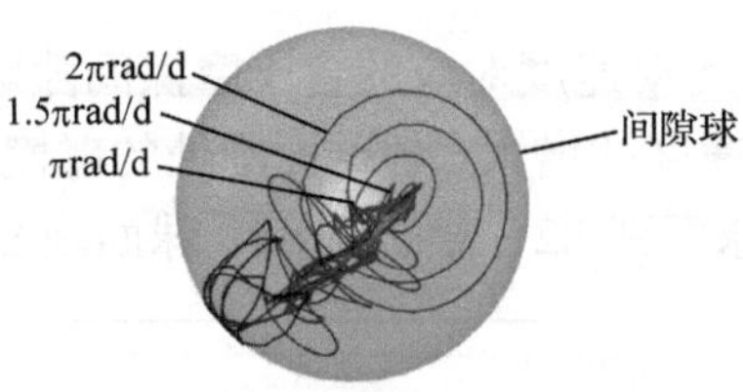

(d) 球面副S4

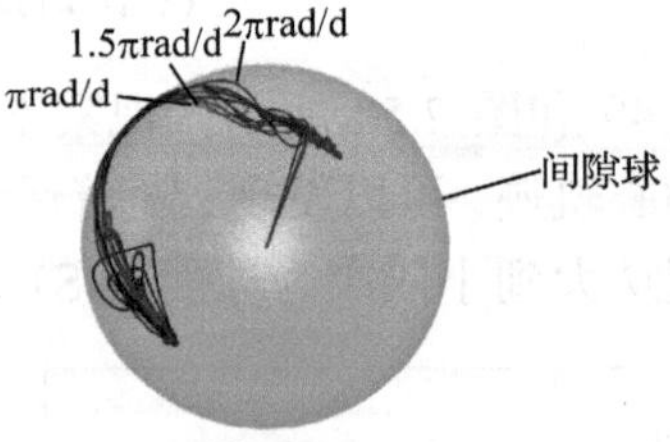

(e) 球面副S5

图 2.50　不同运动速度时含干摩擦间隙球面副的轴心轨迹

副 S4。这种剧烈波动，是球头和球套发生分离后在很短的时间内快速冲击导致的，而平滑的碰撞力曲线部分对应球头沿球套内壁连续接触的状态。剧烈振动发生的位置出现在末端执行器变换运动象限的位置附近，这意味着此时机构可能会承受较大的冲击载荷，应当对碰撞高发区域予以关注并对机械设备做好相应的防护工作。观察轴心轨迹图像可以发现，随着运动速度的增大，轴心轨迹运动范围明显扩大，受碰撞扰动的影响，接触碰撞频率加快，运动轨迹的周期性减弱。

4. 间隙球面副位置对 4-UPS-RPS 空间并联机构动力学特性的影响

4-UPS-RPS 空间并联机构中间隙球面副围绕末端执行器中心间隔 2π/5rad 均匀分布，其中间隙球面副 S2、S3 分别与间隙球面副 S5、S4 关于 *Y-Z* 平面对称。由于动力学系统中间隙球面副数量多，相互作用复杂，为明确不同间隙球面副位置的重要程度，有必要分析间隙球面副位置对该空间并联机构动力学性能的影响。此外，系统中间隙球面副数量的增加也会导致动力学系统高度非线性、动力学方程求解困难及计算成本激增。因此，分析不同间隙球面副位置对该机构动力学特性的影响也对简化动力学模型具有重要的价值。与 2.2.2 节中一致，采用 RMSE 定量评估整个工况周期内干摩擦间隙导致的空间并联机构动力学响应输出误差。

图 2.51 和图 2.52 给出了间隙球面副位置对 4-UPS-RPS 空间并联机构末端执行器位移 RMSE 的影响。由图可知，球面副 S2 和 S5、球面副 S3 和 S4 的图像在位移 RMSE 数量级及图形的整体趋势上存在相似性，这种图形关系上的相似性主要依赖该空间并联机构的间隙球面副呈对称的分布关系及机构的运动特性。此外，球面副 S1 对末端执行器位移 RMSE 影响最大。对于 *Y* 方向位移，球面副 S2～S5 所引起的位移 RMSE 都分布在[5.00×10^{-5}m，2.11×10^{-4}m]内，且曲面整体趋势相近。对于每一种间隙球面副位置的分布情况，*Z* 方向位移响应受干摩擦间隙影响较大，其位移 RMSE 水平均大于 *Y* 方向。在 *Z* 方向上，球面副 S3 和 S4 的位移 RMSE 分布范围基本一致，均为[2.56×10^{-4}m，6.76×10^{-4}m]，最大值对应的间隙值为 0.32mm，运动速度为 2.96πrad/s；球面副 S2 和 S5 的位移 RMSE 较 S3 和 S4 显著增大，最大值为 1.61×10^{-3}m，约为球面副 S3 和 S4 的 2.46 倍。

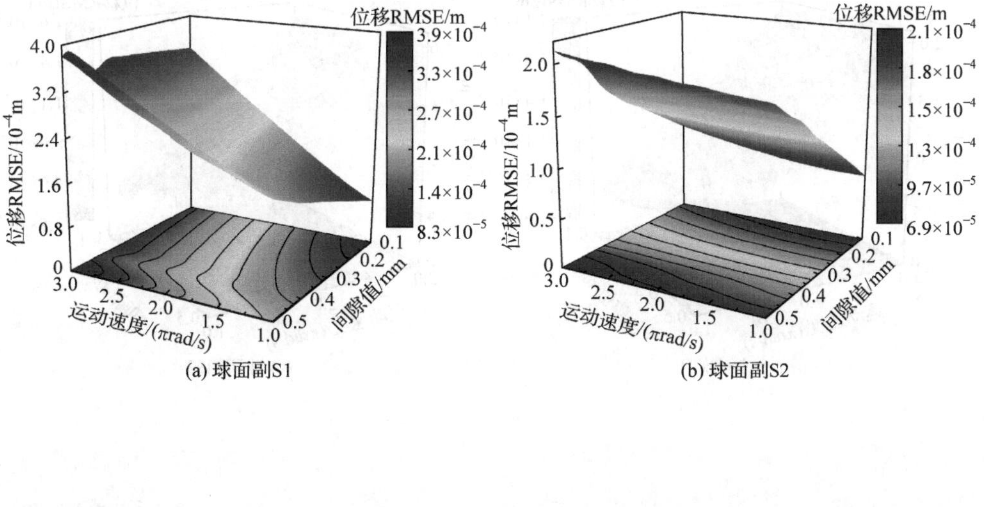

(a) 球面副S1　　(b) 球面副S2

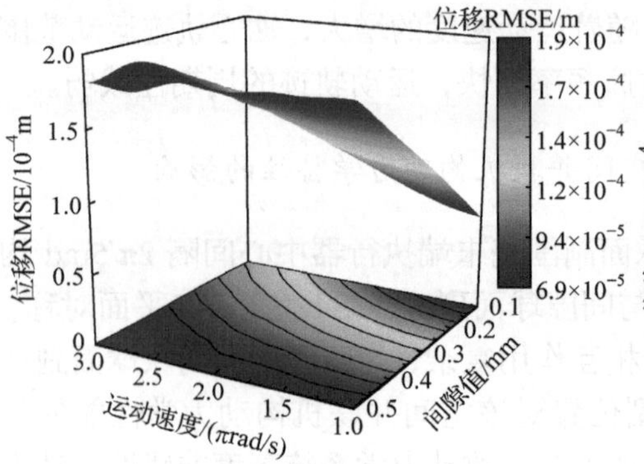

(c) 球面副S3

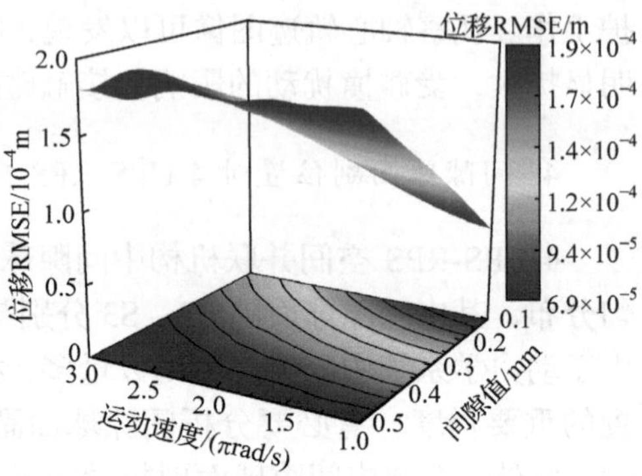

(d) 球面副S4

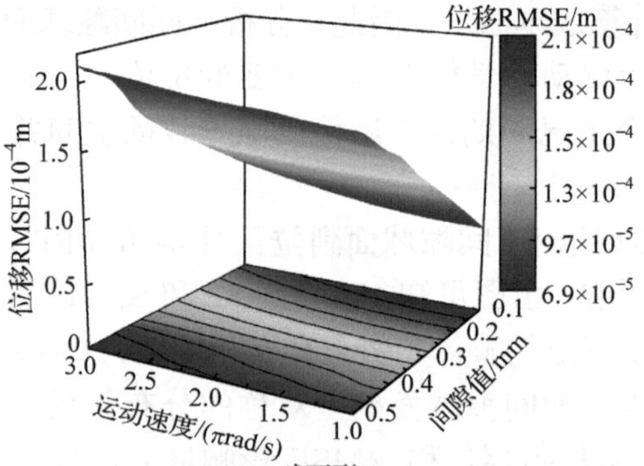

(e) 球面副S5

图 2.51　间隙球面副位置对末端执行器 *Y* 方向位移 RMSE 的影响

图 2.53 和图 2.54 对比了不同间隙球面副位置对 4-UPS-RPS 空间并联机构末端执行器速度 RMSE 的影响。可以发现，和间隙球面副位置与位移 RMSE 的关系类似，球面副 S1 对末端执行器速度 RMSE 的影响较大且对间隙的参数变化较为敏感。球面副 S2 和 S5 对速度 RMSE 的影响程度基本一致，随着运动速度和

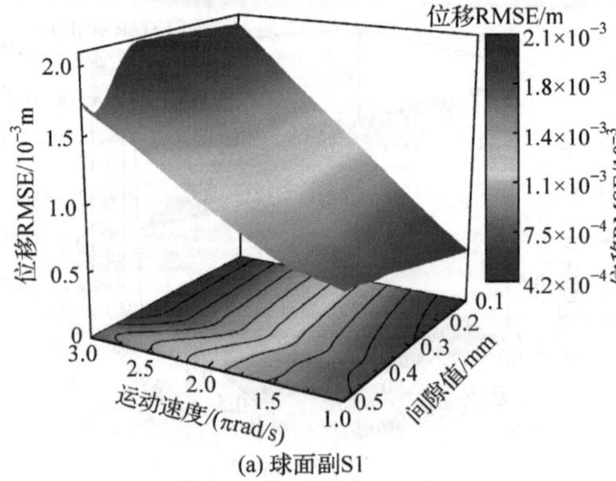

(a) 球面副S1

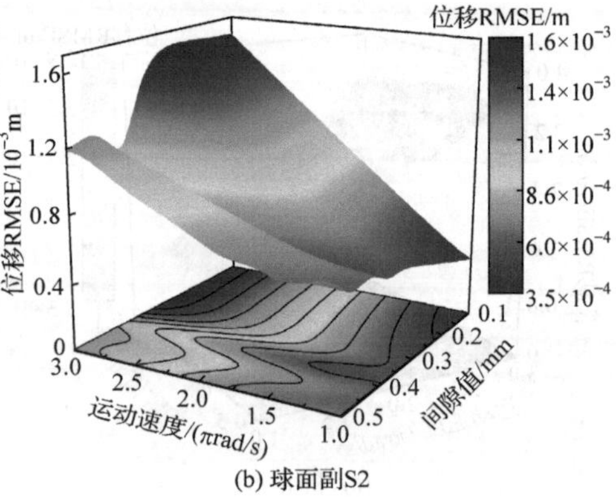

(b) 球面副S2

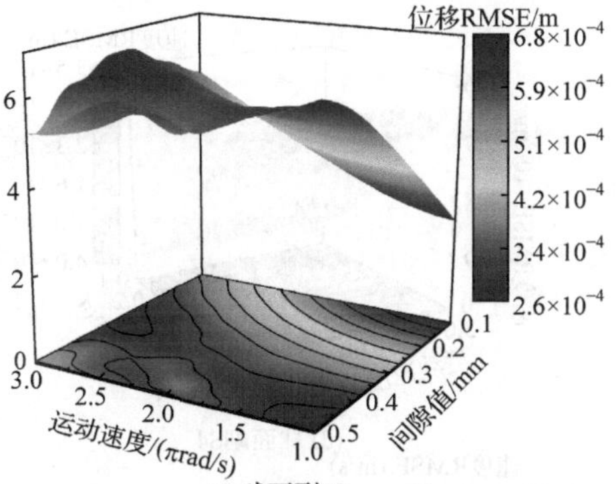

(c) 球面副S3

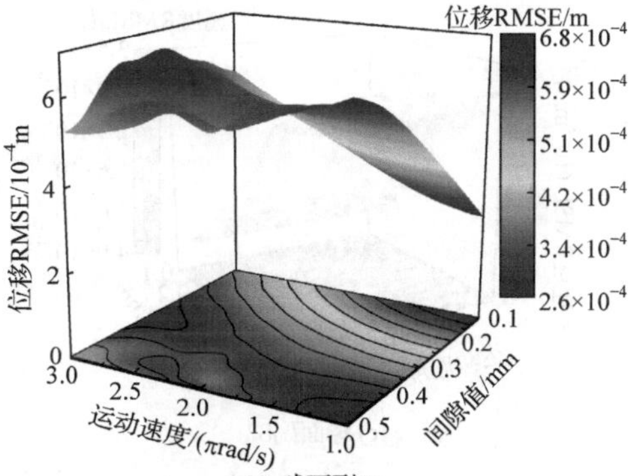

(d) 球面副S4

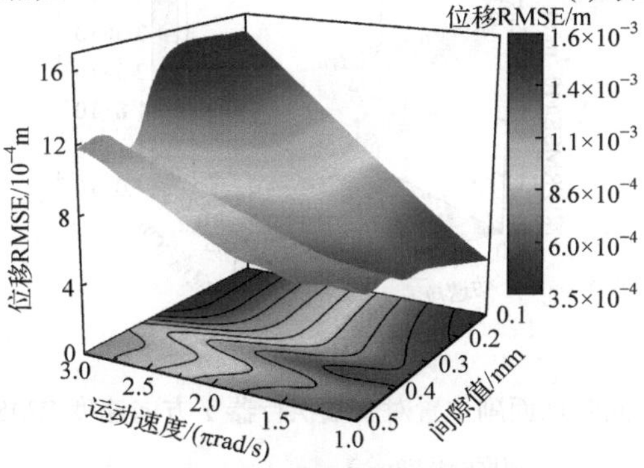

(e) 球面副S5

图 2.52　间隙球面副位置对末端执行器 Z 方向位移 RMSE 的影响

间隙值的增大，速度 RMSE 增大。对于球面副 S3 和 S4，速度 RMSE 较大的位置均对应于间隙值较大的区域，但是 Y 方向速度 RMSE 对运动速度的改变不敏感。此外，与间隙球面副位置分布无关，Z 方向速度响应受间隙值影响引起的输出误差更大。球面副 S1 对系统速度误差的影响最大，球面副 S2 和 S5 引起的速度 RMSE 最大值约为球面副 S3 和 S4 的 2 倍。

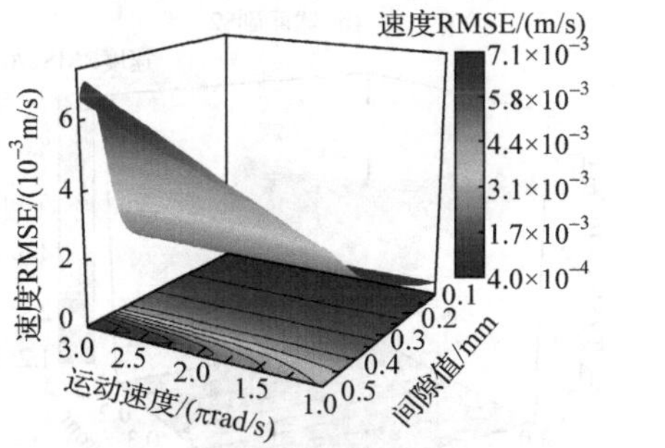

(a) 球面副S1

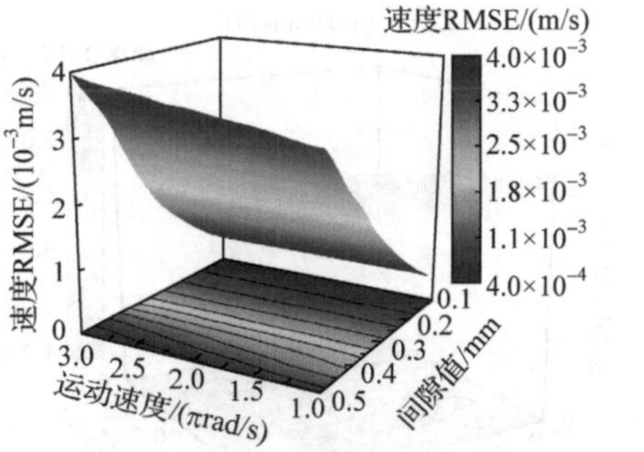

(b) 球面副S2

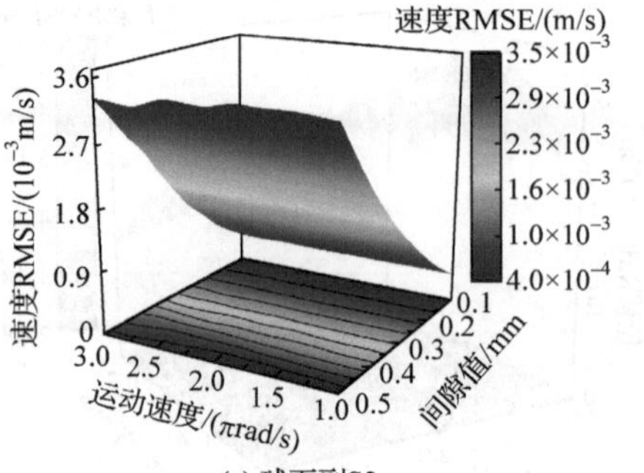

(c) 球面副S3

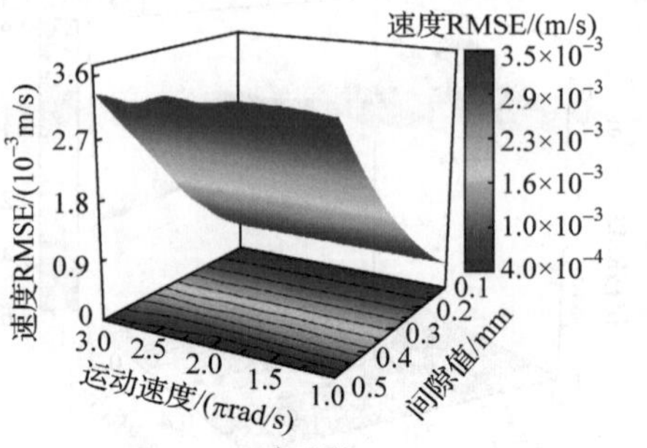

(d) 球面副S4

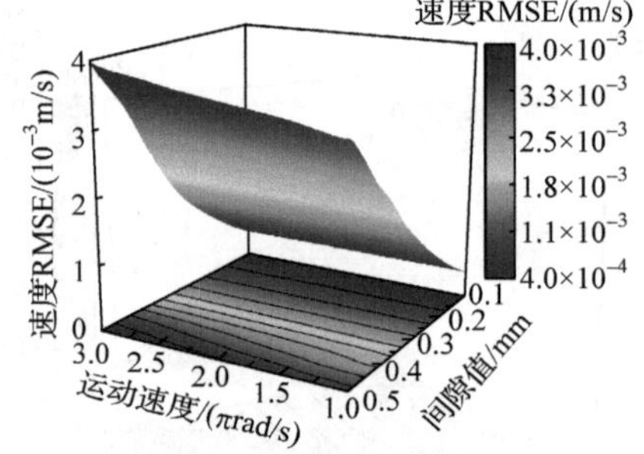

(e) 球面副S5

图 2.53　间隙球面副位置对末端执行器 Y 方向速度 RMSE 的影响

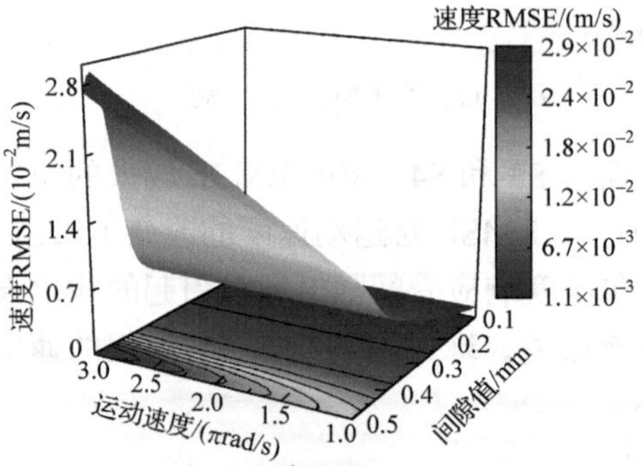

(a) 球面副S1

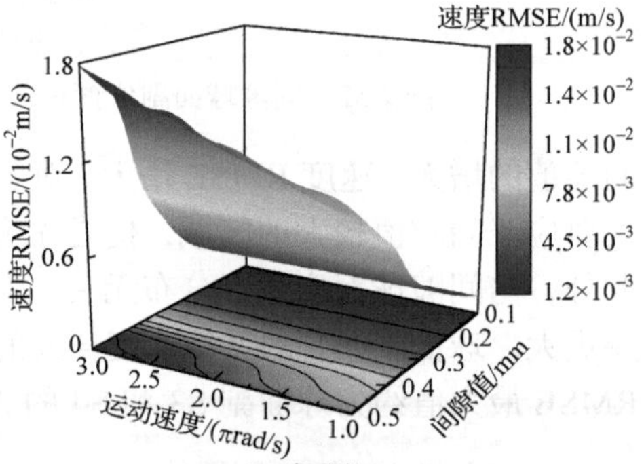

(b) 球面副S2

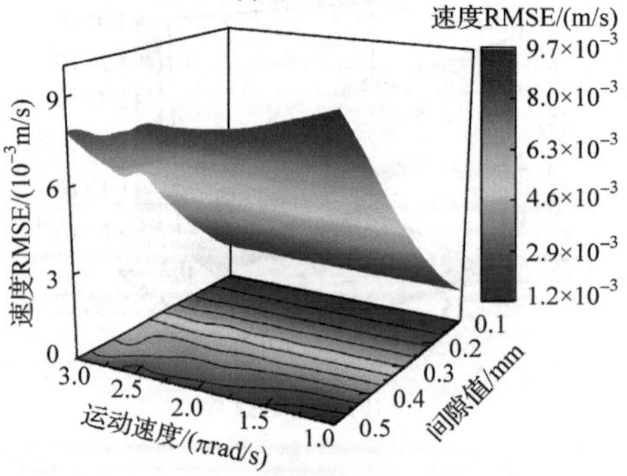

(c) 球面副S3

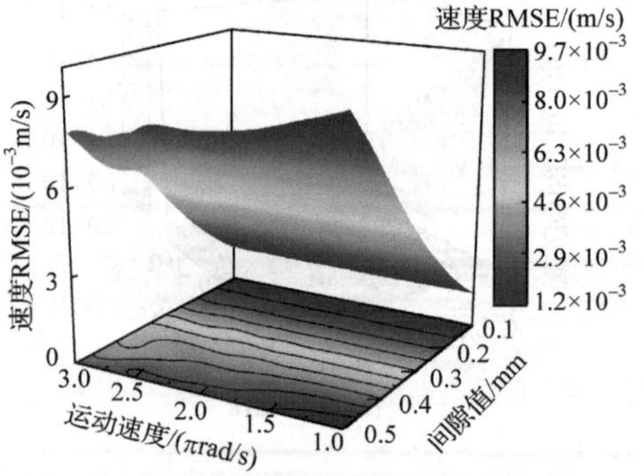

(d) 球面副S4

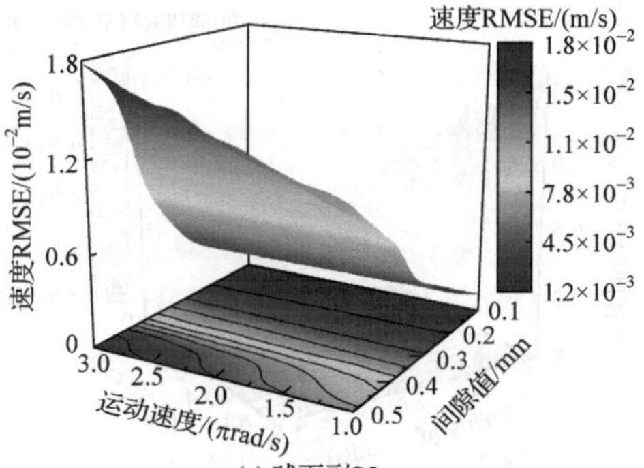

(e) 球面副S5

图 2.54　间隙球面副位置对末端执行器 Z 方向速度 RMSE 的影响

图 2.55 和图 2.56 为间隙球面副位置对末端执行器加速度 RMSE 的影响，可以发现，干摩擦间隙对 Z 方向加速度响应影响更加显著。在 Z 方向上，球面副 S1 对系统加速度响应产生的影响最大，引起的加速度 RMSE 最大，达到 5.3m/s^2，其次是球面副 S2(3.7m/s^2)和 S5(1.9m/s^2)。不同于位移 RMSE 和速度 RMSE 响应图，在加速度 RMSE 图中，球面副 S2 和 S5、球面副 S3 和 S4 的相似性现象明显减弱。对于球面副 S2，当间隙值分布在[0.42mm, 0.50mm]、运动速度分布在[2.51πrad/s, 3.00πrad/s]区域时，加速度 RMSE 变化剧烈，说明该区域为剧烈接触

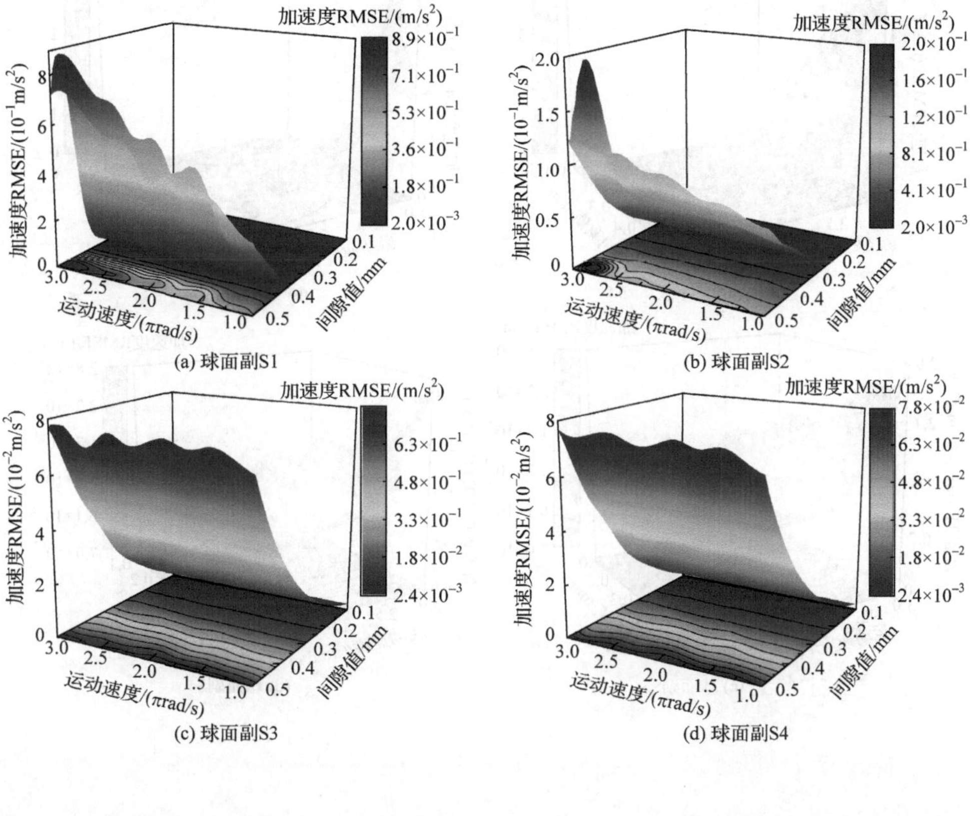

(a) 球面副S1　(b) 球面副S2
(c) 球面副S3　(d) 球面副S4

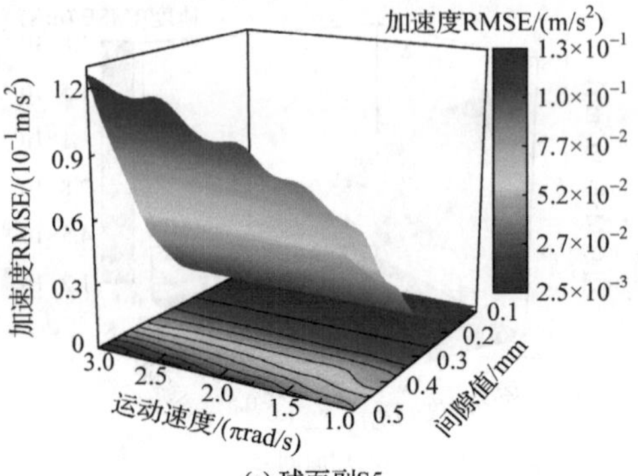

(e) 球面副S5

图 2.55　间隙球面副位置对末端执行器 Y 方向加速度 RMSE 的影响

碰撞的高发区域，此时机构的稳定性和动力学性能快速下降。对于其余间隙球面副，可以看出加速度 RMSE 受间隙值的影响较大，间隙值较小的变化会引起加速度 RMSE 快速增大。综上所述，球面副 S3 和 S4 对空间并联机构动力学响应的影响最小，因此后续研究中只考虑球面副 S1、S2 和 S5 为间隙球面副。

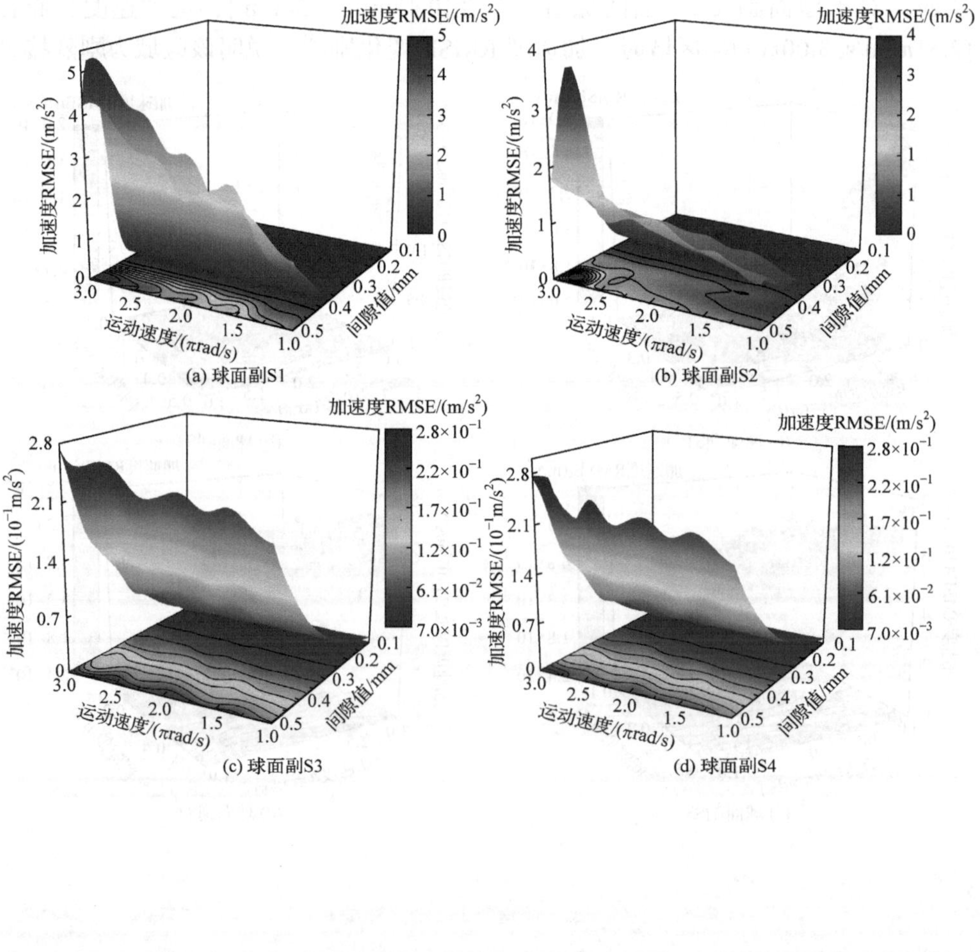

(a) 球面副S1　(b) 球面副S2

(c) 球面副S3　(d) 球面副S4

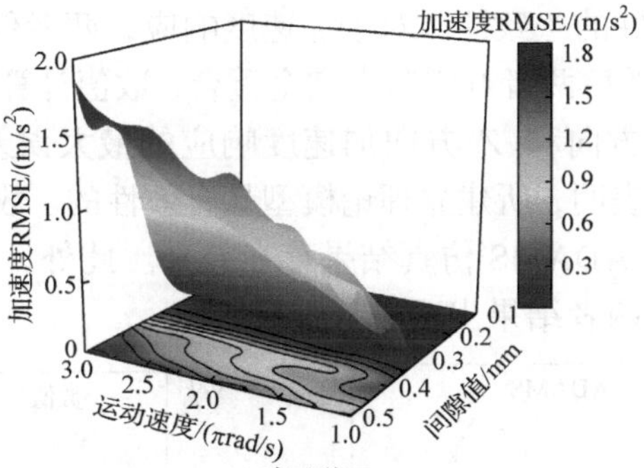

(e) 球面副S5

图 2.56　间隙球面副位置对末端执行器 Z 方向加速度 RMSE 的影响

5. 虚拟样机仿真验证

本节采用商业多体动力学软件 ADAMS 来验证已建立的含干摩擦球面副间隙的 4-UPS-RPS 空间并联机构动力学模型的有效性。该机构虚拟样机仿真模型如图 2.57 所示，其主要建模过程如下。首先，将该空间并联机构的三维实体模型导入软件 ADAMS 中，赋予各构件材料属性并保持参数与数值计算中一致。然后，在相应的铰链分布位置处添加运动副连接各构件，其中移动副为驱动关节，驱动类型为平移；间隙球面副受到力约束而不是运动学约束，接触类型设置为球对球。最后，法向接触力和切向摩擦力类型分别定义为冲击力和库仑摩擦力。虚拟样机仿真中的结构参数和间隙运动副参数分别与表 2.2 和表 2.9 中的数据一致。

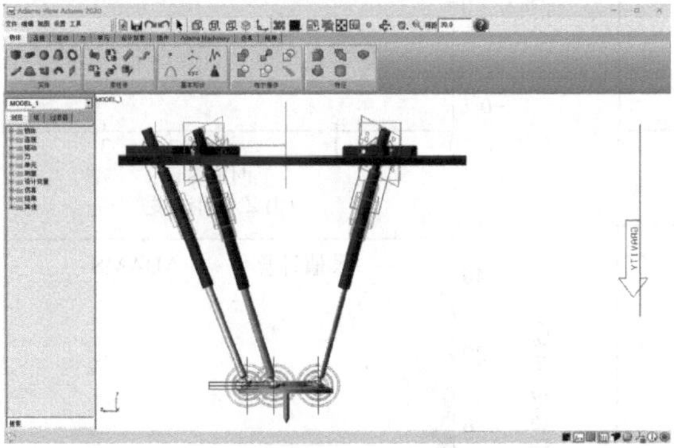

(a) 运动副及力约束位置

(b) 动力学仿真模型

图 2.57　4-UPS-RPS 空间并联机构虚拟样机仿真模型

将由理论模型得到的数值计算结果与 ADAMS 仿真结果进行对比，如图 2.58 所示。对于位移响应，ADAMS 仿真结果和数值计算结果基本完全重合。Y 方向和 Z 方向速度响应最大误差分别为 1.03×10^{-2}m/s 和 8.06×10^{-2}m/s，响应波动的位置和持续时间保持较好的一致性。对于加速度响应，两者仅在 0.25s 之前的初始阶段出现峰值差异，随后两者响应基本完全重合，数值计算较 ADAMS 仿真检测到了更多的接触。Y 方向和 Z 方向加速度响应的最大误差分别为 3.56m/s^2 和 23.36m/s^2。上述结果表明，所建立理论模型是有效性的。数值计算中采用罚方法和 Brown 摩擦模型与 ADAMS 仿真结果存在差异。此外，方程求解算法、接触检测等因素也会导致两者结果出现差异。

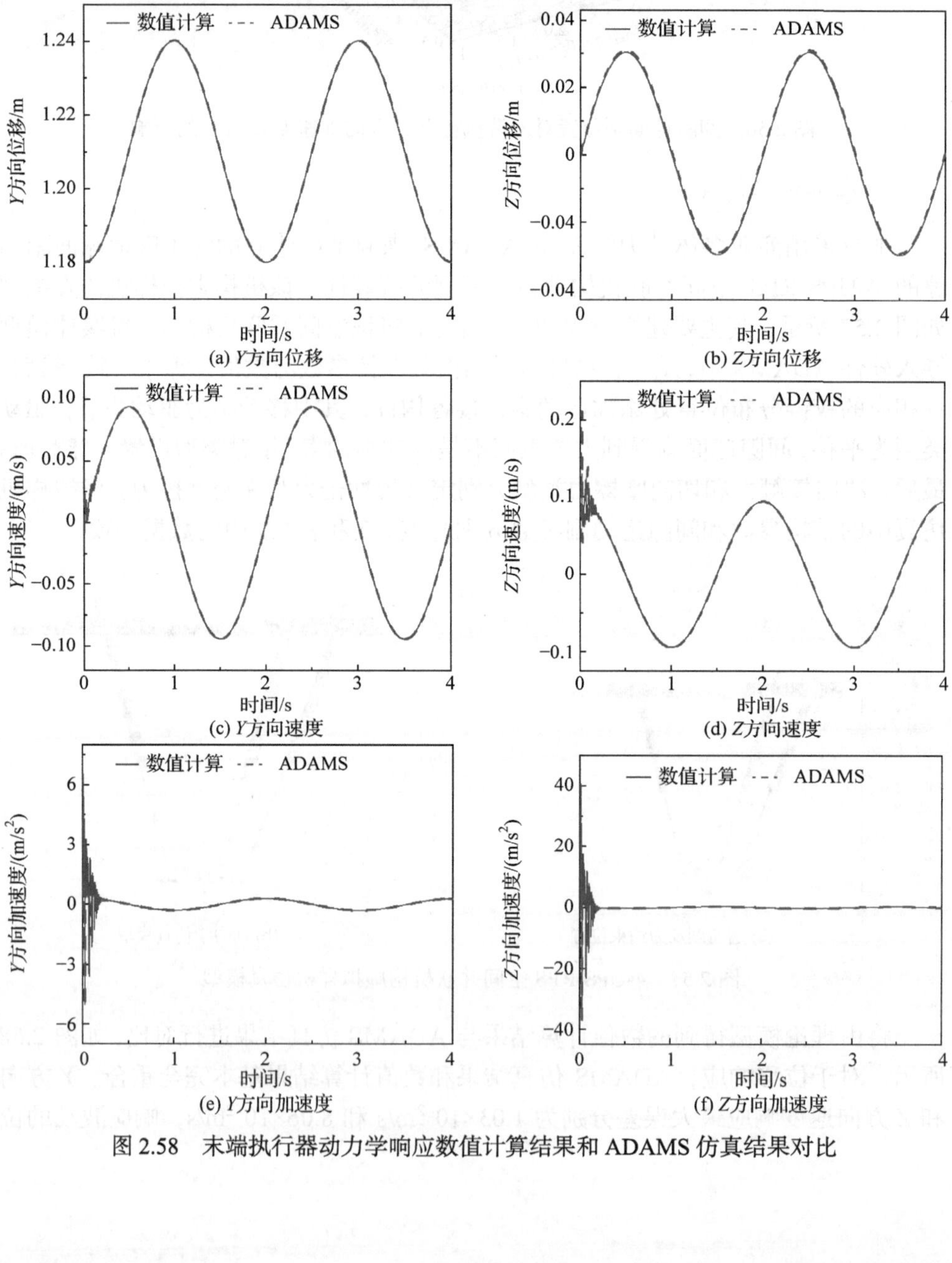

图 2.58 末端执行器动力学响应数值计算结果和 ADAMS 仿真结果对比

2.4　含干摩擦球面副间隙的 4-UPS-UPU 空间并联机构动力学建模与分析

2.4.1　含干摩擦球面副间隙的 4-UPS-UPU 空间并联机构动力学建模

1. 球面副间隙的运动学模型

根据球面副的内在结构和装配关系，存在两种情况，第一种是在理想情况下球面副球头与球套两者的球心重合并且其配合半径大小相等；第二种是在非理想情况下由于间隙的存在，球头与球套的球心不再始终保持重合，从而球头可以在球套内自由运动，由原来的面接触变成点接触。如图 2.59 所示，O_A-$X_AY_AZ_A$ 为系统坐标系，在考虑间隙的影响下球面副中的 S_2 表示球套球心，R_{S2} 表示球套的半径；b_2 表示球头球心，R_{b2} 表示球头的半径；其中 ${}^{A}\boldsymbol{t}_{t}$ 和 ${}^{A}\boldsymbol{n}_{n}$ 分别表示碰撞点与两球体中心线所在平面的切向矢量和法向矢量。

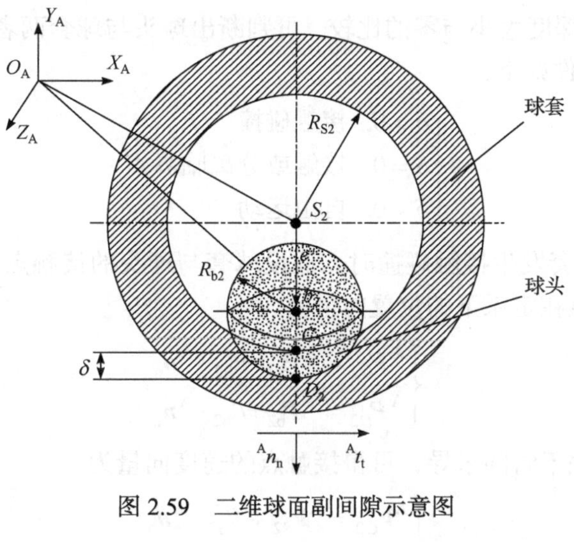

图 2.59　二维球面副间隙示意图

考虑球面副间隙时，球头球心 b_2 和球套球心 S_2 在系统坐标系(定系)下的位置向量分别为

$$\begin{cases} {}^{A}\boldsymbol{P}_{b2} = {}^{A}_{i}\boldsymbol{R} \cdot {}^{i}\boldsymbol{P}_{b2} + {}^{A}\boldsymbol{P}_{iO} \\ {}^{A}\boldsymbol{P}_{S2} = {}^{A}_{j}\boldsymbol{R} \cdot {}^{j}\boldsymbol{P}_{S2} + {}^{A}\boldsymbol{P}_{jO} \end{cases} \tag{2.59}$$

式中，${}^{A}_{i}\boldsymbol{R}$ 和 ${}^{A}_{j}\boldsymbol{R}$ 分别为构件 i 和构件 j 相对定系的转换矩阵；${}^{i}\boldsymbol{P}_{b2}$ 和 ${}^{j}\boldsymbol{P}_{S2}$ 分别为

球心 b_2 和 S_2 在构件 i 和构件 j 中的位置向量；${}^{\mathrm{A}}\boldsymbol{P}_{i\mathrm{O}}$ 和 ${}^{\mathrm{A}}\boldsymbol{P}_{j\mathrm{O}}$ 分别为构件 i 和构件 j 在局部坐标系下的位置向量。

根据式(2.59)，球头与球套中心之间的偏心矢量可以表示为

$$ {}^{\mathrm{A}}\boldsymbol{e} = {}^{\mathrm{A}}\boldsymbol{P}_{\mathrm{b2}} - {}^{\mathrm{A}}\boldsymbol{P}_{\mathrm{S2}} = {}^{\mathrm{A}}_{i}\boldsymbol{R}\cdot {}^{i}\boldsymbol{P}_{\mathrm{b2}} + {}^{\mathrm{A}}\boldsymbol{P}_{i\mathrm{O}} - {}^{\mathrm{A}}_{j}\boldsymbol{R}\cdot {}^{j}\boldsymbol{P}_{\mathrm{S2}} - {}^{\mathrm{A}}\boldsymbol{P}_{j\mathrm{O}} \tag{2.60} $$

根据式(2.60)的矢量表达式对其取模长可得球头在球套内偏移的距离为

$$ e = \sqrt{({}^{\mathrm{A}}\boldsymbol{e})^{\mathrm{T}}\,{}^{\mathrm{A}}\boldsymbol{e}} = \sqrt{{}^{\mathrm{A}}\boldsymbol{e}(1,1)^2 + {}^{\mathrm{A}}\boldsymbol{e}(2,1)^2 + {}^{\mathrm{A}}\boldsymbol{e}(3,1)^2} \tag{2.61} $$

其接触面的法向单位矢量为

$$ {}^{\mathrm{A}}\boldsymbol{n}_{\mathrm{n}} = \frac{{}^{\mathrm{A}}\boldsymbol{e}}{e} \tag{2.62} $$

球头与球套在运动过程中，若两者发生接触，则产生接触变形，其接触变形量(接触深度)为

$$ \delta = e - c \tag{2.63} $$

式中，c 为球头与球套在实际中的间隙值，其表达式为两者半径差 $c = R_{\mathrm{S2}} - R_{\mathrm{b2}}$。显然，根据接触深度大小与零的比较，可判断出球头与球套两者之间是否发生了碰撞，其判断条件如下：

$$ \begin{cases} \delta > 0, & \text{接触碰撞} \\ \delta = 0, & \text{接触或分离临界点} \\ \delta < 0, & \text{自由运动} \end{cases} \tag{2.64} $$

当球头与球套发生接触碰撞时，假设球套与球头的接触点分别为点 C_2 和点 D_2，则其接触点在定系下的位置向量为

$$ \begin{cases} {}^{\mathrm{A}}\boldsymbol{P}_{C2} = {}^{\mathrm{A}}\boldsymbol{P}_{\mathrm{S2}} + R_{\mathrm{S2}}\cdot {}^{\mathrm{A}}\boldsymbol{n}_{\mathrm{n}} \\ {}^{\mathrm{A}}\boldsymbol{P}_{D2} = {}^{\mathrm{A}}\boldsymbol{P}_{\mathrm{b2}} + R_{\mathrm{b2}}\cdot {}^{\mathrm{A}}\boldsymbol{n}_{\mathrm{n}} \end{cases} \tag{2.65} $$

对式(2.65)关于时间求导，可得接触点的速度向量为

$$ \begin{cases} {}^{\mathrm{A}}\boldsymbol{V}_{C2} = {}^{\mathrm{A}}\boldsymbol{V}_{\mathrm{S2}} + R_{\mathrm{S2}}\cdot {}^{\mathrm{A}}\dot{\boldsymbol{n}}_{\mathrm{n}} \\ {}^{\mathrm{A}}\boldsymbol{V}_{D2} = {}^{\mathrm{A}}\boldsymbol{V}_{\mathrm{b2}} + R_{\mathrm{b2}}\cdot {}^{\mathrm{A}}\dot{\boldsymbol{n}}_{\mathrm{n}} \end{cases} \tag{2.66} $$

式中，${}^{\mathrm{A}}\boldsymbol{V}_{\mathrm{S2}}$ 和 ${}^{\mathrm{A}}\boldsymbol{V}_{\mathrm{b2}}$ 分别为两球心的速度向量，具体形式为

$$ \begin{cases} {}^{\mathrm{A}}\boldsymbol{V}_{\mathrm{S2}} = {}^{\mathrm{A}}\boldsymbol{\omega}_{j\mathrm{O}} \times {}^{\mathrm{A}}\boldsymbol{r}_{\mathrm{S2}} + {}^{\mathrm{A}}\boldsymbol{V}_{j\mathrm{O}} \\ {}^{\mathrm{A}}\boldsymbol{V}_{\mathrm{b2}} = {}^{\mathrm{A}}\boldsymbol{\omega}_{i\mathrm{O}} \times {}^{\mathrm{A}}\boldsymbol{r}_{\mathrm{b2}} + {}^{\mathrm{A}}\boldsymbol{V}_{i\mathrm{O}} \end{cases} \tag{2.67} $$

其中，${}^{\mathrm{A}}\boldsymbol{V}_{j\mathrm{O}}$ 和 ${}^{\mathrm{A}}\boldsymbol{V}_{i\mathrm{O}}$ 分别为球套和球头所在构件质心处的速度向量；${}^{\mathrm{A}}\boldsymbol{\omega}_{j\mathrm{O}}$ 和 ${}^{\mathrm{A}}\boldsymbol{\omega}_{i\mathrm{O}}$

分别为两构件在定系下的角速度。

通过上述的推导可知间隙处两元素发酵碰撞时其接触点的速度矢量，故两者的相对速度矢量根据接触面的建立可分为相对法向速度和相对切向速度：

$$\begin{cases} {}^{\mathrm{A}}\boldsymbol{V}_{\mathrm{n}} = [({}^{\mathrm{A}}\boldsymbol{V}_{D2} - {}^{\mathrm{A}}\boldsymbol{V}_{C2})^{\mathrm{T}} \cdot {}^{\mathrm{A}}\boldsymbol{n}_{\mathrm{n}}] \cdot {}^{\mathrm{A}}\boldsymbol{n}_{\mathrm{n}} \\ {}^{\mathrm{A}}\boldsymbol{V}_{\mathrm{t}} = ({}^{A}\boldsymbol{V}_{D2} - {}^{\mathrm{A}}\boldsymbol{V}_{C2}) - {}^{\mathrm{A}}\boldsymbol{V}_{\mathrm{n}} \end{cases} \tag{2.68}$$

从而可求得其相对切向速度的幅值为

$$V_{\mathrm{t}} = \sqrt{({}^{\mathrm{A}}\boldsymbol{V}_{\mathrm{t}})^{\mathrm{T}}\, {}^{\mathrm{A}}\boldsymbol{V}_{\mathrm{t}}} \tag{2.69}$$

2. 考虑球面副间隙的接触力模型

在 L-N 法向接触力模型提出之后，国内外不少学者纷纷通过试验的手段来验证其模型的可信度，发现试验结果与理论只有少许的误差，并且误差在考虑范围内，这为之后的研究提供了可靠的碰撞力模型。L-N 法向接触力模型与其他接触力模型相比较，在求解恢复系数较高、构件碰撞速度较低、能量耗散较小的情况下往往可以得到更精确的结果，而且结果更加贴近运动过程的实际情况。结合机构的特点，采用 L-N 法向接触力模型进行求解计算。当间隙处两元素接触碰撞时，法向接触力(Chen and Tang，2020；Chen et al.，2019)可表示为

$$F_{\mathrm{n}} = K_{\mathrm{S}}\delta^{m}\left[1 + \frac{3(1-c_{\mathrm{r}}^{2})\dot{\delta}}{4\dot{\delta}_{0}}\right] \tag{2.70}$$

式中，K_{S} 为刚度系数，其表达式为

$$K_{\mathrm{S}} = \frac{4}{3(\sigma_{\mathrm{S2}} + \sigma_{\mathrm{b2}})}\sqrt{\frac{R_{\mathrm{S2}}R_{\mathrm{b2}}}{R_{\mathrm{S2}} + R_{\mathrm{b2}}}}$$

其中，σ_{S2} 和 σ_{b2} 为间隙元素的材料参数，分别为

$$\sigma_{\mathrm{S2}} = \frac{1-\upsilon_{\mathrm{S2}}^{2}}{E_{\mathrm{S2}}},\quad \sigma_{\mathrm{b2}} = \frac{1-\upsilon_{\mathrm{b2}}^{2}}{E_{\mathrm{b2}}}$$

E_{b2} 和 E_{S2} 是与材料有关的系数，其物理意义分别为球头和球套的杨氏模量；υ_{b2} 和 υ_{S2} 分别为球头和球套的泊松比；m 为金属表面的幂指数，本书取值为 1.5；δ 为接触碰撞的变形量；c_{r} 为恢复系数，一般材料越硬其值越大；$\dot{\delta}$ 为球头球心对于球套球心的相对渗透速度；$\dot{\delta}_{0}$ 为初始碰撞速度，最初速度为零，之后通过接触变形量的大小判断出每一时刻的初始碰撞速度。

对于含球面副间隙的切向接触特性，可以用切向摩擦力模型进行描述。在多体系统动力学中，Coulomb 切向摩擦力模型(Bai and Sun，2016；Flores et al.，2006a)较为常见，该摩擦模型可以用一种相对简单准确的方式描述间隙元素接触时的摩

擦现象，但是为了更加准确地表述间隙元素间的干摩擦作用和低速时显现的黏滞现象，本节选择 Ambrosio 修正的 Coulomb 摩擦力模型，修正后的摩擦模型引入动态修正系数 μ_r，解决了速度在零附近时因为摩擦方向引起的数值积分不稳定现象。该摩擦力模型可表示为

$$F_t = -\mu\mu_r F_n \frac{v_t}{|v_t|} \tag{2.71}$$

式中，μ 为滑动摩擦系数；μ_r 为动态修正系数，可根据速度的方向和大小划分：

$$\mu_r = \begin{cases} 1, & |v_t| > v_1 \\ \dfrac{|v_t| - v_0}{v_1 - v_0}, & v_0 \leqslant |v_t| \leqslant v_1 \\ 0, & |v_t| < v_0 \end{cases} \tag{2.72}$$

其中，v_0 和 v_1 为给定的速度极限值。

以上通过法向接触力模型和切向接触力模型的求解，可得出含球面副间隙的合接触力为

$$\boldsymbol{F}_f = F_n^A \boldsymbol{n}_n + F_t^A \boldsymbol{t}_t \tag{2.73}$$

3. 含球面副间隙的 4-UPS-UPU 空间并联机构动力学模型

含球面副间隙的 4-UPS-UPU 空间并联机构的机构简图如图 2.60 所示。在定平台上建立定坐标系 $O_A\text{-}X_AY_AZ_A$，原点在定平台的圆心处，X_A 轴与定平台所在平面垂直且方向向下，Y_A 轴指向虎克铰 U1，Z_A 轴根据右手定则确定，动平台的各个坐标系类似。在支链的每个杆上分别建立局部坐标系 $o_i\text{-}x_iy_iz_i$ $(i=1,2,\cdots,10)$，其坐标原点均位于杆件的质心处(本模型假设质心与几何中心点重合)，x_i 轴沿杆方向向下，y_i 轴沿杆件所在虎克铰的方向并指向朝外。假设 4-UPS-UPU 空间并联机构的球面副 S2 处存在间隙。

本节主要介绍移动副和球面副的刚体约束。多体系统的约束方程需要根据不同运动副的种类建立相关的位置及方向约束，每个运动副相邻的两构件需要在其自身建立局部坐标系以便描述其在空间的位置及姿态。本机构所有构件均为刚性，故采用质心坐标法描述，并且姿态采用 X-Z-Y 旋转顺序的欧拉角来确定每个构件的旋转矩阵。其中，该机构的广义坐标为

$$\boldsymbol{q} = \begin{bmatrix} \boldsymbol{q}_1^T & \boldsymbol{q}_2^T & \cdots & \boldsymbol{q}_{11}^T \end{bmatrix}^T \tag{2.74}$$

式中，每个构件的广义坐标为 $\boldsymbol{q}_i = \begin{bmatrix} \boldsymbol{c}_i^T & \boldsymbol{w}_i^T \end{bmatrix}^T$，其中每个构件的位置坐标为

$\boldsymbol{c}_i=\begin{bmatrix}x_i & y_i & z_i\end{bmatrix}^{\mathrm{T}}$，每个构件的欧拉角坐标为 $\boldsymbol{w}_i=\begin{bmatrix}\alpha_i & \beta_i & \gamma_i\end{bmatrix}^{\mathrm{T}}$ $(i=1,2,\cdots,11)$。

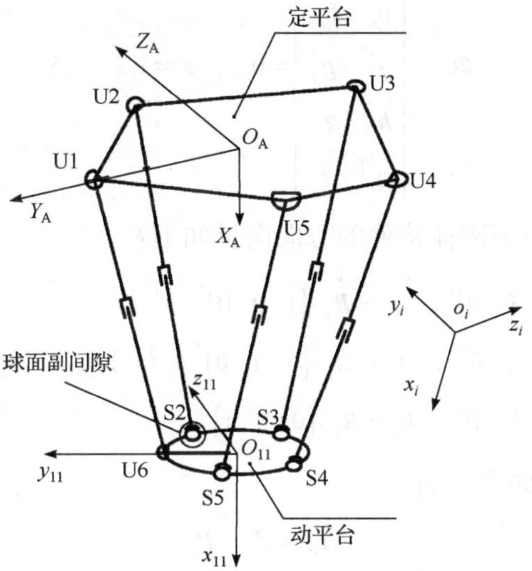

图 2.60　含球面副间隙的 4-UPS-UPU 空间并联机构的机构简图

图 2.61 为移动副刚体约束示意图，设定 o_i-$x_iy_iz_i$ 和 o_j-$x_jy_jz_j$ 分别为构件 i 和构件 j 的局部坐标系，O_A-$X_AY_AZ_A$ 为系统坐标系。

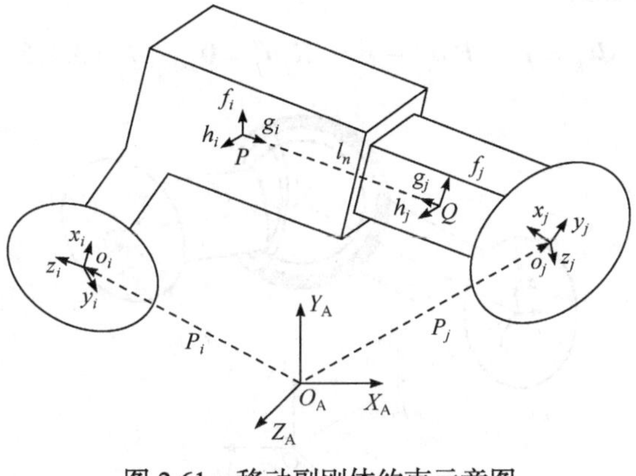

图 2.61　移动副刚体约束示意图

为了更加直观地描述移动副约束，在每个构件中心点处，即点 P 和点 Q 处分别引入单位方向向量，在两构件质心处引入方向向量，分别为 $\boldsymbol{g}_i$、$\boldsymbol{f}_i$、$\boldsymbol{h}_i$、$\boldsymbol{g}_j$、$\boldsymbol{f}_j$ 和 $\boldsymbol{h}_j$；局部坐标系质心点的全局位置向量分别为 $\boldsymbol{P}_i$ 和 $\boldsymbol{P}_j$；在两构件质心连接处引入位移方向向量 $\boldsymbol{l}_n$；移动副在空间中可约束五个自由度，故可得到移动副的刚体约束方程为

$$\boldsymbol{\Phi}_{\mathrm{P}k}=\begin{bmatrix}\boldsymbol{f}_i^{\mathrm{T}}\cdot\boldsymbol{l}_n\\ \boldsymbol{h}_i^{\mathrm{T}}\cdot\boldsymbol{l}_n\\ \boldsymbol{f}_i^{\mathrm{T}}\cdot\boldsymbol{g}_j\\ \boldsymbol{h}_i^{\mathrm{T}}\cdot\boldsymbol{g}_j\\ \boldsymbol{g}_i^{\mathrm{T}}\cdot\boldsymbol{f}_j\end{bmatrix}=\mathbf{0}_{5\times1},\quad k=1,2,\cdots,5 \tag{2.75}$$

式中，各系统坐标系下刚体构件的方向向量如下：

$$\begin{cases}\boldsymbol{g}_i=\boldsymbol{R}_i\cdot[1\quad 0\quad 0]^{\mathrm{T}},\ \boldsymbol{g}_j=\boldsymbol{R}_j\cdot[1\quad 0\quad 0]^{\mathrm{T}}\\ \boldsymbol{f}_i=\boldsymbol{R}_i\cdot[0\quad 1\quad 0]^{\mathrm{T}},\ \boldsymbol{f}_j=\boldsymbol{R}_j\cdot[0\quad 1\quad 0]^{\mathrm{T}},\ i=1,2,\cdots,5;\ j=6,7,\cdots,10\\ \boldsymbol{h}_i=\boldsymbol{R}_i\cdot[0\quad 0\quad 1]^{\mathrm{T}},\ \boldsymbol{h}_j=\boldsymbol{R}_j\cdot[0\quad 0\quad 1]^{\mathrm{T}}\end{cases} \tag{2.76}$$

式(2.75)中的位移方向向量为

$$\boldsymbol{l}_n=\boldsymbol{P}_j-\boldsymbol{P}_i \tag{2.77}$$

图 2.62 为球面副刚体约束示意图，点 Q 为球头和球套的球心，$\boldsymbol{o}_i^q$ 和 $\boldsymbol{o}_j^q$ 分别为所在局部坐标系下原点到点 Q 的位置向量。在空间机构中球面副可以约束三个自由度，因机构的球面副 S2 处存在间隙，故不考虑球面副 S2 处的约束，则机构中球面副的约束方程为

$$\boldsymbol{\Phi}_{\mathrm{S}k}=\boldsymbol{p}_i+\boldsymbol{R}_i\boldsymbol{o}_i^q-\boldsymbol{p}_j-\boldsymbol{R}_j\boldsymbol{o}_j^q=\mathbf{0}_{3\times1},\quad k=3,4,5 \tag{2.78}$$

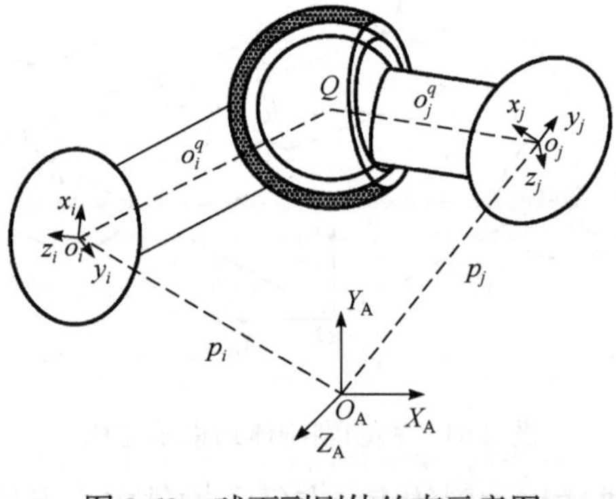

图 2.62　球面副刚体约束示意图

在 4-UPS-UPU 空间并联机构中，移动副处的伸缩杆作为其驱动源。由于该机构的自由度为五个，故需要加入五个驱动方程才可以使之有一个确定的运动。利用并联机构的逆运动学反解出每个驱动杆的运动函数方程，五个驱动方程需要五个约束方程：

$$\boldsymbol{\Phi}_{\mathrm{D}} = \left|\boldsymbol{l}_n\right| - \boldsymbol{h}_n(t) = \boldsymbol{0}_{5\times1}, \quad n = 1,2,\cdots,5 \tag{2.79}$$

式中，$\boldsymbol{h}_n(t)$ 为位移驱动函数，其含义为图 2.61 中点 P 和点 Q 之间的距离随时间的变化规律；$\boldsymbol{l}_n$ 为几何意义上点 P 和点 Q 之间的距离，构建位移驱动函数与几何意义上两点之间的距离，其大小应该时刻保持相等，保证驱动约束的正确性。

假设 4-UPS-UPU 空间并联机构的球面副 S2 处存在间隙，故在系统的约束方程中不加以考虑球面副 S2 处的几何约束，得到其含球面副 S2 处干摩擦间隙的 4-UPS-UPU 空间并联机构的约束方程：

$$\boldsymbol{\Phi}(q,t) = \begin{bmatrix} \boldsymbol{\Phi}_{\mathrm{U1}}^{\mathrm{T}} & \boldsymbol{\Phi}_{\mathrm{U2}}^{\mathrm{T}} & \boldsymbol{\Phi}_{\mathrm{U3}}^{\mathrm{T}} & \boldsymbol{\Phi}_{\mathrm{U4}}^{\mathrm{T}} & \boldsymbol{\Phi}_{\mathrm{U5}}^{\mathrm{T}} \\ \boldsymbol{\Phi}_{\mathrm{U6}}^{\mathrm{T}} & \boldsymbol{\Phi}_{\mathrm{P1}}^{\mathrm{T}} & \boldsymbol{\Phi}_{\mathrm{P2}}^{\mathrm{T}} & \boldsymbol{\Phi}_{\mathrm{P3}}^{\mathrm{T}} & \boldsymbol{\Phi}_{\mathrm{P4}}^{\mathrm{T}} \\ \boldsymbol{\Phi}_{\mathrm{P5}}^{\mathrm{T}} & \boldsymbol{\Phi}_{\mathrm{S3}}^{\mathrm{T}} & \boldsymbol{\Phi}_{\mathrm{S4}}^{\mathrm{T}} & \boldsymbol{\Phi}_{\mathrm{S5}}^{\mathrm{T}} & \boldsymbol{\Phi}_{\mathrm{D}}^{\mathrm{T}} \end{bmatrix}^{\mathrm{T}} = \boldsymbol{0}_{63\times1} \tag{2.80}$$

动力学方程的建立是求解机构动力学参数的必要条件。式(2.80)为含球面副干摩擦间隙的 4-UPS-UPU 空间并联机构的刚体约束方程，可知其约束方程为复合函数，对其进行关于时间的一次求导，可得到该系统的速度约束方程为

$$\boldsymbol{\Phi}_q \dot{\boldsymbol{q}} = -\boldsymbol{\Phi}_t \equiv \boldsymbol{v} \tag{2.81}$$

式中，$\boldsymbol{\Phi}_q$ 为约束方程 $\boldsymbol{\Phi}(\boldsymbol{q},t)$ 关于广义坐标 $\boldsymbol{q}$ 的偏导数，即约束方程的雅可比矩阵；$\dot{\boldsymbol{q}}$ 为广义速度矢量；$\boldsymbol{\Phi}_t$ 为约束方程 $\boldsymbol{\Phi}(\boldsymbol{q},t)$ 关于时间的导数；$\boldsymbol{v}$ 为速度约束方程的右侧。对式(2.81)进一步求导得到加速度约束：

$$\boldsymbol{\Phi}_q \ddot{\boldsymbol{q}} = -\left(\boldsymbol{\Phi}_q \dot{\boldsymbol{q}}\right)_q \dot{\boldsymbol{q}} - 2\boldsymbol{\Phi}_{qt} \dot{\boldsymbol{q}} - \boldsymbol{\Phi}_{tt} \equiv \boldsymbol{\gamma} \tag{2.82}$$

其中，$\boldsymbol{\Phi}_{qt}$ 为 $\boldsymbol{\Phi}_q$ 关于时间的导数；$\boldsymbol{\Phi}_{tt}$ 为 $\boldsymbol{\Phi}_t$ 关于时间的导数；$\ddot{\boldsymbol{q}}$ 为广义加速度；$\boldsymbol{\gamma}$ 为加速度约束方程的右侧。

质量矩阵是反映构件在空间中质量分布的最佳方法，是构建机构动力学方程不可或缺的一部分。当质量矩阵为常数矩阵时，可提高仿真计算的效率，其表达式如下：

$$\boldsymbol{M}_k = \mathrm{diag}(m_k \quad m_k \quad m_k \quad I_{kx} \quad I_{ky} \quad I_{kz}), \quad k = 1,2,\cdots,11 \tag{2.83}$$

故系统的质量矩阵为

$$\hat{\boldsymbol{M}}_{\Sigma} = \mathrm{diag}(\boldsymbol{M}_1 \quad \boldsymbol{M}_2 \quad \cdots \quad \boldsymbol{M}_{11}) \tag{2.84}$$

对于刚性构件，其在重力的影响下广义力形式为(沿 X 轴正方向为重力方向)

$$\boldsymbol{F}_k{}^{g} = \begin{bmatrix} m_k g & 0 & 0 & 0 & 0 & 0 \end{bmatrix}^{\mathrm{T}}, \quad k = 1,3,4,\cdots,10 \tag{2.85}$$

由于球面副 S2 处取消了几何约束，故必须在广义力中添加力约束，以保证机构有确定的运动，根据式(2.73)已求得碰撞产生的合接触力 $\boldsymbol{F}_{\mathrm{f}}$，本机构中伸缩杆为

施力物体，动平台为受力物体，故可以得出两构件的受力情况为

$$\begin{cases} \boldsymbol{F}_2^{\mathrm{f}} = -\boldsymbol{F}_{\mathrm{f}} = \begin{bmatrix} F_{2x}^{\mathrm{f}} & F_{2y}^{\mathrm{f}} & F_{2z}^{\mathrm{f}} \end{bmatrix}^{\mathrm{T}} \\ \boldsymbol{F}_{11}^{\mathrm{f}} = \boldsymbol{F}_{\mathrm{f}} = \begin{bmatrix} F_{11x}^{\mathrm{f}} & F_{11y}^{\mathrm{f}} & F_{2z}^{\mathrm{f}} \end{bmatrix}^{\mathrm{T}} \end{cases} \tag{2.86}$$

根据式(2.74)可得伸缩杆和动平台质心的广义位置坐标分别为 $\boldsymbol{c}_2 = [x_2 \quad y_2 \quad z_2]^{\mathrm{T}}$ 和 $\boldsymbol{c}_{11} = [x_{11} \quad y_{11} \quad z_{11}]^{\mathrm{T}}$，结合式(2.65)可知球头和球套处的碰撞接触点分别为 ${}^{\mathrm{A}}\boldsymbol{P}_{D2}$ 和 ${}^{\mathrm{A}}\boldsymbol{P}_{C2}$，故两构件的矢量力臂可确定，并且根据各构件的接触力(式(2.86))可求得两构件接触力在质心处的力矩分别为

$$\begin{cases} \boldsymbol{M}_2^{\mathrm{S2}} = \left({}^{\mathrm{A}}\boldsymbol{P}_{D2} - \boldsymbol{c}_2 \right) \times \boldsymbol{F}_2^{\mathrm{f}} \\ \boldsymbol{M}_{11}^{\mathrm{S2}} = \left({}^{\mathrm{A}}\boldsymbol{P}_{C2} - \boldsymbol{c}_2 \right) \times \boldsymbol{F}_{11}^{\mathrm{f}} \end{cases} \tag{2.87}$$

故对于伸缩杆和动平台，在碰撞力情况下的广义力(力矩)分别为

$$\begin{cases} \boldsymbol{F}_2^{\mathrm{force}} = \left[\left[m_2 g + F_{2x}^{\mathrm{f}} \; F_{2y}^{\mathrm{f}} \; F_{2z}^{\mathrm{f}} \right]^{\mathrm{T}} \quad \left(\boldsymbol{M}_2^{\mathrm{S2}} \right)^{\mathrm{T}} \right]^{\mathrm{T}} \\ \boldsymbol{F}_{11}^{\mathrm{force}} = \left[\left[m_{11} g + F_{11x}^{\mathrm{f}} \; F_{11y}^{\mathrm{f}} \; F_{11z}^{\mathrm{f}} \right]^{\mathrm{T}} \quad \left(\boldsymbol{M}_{11}^{\mathrm{S2}} \right)^{\mathrm{T}} \right]^{\mathrm{T}} \end{cases} \tag{2.88}$$

根据式(2.85)和式(2.88)，可得机构的广义力表达式为

$$\begin{aligned} \boldsymbol{\Gamma} = \Big[& \left(\boldsymbol{F}_1^{g}\right)^{\mathrm{T}} \; \left(\boldsymbol{F}_2^{\mathrm{force}}\right)^{\mathrm{T}} \; \left(\boldsymbol{F}_3^{g}\right)^{\mathrm{T}} \; \left(\boldsymbol{F}_4^{g}\right)^{\mathrm{T}} \; \left(\boldsymbol{F}_5^{g}\right)^{\mathrm{T}} \\ & \left(\boldsymbol{F}_6^{g}\right)^{\mathrm{T}} \; \left(\boldsymbol{F}_7^{g}\right)^{\mathrm{T}} \; \left(\boldsymbol{F}_8^{g}\right)^{\mathrm{T}} \; \left(\boldsymbol{F}_9^{g}\right)^{\mathrm{T}} \; \left(\boldsymbol{F}_{10}^{g}\right)^{\mathrm{T}} \; \left(\boldsymbol{F}_{11}^{\mathrm{force}}\right)^{\mathrm{T}} \Big]^{\mathrm{T}} \end{aligned} \tag{2.89}$$

通过对以上各参数的求解，利用拉格朗日乘子法推导的具有微分代数形式的含干摩擦球面副间隙的 4-UPS-UPU 空间并联机构的多体系统动力学方程如下：

$$\begin{bmatrix} \hat{\boldsymbol{M}}_{\Sigma} & \boldsymbol{\Phi}_q^{\mathrm{T}} \\ \boldsymbol{\Phi}_q & \boldsymbol{0} \end{bmatrix} \begin{bmatrix} \ddot{\boldsymbol{q}} \\ \boldsymbol{\lambda} \end{bmatrix} = \begin{bmatrix} \boldsymbol{\Gamma} \\ \boldsymbol{\gamma}' \end{bmatrix} \tag{2.90}$$

式(2.90)没有直接应用多体系统的位移约束方程和速度约束方程，故会导致该方程在积分求解过程中存在约束违反问题。目前对约束违反问题常用的是 Baumgarte 违约稳定算法(Jiang and Chen，2020；Chen and Tang，2020)，该算法在编程时较为简单，求解效率高，极大降低了系统存在的违约量，其中 $\boldsymbol{\gamma}' = \boldsymbol{\gamma} - 2\kappa_1 \dot{\boldsymbol{\Phi}} - (\kappa_2)^2 \boldsymbol{\Phi}$，$\dot{\boldsymbol{\Phi}} = \dfrac{\mathrm{d}\boldsymbol{\Phi}}{\mathrm{d}t}$，$\kappa_1$、$\kappa_2$ 是大于零的校正因子，其取值范围为 (0, 50)，本节两者的取值均为 5。

2.4.2　含干摩擦球面副间隙的 4-UPS-UPU 空间并联机构非线性动力学分析

1. 动力学方程仿真参数及求解方法

同理，由于机构有五个自由度，故动平台的运动函数为

$$\begin{cases} X = 1.1 \\ Y = 0.05\sin(\pi t) \\ Z = 0.05\cos(\pi t) \\ \beta = 0 \\ \gamma = 0 \end{cases} \tag{2.91}$$

借助于 SolidWorks 三维模型可以得到 4-UPS-UPU 空间并联机构各个部件的基本机构参数，见表 2.13。在球面副 S2 处的球头和球套的物理性能参数见表 2.14。含干摩擦间隙的 4-UPS-UPU 空间并联机构的动力学仿真参数见表 2.15。

表 2.13　4-UPS-UPU 空间并联机构各个部件的基本机构参数

部件	质量/kg	杆件长度/m	I_{xx} /(kg · m²)	I_{yy} /(kg · m²)	I_{zz} /(kg · m²)
摆动杆	11.275	0.760	0.006	0.735	0.735
第一支链伸缩杆	8.211	0.840	0.001	0.487	0.487
其他支链伸缩杆	8.247	0.845	0.001	0.494	0.494
动平台	18.392	—	0.449	0.224	0.242

表 2.14　球头和球套的物理性能参数

部件	泊松比	材料	杨氏模量/GPa	半径/mm
球套	0.27	钢	207	22.80
球头	0.27	钢	207	22.50

表 2.15　含干摩擦间隙的 4-UPS-UPU 空间并联机构的动力学仿真参数

速度极限值 v_0 /(mm/s)	速度极限值 v_1 /(mm/s)	间隙值/mm	积分步长/s	积分函数	恢复系数 c_r
0.001	0.1	0.3	10^{-3}	Ode45	0.9

含干摩擦球面副间隙的 4-UPS-UPU 空间并联机构的动力学方程具体求解流程如图 2.63 所示，具体求解策略如下。

(1) 输入系统参数及初值。系统参数主要包括各个构件的质量、转动惯量、长度、动平台的运动规律及间隙参数，初值为 $t=0$ 时对应的 $\boldsymbol{q}_0$ 和 $\dot{\boldsymbol{q}}_0$，为求解动力学方程进行准备。

(2) 动力学方程的求解。首先判断间隙处是否发生接触碰撞，若没有发生碰

撞，则法向接触力和切向接触力均为零；若发生碰撞，则根据式(2.70)和式(2.71)计算此时的接触力，根据接触力的求解利用 Runge-Kutta 方法求解式(2.90)中的动力学方程，即可求得此时所有构件的广义坐标 $\boldsymbol{q}_{(t=i)}$ 、广义速度 $\dot{\boldsymbol{q}}_{(t=i)}$ 和广义加速度为 $\ddot{\boldsymbol{q}}_{(t=i)}$ ，并进入步骤(3)。

(3) 仿真结束的判断。根据每次求解的时刻得出此时的输出参数，并且判断此时刻是否为最终时刻，若不是最终时刻，则继续下一时刻的求解，并且对时间赋值为 $T = T + \Delta T$ ，再次进入循环求解，返回步骤(2)；若到达最终时刻，则保存每一步的输出，得到该机构的输出结果，整个求解方程的环节结束。

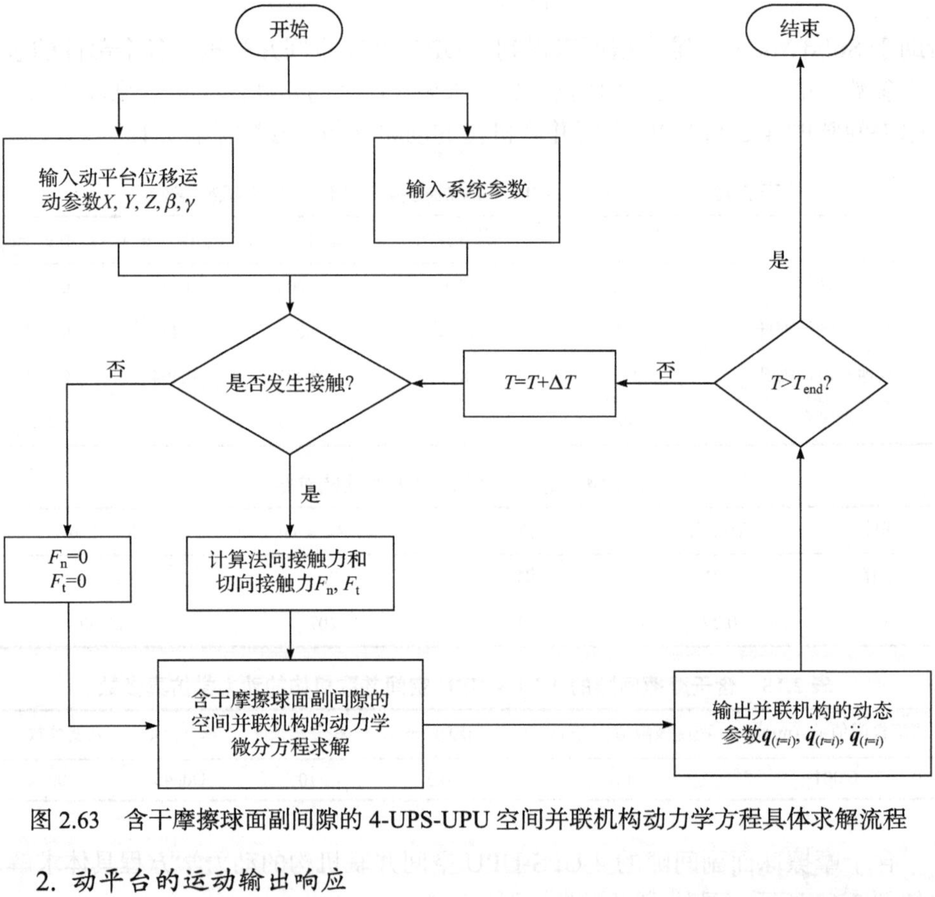

图 2.63　含干摩擦球面副间隙的 4-UPS-UPU 空间并联机构动力学方程具体求解流程

2. 动平台的运动输出响应

根据图 2.63 所示求解流程，首先利用 MATLAB 仿真软件对本模型进行数值求解，得到理想运动副条件下 4-UPS-UPU 空间并联机构刚体的动平台输出响应；然后得到含干摩擦球面副间隙的 4-UPS-UPU 空间并联机构在两种摩擦系数(μ = 0.05、μ = 0.1)影响下的动平台输出响应。在仿真过程中，仿真时间为 200s，即 100

个周期，间隙的存在导致系统一开始处于不稳定的状态，故在响应图中截取两个周期(系统处于稳定时期)的结果，并将得到的结果与理想运动副条件下的动平台输出响应进行对比分析。

图 2.64 给出了动平台质心处存在间隙时，考虑不同摩擦系数与理想情况下的位移对比曲线。如图 2.64(a)所示，在 X 方向上，含间隙的两种摩擦系数位移曲线基本重合，其与理想情况下的曲线误差不超过 0.1mm。通过局部放大图图 2.64(b)可以看出，两种摩擦系数下的位移曲线在纵坐标上数值基本一致，但是在图像上还是存在极小的差别，说明在含间隙的情况下动平台在 X 方向存在微小偏移。如图 2.64(c)和(e)所示，在 Y 方向和 Z 方向上，两种摩擦系数的位移曲线和理想情况下的曲线趋势基本一致，但是通过局部放大图图 2.64(d)和(f)可以看出，不同摩擦系数下的位移曲线趋势基本一致，但是均与理想情况下的位移曲线存在微小偏差并且发生微小的偏移，总体误差不超过 0.5mm。如图 2.64(g)和(h)所示，不同摩擦系数在 β 方向和 γ 方向的角位移曲线趋势基本一致，但是与理想情况下相比发生了微小的偏移，在物理意义上可以体现出动平台发生了微小的转动，并且转动的弧度不超过 1.5×10^{-3}rad。通过以上分析可以看出，摩擦系数对动平台的影响很小，只是在位移方向上发生了微小的偏移，体现了该并联机构具有精度高的特点。

图 2.65 给出了动平台质心在不同摩擦系数与理想情况下的速度响应对比曲线。如图 2.65(a)所示，在 X 方向上，含间隙的两种摩擦系数速度曲线基本重合，

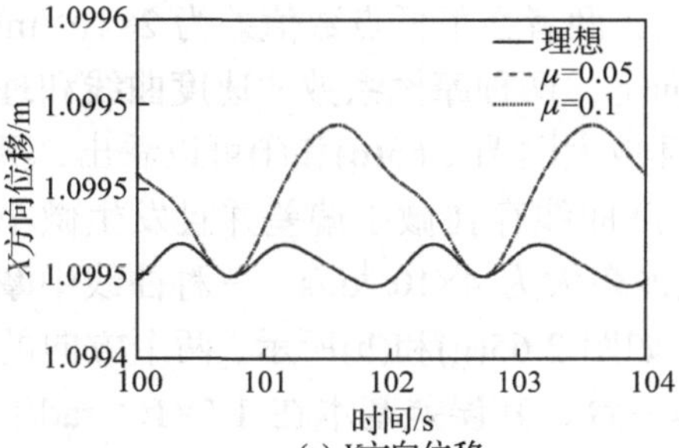

(a) X方向位移

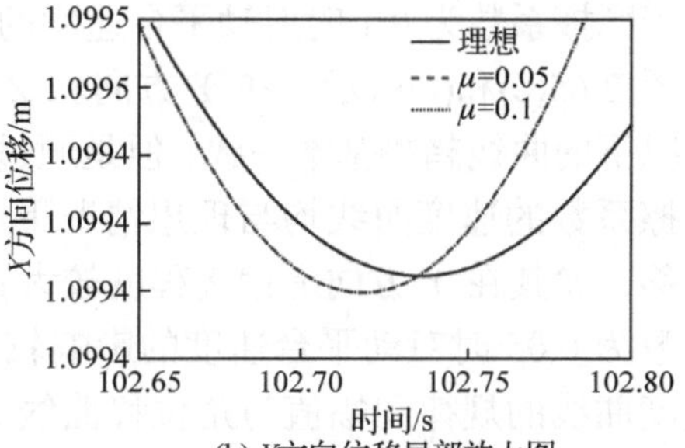

(b) X方向位移局部放大图

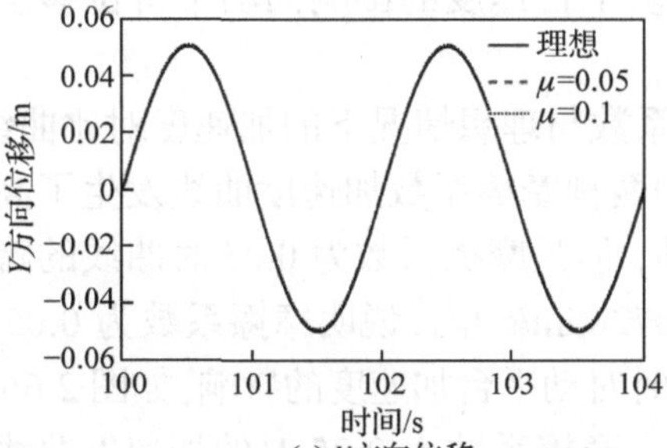

(c) Y方向位移

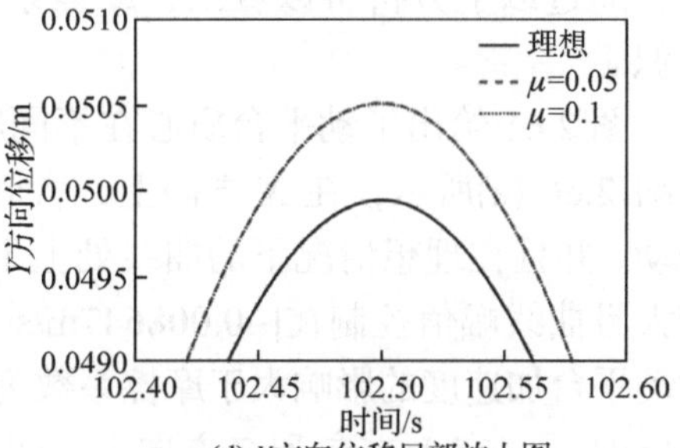

(d) Y方向位移局部放大图

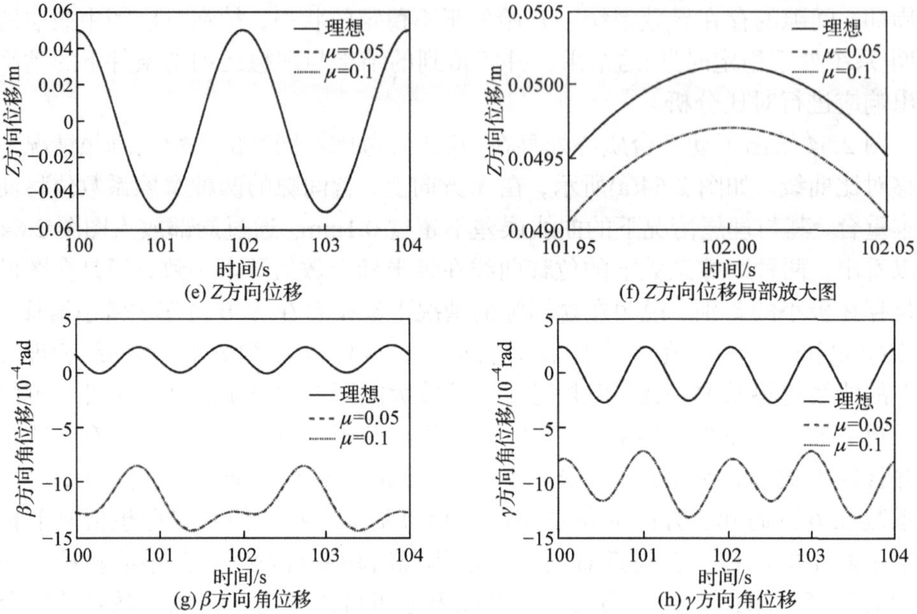

(e) Z方向位移　(f) Z方向位移局部放大图

(g) β方向角位移　(h) γ方向角位移

图 2.64　不同摩擦系数下动平台的位移响应曲线

但是与理想情况下的曲线有一定的差别，它们大致围绕在理想情况下的曲线的周围。通过局部放大图图 2.65(b)可以看出，两种摩擦系数下的速度曲线存在微小的差别，并且在曲线的波谷处可以看出，摩擦系数为 0.05 时对动平台速度的影响略大于摩擦系数为 0.1 时对动平台速度的影响，两者在最低点数值差为 2×10^{-7}m/s。如图 2.65(c)和(e)所示，在 Y 方向和 Z 方向上，两种摩擦系数的速度曲线和理想情况下的曲线趋势基本一致，但是通过局部放大图图 2.65(d)和(f)可以看出，不同摩擦系数的速度曲线均与理想情况下的速度曲线存在微小偏差并且发生微小的偏移，尤其在 Y 方向上偏离程度较大且误差最大为 4×10^{-4}m/s，三种曲线中摩擦系数为 0.05 时对动平台速度的影响较大。如图 2.65(g)和(h)所示，两个方向的角速度曲线的规律和幅值与角位移曲线大体一致，其误差基本在 1.5×10^{-3}rad/s 以内。通过以上分析可以看出，摩擦系数对动平台速度的影响同动平台位移基本类似。

图 2.66 给出了动平台质心在不同摩擦系数与理想情况下的加速度对比曲线。如图 2.66 (a)所示，在 X 方向上，含间隙的两种摩擦系数加速度曲线发生了高频振动，并且在理想情况下的曲线处上下波动，但是摩擦系数为 0.05 时曲线的跨距较大且曲线幅值控制在[-0.008647m/s^2, 0.007265m/s^2]内，说明摩擦系数为 0.05 时对动平台加速度的影响大于摩擦系数为 0.1 时对动平台加速度的影响。如图 2.66(b)和(d)所示，在 Y 方向和 Z 方向上，明显看出摩擦系数为 0.05 时的加速度曲线幅

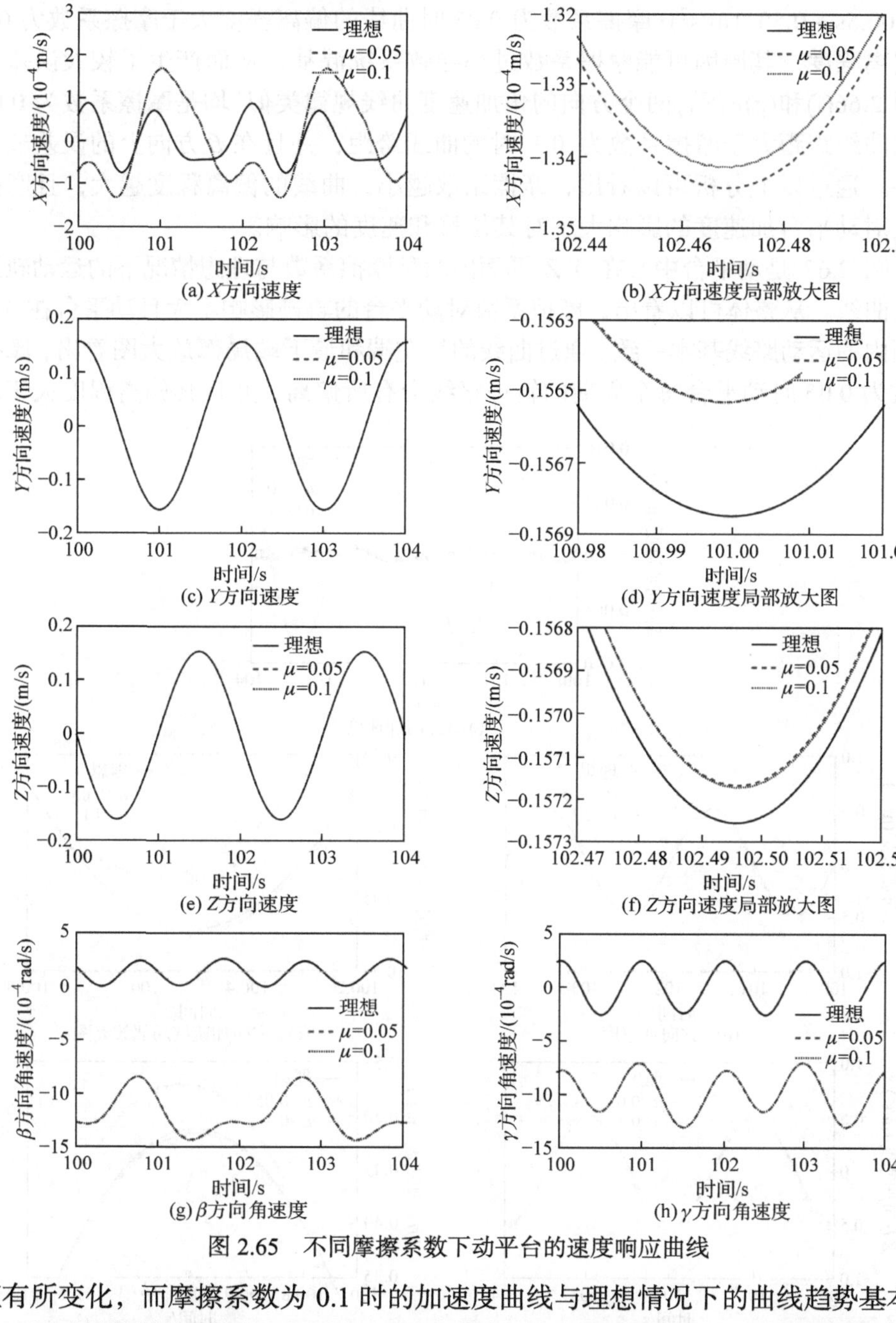

图 2.65　不同摩擦系数下动平台的速度响应曲线

值有所变化，而摩擦系数为 0.1 时的加速度曲线与理想情况下的曲线趋势基本一致。通过局部放大图图 2.66(c)和(e)可以看出，在间隙的影响下，摩擦系数为 0.05 时的加速度曲线在 t=100.4s 处发生了剧烈的高频振动，并且最低点出现的时刻也有所不同；摩擦系数为 0.05 和 0.1 时对应的最低点位置分别为(100.6s, −0.4214m/s^2)

和(100.5s, –0.5011m/s^2)；摩擦系数为 0.05 时曲线的偏离程度大于摩擦系数为 0.1 的偏离程度，其原因可能摩擦系数过小导致系统混乱，从而产生了较大误差。如图 2.66(f)和(g)所示，两个方向的角加速度曲线规律类似，均是摩擦系数为 0.05 时的曲线跨距大于摩擦系数为 0.1 时的曲线跨距，并且在β方向上的误差较大一些。通过以上分析可以看出，摩擦系数越小，曲线的偏离程度越大，且摩擦系数对动平台加速度的影响大于对其位移和速度的影响。

图 2.67 是动平台中心在 *Y-Z* 平面内两种摩擦系数与理想情况下的运动轨迹对比曲线。从整体可以看出，摩擦系数对动平台的轨迹影响不大且动平台在 *Y-Z* 平面内的运动路线基本一致。通过曲线的最左端和最下端局部放大图看出，摩擦系数为 0.05 时动平台每个周期的轨迹路线会有所偏离，并且其偏离程度大于摩

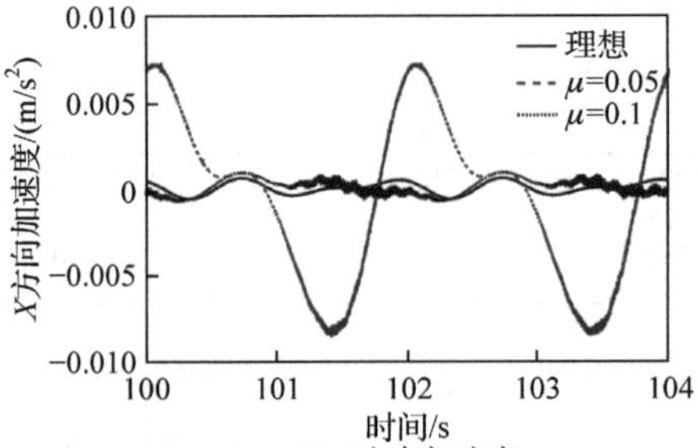

(a) *X*方向加速度

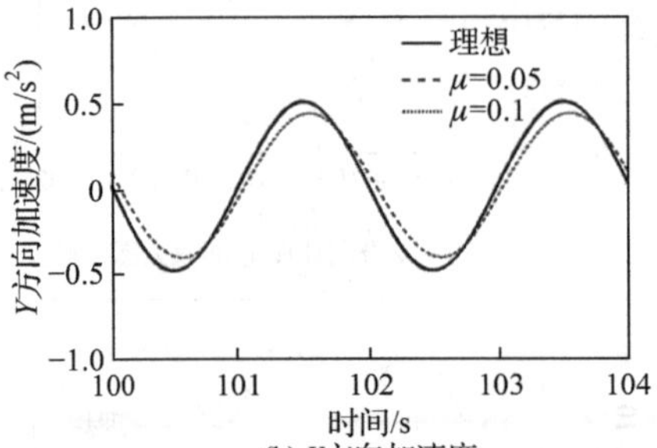

(b) *Y*方向加速度

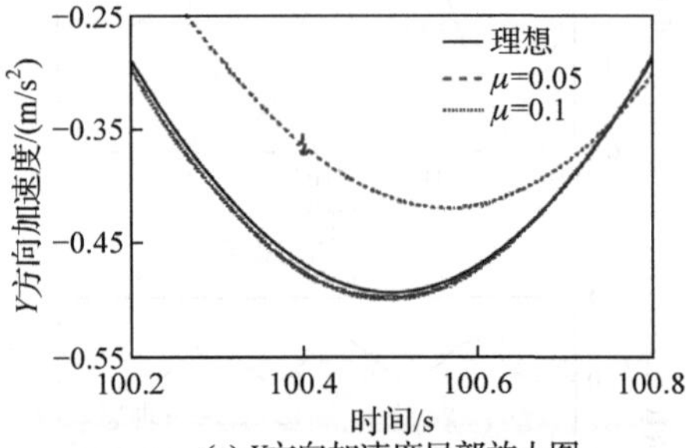

(c) *Y*方向加速度局部放大图

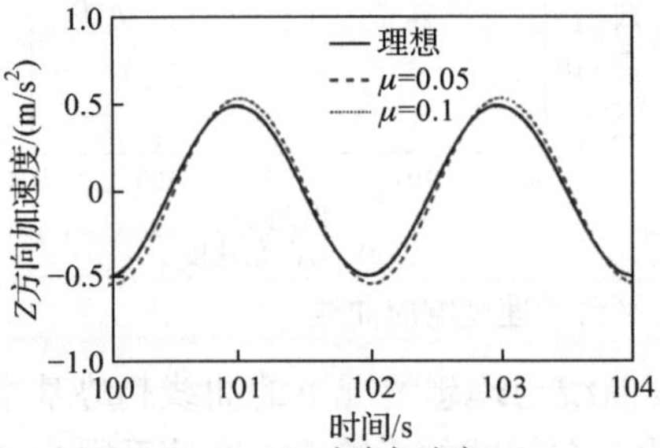

(d) *Z*方向加速度

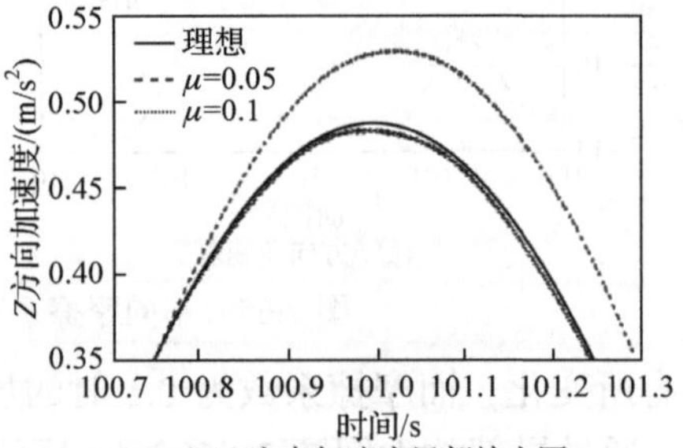

(e) *Z*方向加速度局部放大图

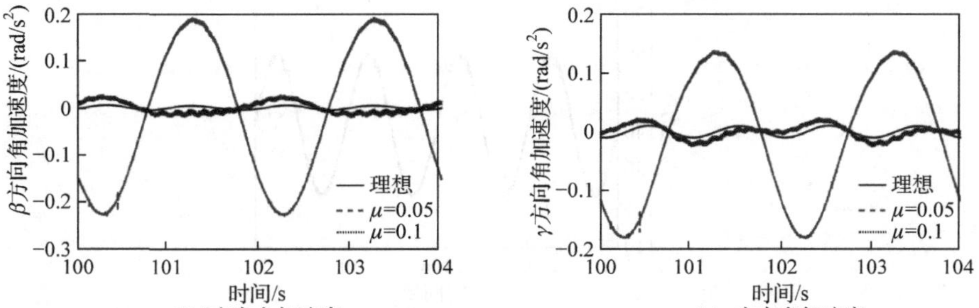

(f) β方向角加速度　(g) γ方向角加速度

图 2.66　不同摩擦系数下动平台的加速度响应曲线

擦系数为 0.1 的轨迹路线，但是其偏离的数值均在 1mm 之内。由此可以推测出，并联结构自身稳定性好，不同摩擦系数对动平台的轨迹曲线影响很小。

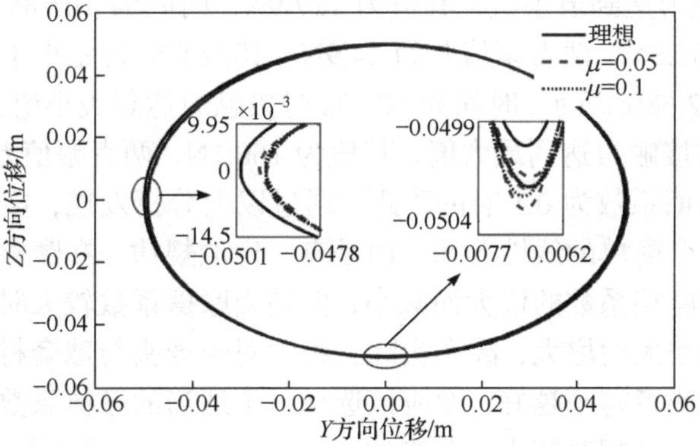

图 2.67　不同摩擦系数下动平台的运动轨迹曲线

图 2.68 是球面副 S2 处摩擦系数分别取 0.05、0.1 和 0.15 时间隙处接触力随时间的变化曲线(曲线均取 4 个周期进行分析)。由图 2.68(a)和(c)可以看出，接触力曲线都存在高频振动并且其数值均大于零，曲线走势整体类似正弦波形，说明球面副 S2 处存在力的冲击并且接触为连续接触。定量分析发现，如图 2.68(a)

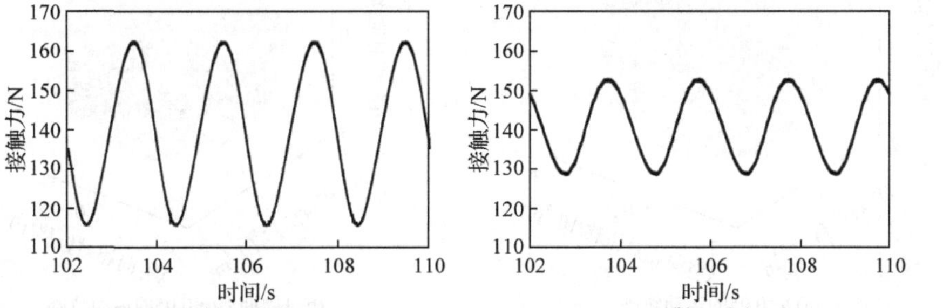

(a) μ=0.05　(b) μ=0.1

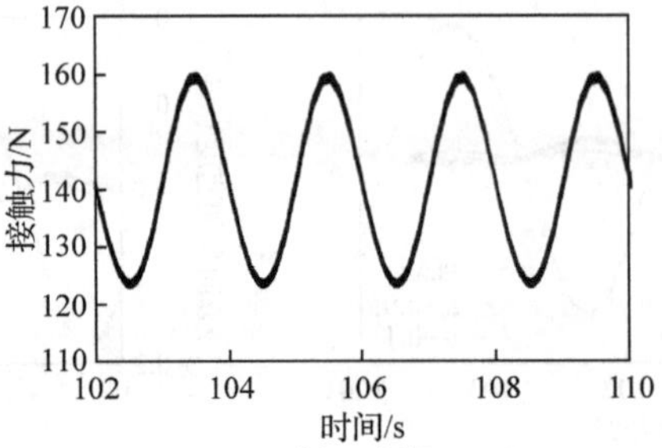

(c) μ=0.15

图 2.68　不同摩擦系数下间隙处的接触力曲线

所示，时间为 108.4s 时接触力达到最小值，其值为 115.4N，时间为 103.5s 时接触力达到最大值，其值为 162.7N，两者幅值差为 47.3N；如图 2.68(b)所示，时间为 102.8s 时接触力达到最小值，其值为 127.9N，时间为 105.8s 时接触力达到最大值，其值为 152.8N，两者幅值差为 24.9N，其最值的跨距小于摩擦系数为 0.05 时的跨距；如图 2.68(c)所示，时间为 102.5s 时接触力达到最小值，其值为 122.5N，时间为 107.5s 时接触力达到最大值，其值为 160.1N，两者幅值差为 37.6N，其最值的跨距大于摩擦系数为 0.1 时的跨距。通过以上分析发现，接触力与摩擦系数的变化并不是一个简单的线性关系，而是有一定的规律，在摩擦系数较小时，接触力的幅值随着摩擦系数的增大而减小，但是当摩擦系数较大时，接触力的幅值随着摩擦系数的增大而增大，故在实际工程中对于球头与球套材料的选择，并不是摩擦系数越大或者越小越好，而应该选择一个适当的摩擦系数，从而有效保证接触力的幅值在一个相对较小的范围内。

图 2.69 为不同摩擦系数下球面副 S2 处球头中心的运动轨迹，其中，半透明球以间隙值为 0.3mm 的半径绘制而成，黑色线条代表间隙处球头中心的实际运动轨迹。由图 2.69(a)、(c)和(e)可以看出，球头中心的运动轨迹基本处于透明球的右

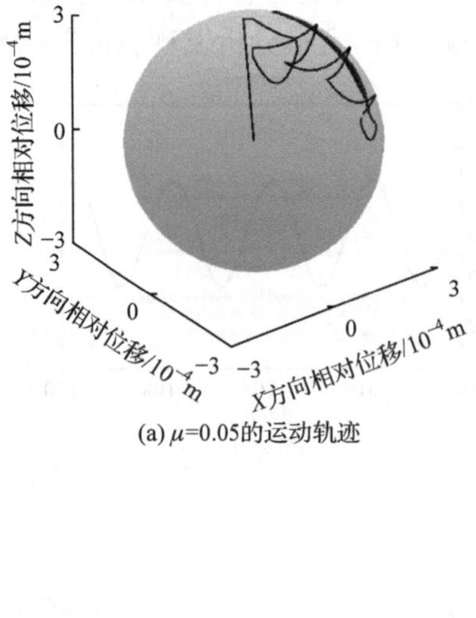

(a) μ=0.05的运动轨迹

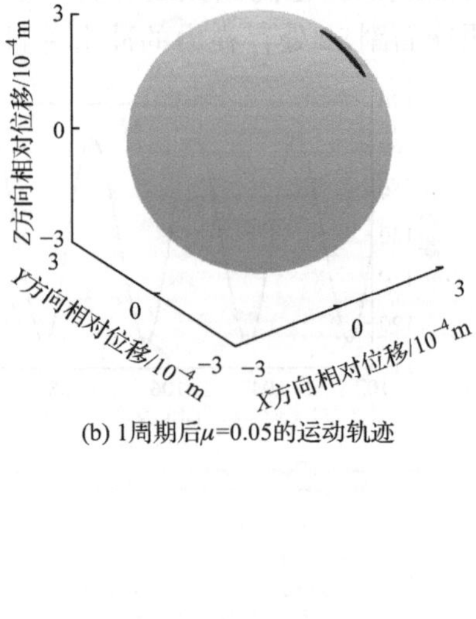

(b) 1周期后μ=0.05的运动轨迹

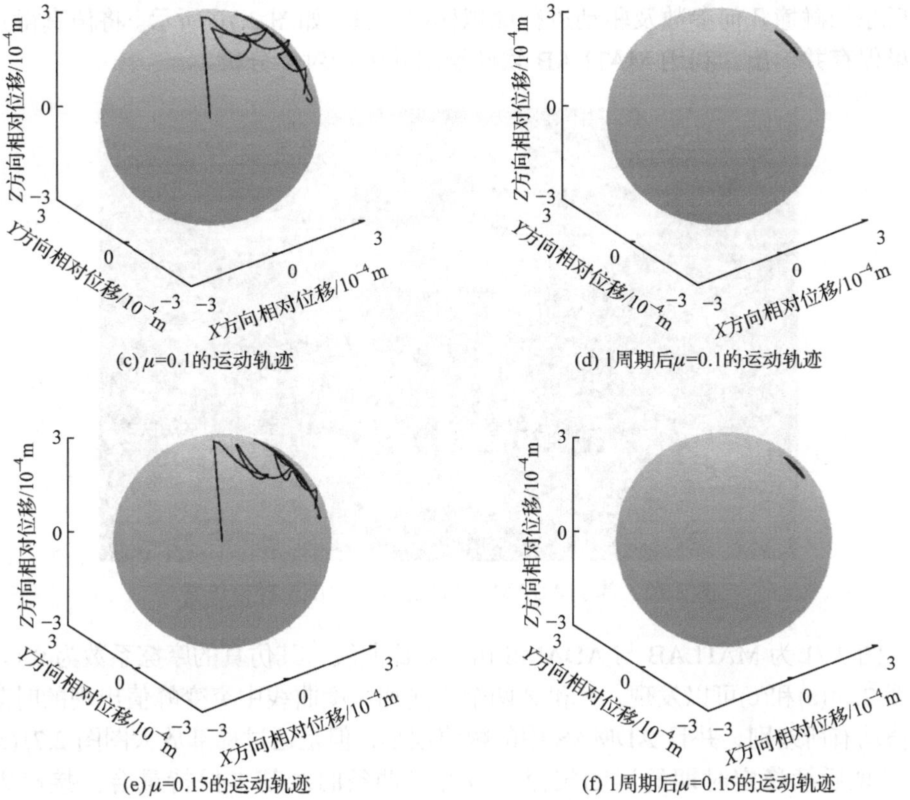

(c) μ=0.1的运动轨迹　(d) 1周期后μ=0.1的运动轨迹

(e) μ=0.15的运动轨迹　(f) 1周期后μ=0.15的运动轨迹

图 2.69　不同摩擦系数下球头中心的运动轨迹

上方，并且形状为有一定宽度的弧线状，有少量线条在半透明球以外的区域，可以理解为球头与球套在接触碰撞过程中大部分为连续接触，其中小部分出现冲击碰撞状态，这刚好印证了图 2.68 接触力曲线出现高频振动的原因，摩擦系数越小，冲击越厉害；图 2.69(b)、(d)和(f)为过滤掉一周期的运动轨迹，发现随着摩擦系数的增大，其对应运动轨迹的范围缩小。总体来说，在这三种摩擦系数对应的球头中心运动轨迹中可以看出，摩擦系数越大，其间隙处曲线的跨距越小，运动状态越稳定。

3. 含球面副间隙的动力学模型的验证

为了验证含干摩擦球面副间隙的 4-UPS-UPU 空间并联机构动力学模型的正确性，采用 ADAMS 软件进行仿真并将其结果与本模型在 MATLAB 中所得结果进行对比。首先将该机构的三维模型导入 ADAMS 软件中，对所有构件赋予质量等属性，然后在对所有球面副建立准确的约束同时对球面副间隙处建立力约束，最后添加碰撞几何参数及驱动进行虚拟样机仿真，如图 2.70 所示。将仿真得到的结果保存并输出，利用 MATLAB 软件绘图并进行对比分析。

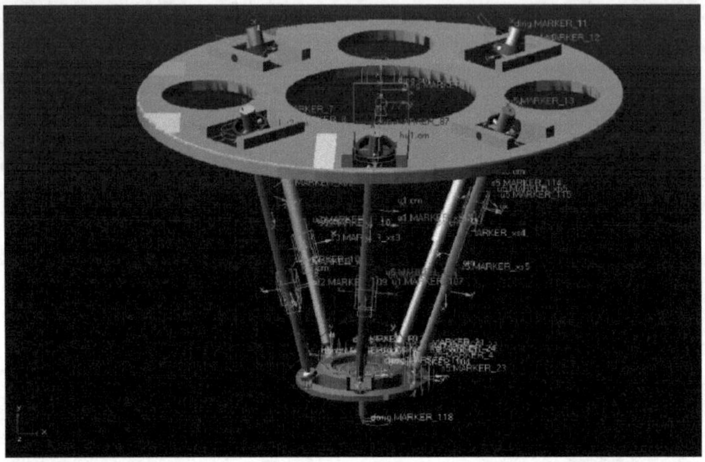

图 2.70　基于 ADAMS 的间隙动力学虚拟样机仿真

图 2.71 为 MATLAB 与 ADAMS 仿真对比曲线，其仿真的摩擦系数为 0.1。通过图 2.71(a)和(c)可以发现，Y 和 Z 两个方向加速度曲线中突变峰值出现的时刻与幅值均有所差别，并且 ADMAS 中的幅值偏小，但是通过局部放大图图 2.71(b)和(d)发现后续稳定时期的运动规律一致并且两条曲线基本保持重合。接触力曲线如图 2.71(e)所示，一开始碰撞发生的时间有所偏差，ADAMS 仿真出现了滞后性，并且碰撞力与 MATLAB 结果相比较小，通过局部放大图图 2.71(f)可以发现两者达到稳定的时间点基本一致，稳定时间大致为 0.245s，并且稳定时的力曲线基本重合。

综上可知，两种不同的仿真软件得到的规律类似，并且稳定时期对应的曲线均保持重合一致，只是在碰撞初期两者略有不同，其原因可能为间隙仿真具有随机性，并且两者的动力学模型在求解方法上具有差异性。

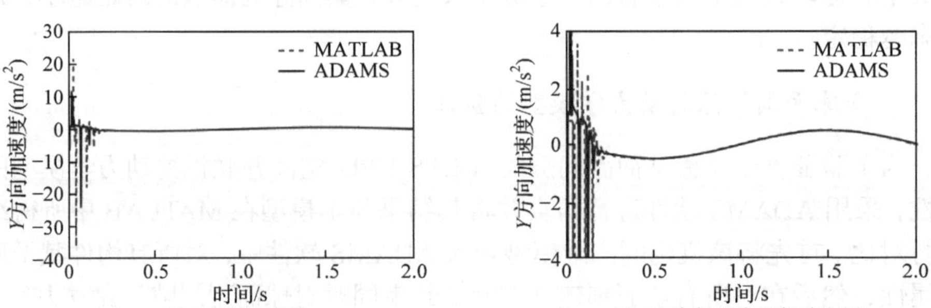

(a) Y方向加速度　　(b) Y方向加速度局部放大图

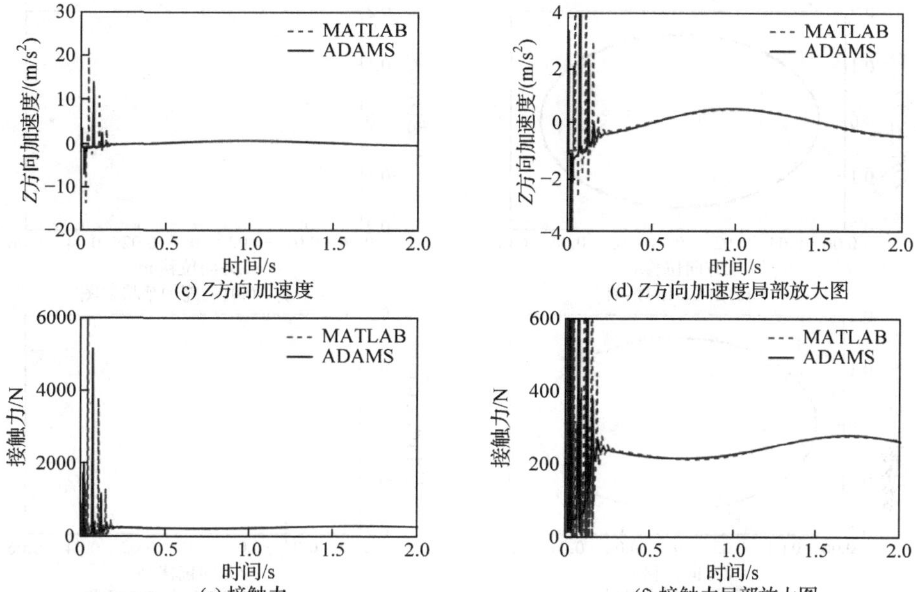

(c) Z方向加速度　(d) Z方向加速度局部放大图

(e) 接触力　(f) 接触力局部放大图

图 2.71　MATLAB 与 ADAMS 仿真对比曲线

4. 不同摩擦系数对机构非线性的影响

在考虑间隙的非理想系统中，混沌现象常发生在机构的非线性现象中，因此研究分析机构的非线性特性对其混沌现象的抑制具有重大意义。在间隙动力学中，通常考虑间隙参数，如间隙值和摩擦系数对机构非线性特性的影响，并且在长时间的仿真中，观察机构的相图、庞加莱映射图和分岔图以便识别机构是否存在混沌现象。

图 2.72 是不同摩擦系数下动平台在 Z 方向的相图和庞加莱映射图，为了较为直观地对比，选择的具有代表性的摩擦系数分别为 0.01、0.05 和 0.1。如图 2.72(a)和(b)所示，当摩擦系数为 0.01 时，动平台相图为具有一定宽度的非规则圆环状，其宽度主要集中在上下两部分，左右两处的线条较窄；庞加莱映射图主要集中在具有一定长度的点上，可以判断出在该摩擦系数下动平台处于拟周期运动状态。如图 2.72(c)和(d)所示，当摩擦系数为 0.05 时，动平台相图为非规则圆环状，并且宽度较窄，庞加莱映射图集中在一点上，可以判断出动平台处于周期运动状态；如图 2.72(e)和(f)所示，当摩擦系数为 0.1 时，其图形与摩擦系数为 0.05 时基本一致，故动平台此时同样处于周期运动状态。结合上面所述，随着摩擦系数的增大，通过相图和庞加莱映射图可以看出图像的范围逐渐缩小到一个稳定图形，动平台的运动状态逐渐趋于稳定，由拟周期状态变为周期状态。

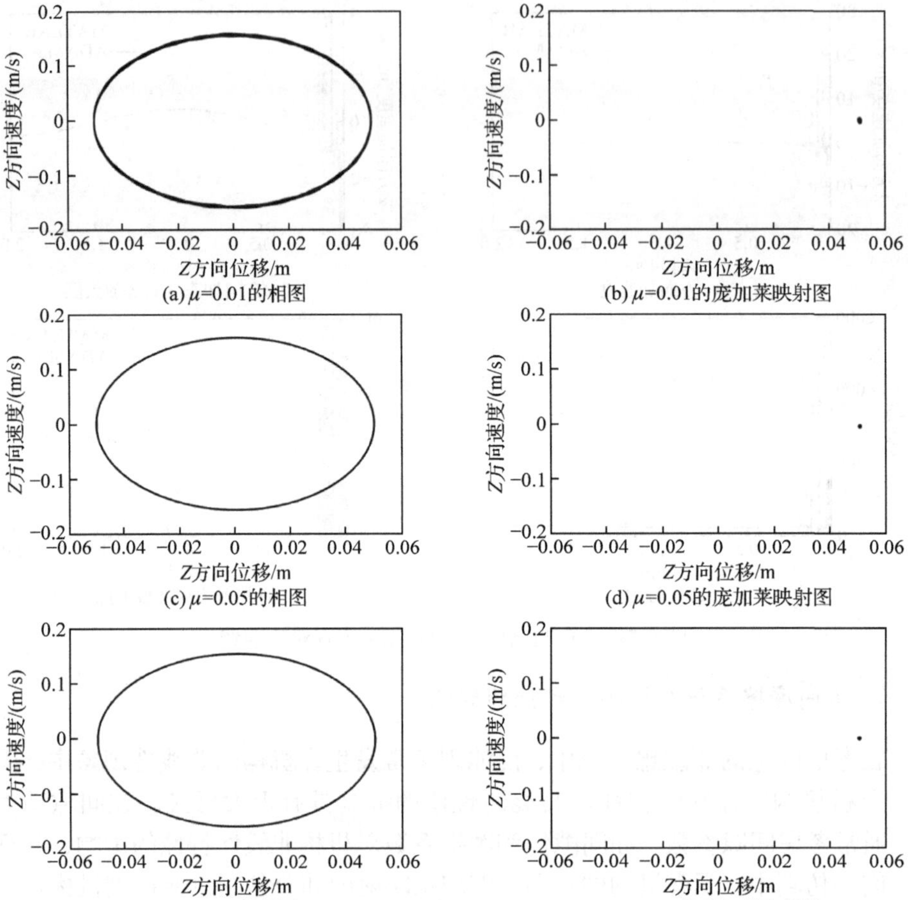

(a) μ=0.01的相图　(b) μ=0.01的庞加莱映射图

(c) μ=0.05的相图　(d) μ=0.05的庞加莱映射图

(e) μ=0.1的相图　(f) μ=0.1的庞加莱映射图

图 2.72　不同摩擦系数下动平台在 Z 方向的相图和庞加莱映射图

图 2.73 是动平台分别在 X、Y 和 Z 三个方向关于摩擦系数的分岔图，其中纵坐标代表速度，横坐标代表摩擦系数(变化范围为 0.01～0.20)。如图 2.73 所示，当摩擦系数为 0.02 时，动平台在 Y 方向开始出现分岔现象，结合相图和庞加莱映射图可以判断动平台在摩擦系数从 0.01 变化到 0.20 的过程中并没有出现混沌现象，而是一直处于拟周期运动状态；当摩擦系数大于 0.02 时，动平台处于周期运动状态；在 X 和 Z 两个方向，随着摩擦系数的变化，动平台的运动状态均为周期运动状态。通过以上分析可以看出，并联机构存在稳定性的优点，动平台在摩擦系数较小的情况下仍然不会出现混沌现象，并且适当增大摩擦系数有利于提高动平台的稳定性。

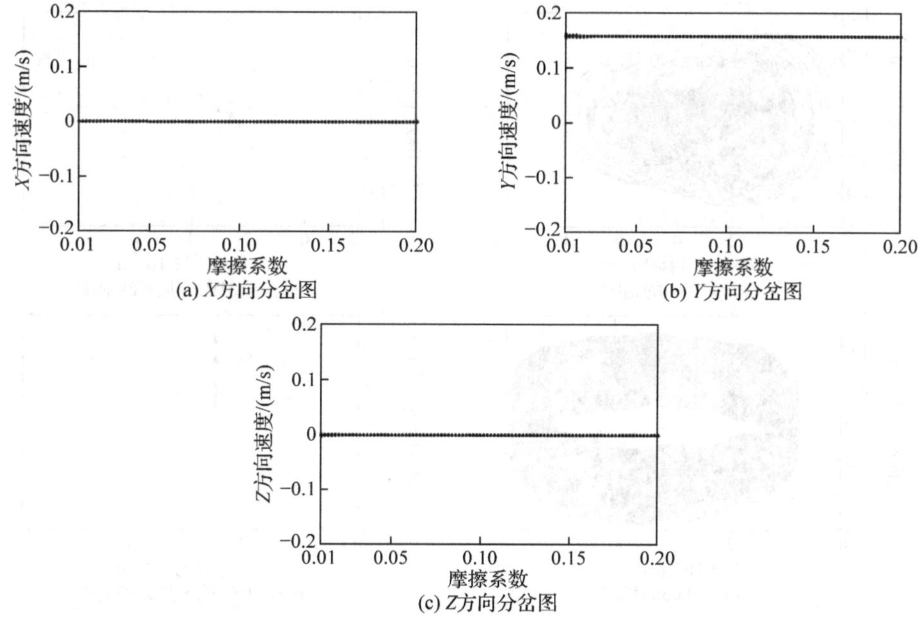

图 2.73　动平台三个方向关于摩擦系数的分岔图

图 2.74 是不同摩擦系数下球面副 S2 间隙处在 *Y* 方向的相图和庞加莱映射图，为了较为直观地对比，选择具有代表性的三种摩擦系数，分别为 0.01、0.05 和 0.1。如图 2.74(a)和(b)所示，当摩擦系数为 0.01 时，间隙处相图为无数个不规则圆环状相互缠绕在一起，显得十分紊乱，其庞加莱映射图有一部分集中在一个很小的区域，同时有一部分离散且不重合无规律的点分布在四周，可以初步判断在该摩擦系数下间隙处的运动状态为混沌状态。如图 2.74(c)和(d)所示，当摩擦系数为 0.05 时，此时间隙处相图为非规则圆环状，并且宽度较宽，其庞加莱映射图为无数多个点组成一条竖线，并且分布在中上部，由此可以判断出间隙处的状态为拟周期运动状态；如图 2.74(e)和(f)所示，当摩擦系数为 0.1 时，其图形与摩擦系数为 0.05 时对。仍为不规则圆环状，且宽度较窄，通过庞加莱映射图可以发现线条的长度有所缩短，故间隙处的运动状态为拟周期运动状态，并且周期点重合的数量大于摩擦系数为 0.05 时的数量。通过三种摩擦系数的对比可以发现，随着其数值的增大，相图和庞加莱映射图的混乱状态逐渐减弱，线条的宽度和长度也缩短到一个稳定图形，间隙处的运动状态也由混沌状态转变为拟周期运动状态。

图 2.75 是间隙处分别在 *X*、*Y* 和 *Z* 三个方向的分岔图，图中纵坐标代表速度，横坐标代表摩擦系数。如图 2.75 所示，在摩擦系数依次增大的过程中，间隙处的运动状态由混沌状态变为拟周期运动状态，根据图形趋势可以看出运动状态

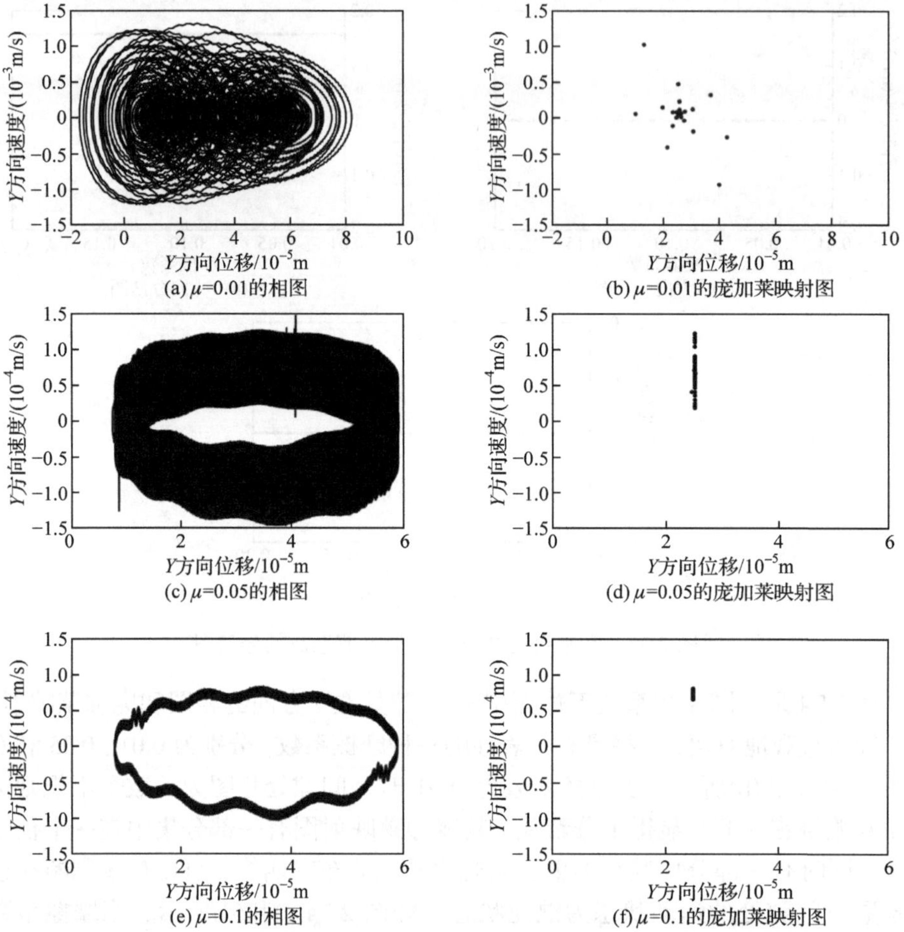

(a) μ=0.01的相图　(b) μ=0.01的庞加莱映射图

(c) μ=0.05的相图　(d) μ=0.05的庞加莱映射图

(e) μ=0.1的相图　(f) μ=0.1的庞加莱映射图

图 2.74　不同摩擦系数下间隙处在 Y 方向的相图和庞加莱映射图

变得越来越稳定。当摩擦系数为 0.01～0.2 时，间隙始终处于混沌状态，其状态程度有减弱的迹象；在中间区域内，摩擦系数在 0.07 和 0.1 附近时，间隙处的稳定性较高。

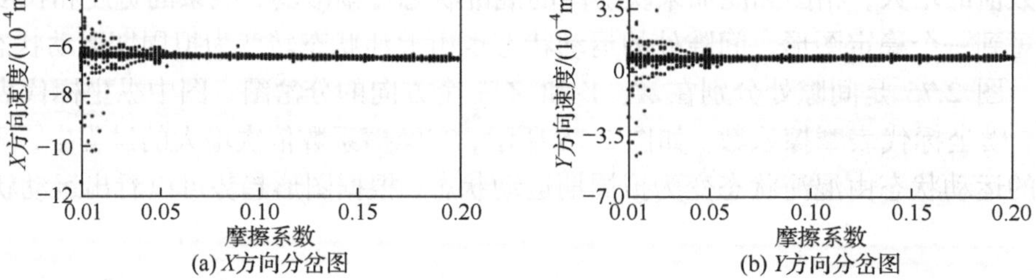

(a) X方向分岔图　(b) Y方向分岔图

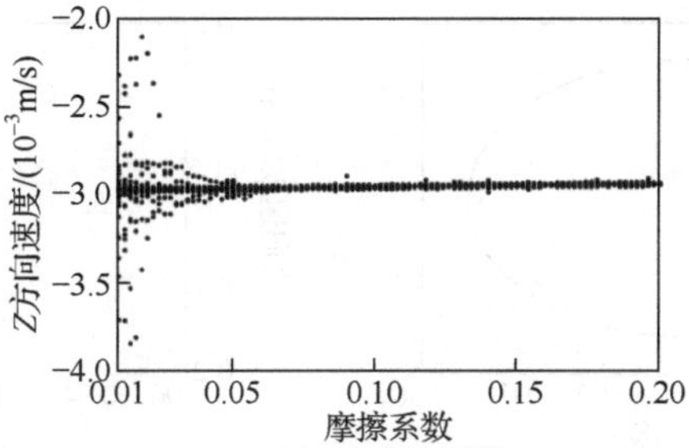

(c) Z方向分岔图

图 2.75　间隙处三个方向关于摩擦系数的分岔图

5. 不同间隙值对机构非线性的影响

图 2.76 是不同间隙值下动平台在 *Z* 方向的相图和庞加莱映射图，三种间隙值分别为 0.3mm、0.42mm 和 0.67mm。可以发现，三种间隙值下动平台相图均为非规则圆环状，其宽度基本为一条线的宽度，并且其相对应的庞加莱映射图主要集中在一点上，由此判断出在这三种间隙值下动平台始终处于周期运动状态。综上可知，间隙值的变化对动平台的影响很小，动平台的运动状态均为周期运动状态。

图 2.77 是动平台分别在 *X*、*Y* 和 *Z* 三个方向的分岔图，图中纵坐标代表速度，横坐标代表间隙值(变化范围为 0～0.9mm)。如图 2.77 所示，方向的分岔图均为一条直线，其意义为在该范围的间隙值变化下动平台始终处于周期运动状

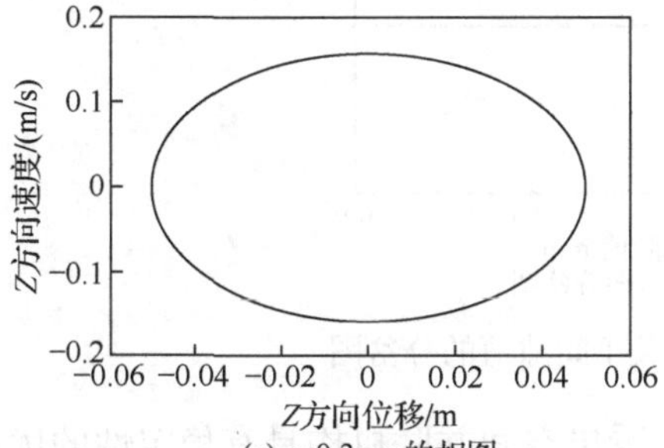

(a) *c*=0.3mm的相图

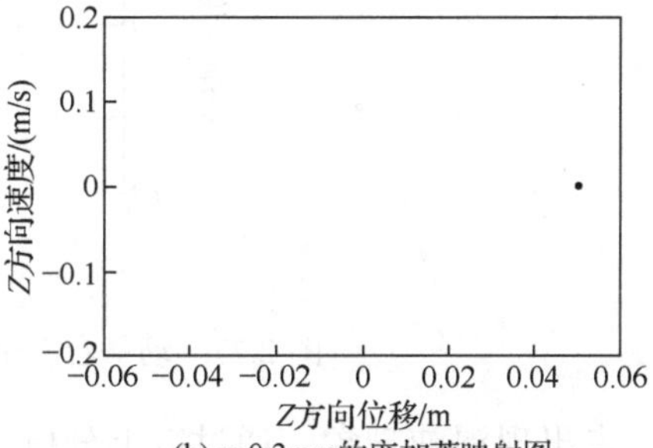

(b) *c*=0.3mm的庞加莱映射图

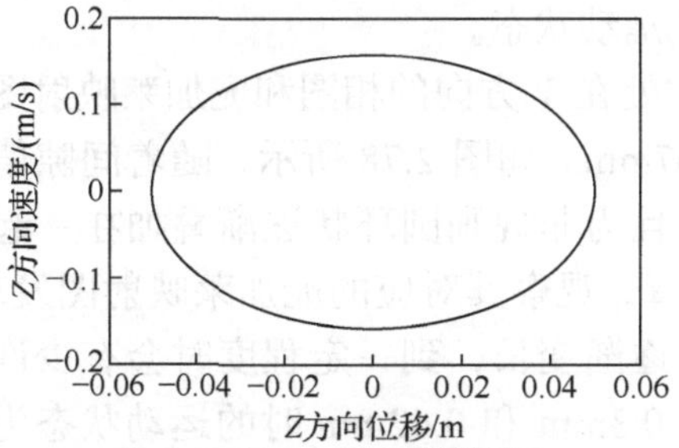

(c) *c*=0.42mm的相图

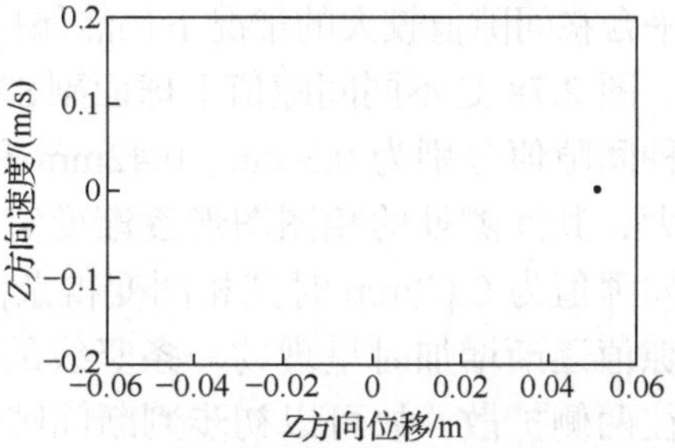

(d) *c*=0.42mm的庞加莱映射图

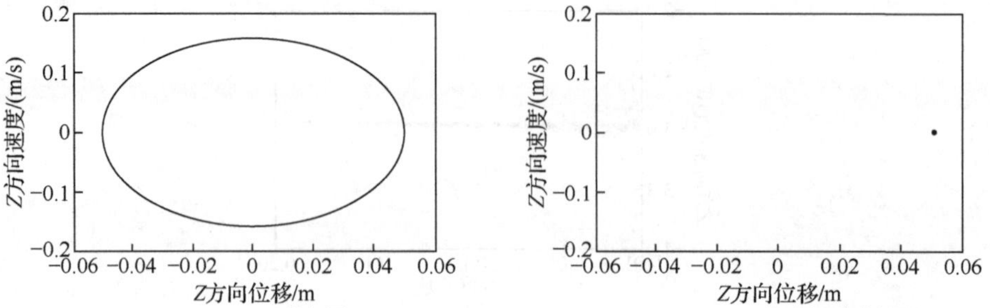

(e) c=0.67mm的相图　　(f) c=0.67mm的庞加莱映射图

图 2.76　不同间隙值下动平台在 Z 方向的相图和庞加莱映射图

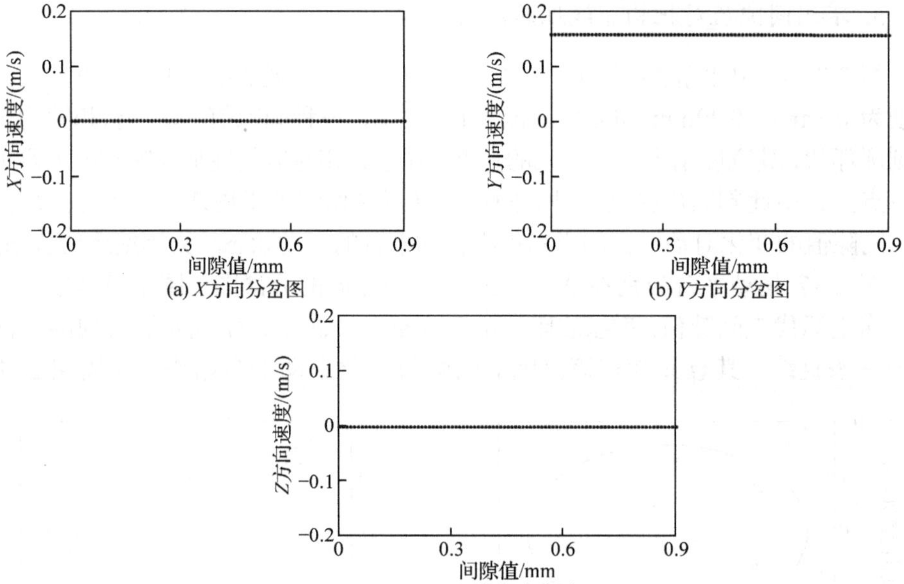

(a) X方向分岔图　　(b) Y方向分岔图　　(c) Z方向分岔图

图 2.77　动平台三个方向关于间隙值的分岔图

态，未出现混沌现象。通过以上分析，可以看出空间并联机构具有稳定性的优点，动平台在间隙值较大的情况下仍然保持周期运动状态。

图 2.78 是不同间隙值下球面副 S2 间隙处在 Y 方向的相图和庞加莱映射图，三种间隙值分别为 0.3mm、0.42mm 和 0.67mm。如图 2.78 所示，随着间隙值的增大，其间隙处的相图图形逐渐变宽，并且为非规则圆环状逐渐叠加在一起，到间隙值为 0.67mm 时其相图变得杂乱无章；观察其对应的庞加莱映射图发现，间隙值逐渐增加时呈现的一条竖线的长度逐渐变长，到一定程度时会有少许的点往两侧扩散，故可以初步判断间隙值为 0.3mm 和 0.42mm 时的运动状态为拟周期运动状态，间隙值为 0.67mm 时疑似混沌状态，具体运动状态需要观察其

分岔图。

通过三种间隙值的对比可以发现，随着间隙值的增加，相图和庞加莱映射图的混乱状态逐渐增加，线条的宽度变宽同时长度变长，间隙处的运动状态由拟周期状态转变为混沌状态。

图 2.79 是间隙处分别在 X、Y 和 Z 三个方向的分岔图，图中纵坐标代表速度，横坐标代表间隙值(变化范围为 0～0.9mm)。如图 2.79 所示，在间隙值依次增大的过程中，间隙处的运动状态大部分为拟周期运动状态，少数为周期运动状态，没有出现混沌现象。当间隙值为 0.42mm 和 0.67mm 时，出现明显的阵发性现象，且拟周期状态最为明显，故在选择间隙值时尽可能避免这两种间隙值。总体上，间隙值的变化对间隙处运动状态的影响较为稳定，大体为拟周期运动状态。

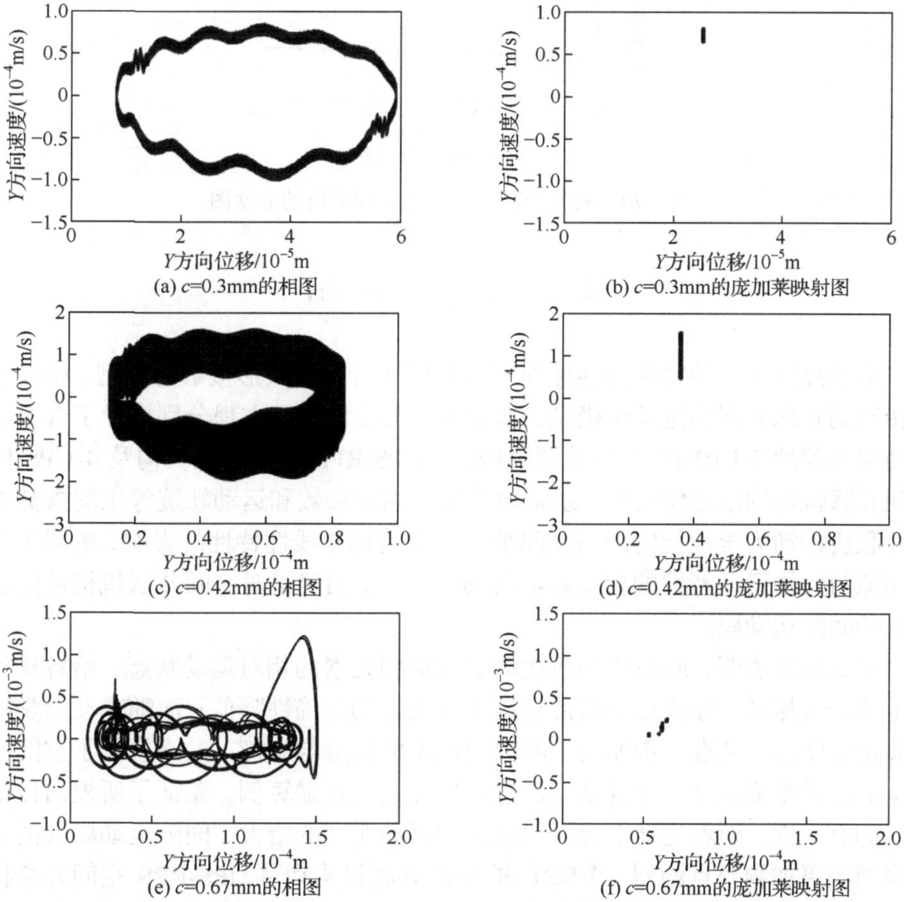

(a) c=0.3mm的相图　(b) c=0.3mm的庞加莱映射图

(c) c=0.42mm的相图　(d) c=0.42mm的庞加莱映射图

(e) c=0.67mm的相图　(f) c=0.67mm的庞加莱映射图

图 2.78　不同间隙值下间隙处在 Y 方向的相图和庞加莱映射图

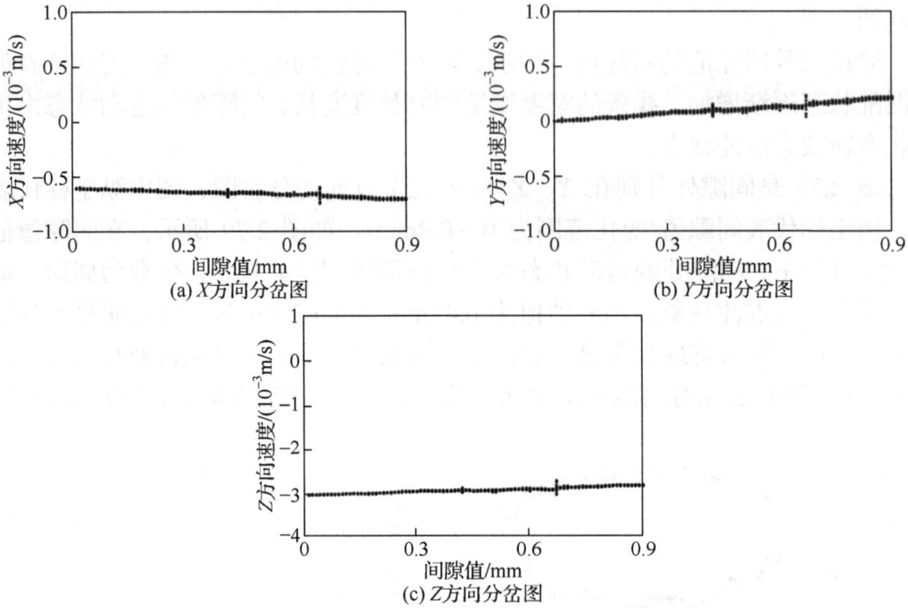

图 2.79　间隙处三个方向关于间隙值的分岔图

2.5　本章小结

本章提出了一种精确描述球面副间隙接触行为的共形接触力模型，构建了三维转动副和球面副的运动学模型，基于第一类拉格朗日方程分别推导了含干摩擦转动副间隙的 3-RRPaR 空间并联机构、4-UPS-RPS 空间并联机构及 4-UPS-UPU 空间并联机构的动力学模型；系统地研究了间隙参数和运动轨迹等工况参数对空间并联机构动力学性能的影响及间隙参数对机构非线性特性的影响，阐明了干摩擦间隙与机构运动特性的相互影响机制，进一步明确了对空间并联机构性能影响较大的间隙运动副。

研究结果表明，间隙的存在扰动了运动副元素的相对运动状态，给各构件带来了冲击与振动，导致运动副传递运动和动力的准确性降低；而随着动力学响应偏离预定轨迹，又进一步加剧了间隙运动副的接触与碰撞，最终恶化了空间并联机构的运动精度和动力学性能。通过应用经典的接触算例，验证了所提出接触力模型的有效性。随着运动半径、间隙值和运动速度的增大，间隙运动副处的接触碰撞现象更加频繁且剧烈，3-RRPaR 空间并联机构和 4-UPS-RPS 空间并联机构的运动精度与动力学性能显著下降。通过相图、庞加莱映射图和分岔图分析了间隙参数对机构非线性特性的影响，4-UPS-UPU 空间并联机构间隙处易出现混沌状态，而动平台始终处于周期稳定状态。

第 3 章　含润滑间隙的空间并联机构动力学建模与分析

3.1　概　　述

润滑油形成的薄膜减少了间隙运动副磨损和擦伤的可能性，使用润滑油是提高空间并联机构稳定性和延长机构服役寿命的有效方法。在空间并联机构运行过程中，润滑间隙运动副之间的耦合作用以及与工况条件的协同作用，给该系统的动力学行为精准预测带来了严峻挑战。因此，构建合理的润滑间隙动力学模型对空间并联机构的低振动和低摩擦设计尤为重要。

本章首先建立润滑转动副间隙、润滑球面副间隙的运动学矢量模型和油膜承载力模型；然后运用多体动力学理论研究构造含润滑间隙空间并联机构动力学模型的方法；接着建立含润滑间隙 3-RRPaR、4-UPS-RPS、4-UPS-UPU 空间并联机构动力学模型；最后结合机构的运动特性和运动副润滑特性揭示运动轨迹等工况参数与间隙参数对空间并联机构动力学特性的影响规律。

3.2　含润滑转动副间隙的 3-RRPaR 空间并联机构动力学建模与分析

3.2.1　含润滑转动副间隙的 3-RRPaR 空间并联机构动力学建模

1. 含润滑转动副间隙的模型

图 3.1 为润滑转动副间隙横截面示意图，销轴和轴套的中心分别定义为 o_{b} 和 o_{j}。径向间隙值的大小为 c_{r}。$\boldsymbol{r}_{\mathrm{oj}}$ 和 $\boldsymbol{r}_{\mathrm{ob}}$ 分别是 o_{j} 和 o_{b} 在全局坐标系中的位置向量。销轴相对轴套的偏心矢量 $\boldsymbol{e}_1^{\mathrm{r}}$ 可以表示为

$$\boldsymbol{e}_1^{\mathrm{r}} = \boldsymbol{r}_{\mathrm{oj}} - \boldsymbol{r}_{\mathrm{ob}} \tag{3.1}$$

离心率 ε_{r} 用于反映销轴和轴套的相对偏移关系，记为

$$\varepsilon_{\mathrm{r}} = \frac{\left|\boldsymbol{e}_1^{\mathrm{r}}\right|}{c_{\mathrm{r}}} \tag{3.2}$$

偏心矢量与 X 轴正方向的夹角记为偏移角 γ ：

$$\gamma = \arctan \frac{\left(e_1^{\mathrm{r}}\right)_y}{\left(e_1^{\mathrm{r}}\right)_x} \tag{3.3}$$

式(3.3)对时间的一阶导数可以表示为

$$\dot{\gamma} = \frac{\left(e_1^{\mathrm{r}}\right)_x \left(\dot{e}_1^{\mathrm{r}}\right)_y - \left(\dot{e}_1^{\mathrm{r}}\right)_x \left(e_1^{\mathrm{r}}\right)_y}{\left[\dot{e}_1^{\mathrm{r}}\right]^2} \tag{3.4}$$

油膜厚度用于反映轴承的润滑情况，通过销轴和轴套的相对位置关系可以计算出油膜厚度的分布：

$$h_1 = c_{\mathrm{r}}\left(1 + \varepsilon_{\mathrm{r}} \cos\theta\right) \tag{3.5}$$

式中，局部坐标系 o_{j}-xy 用来确定边界条件和油膜承载力；θ 为销轴相对初始状态在局部坐标系下的角坐标，如图 3.1 所示。

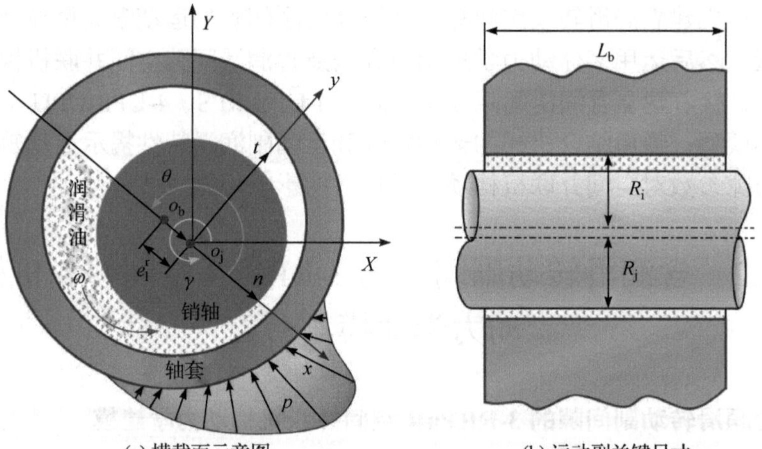

(a) 横截面示意图　　(b) 运动副关键尺寸

图 3.1　润滑转动副间隙横截面示意图

不同于干摩擦和非规则磨损情况，润滑油膜起到了承载的作用，避免了运动副元素之间的直接接触。油膜承载力的产生主要来自两部分：楔形效应与挤压效应。销轴和轴套表面间的相对角速度引起流体的卷吸效应，从而产生的油膜承载力称为楔形力。由两者间的相对径向速度产生的油膜承载力称为挤压力。本节建立的润滑模型忽略了轴向间隙，认为轴套在运动过程中不发生倾斜且转动副元件均为刚体表面不发生变形。

动载荷径向滑动轴承的等温雷诺方程的一般形式为

$$\frac{\partial}{\partial x}\left(\frac{h_1^3}{\mu}\frac{\partial p_1}{\partial x}\right)+\frac{\partial}{\partial z}\left(\frac{h_1^3}{\mu}\frac{\partial p_1}{\partial z}\right)=6R_i\omega_r\frac{\partial h_1}{\partial x}+12\frac{\partial h_1}{\partial t} \tag{3.6}$$

式中，x 和 z 分别为轴套的径向方向坐标和轴向方向坐标；p_1 和 h_1 分别为油膜压力和油膜厚度；μ 为润滑油的动力黏度；R_i 为轴套内壁的半径；ω_r 为销轴相对轴套的角速度；t 为时间，所在项用于表示挤压效应，右侧第一项表示由相对旋转引起的楔形效应。

式(3.6)是椭圆型二阶偏微分方程(partial differential equation, PDE)，其解析解通常很难获得，采用有限差分、有限体积等数值解集成到具有刚性的多体系统动力学方程中计算成本巨大。本节所采用的滑动轴承轴径比大于 0.5，因此考虑 Gümbel 边界条件，采用无线长轴模型对式(3.6)进行简化(Zhang H D et al.，2020)。

当径向速度 $\dot{\varepsilon}_r>0$ 时，油膜承载力可以表示为

$$\begin{cases}F_{nl}=\dfrac{-6\mu R_j^3L_b}{c_r^2}\dfrac{\dot{\varepsilon}_r}{\left(1-\varepsilon_r^2\right)^{3/2}}\left[\dfrac{4k\varepsilon_r^2}{2+\varepsilon_r^2}+\dfrac{\pi(k+3)}{k+1.5}\right]\\ F_{tl}=\dfrac{6\mu R_j^3L_b}{c_r^2}\dfrac{\pi\varepsilon_r(\omega-2\dot{\gamma})}{\left(2+\varepsilon_r^2\right)\left(1-\varepsilon_r^2\right)^{1/2}}\dfrac{k+3}{k+1.5}\end{cases} \tag{3.7}$$

当径向速度 $\dot{\varepsilon}_r<0$ 时，油膜承载力可以表示为

$$\begin{cases}F_{nl}=\dfrac{-6\mu R_j^3L_b}{c_r^2}\dfrac{\dot{\varepsilon}_r}{\left(1-\varepsilon_r^2\right)^{3/2}}\left(\dfrac{4k\varepsilon_r^2}{2+\varepsilon_r^2}-\dfrac{\pi k}{k+1.5}\right)\\ F_{tl}=\dfrac{6\mu R_j^3L_b}{c_r^2}\dfrac{\pi\varepsilon_r(\omega_r-2\dot{\gamma})}{\left(2+\varepsilon_r^2\right)\left(1-\varepsilon_r^2\right)^{1/2}}\dfrac{k}{k+1.5}\end{cases} \tag{3.8}$$

式中，F_{nl} 和 F_{tl} 分别为轴承沿偏移矢量方向和垂直偏移矢量方向的承载力；R_j 为轴的半径；L_b 为轴套长度；参数 k 的计算公式为

$$k^2=\left(1-\varepsilon_r^2\right)\left[\left(\frac{\omega_r-2\dot{\gamma}}{2\dot{\varepsilon}_r}\right)^2+\frac{1}{\varepsilon_r^2}\right] \tag{3.9}$$

应当注意的是，当销轴和轴套的中心非常接近，即偏心率 ε_r 接近零时，式(3.7)和式(3.8)存在数值稳定性的问题。将上述模型进行修正可以写为

$$F_{nm}=\begin{cases}F_{nl}, & \varepsilon_0<\varepsilon<1\\ \varepsilon^m F_{nl}, & 0<\varepsilon<\varepsilon_0\end{cases} \tag{3.10}$$

$$F_{tm}=\begin{cases}F_{tl}, & \varepsilon_0<\varepsilon<1\\ \varepsilon^m F_{tl}, & 0<\varepsilon<\varepsilon_0\end{cases} \tag{3.11}$$

式中，修正系数 m 为正实数，取值范围为 $0<m\leqslant 5$。将油膜承载力的分量转换到

系统惯性坐标系下可以表示为

$$\boldsymbol{F}_{\mathrm{l}} = \begin{bmatrix} F_{\mathrm{n}m}\cos\gamma - F_{\mathrm{t}m}\sin\gamma \\ 0 \\ F_{\mathrm{n}m}\sin\gamma + F_{\mathrm{t}m}\cos\gamma \end{bmatrix} \tag{3.12}$$

在机构运动的过程中，润滑间隙转动副的状态可能会发生改变。为了研究润滑间隙转动副元素的动力学行为，采用合理的模型处理润滑状态和接触状态之间的过渡是必不可少的。为了使过渡过程中转动副的接触力保持连续，采用加权平均混合过渡力模型实现润滑状态到干摩擦接触状态的平稳过渡(Flores et al., 2004)，表示如下：

$$\boldsymbol{F}_m = \begin{cases} \boldsymbol{F}_{\mathrm{d}} \\ \dfrac{c_{\mathrm{r}} + e_0 - e_1^{\mathrm{r}}}{e_0}\boldsymbol{F}_{\mathrm{d}} + \dfrac{e_1^{\mathrm{r}} - c_{\mathrm{r}}}{e_0}\boldsymbol{F}_{\mathrm{l}} \\ \boldsymbol{F}_{\mathrm{l}} \end{cases} \tag{3.13}$$

式中，$\boldsymbol{F}_{\mathrm{d}}$为运动副处于干摩擦状态时的接触力，由式(2.20)计算得到；e_0和e_1为偏心率的容差，取决于间隙值的大小，在润滑油膜承载力的计算中径向间隙值不再是c_{r}而是$c_{\mathrm{r}}+e_1$。

2. 含润滑转动副间隙的 3-RRPaR 空间并联机构动力学模型

图 3.2 为含润滑转动副间隙的 3-RRPaR 空间并联机构结构简图。考虑润滑间隙的 3-RRPaR 空间并联机构动力学模型主要关注润滑油的加入对机构动力学特性的影响。

含润滑转动副间隙 3-RRPaR 空间并联机构的动力学模型是基于干摩擦间隙模型建立的，这两种情况原有的几何约束均由力约束替代。对于干摩擦状态，力约束由转动副元素之间的接触碰撞提供。对于润滑状态，力约束由油膜承载力提供，此时转动副元素之间不直接接触而是由润滑油传递作用力。当转动副 R1 和 R2 处考虑润滑间隙时，转动副运动学约束被释放，对应的约束方程数量由 81 减少至 71。因此，含润滑间隙的 3-RRPaR 空间并联机构动力学模型(3.14)与式(2.30)形式一致，区别在于广义力向量中包含由干摩擦接触力和润滑油膜承载力组成的平均混合过渡力。

$$\begin{bmatrix} \boldsymbol{M} & \boldsymbol{\Phi}_q^{\mathrm{T}} \\ \boldsymbol{\Phi}_q & \boldsymbol{0} \end{bmatrix} \begin{bmatrix} \ddot{\boldsymbol{q}} \\ \boldsymbol{\lambda} \end{bmatrix} = \begin{bmatrix} \boldsymbol{Q} \\ \hat{\boldsymbol{\eta}} \end{bmatrix} \tag{3.14}$$

式中，系统的广义力矩阵$\boldsymbol{Q}$包括系统的惯性力、间隙转动副产生的碰撞力及油膜承载力组成的平均混合过渡力；其余矢量描述与 2.2.1 节含干摩擦间隙的 3-RRPaR 空间并联机构动力学方程中相同，不再赘述。

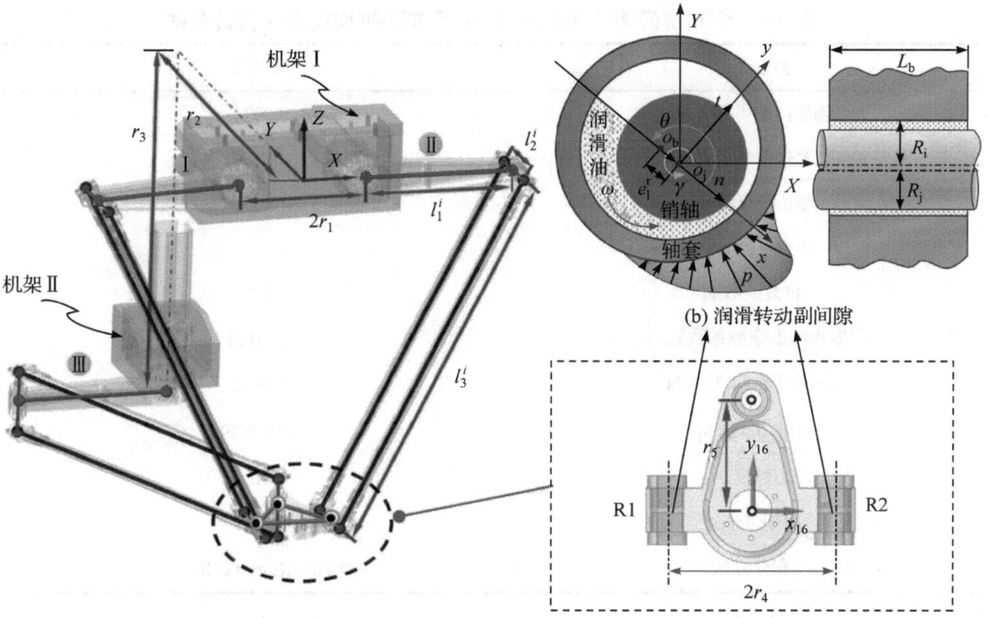

(a) 3-RRPaR空间并联机构　(b) 润滑转动副间隙　(c) 末端执行器

图 3.2　含润滑间隙的 3-RRPaR 空间并联机构结构简图

3.2.2　含润滑转动副间隙的 3-RRPaR 空间并联机构动力学分析

润滑油会影响间隙运动副元素的相对运动，这种影响最终会反映在末端执行器上。本节主要考虑间隙转动副处的润滑效应，通过数值模拟分析润滑转动副间隙对 3-RRPaR 空间并联机构动力学特性的影响。在该多体系统动力学模拟的初始状态中，销轴和轴套的中心重合。通过之前的研究发现，间隙转动副的频繁接触碰撞多发生在初始阶段，因此选取前两个周期的响应进行分析，以研究润滑油对间隙转动副接触碰撞的缓解作用及对系统动力学特性的影响。本节末端执行器的运动轨迹均与 2.2.2 节中一致。

1. 含润滑间隙的空间并联机构动力学方程的求解流程

含润滑间隙的空间并联机构的动力学方程形式是微分指数为 1 的微分代数方程组(DAEs)，其与含间隙多体系统动力学方程的一般形式相同，因此可以采用第 2 章中的数值解法进行求解(Zhao et al.，2016)。用于含润滑间隙的 3-RRPaR 空间并联机构动力学方程求解的仿真参数如表 3.1 所示。主要求解流程如图 3.3 所示，包括以下步骤。

(1) 读取含润滑间隙系统初始拓扑结构。通过多体系统运动学求解迭代获得各活动构件的初始状态变量，读取间隙转动副几何参数与仿真参数。

(2) 建立间隙转动副运动学矢量模型。计算潜在接触点位置向量，判断销轴和轴套的相对位置关系。

表 3.1 含润滑间隙的 3-RRPaR 空间并联机构动力学仿真参数

参数名称	参数信息
轴套内壁半径 R_i/m	0.0075
轴套外壁半径 R_o/m	0.012
轴承长度 L_b/m	0.05
球头半径 R_{bj}/m	—
恢复系数 c_e	0.9
干摩擦状态摩擦系数 μ_s, μ_k	0.1, 0.15
杨氏模量 E_b, E_j/GPa	200, 72
泊松比 υ_b , υ_j	0.33, 0.29
动力黏度μ /cP	10
积分步长/s	0.0001
积分方法	Runge-Kutta-Fehlberg

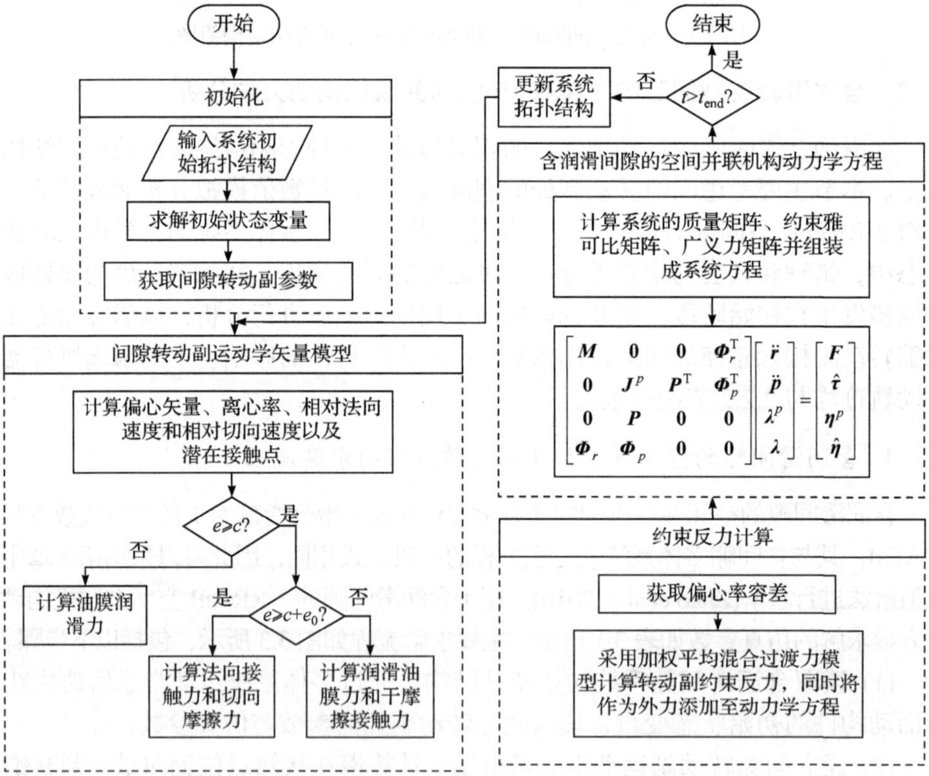

图 3.3 含润滑间隙的空间并联机构动力学方程求解流程

(3) 计算间隙转动副处的约束反力。基于 Gümbel 边界条件和对应的油膜承载力模型，求解间隙转动副处的润滑油膜力，结合加权平均混合过渡力模型计算转动副处的约束反力。

(4) 求解 DAEs 形式的系统动力学方程。计算系统的质量矩阵、约束雅可比矩阵、广义力矩阵并组装成系统方程。将系统方程降阶并采用 Runge-Kutta-Fehlberg 积分算法进行求解得到系统状态变量。

(5) 更新系统拓扑结构。判断仿真是否结束，若仿真结束则对每一时刻的状态变量进行保存。若仿真未结束，则将该步长求解结果作为初值更新系统拓扑结构进行下一步长求解，直至仿真结束。

2. 润滑间隙对 3-RRPaR 并联机构动力学特性的影响

考虑润滑间隙的空间并联机构的末端执行器动力学响应如图 3.4 所示。由图可以发现，相比干摩擦间隙情况，考虑润滑间隙的空间并联机构末端执行器的位移误差减小，但保持在相同的数量级。间隙转动副经过润滑，速度响应在 X 方向和 Y 方向上的最大误差分别由 2.11×10^{-2}m/s 和 9.02×10^{-3}m/s 减小至 2.00×10^{-3}m/s 和 3.12×10^{-3}m/s。对于干摩擦间隙，加速度曲线由于初始阶段的频繁冲击碰撞出现了频繁的波动。润滑油改善了运动副间隙处的接触状况，使加速度响应曲线更接近理想情况。X 方向和 Y 方向的加速度误差分布在[7.75×10^{-6}m/s^2, 3.11m/s^2]和[2.78×10^{-6}m/s^2, 2.36m/s^2]。

不同环境下含润滑间隙转动副的约束反力如图 3.5 所示。较干摩擦间隙，润滑油膜消除了转动副在 0.2s 之前的频繁高频碰撞，转动副 R1 和 R2 的约束反力峰值分别由 159.05N 和 142.42N 降低至 18.61N 和 21.31N，分别下降了 88.30%和 85.04%。间隙转动副处于干摩擦状态时，约束反力曲线趋势上与润滑状态时的约束反力曲线一致，但出现了较小幅度的振荡且持续在整个运动过程中。不同环境

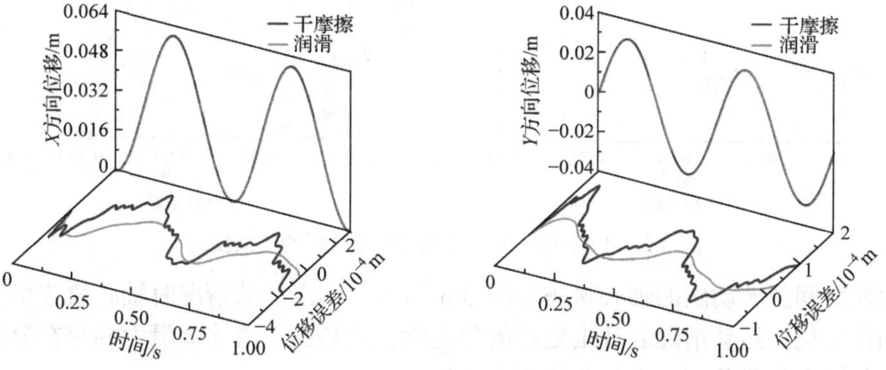

(a) X方向位移　　(b) Y方向位移

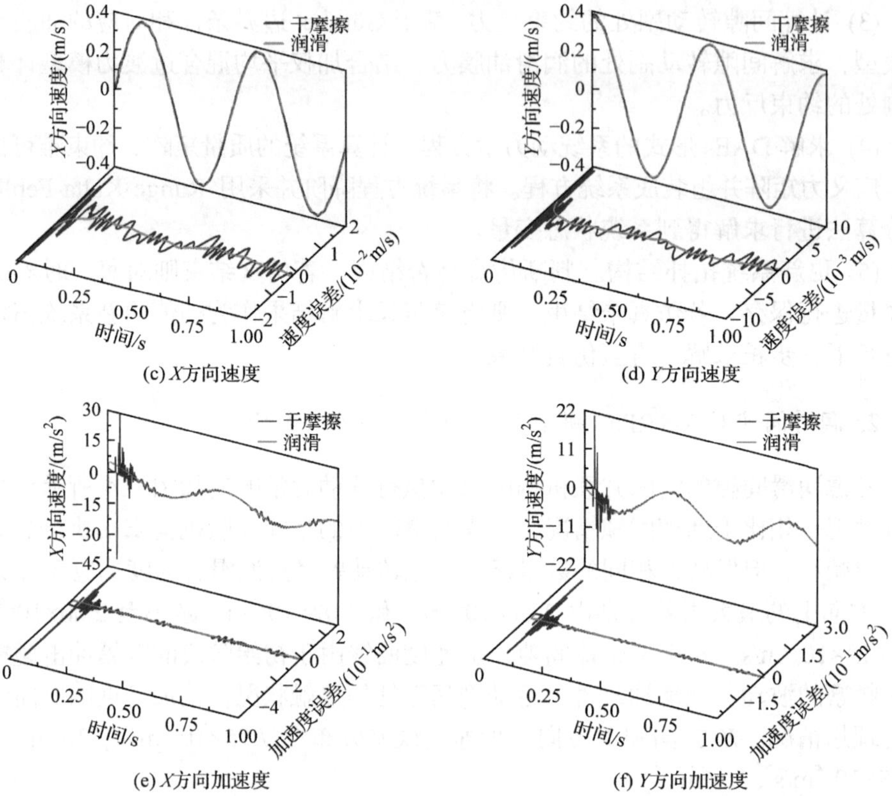

图 3.4　考虑润滑间隙的空间并联机构的末端执行器动力学响应

波动较大为干摩擦曲线；波动较小为润滑曲线

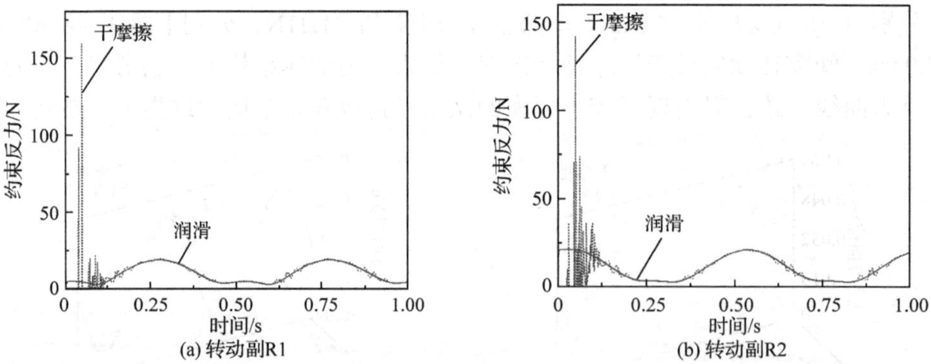

图 3.5　不同环境下含润滑间隙转动副的约束反力

下含润滑间隙转动副的轴心轨迹如图 3.6 所示，润滑间隙情况时轴心轨迹呈现出周期性变化，运动情况表现出更好的稳定性，这是由于流体润滑力的存在分离了销轴与轴套，避免了冲击与碰撞现象的发生。

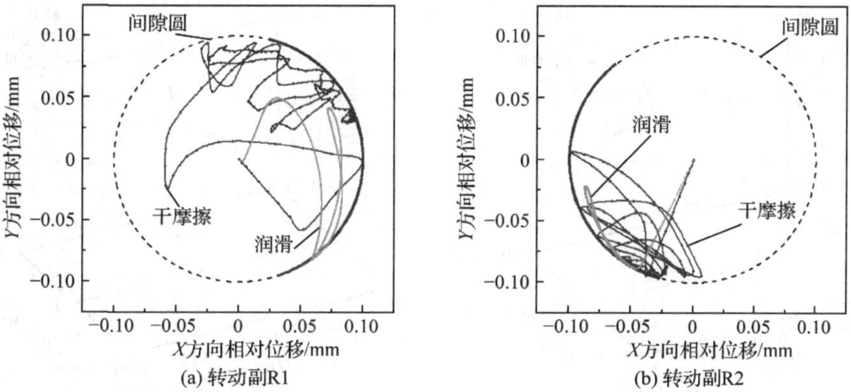

图 3.6　不同环境下含润滑间隙转动副的轴心轨迹

3. 运动轨迹对含润滑间隙的 3-RRPaR 空间并联机构动力学特性的影响

含润滑转动副间隙的 3-RRPaR 空间并联机构分别在不同运动轨迹下的动力学响应如图 3.7 所示。末端执行器的运动轨迹与表 2.10 中一致。所有运动轨迹的运动速度保持一致均设置为 ω=4πrad/s。

由图 3.7 可以发现，和干摩擦间隙及非规则磨损间隙类似，随着运动半径的增大位移误差显著增大，但是误差曲线光滑且数值上较干摩擦间隙和非规则磨损空间在一定程度上减小。润滑油膜显著改善了速度响应和加速度响应，使速度曲线和加速度曲线平滑并且误差维持在较小的水平。其中，机构执行运动轨迹Ⅰ时，速度误差在 X 方向和 Y 方向分布范围为[-6.91×10^{-5}m/s, 7.31×10^{-3}m/s]和[-2.82×10^{-3}m/s, 2.92×10^{-3}m/s]，当运动半径增大至轨迹Ⅲ时，对应的误差范围改变为[-3.5×10^{-3}m/s, 4.10×10^{-3}m/s]和[-1.11×10^{-3}m/s, 1.43×10^{-3}m/s]。X 方向和 Y 方向加速度误差最大值分别为 1.82×10^{-1}m/s^2 和 4.31×10^{-2}m/s^2，较轨迹Ⅰ和Ⅱ时误差没有出现激增，维持在同一数量级。这说明相对于干摩擦间隙和非规则磨损间隙，润滑间隙的速度响应和加速度响应对运动轨迹敏感程度降低。

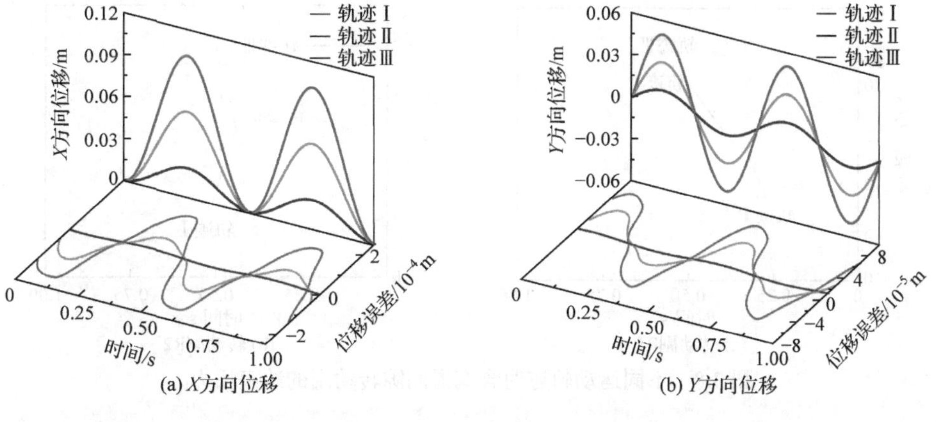

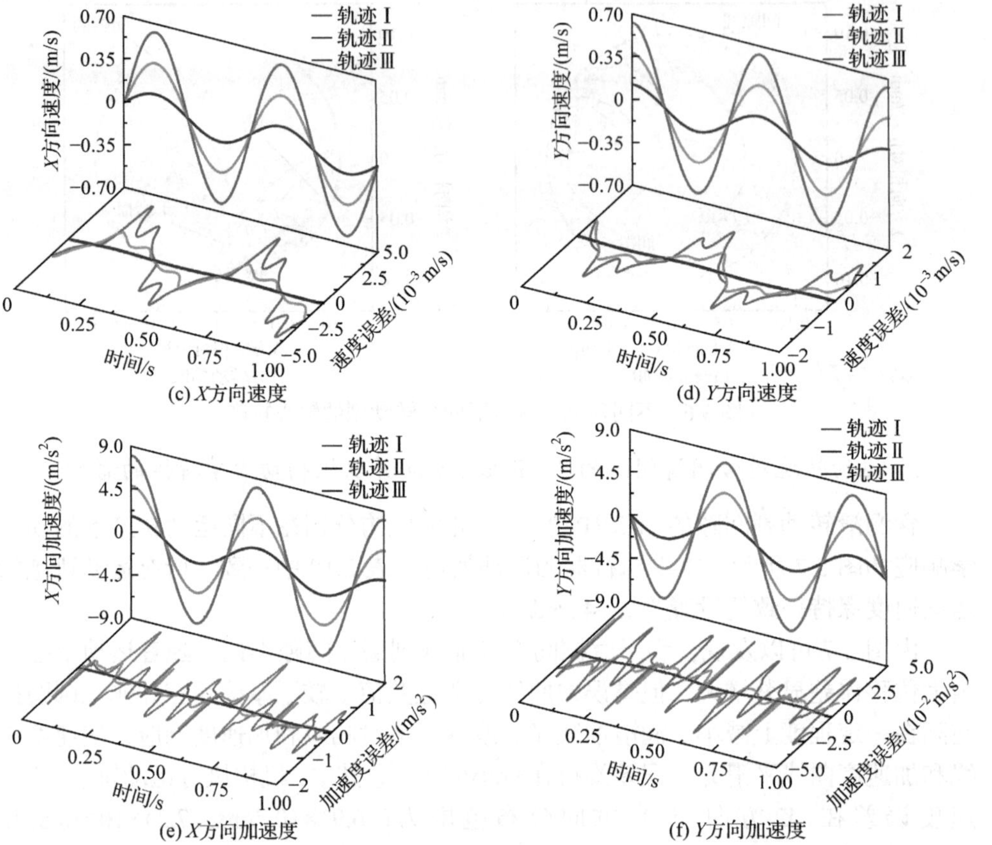

(c) X方向速度　　(d) Y方向速度

(e) X方向加速度　　(f) Y方向加速度

图 3.7　含润滑转动副间隙的 3-RRPaR 空间并联机构分别在不同运动轨迹下的动力学响应

(彩图请扫封底二维码)

不同运动轨迹时含润滑间隙转动副的约束反力和轴心轨迹分别如图 3.8 和图 3.9 所示。机构执行不同运动轨迹时转动副处的约束反力存在明显差异，对于轨迹Ⅰ、Ⅱ和Ⅲ，转动副 R1 的约束反力最大值分别为 12.22N、18.61N 和 25.23N，出现在

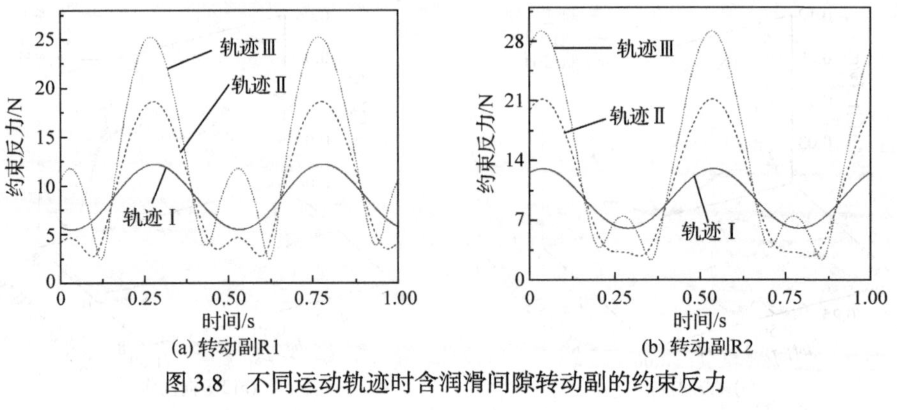

(a) 转动副R1　　(b) 转动副R2

图 3.8　不同运动轨迹时含润滑间隙转动副的约束反力

相同的时刻。转动副 R2 的约束反力最大值分别为 13.11N、21.83N 和 29.22N。应当注意的是，轨迹 I 的约束反力曲线上出现了两处波峰，而轨迹Ⅱ和轨迹Ⅲ出现了四处波峰。相对于轨迹 I 、Ⅱ，轨迹Ⅲ中转动副元素在润滑油中的相对运动范围最大，且销轴偏心率最大，此时轴承中的楔形油膜力和挤压油膜力增大，产生了较大的油膜压力以抵抗销轴与轴套内壁的碰撞。

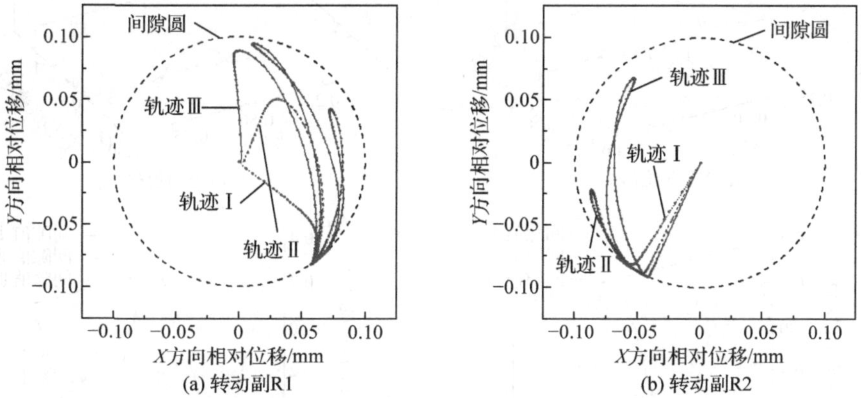

图 3.9　不同运动轨迹时含润滑间隙转动副的轴心轨迹

4. 间隙值对含润滑间隙的 3-RRPaR 空间并联机构动力学特性的影响

通过第 2 章的分析发现，间隙值与含干摩擦间隙和含非规则磨损间隙的空间并联机构动力学特性密切相关。本节继续研究不同间隙值对含润滑转动副间隙的 3-RRPaR 空间并联机构动力学特性的影响。所选取的间隙值与第 2 章一致，分别为 0.05mm(间隙值 I)、0.1mm(间隙值Ⅱ)和 0.2mm(间隙值Ⅲ)。

含润滑转动副间隙的 3-RRPaR 空间并联机构的末端执行器在不同间隙值时的动力学响应如图 3.10 所示。由图可以发现，除加速度曲线外，位移曲线和速度曲线平滑没有出现剧烈振动。间隙值增大引起位移误差小幅增加，间隙值Ⅲ时，X 方向最大位移误差沿 X 轴负方向偏移了 3.41×10^{-4}m，Y 方向最大位移误差为 1.45×10^{-4}m。X 方向和 Y 方向速度误差的最大值由间隙值 I 时的 2.24×10^{-4}m/s 和 -1.37×10^{-4}m/s 分别增大至间隙值Ⅲ时的 7.82×10^{-3}m/s 和 -2.59×10^{-3}m/s。间隙关节中的润滑油有效减弱了间隙效应，相对于干摩擦间隙和非规则磨损间隙，三种间隙值情况对应的加速度误差变为十分之一，误差保持在 10^{-1} 数量级。此外，响应误差也表现出周期性，结合干摩擦间隙和非规则磨损间隙，表明这种周期性是由转动副间隙效应和机构运动特性协同产生的共性特征。

不同间隙值时含润滑间隙的转动副的约束反力和轴心轨迹分别如图 3.11 和图 3.12 所示。不同间隙值时，间隙转动副处的约束反力曲线的趋势和数值基本一致，三种情况在转动副 R1 和 R2 处的最大差值仅为 0.14N 和 0.06N。此时，约束反力仅

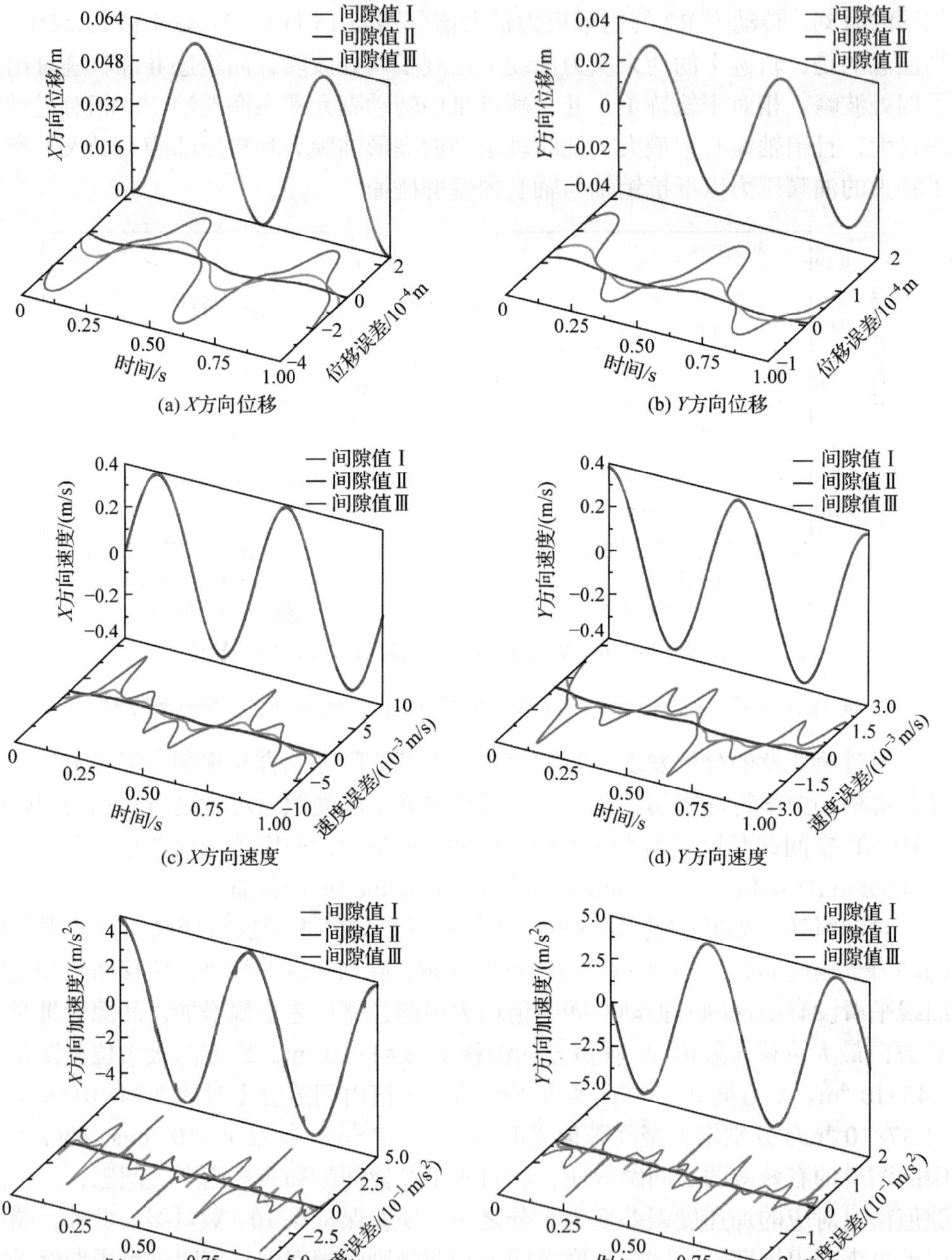

图 3.10　含润滑转动副间隙的 3-RRPaR 空间并联机构的末端执行器在不同间隙值时的动力学响应(彩图请扫封底二维码)

由润滑油膜力产生。在具有良好的润滑条件时，间隙转动副处的约束反力主要和机构的运动特性相关，与间隙转动副的参数特性关联性较弱。由图 3.12 可以看出，尽管间隙值较大时销轴具有更大的运动空间，但是轴心轨迹依然高度相似。这是由于三种情况具有相同的润滑初始条件，形成的润滑油膜将销轴限制在轴承内壁形成规律性的往复运动，避免了转动副元素之间的直接接触。

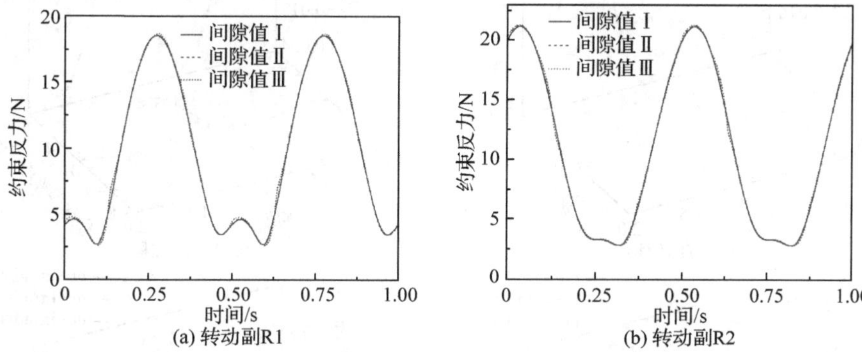

图 3.11　不同间隙值时含润滑间隙转动副的约束反力

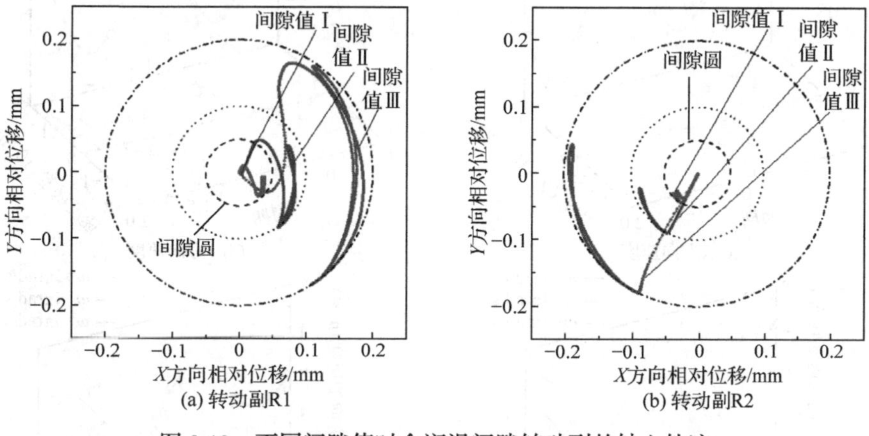

图 3.12　不同间隙值时含润滑间隙转动副的轴心轨迹

5. 运动速度对含润滑间隙的 3-RRPaR 空间并联机构动力学特性的影响

不同运动速度时润滑间隙效应对 3-RRPaR 空间并联机构动力学特性的影响如图 3.13 所示。由图 3.13 可知，当 ω=3πrad/s 时，曲线波动最小，X 方向和 Y 方向的位移误差分布在[-1.47×10^{-5}m, 1.45×10^{-5}m]和[6.27×10^{-6}m, 1.67×10^{-5}m]内。当运动速度增大至 ω=5πrad/s 时，曲线波动最大对应的位移误差分布扩大到[-1.95×10^{-4}m, 1.75×10^{-4}m]和[-5.95×10^{-5}m, 7.86×10^{-5}m]。X 方向和 Y 方向速度误差曲线的波动位置相同，但是引起误差偏移的方向相反。X 方向和 Y 方向的最大加速度误差分别为 1.90×10^{-19}m/s^2 和 6.34×10^{-2}m/s^2，较干摩擦间隙和非规则磨损间

隙显著减小。上述结果表明，当机构运动速度较大时，楔形效应与挤压效应形成的润滑油膜很大程度上改善了该空间并联机构的动力学性能。

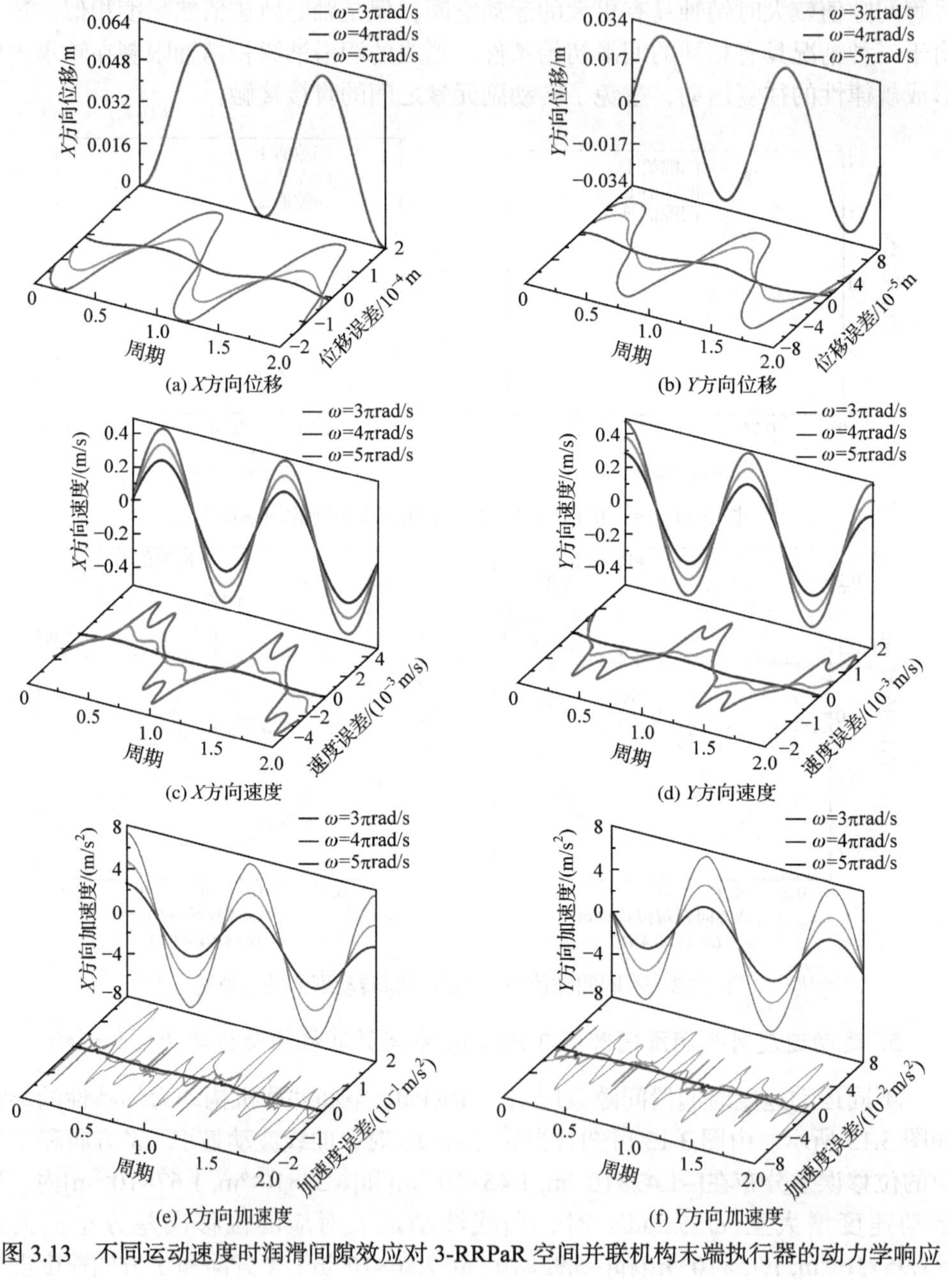

(a) X方向位移　(b) Y方向位移

(c) X方向速度　(d) Y方向速度

(e) X方向加速度　(f) Y方向加速度

图 3.13　不同运动速度时润滑间隙效应对 3-RRPaR 空间并联机构末端执行器的动力学响应 (彩图请扫封底二维码)

如图 3.14 和图 3.15 所示，运动速度 ω=3πrad/s 时转动副 R1 和 R2 处的约束

反力水平小于其余两种情况，约束反力峰值为 13.37N 和 15.72N，约为 ω=5πrad/s 时的 52.52%和 55.77%。转动副 R2 处由润滑油膜提供的约束反力水平要高于转动副 R1 处。约束反力呈现出周期性变化，其对应的轴心轨迹出现了往复运动现象，转动副 R1 的最大值出现在第 0.54 个和第 1.54 个周期附近，转动副 R2 的最大值均出现在第 0.07 个和第 1.07 个周期附近。

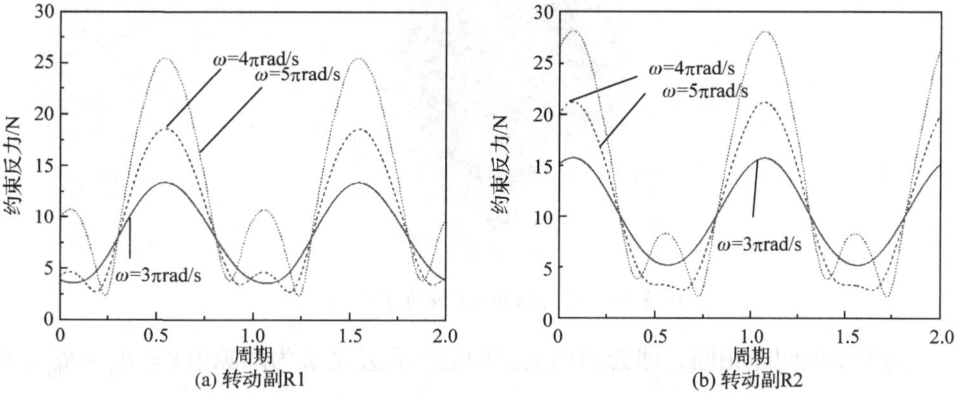

图 3.14　不同运动速度时含润滑间隙转动副的约束反力

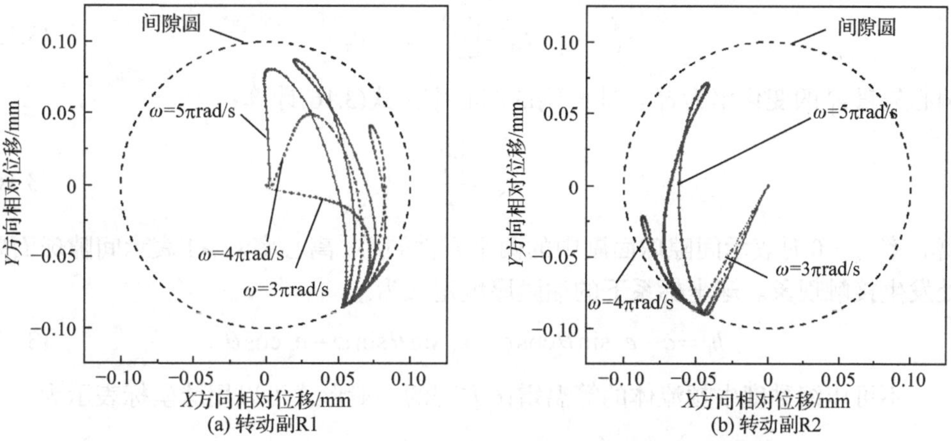

图 3.15　不同运动速度时含润滑间隙转动副的轴心轨迹

3.3　含润滑球面副间隙的 4-UPS-RPS 空间并联机构动力学建模与分析

3.3.1　含润滑球面副间隙的 4-UPS-RPS 空间并联机构动力学建模

1. 含润滑球面副间隙的模型

当球和球套之间填充润滑油时，油膜承载力代替干摩擦情况时的接触力，以限制间隙接头元件的相对运动。为了将油膜力引入多体动力学方程，需要建立润滑球面副关节的数学模型。润滑球面副间隙的结构示意图如图 3.16 所示。

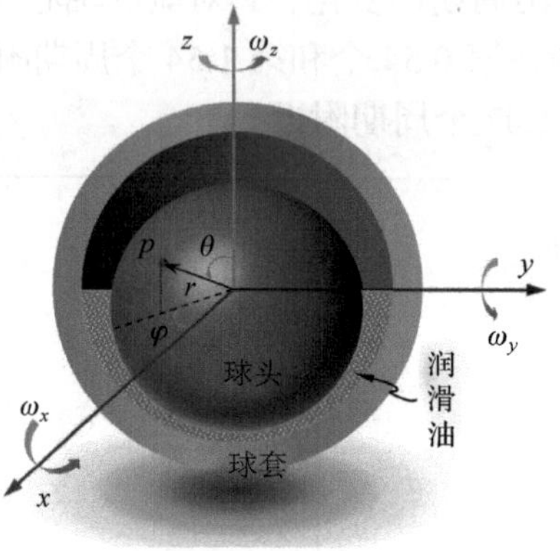

图 3.16　润滑球面副间隙的结构示意图

同干摩擦间隙相同，球套和球头之间的半径差定义为间隙值 $c = R_{\mathrm{si}} - R_{\mathrm{bj}}$ 。偏心矢量 $\boldsymbol{e}_1^{\mathrm{s}}$ 可通过球套和球头在全局参考坐标系中的位置向量 $\boldsymbol{r}_{\mathrm{si}}$ 和 $\boldsymbol{r}_{\mathrm{bj}}$ 表示：

$$\boldsymbol{e}_1^{\mathrm{s}} = \boldsymbol{r}_{\mathrm{bj}} - \boldsymbol{r}_{\mathrm{si}} = \begin{bmatrix} e_x & e_y & e_z \end{bmatrix}^{\mathrm{T}} \tag{3.15}$$

偏心矢量 $\boldsymbol{e}_1^{\mathrm{s}}$ 的变化率为 $\dot{\boldsymbol{e}}_1^{\mathrm{s}}$ 。球面副的离心率由式(3.16)计算：

$$\varepsilon_{\mathrm{s}} = \frac{\left|\boldsymbol{e}_1^{\mathrm{s}}\right|}{c} \tag{3.16}$$

离心率 $\varepsilon_{\mathrm{s}} = 0$ 时表示间隙球面副中的两个元件同心，离心率 $\varepsilon_{\mathrm{s}} \geqslant 1$ 表示间隙球面副处发生接触现象。球坐标系下的油膜厚度定义为

$$h_1 = c - e_x \sin\theta\cos\varphi - e_y \sin\theta\sin\varphi - e_z \cos\theta \tag{3.17}$$

不可压缩黏度牛顿流体的等温雷诺方程的一般形式可以用球坐标表示为

$$\sin\theta\frac{\partial}{\partial\theta}\left(h_1^3\sin\theta\frac{\partial p_1}{\partial\theta}\right) + \frac{\partial}{\partial\varphi}\left(h_1^3\frac{\partial p_1}{\partial\varphi}\right) = 6\mu R_{\mathrm{si}}^2\left(U_0\sin\theta\frac{\partial h_1}{\partial\theta} + U_1\frac{\partial h_1}{\partial\varphi} + 2\frac{\partial h_1}{\partial t}\right)\sin\theta \tag{3.18}$$

式中， $U_0 = \omega_x\sin\varphi + \omega_y\cos\varphi$ ； $U_1 = -\omega_x\cos\varphi\cos\theta - \omega_y\sin\varphi\cos\theta + \omega_z\sin\theta$ ， ω_x、ω_y、ω_z 分别为球头在 x、y、z 三个方向的角速度分量； p_1 、 μ 分别为油膜压力、润滑油的动力黏度；等式的右侧包含楔形效应和挤压效应。该空间并联机构主要应用在低速场合，为简化计算仅考虑挤压效应。对于高速旋转装置，球头旋转引起的楔形效应是不容忽视的。

对于含润滑间隙的球面副，Pinkus 给出了通过球套表面的流量公式：

$$Q=\frac{(2\pi R_{\mathrm{si}}\cos\varphi)c^3(2-\varepsilon_{\mathrm{s}}\sin\varphi)^3}{12\mu R_{\mathrm{si}}}\frac{\mathrm{d}p_1}{\mathrm{d}\varphi} \tag{3.19}$$

受径向挤压的影响，对于任意角度 φ 的流量也可以表示为

$$Q=\pi\dot{e}R_{\mathrm{si}}^2\cos^2\varphi \tag{3.20}$$

式中，$\dot{e}$ 为球头受挤压油膜作用时的速度。结合式(3.19)和式(3.20)，压力梯度可以表示为

$$\mathrm{d}p_1=\frac{R_{\mathrm{si}}^2 6\mu\dot{e}\sin\theta}{(c-c\varepsilon_{\mathrm{s}}\cos\theta)^3}\mathrm{d}\theta \tag{3.21}$$

求解雷诺方程时，确定边界条件至关重要。然而，由于油膜破裂等复杂现象，确定油膜边界具有挑战性。在实际分析中常使用简化的边界条件，如 Sommerfeld 边界条件、Gümbel 边界条件、雷诺边界条件等。一般来说，雷诺边界条件更准确合理。然而，复杂的数值计算会影响高度非线性动力学方程的数值稳定性。因此，在多体系统的动力学建模过程中，一般采用 Gümbel 边界条件(Flores et al., 2006b)。Gümbel 边界条件在计算压力分布时不考虑油膜破裂，只计算腔体内的正压力。它可以表示为

$$\begin{gathered}p_1(0,\theta)=p_1(\pi,\theta)=p_1(\varphi,0)=p_1(\varphi,\pi)=0\\ p_1(\varphi,\theta)\geqslant 0,\quad 0<\varphi<\pi;\ 0<\theta<\pi\end{gathered} \tag{3.22}$$

考虑到边界条件，将压力梯度积分得到压力分布：

$$p_1=\frac{3\mu\dot{e}}{(c/R_{\mathrm{si}})^3}\left[\frac{1}{(1-\varepsilon_{\mathrm{s}}\sin\varphi)^2}-1\right] \tag{3.23}$$

挤压油膜力方向与偏心矢量共线，可以表示为

$$\begin{aligned}F_1^{\mathrm{s}}&=2\pi R_{\mathrm{si}}^2\int_0^{\pi/2}p_1\sin\varphi\cos\varphi\mathrm{d}\varphi\\ &=\frac{6\pi\mu\dot{e}R_{\mathrm{si}}}{(c/R_{\mathrm{si}})^3}\left[\frac{1}{\varepsilon_{\mathrm{s}}^3}\ln(1-\varepsilon_{\mathrm{s}})+\frac{1}{\varepsilon_{\mathrm{s}}^2(1-\varepsilon_{\mathrm{s}})}-\frac{1}{2\varepsilon_{\mathrm{s}}}\right]\end{aligned} \tag{3.24}$$

通过观察可以发现，当离心率 ε_{s} 接近零时，式(3.24)不收敛。Zhang 等(2020)提出了一种改进的 Pinkus-Sternlicht 模型，用于径向动载荷轴承。但是，对于球面副间隙关节，没有校正系数和校正间隔的参考值。该并联机构末端执行器由多条运动链连接，其位置由这些运动支链确定，各活动构件的初始状态通过复杂的逆运动学分析推导出。在求解过程中，由于数值误差的累积，球头和球套的中心不

能完全重合，而是保持在一个很小的范围内(ε_s 接近零)。在这个范围内，为保证数值稳定性，油膜承载力可以通过式(3.25)进行计算：

$$F_1^s = \frac{4\pi\mu\dot{e}R_{si}}{(c/R_{si})^3}, \quad 0 \leqslant \varepsilon_s \leqslant 0.01 \tag{3.25}$$

同润滑转动副间隙情况类似，润滑状态与接触状态之间的切换也可能引发动力学方程数值求解困难问题。为保证润滑状态和接触状态之间切换的连续性，同样采用加权平均混合过渡力模型，见式(3.13)。

2. 含润滑球面副间隙的 4-UPS-RPS 空间并联机构动力学模型

图 3.17 为含润滑间隙的 4-UPS-RPS 空间并联机构结构简图，考虑润滑间隙效应的球面副为 S1、S2 和 S5。

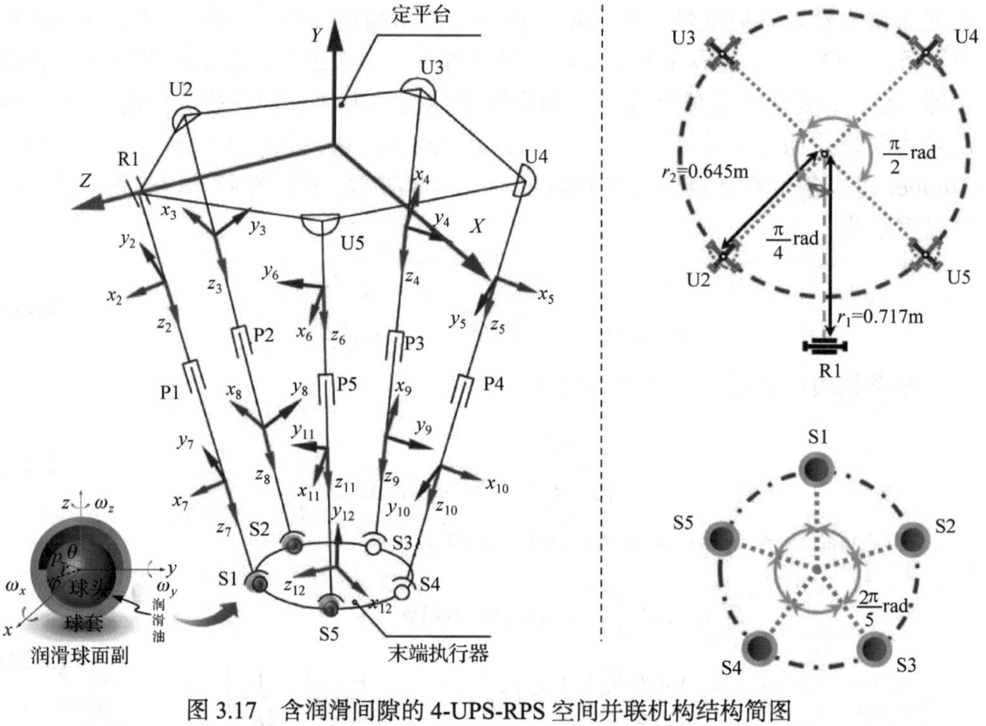

图 3.17 含润滑间隙的 4-UPS-RPS 空间并联机构结构简图

与考虑润滑间隙的 3-RRPaR 空间并联机构不同，4-UPS-RPS 空间并联机构主要考虑的是挤压油膜作用。基于 2.3.1 节所建立的含干摩擦间隙的 4-UPS-RPS 空间并联机构动力学模型，考虑球面副 S1、S2 和 S5 为润滑关节时，对应的几何约束 $\boldsymbol{\Phi}_S^1(\boldsymbol{q})$、$\boldsymbol{\Phi}_S^2(\boldsymbol{q})$ 和 $\boldsymbol{\Phi}_S^5(\boldsymbol{q})$ 被解除，由挤压油膜作用力替代。此时，系统的运动学约束方程的数量变为 57 个。但是，其动力学方程形式与式(2.55)相同，可以表示为

$$\begin{bmatrix} \boldsymbol{M} & \boldsymbol{0} & \boldsymbol{0} & \boldsymbol{\Phi}_r^{\mathrm{T}} \\ \boldsymbol{0} & \boldsymbol{J}^p & \boldsymbol{P}^{\mathrm{T}} & \boldsymbol{\Phi}_p^{\mathrm{T}} \\ \boldsymbol{0} & \boldsymbol{P} & \boldsymbol{0} & \boldsymbol{0} \\ \boldsymbol{\Phi}_r & \boldsymbol{\Phi}_p & \boldsymbol{0} & \boldsymbol{0} \end{bmatrix} \begin{bmatrix} \ddot{\boldsymbol{r}} \\ \ddot{\boldsymbol{p}} \\ \boldsymbol{\lambda}^p \\ \boldsymbol{\lambda} \end{bmatrix} = \begin{bmatrix} \boldsymbol{F} \\ \hat{\boldsymbol{\tau}} \\ \boldsymbol{\eta}^p \\ \hat{\boldsymbol{\eta}} \end{bmatrix} \tag{3.26}$$

式中，$\boldsymbol{F}$ 和 $\hat{\boldsymbol{\tau}}$ 分别为广义力和力矩向量，包括惯性力、外力和外力矩。外力项包含干摩擦接触力及挤压油膜承载力，为保证数值的连续性，两者以加权平均混合过渡力的形式出现。其余符号表示均和 2.3.1 节含干摩擦间隙的 4-UPS-RPS 空间并联机构动力学方程中相同，不再赘述。

在并联机构的运动过程中，球面副与各构件相互协作，球面副引导各构件沿预定方向运动同时将动力传递给末端执行器。因此，末端执行器的动力学响应与间隙球面副处的润滑特性必然存在相互作用和联系，根据建立的耦合动力学模型将两者协同分析，有利于更准确地研究含润滑间隙的空间并联机构整体动力学性能。本节不考虑轴套倾斜，针对不同工况条件下润滑间隙对空间并联机构动力学特性的影响展开研究，内容包括对比分析考虑润滑间隙与干摩擦间隙的空间并联机构动力学特性，并且分析运动轨迹、间隙值及运动速度等因素对含润滑间隙空间并联机构动力学特性的影响。

3.3.2　含润滑球面副间隙的 4-UPS-RPS 空间并联机构动力学分析

本节主要考虑球面副处的润滑间隙效应，探究润滑球面副间隙对 4-UPS-RPS 空间并联机构动力学特性的影响。间隙球面副在初始状态时，球头和球套的中心重合。同 3-RRPaR 空间并联机构类似，间隙球面副在初始运动阶段受重力作用发生频繁接触碰撞，为考察间隙关节的润滑效应选取前两个周期的动力学响应进行分析，以研究含润滑球面副间隙的 4-UPS-RPS 空间并联机构的动力学特性及间隙球面副处的润滑状况。本节末端执行器的运动轨迹均与 2.3.2 节中一致。动力学仿真参数如表 3.2 所示。

表 3.2　含润滑间隙的 4-UPS-RPS 空间并联机构动力学仿真参数

参数名称	参数信息
轴套内壁半径 R_i/m	—
轴套外壁半径 R_o/m	—
轴承长度 L_b/m	—
球头半径 R_{bj}/m	0.0225
恢复系数 c_e	0.9
干摩擦状态摩擦系数 μ_s，μ_k	0.1，0.15

续表

参数名称	参数信息
杨氏模量 E_b, E_j/GPa	200
泊松比 υ_b , υ_j	0.33
动力黏度 μ/cP	200
积分步长/s	0.0001
积分方法	Runge-Kutta-Fehlberg

1. 润滑间隙对 4-UPS-RPS 空间并联机构动力学特性的影响

含润滑球面副间隙的 4-UPS-RPS 空间并联机构分别在干摩擦间隙和润滑间隙两种工况下的动力学响应如图 3.18 所示。对于该空间并联机构，润滑间隙和干摩擦间隙两种情况的位移误差曲线基本重合，但润滑间隙时的动力学响应没有出现低频振动。从速度曲线及其误差曲线可以发现润滑油膜减缓了初始阶段响应曲

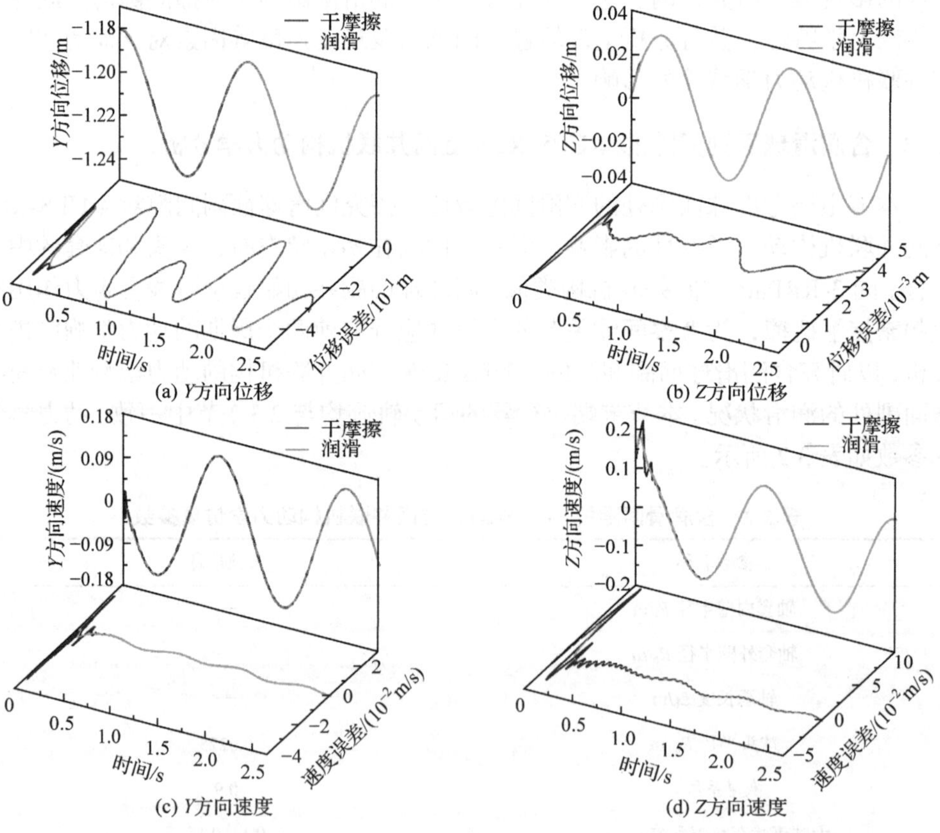

(a) Y方向位移　(b) Z方向位移

(c) Y方向速度　(d) Z方向速度

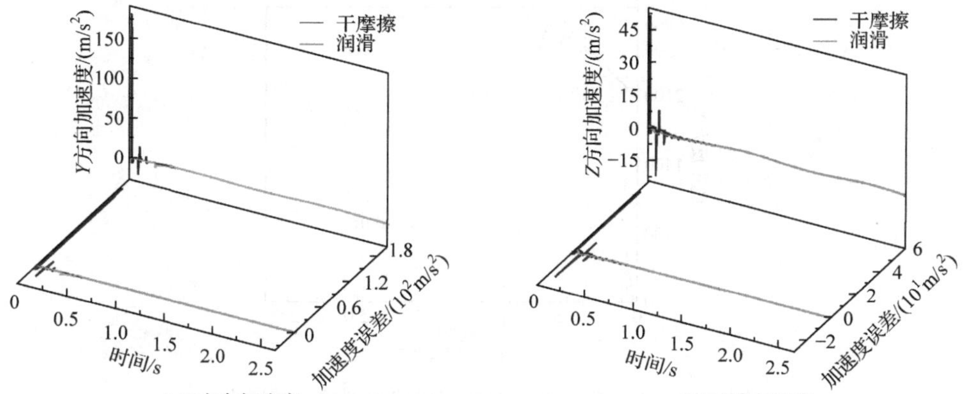

(e)Y方向加速度　　(f) Z方向加速度

图 3.18　含润滑球面副间隙的 4-UPS-RPS 空间并联机构末端执行器的动力学响应

波动较大为干摩擦曲线；波动较小为润滑曲线

线的剧烈波动。Y 方向和 Z 方向速度误差的分布范围分别由干摩擦间隙的 [-3.41×10^{-2}m/s，2.34×10^{-2}m/s]和[-3.71×10^{-3}m/s，9.72×10^{-2}m/s]缩小至润滑间隙的[-4.06×10^{-3}m/s，1.47×10^{-3}m/s]和[-5.15×10^{-3}m/s，4.59×10^{-2}m/s]。由加速度曲线可知，润滑状态时末端执行器跳过了初始状态的剧烈波动直接进入稳定状态。

图 3.19 和图 3.20 分别展示出不同环境下含润滑间隙球面副的约束反力和球心轨迹。球面副 S1、S2 和 S5 的约束反力最大值分别为 678.21N、442.18N 和 442.28N，与干摩擦间隙相比分别降低了 78.79%、83.69%和 83.40%，这说明润滑油膜减缓了初始阶段球头和球套内壁的剧烈碰撞。观察图 3.20 发现，由于润滑介质的填充，球头受挤压油膜力的作用缓慢下降，最终润滑油膜破裂，球头与球套内壁发生接触。初始时约束反力由润滑油膜力提供，缓慢过渡到由干摩擦接触力提供。球面副 S1、S2 和 S5 的最大嵌入深度由干摩擦间隙时的 1.55×10^{-5}m、1.19×10^{-5}m 和 1.17×10^{-5}m 下降至 2.90×10^{-6}m、2.24×10^{-6}m 和 2.24×10^{-6}m。

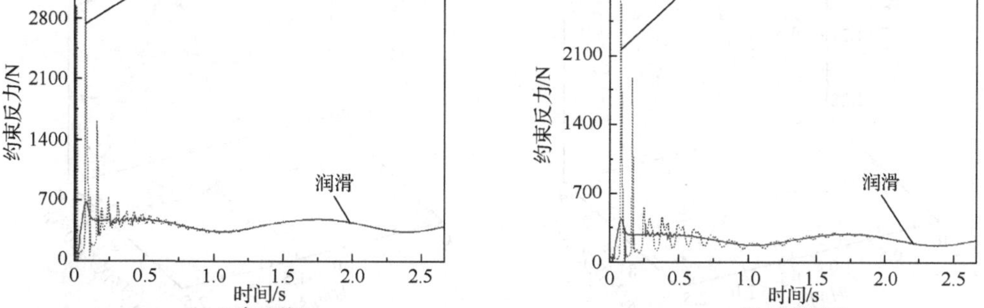

(a) 球面副S1　　(b) 球面副S2

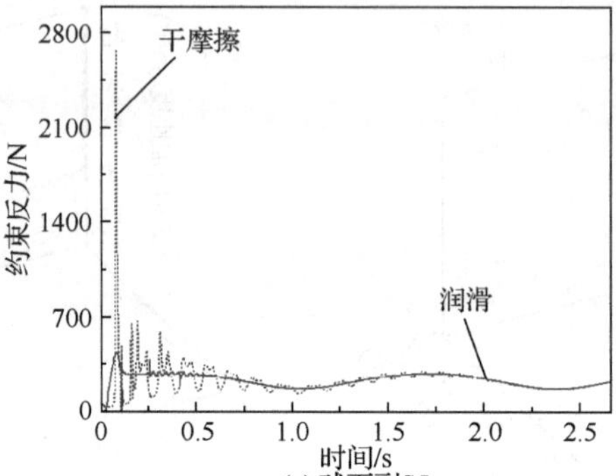

(c) 球面副S5

图 3.19　不同环境下含润滑间隙球面副的约束反力

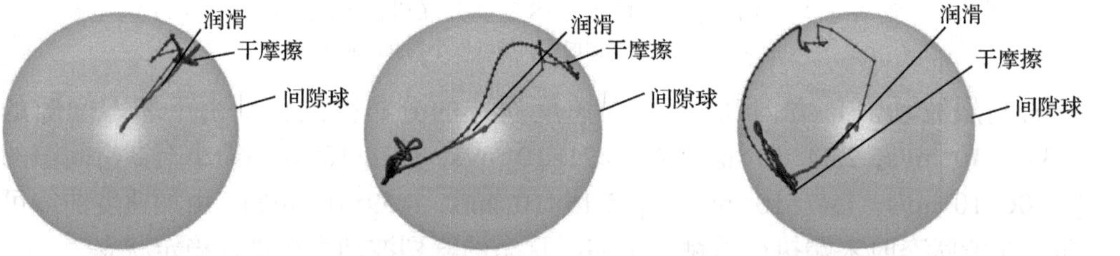

(a) 球面副S1　(b) 球面副S2　(c) 球面副S5

图 3.20　不同环境下含润滑间隙球面副的轴心轨迹

2. 运动轨迹对含润滑间隙的 4-UPS-RPS 空间并联机构动力学特性的影响

4-UPS-RPS 空间并联机构的运动轨迹与 2.3.2 节中干摩擦间隙保持一致。通过如图 3.21 所示末端执行器的动力学响应可以发现，与干摩擦间隙、非规则磨损间隙类似，随着运动半径的增大该机构的动力学响应误差都有所增大。位移曲线和速度曲线及其误差曲线光滑，没有出现由频繁碰撞引起的低频振动。末端执行

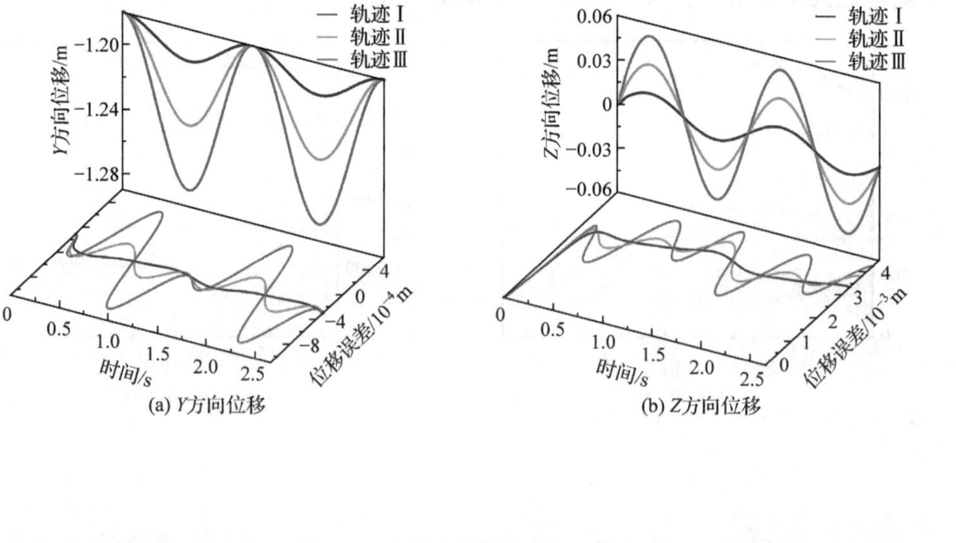

(a) Y方向位移　(b) Z方向位移

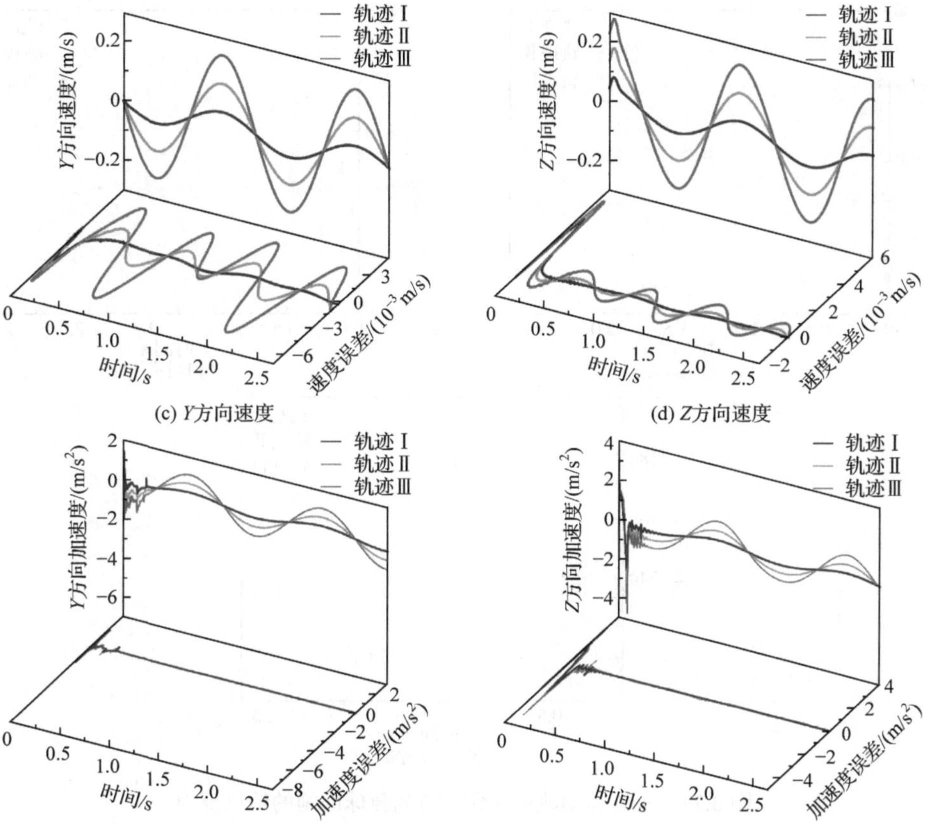

(c) Y方向速度　(d) Z方向速度

(e) Y方向加速度　(f) Z方向加速度

图 3.21　不同运动轨迹时末端执行器的动力学响应(彩图请扫封底二维码)

器执行轨迹Ⅰ时，*Y* 方向和 *Z* 方向的最大加速度误差分别为–6.09m/s^2 和–2.29m/s^2，执行轨迹Ⅲ时，对应的误差变化为–6.56m/s^2 和–4.25m/s^2。润滑油膜起到了一定的阻尼作用，因此间隙效应对该机构动力学响应的影响得到了改善。

图 3.22 和图 3.23 分别展示出不同运动轨迹时含润滑间隙球面副的约束反力和轴心轨迹。三种情况的约束反力曲线仅在 0.5s 之前出现剧烈波动，随后曲线光滑没有出现冲击碰撞现象。较干摩擦间隙和非规则磨损间隙，润滑油极大改善了间隙球面副处的接触碰撞现象。机构执行轨迹Ⅲ时，球面副 S1 的约束反力幅值是轨迹Ⅰ时的 1.25 倍，球面副 S2 和 S5 处均为轨迹Ⅰ时的 1.34 倍。不同于干摩擦间隙和非规则磨损间隙，轴心轨迹没有经过多次的碰撞、分离，直接进入了稳定状态。润滑油膜力缓解了初始阶段间隙球面副处的剧烈冲击碰撞现象，使球面副由润滑状态缓缓过渡到连续接触状态。尽管执行的轨迹略有不同，但是受润滑油膜力的影响，三种情况的轴心轨迹在整个运动过程中基本保持重合。

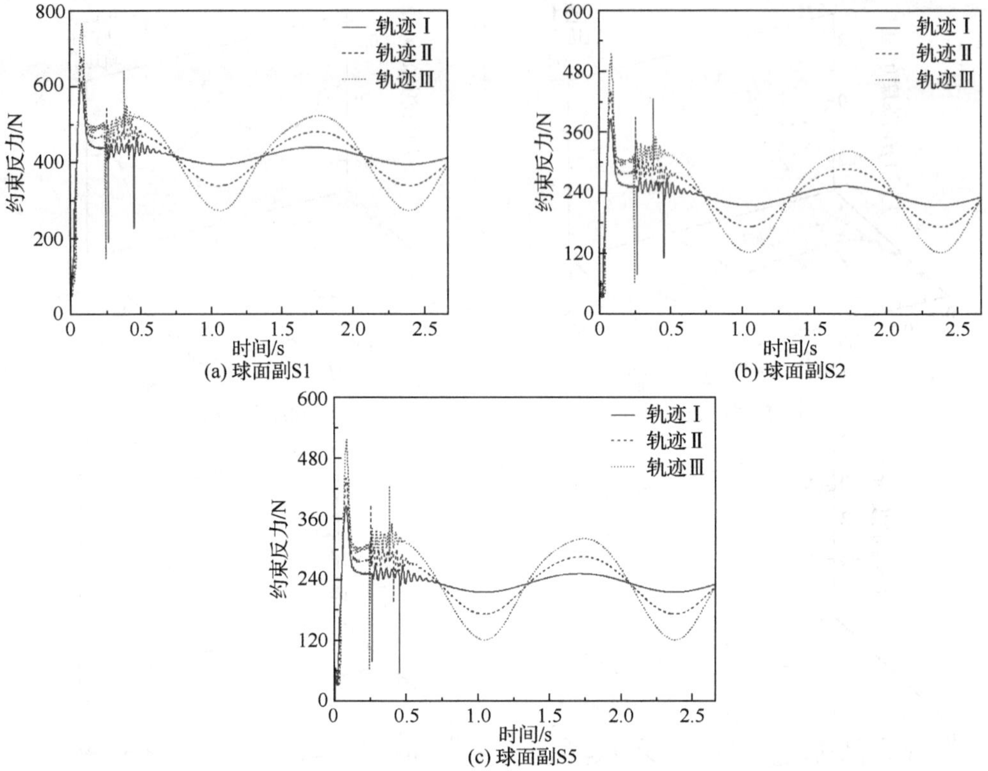

图 3.22　不同运动轨迹时含润滑间隙球面副的约束反力

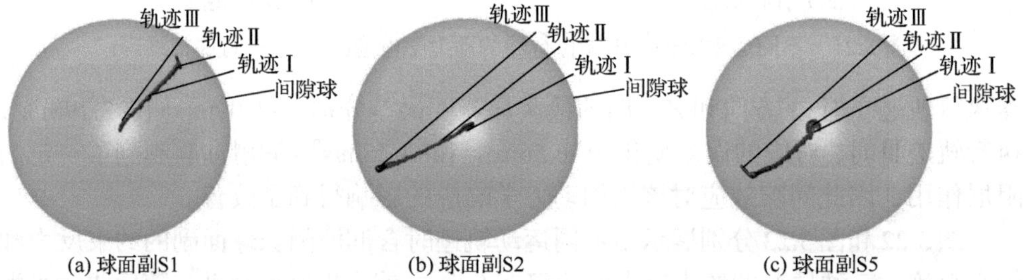

图 3.23　不同运动轨迹时含润滑间隙球面副的轴心轨迹

3. 间隙值对含润滑间隙的 4-UPS-RPS 空间并联机构动力学特性的影响

对比不同间隙值时 4-UPS-RPS 空间并联机构在润滑条件下末端执行器的动力学响应，如图 3.24 所示。所选取间隙值与 2.3.2 节保持一致，均设置为 0.1mm、0.3mm 和 0.5mm。由图可以发现，在润滑条件下，间隙值增大至 5 倍，末端执行器 Y 方向和 Z 方向的位移误差分别扩大 3.55 倍和 3.52 倍。不同间隙值条件下，Y 方向速度曲线及误差曲线基本重合，Z 方向速度曲线差异仅出现在 0.047s 附近，间隙值Ⅲ时的速度误差水平达到最大为 4.71×10^{-2}m/s。对于加速度响应，在 0.5s 之前依然出现了多次振动且 Y 方向较 Z 方向更加剧烈。这说明润滑油膜承载力不足导致球面副元素发生了冲击碰撞，但是剧烈程度较干摩擦间隙和非规则磨损间隙减弱。

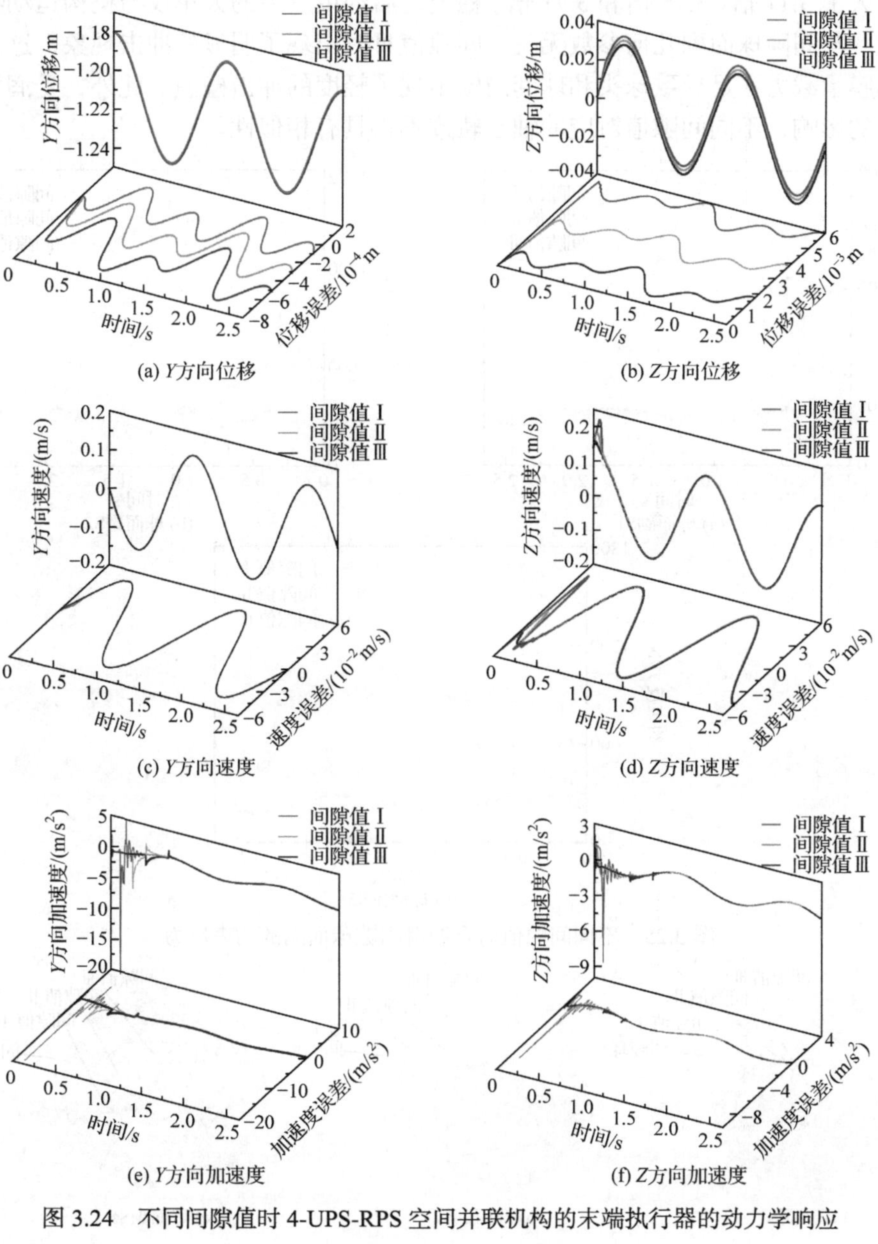

(a) Y方向位移　(b) Z方向位移

(c) Y方向速度　(d) Z方向速度

(e) Y方向加速度　(f) Z方向加速度

图 3.24　不同间隙值时 4-UPS-RPS 空间并联机构的末端执行器的动力学响应

(彩图请扫封底二维码)

图 3.25 和图 3.26 分别展示出不同间隙值时含润滑间隙球面副的约束反力和轴心轨迹。间隙值的增大仅引起初始不稳定阶段约束反力曲线的差异，之后所有情况的约束反力曲线重合。随着间隙值的增大，球面副 S1、S2 和 S5 的约束反力幅值由 521.52N、333.99N 和 333.89N 增大至 2141.79N、1585.19N 和 1571.75N，分别扩大了 3.11 倍、3.75 倍和 3.71 倍。稳定之后约束反力的大小仅与机构运动特性有关，与间隙球面副几何参数无关。间隙值Ⅲ时出现了明显的冲击现象，这意味着油膜承载力不足导致球头和球套内壁出现了轻度的冲击碰撞。此外，受润滑油膜力的影响，不同间隙值对应的轴心轨迹不再具有相似性。

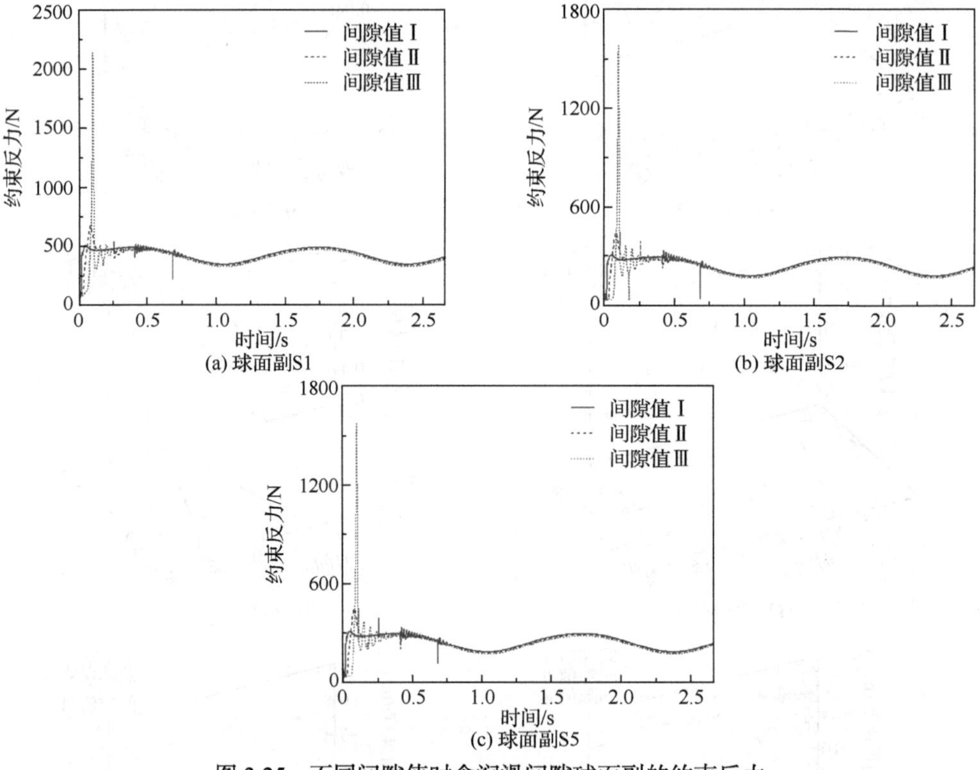

图 3.25　不同间隙值时含润滑间隙球面副的约束反力

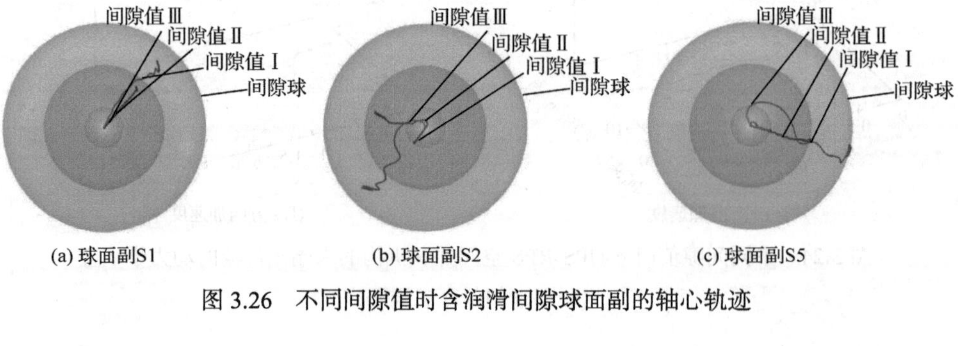

图 3.26　不同间隙值时含润滑间隙球面副的轴心轨迹

4. 运动速度对含润滑间隙的 4-UPS-RPS 空间并联机构动力学特性的影响

不同运动速度时润滑间隙效应对 4-UPS-RPS 空间并联机构末端执行器动力学特性的影响，如图 3.27 所示。由图 3.27 可知，Y 方向位移误差分布范围由 ω=πrad/s 时的[-4.27×10^{-4}m，1.21×10^{-4}m]扩大到 ω=2πrad/s 时的[-4.54×10^{-4}m，2.14×10^{-4}m]。受润滑油膜力的影响，随着运动速度的增大，Y 方向和 Z 方向速度误差水平小幅增加，峰值分别扩大了 3.76 倍和 1.15 倍。当运动速度 ω 达到 2πrad/s 时，在稳定阶段加速度曲线及误差曲线均出现周期性振动，在 Z 方向尤为明显。这表明和其他几种分析的因素相比，运动速度对含润滑间隙的空间并联机构动力学系统的加速度响应影响更大。

不同运动速度时含润滑间隙球面副的约束反力和轴心轨迹分别如图 3.28 和图 3.29 所示。随着运动速度的增大，球面副 S1、S2 和 S5 处的约束反力幅值由 961.97N、661.05N 和 659.67N 增大到 1360.29N、983.27N 和 981.52N。球面副 S2 与 S5 的约束反力在幅值和趋势上都表现出较好的一致性，这说明约束反力的对

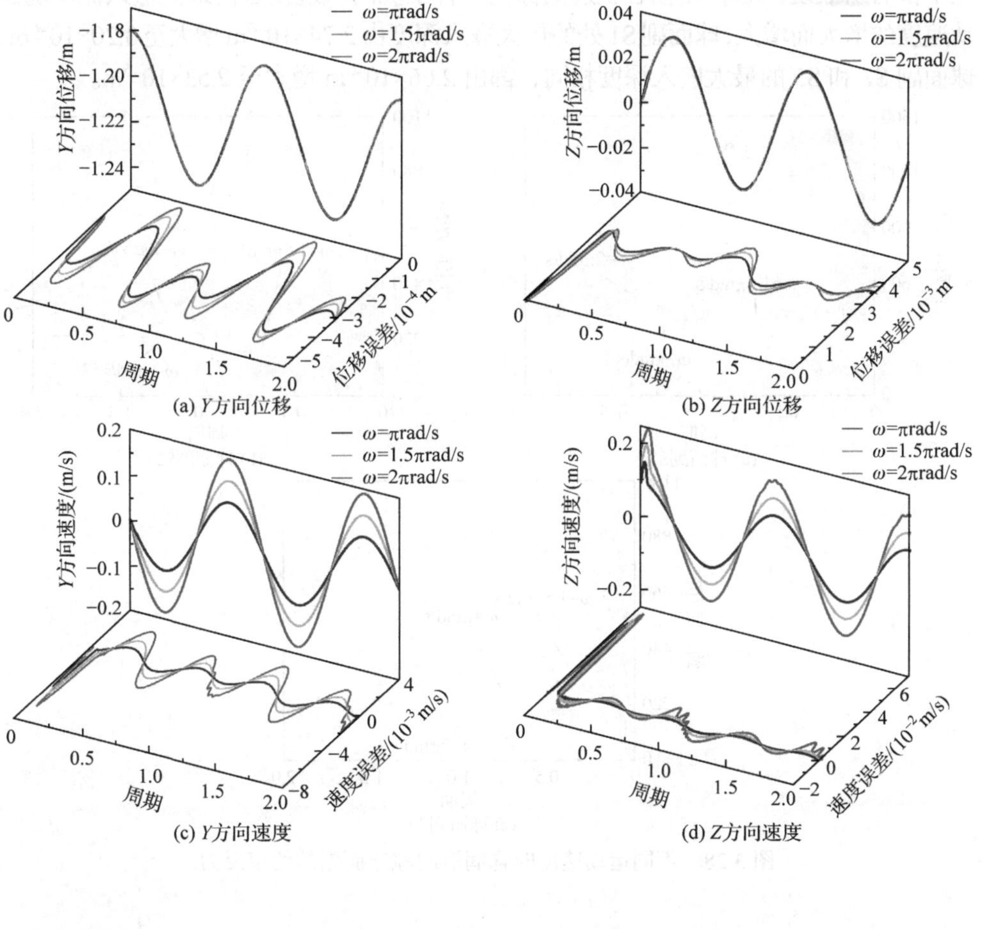

(a) Y方向位移　(b) Z方向位移

(c) Y方向速度　(d) Z方向速度

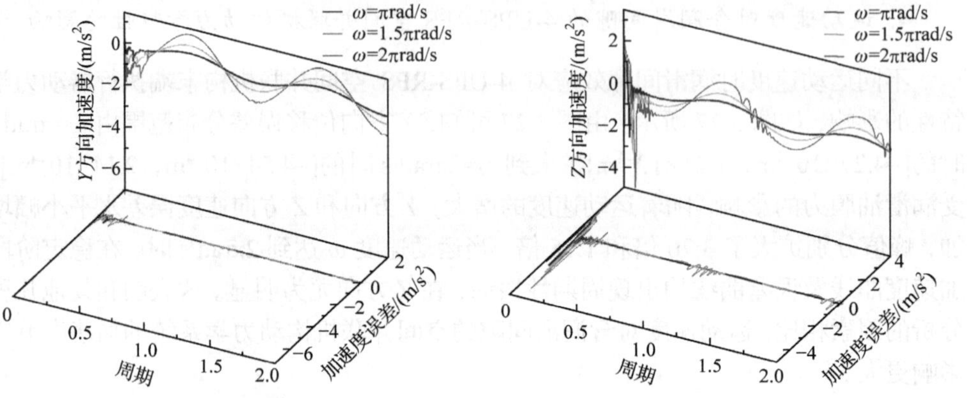

(e) Y方向加速度　(f) Z方向加速度

图 3.27　不同运动速度时 4-UPS-RPS 空间并联机构的末端执行器的动力学响应
(彩图请扫封底二维码)

称性源于该机构的结构特性，因此在干摩擦间隙、非规则磨损间隙和润滑间隙的情况中都有所表现。尽管在轴心轨迹图像上三种工况的轨迹接近但最大嵌入深度随运动速度的增大而增大，球面副 S1 处的最大嵌入深度由 2.74×10^{-6}m 增大至 3.20×10^{-6}m，球面副 S2 和 S5 的最大嵌入深度相同，都由 2.06×10^{-6}m 增大至 2.53×10^{-6}m。

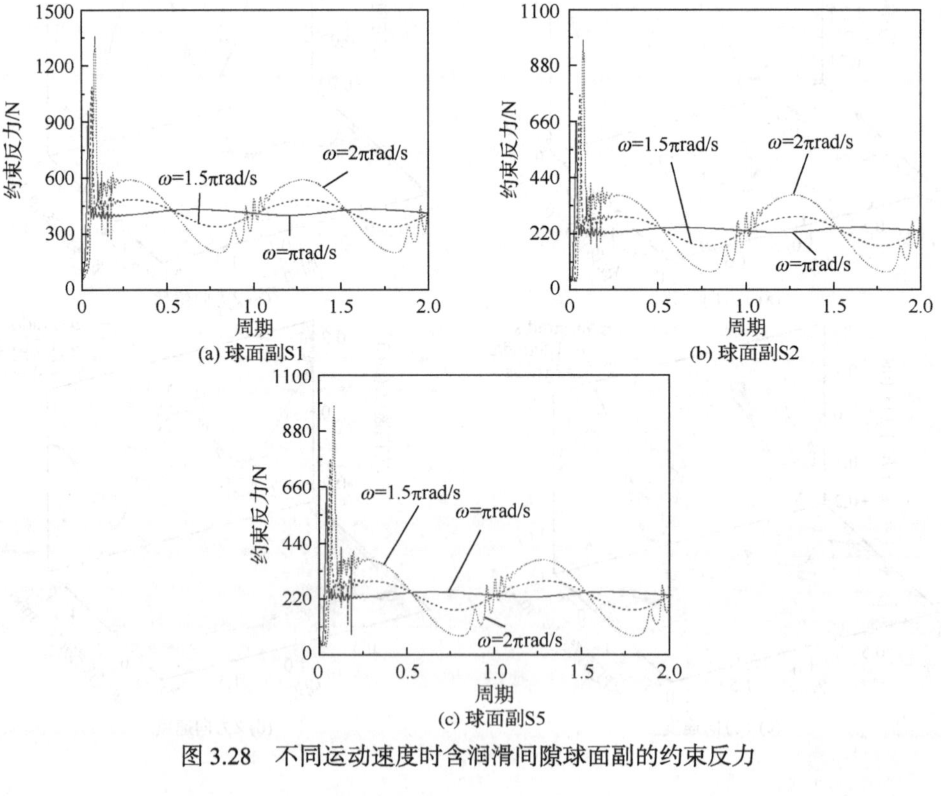

(a) 球面副S1　(b) 球面副S2　(c) 球面副S5

图 3.28　不同运动速度时含润滑间隙球面副的约束反力

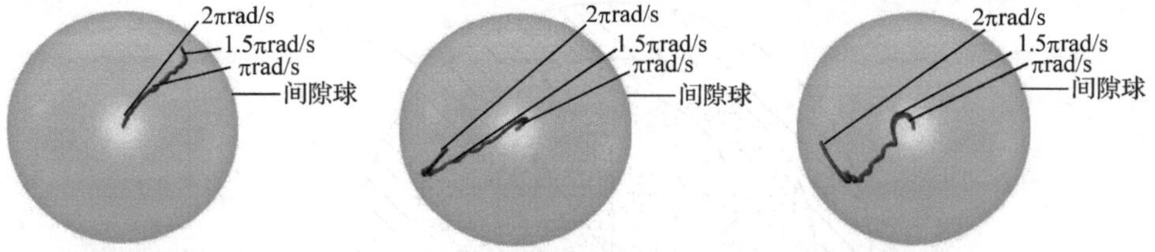

(a) 球面副S1 (b) 球面副S2 (c) 球面副S5

图 3.29 不同运动速度时含润滑间隙球面副的轴心轨迹

3.4 含润滑球面副间隙的 4-UPS-UPU 空间并联机构动力学建模与分析

3.4.1 含润滑球面副间隙的 4-UPS-UPU 空间并联机构动力学建模

1. 含润滑球面副间隙的运动学模型

在润滑油膜的作用下，球铰间隙处的球头和球套彼此之间有效分离，两者之间仍然存在六个自由度，使得润滑球铰间隙处两元素之间的位形约束失效，因此必须在润滑球铰处建立正确的力约束。由于不考虑润滑效应的干摩擦球铰接触运动学模型在 2.4.1 节中已给出，其干摩擦接触的运动学模型在考虑润滑效应的球铰关节中各矢量之间的关系仍然满足，本节不再赘述。但是为了建立考虑润滑效应的油膜承载力模型，在球铰间隙处引入球坐标系如图 3.30 所示，以球套为基准在其中心处建立直角坐标系 $O\text{-}XYZ$，考虑到该间隙处为球铰关节，故将直角坐标系转化为球坐标系$(r,\theta_\text{b},\beta_\text{b})$，$P$ 为球头表面任一点，其他各点的含义均与 2.4.1 节所描述的一致。

为了后续公式的表达，在考虑润滑效应的运动学模型中引入偏心率ε，其定义如下：

$$\varepsilon=\frac{e}{c} \tag{3.27}$$

式中，c 为间隙值。对偏心率关于时间求导，得

$$\dot{\varepsilon}=\frac{\dot{e}}{c} \tag{3.28}$$

偏心距导数$\dot{e}$的表达根据式(2.61)可求得

$$\dot{e}=\frac{{}^{\text{A}}\boldsymbol{e}(1,1)\cdot{}^{\text{A}}\dot{\boldsymbol{e}}(1,1)+{}^{\text{A}}\boldsymbol{e}(2,1)\cdot{}^{\text{A}}\dot{\boldsymbol{e}}(2,1)+{}^{\text{A}}\boldsymbol{e}(3,1)\cdot{}^{\text{A}}\dot{\boldsymbol{e}}(3,1)}{e} \tag{3.29}$$

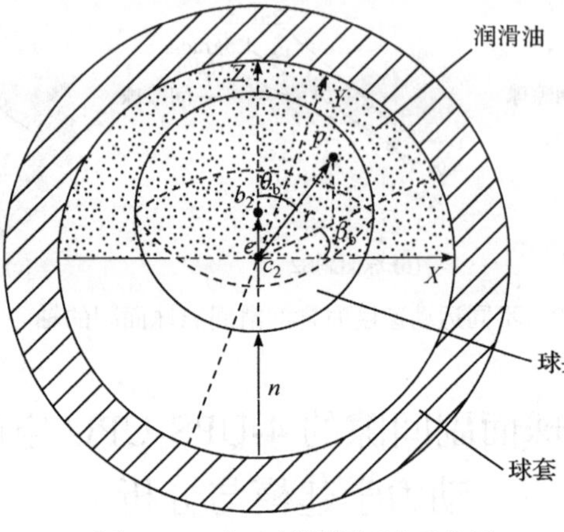

图 3.30 球面副润滑间隙示意图

对于润滑油膜承载力只能通过雷诺方程积分得到，然而润滑油膜不能支持负压，故根据 Gümbel 边界条件将剩余部分的压力设置为零，并且只对正压力场进行积分，其中等温雷诺方程的一般形式为(Flores and Lankarani，2010；Tian et al.，2009)

$$\frac{1}{R_{S2}^2}\left[\frac{1}{\sin\theta_b}\frac{\partial}{\partial\theta_b}\left(\frac{h^3}{12\mu_d}\sin\theta_b\frac{\partial p}{\partial\theta_b}\right)+\frac{1}{\sin^2\theta_b}\frac{\partial}{\partial\beta_b}\left(\frac{h^3}{12\mu_d}\frac{\partial p}{\partial\beta_b}\right)\right]$$
$$=\frac{1}{R_{S2}\sin\theta_b}\left(h\cos\theta_b\kappa^{\theta_b}+h\sin\theta_b\frac{\partial\kappa^{\theta_b}}{\partial\theta_b}+h\frac{\partial\kappa^{\beta_b}}{\partial\beta_b}+\sin\theta_b\kappa^{\theta_b}\frac{\partial h}{\partial\theta_b}+\kappa^{\beta_b}\frac{\partial h}{\partial\beta_b}\right)+\frac{\partial h}{\partial t} \tag{3.30}$$

其中

$$\begin{cases}\kappa^{\theta_b}=\dfrac{1}{2}R_{S2}\left(-\omega_x\sin\beta_b+\omega_y\cos\beta_b\right)\\ \kappa^{\beta_b}=\dfrac{1}{2}R_{S2}\left(-\omega_x\cos\beta_b\cos\theta_b-\omega_y\sin\beta_b\cos\theta_b+\omega_z\sin\theta_b\right)\\ h=c\left(1-\varepsilon_x\sin\theta_b\cos\beta_b-\varepsilon_y\sin\theta_b\sin\beta_b-\varepsilon_z\cos\theta_b\right)\end{cases} \tag{3.31}$$

式(3.30)和式(3.31)中，R_{S2} 为球套半径；h 为润滑油的油膜厚度；μ_d 为润滑油的动力黏度；p 为润滑油压力；ω_x、ω_y、ω_z 分别为球头自身绕 X、Y、Z 坐标轴的角速度；ε_x、ε_y、ε_z 分别为离心率矢量形式 ${}^{A}\boldsymbol{\varepsilon}$ 在三个坐标轴下的分量，即

$${}^{A}\boldsymbol{\varepsilon}=\boldsymbol{\varepsilon n}=\begin{bmatrix}\boldsymbol{\varepsilon}_x & \boldsymbol{\varepsilon}_y & \boldsymbol{\varepsilon}_z\end{bmatrix}^{T} \tag{3.32}$$

通过式(3.30)可以发现雷诺方程较为复杂，考虑到研究机构为空间并联重载机构，其球铰两元素分别固结于伸缩杆和动平台，因此相对于两者的径向速度，其

旋转速度较低，为了简化雷诺方程的形式故采用纯挤压油膜润滑条件，且不考虑高速旋转的楔形油膜效应。因此，角速度分量 ω_x、ω_y、ω_z 三项产生的润滑油膜力忽略不计，对于半球壳填充的润滑油，其压力边界条件为

$$p\left(r,\frac{\pi}{2},\beta_{\mathrm{b}}\right)=0 \tag{3.33}$$

为了更好地理解润滑油膜对球头产生的压力分布，将其压力分布示意图转化为平面形式，如图 3.31 所示。图中间隙元素之间的偏心距为 e，在此偏心距下两者之间由于油膜被挤压必然会在其表面处产生压力，可以看出油膜压力的合力在中心的连线处，其压力方向与偏心距矢量 $\boldsymbol{e}$ 方向相反，并且很显然可以看出润滑油的压力边界条件为半球壳中心所在的球面处，这正好与式(3.33)相对应。其中，油膜厚度也可以简化为

$$h=c\left(1-\varepsilon\sin\theta_{\mathrm{b}}\right) \tag{3.34}$$

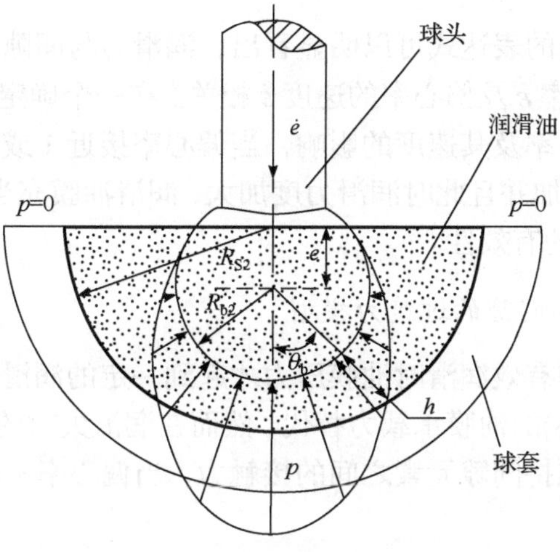

图 3.31　球面副润滑间隙平面示意图

2. 含润滑球面副间隙的油膜承载力模型

根据润滑球铰间隙的运动学模型得到各变量的相关表达式，然后通过对雷诺方程部分项的简化，得到压力梯度的表达式为

$$\mathrm{d}p=-\frac{6\mu_{\mathrm{d}}\dot{\varepsilon}\sin\theta_{\mathrm{b}}R_{\mathrm{S2}}^{2}}{c^{2}\left(1-\varepsilon\cos\theta_{\mathrm{b}}\right)^{3}}\mathrm{d}\theta_{\mathrm{b}} \tag{3.35}$$

对式(3.35)进行积分，并考虑偏心率为零的情况，得到润滑油的压力分布函数(压力场)为

$$p=\begin{cases}\dfrac{3\mu_{\mathrm{d}}\dot{\varepsilon}R_{\mathrm{S2}}^2}{c^2\varepsilon}\left[\dfrac{1}{\left(1-\varepsilon\cos\theta_{\mathrm{b}}\right)^2}-1\right], & \varepsilon\neq 0\\ \dfrac{6\mu_{\mathrm{d}}\dot{\varepsilon}R_{\mathrm{S2}}^2}{c^2}\cos\theta_{\mathrm{b}}, & \varepsilon=0\end{cases} \tag{3.36}$$

在得到油膜的压力分布函数后，需要对其函数在整个区域内进行积分，其中纯挤压模型油膜承载力带积分的表达式为

$$F_{润滑}=R_{\mathrm{S2}}^2\int_0^{2\pi}\int_0^{\pi/2}p\cos\theta_{\mathrm{b}}\sin\theta_{\mathrm{b}}\mathrm{d}\theta_{\mathrm{b}}\mathrm{d}\beta_{\mathrm{b}} \tag{3.37}$$

将式(3.36)代入式(3.37)可得到油膜承载力的表达式为

$$F_{润滑}=\begin{cases}\dfrac{6\pi R_{\mathrm{S2}}^4\mu_{\mathrm{d}}\dot{\varepsilon}}{c^2}\left[\dfrac{1}{\varepsilon^3}\ln\left(1-\varepsilon\right)+\dfrac{1}{\varepsilon^2\left(1-\varepsilon\right)}-\dfrac{1}{2\varepsilon}\right], & \varepsilon\neq 0\\ \dfrac{4\pi R_{\mathrm{S2}}^4\mu_{\mathrm{d}}\dot{\varepsilon}}{c^2}, & \varepsilon=0\end{cases} \tag{3.38}$$

通过油膜承载力的表达式可以明显看出，润滑力与间隙值 c 、动力黏度 μ_{d} 、球套半径 R_{S2} 、偏心率 ε 及偏心率的速度 $\dot{\varepsilon}$ 相关。在一个确定的润滑条件下，其油膜承载力主要受偏心率及其速度的影响，当偏心率接近 1 或者偏心率的速度较大时，油膜压力明显增加并且此时润滑力度加大，润滑油膜充当阻尼和弹簧的作用，间接表明了式(3.38)的有效性。

3. 含润滑球面副间隙的过渡力模型

球铰关节在得到有效润滑时油膜压力才起到一定的润滑作用，此时间隙两元素之间的力由式(3.38)的油膜承载力替代，然而在润滑失效的情况下，间隙处的油膜压力将不再提供维持间隙元素之间的接触力，当偏心率 $\varepsilon>1$ 时，间隙两元素之间处于干摩擦接触。

图 3.32 为润滑间隙的力模型示意图，横坐标表示偏心距，纵坐标表示间隙处的力，其中图 3.32(a)为油膜承载力到干接触力之间无过渡力的情况，显然这种无过渡力情况会导致力的突变进而使后续求解过程不收敛。为了解决这种现象，Flores(2010)提出一种油膜承载力到干接触力的过渡力模型，如图 3.32(b)所示，假设该模型的油膜表面存在一定厚度 e_0 的边界层，在此过渡区内油膜承载力到干接触力采用线性插值方法得到其混合力模型，其含润滑球铰间隙的过渡力模型表达式为

$$F_{\mathrm{gd}}=\begin{cases}F_{润滑}, & e<c\\ \dfrac{c+e_0-e}{e_0}F_{润滑}+\dfrac{e-c}{e_0}F_{干接触}, & c\leqslant e\leqslant c+e_0\\ F_{干接触}, & e>c+e_0\end{cases} \tag{3.39}$$

式中，e_0 和 e_1 为指定的离心距离，在润滑油膜承载力的计算中径向间隙不再是 c 而是 $c+e_1$；$F_{干接触}$ 为 2.4.1 节中所描述的干摩擦接触碰撞力。根据式(2.73)求得含球面副润滑间隙的合接触力为

$$\boldsymbol{F}_{\mathrm{f}}^{*}=F_{\mathrm{gd}}\,{}^{\mathrm{A}}\boldsymbol{n}_{\mathrm{n}}+F_{\mathrm{t}}\,{}^{\mathrm{A}}\boldsymbol{t}_{\mathrm{t}} \tag{3.40}$$

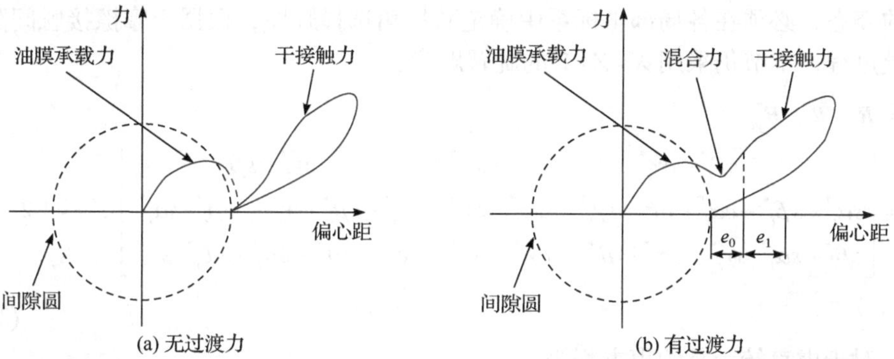

图 3.32　润滑间隙的力模型示意图

4. 约束方程的建立

含润滑球铰间隙的 4-UPS-UPU 空间并联机构的机构简图如图 3.33 所示。O_{A}-$X_{\mathrm{A}}Y_{\mathrm{A}}Z_{\mathrm{A}}$ 为定平台坐标系；o_i-$x_iy_iz_i$ $(i=1,2,\cdots,10)$ 为各杆件的局部坐标系；o_{11}-$x_{11}y_{11}z_{11}$ 为动平台的局部坐标系；其他定义与干摩擦球铰间隙均一致。假设 4-UPS-UPU 空间并联机构的球铰 S2 处存在润滑间隙，为了与干摩擦接触有所区别，润滑间隙采用*表示。

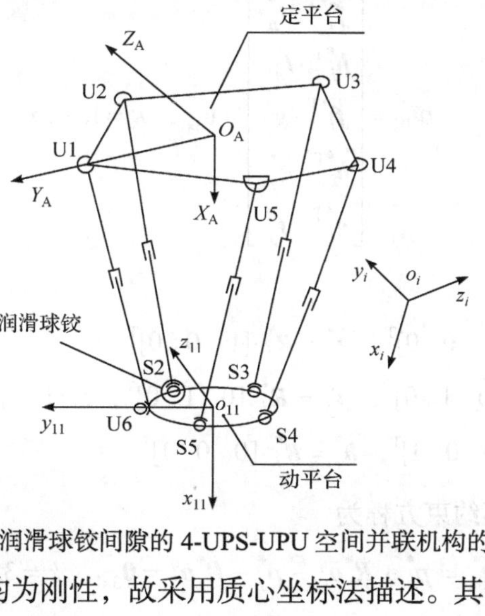

图 3.33　含润滑球铰间隙的 4-UPS-UPU 空间并联机构的机构简图

本机构所有构件均为刚性，故采用质心坐标法描述。其中，含润滑球铰间隙

的空间并联机构的广义坐标为

$$\boldsymbol{q}^* = \left[\boldsymbol{q}_1^{*\mathrm{T}} \quad \boldsymbol{q}_2^{*\mathrm{T}} \quad \cdots \quad \boldsymbol{q}_{11}^{*\mathrm{T}}\right]^{\mathrm{T}} \tag{3.41}$$

式中，每个构件的广义坐标为$\boldsymbol{q}_i^* = \left[x_i^* \ y_i^* \ z_i^* \ \alpha_i^* \ \beta_i^* \ \gamma_i^*\right]^{\mathrm{T}}$。为了描述构件具有确定的姿态，必须在各局部坐标系中确定欧拉角选择顺序，根据干摩擦接触间隙的建模过程，本节仍采用X-Z-Y的旋转顺序：

$$\begin{aligned}\boldsymbol{R}_i^* &= \boldsymbol{R}_{xi}^* \cdot \boldsymbol{R}_{zi}^* \cdot \boldsymbol{R}_{yi}^* \\ &= \begin{bmatrix} c\beta_i^* \cdot c\gamma_i^* & -s\gamma_i^* & c\gamma_i^* \cdot s\beta_i^* \\ s\alpha_i^* \cdot s\beta_i^* + c\alpha_i^* \cdot c\beta_i^* \cdot s\gamma_i^* & c\alpha_i^* \cdot c\gamma_i^* & c\alpha_i^* \cdot s\beta_i^* \cdot s\gamma_i^* - c\beta_i^* \cdot s\alpha_i^* \\ c\beta_i^* \cdot s\alpha_i^* \cdot s\gamma_i^* + c\alpha_i^* \cdot s\beta_i^* & c\gamma_i^* \cdot s\alpha_i^* & c\alpha_i^* \cdot c\beta_i^* + s\alpha_i^* \cdot s\beta_i^* \cdot s\gamma_i^* \end{bmatrix}, \quad i = 1,2,\cdots,11\end{aligned} \tag{3.42}$$

对于虎克铰，其约束方程为

$$\boldsymbol{\Phi}_{\mathrm{U}k}^* = \begin{bmatrix} \boldsymbol{p}_i^* + \boldsymbol{R}_i^* \boldsymbol{o}_i^q - \boldsymbol{p}_j^q - \boldsymbol{R}_j^* \boldsymbol{o}_j^q \\ \boldsymbol{Q}_{Oi}{}^{\mathrm{T}} \cdot \boldsymbol{Q}_{Oj}^* \end{bmatrix} = \boldsymbol{0}_{4\times1}, \quad k = 1,2,\cdots,6 \tag{3.43}$$

式中，$\boldsymbol{Q}_{Oj}^*$的表达式为

$$\boldsymbol{Q}_{Oj}^* = \boldsymbol{R}_j^* \cdot [0 \quad 1 \quad 0]^{\mathrm{T}}, \quad j = 1,6,7,8,9,10 \tag{3.44}$$

对于移动副，其约束方程为

$$\boldsymbol{\Phi}_{\mathrm{P}k}^* = \begin{bmatrix} \boldsymbol{f}_i^{*\mathrm{T}} \cdot \boldsymbol{l}_n^* \\ \boldsymbol{h}_i^{*\mathrm{T}} \cdot \boldsymbol{l}_n^* \\ \boldsymbol{f}_i^{*\mathrm{T}} \cdot \boldsymbol{g}_j^* \\ \boldsymbol{h}_i^{*\mathrm{T}} \cdot \boldsymbol{g}_j^* \\ \boldsymbol{g}_i^{*\mathrm{T}} \cdot \boldsymbol{f}_j^* \end{bmatrix} = \boldsymbol{0}_{5\times1}, \quad k = 1,\cdots,5 \tag{3.45}$$

式中，各方向向量为

$$\begin{cases} \boldsymbol{g}_i^* = \boldsymbol{R}_i^* \cdot [1 \quad 0 \quad 0]^{\mathrm{T}}, \quad \boldsymbol{g}_j^* = \boldsymbol{R}_j^* \cdot [1 \quad 0 \quad 0]^{\mathrm{T}} \\ \boldsymbol{f}_i^* = \boldsymbol{R}_i^* \cdot [0 \quad 1 \quad 0]^{\mathrm{T}}, \quad \boldsymbol{f}_j^* = \boldsymbol{R}_j^* \cdot [0 \quad 1 \quad 0]^{\mathrm{T}}, \quad i = 1,\cdots,5; j = 6,\cdots,10 \\ \boldsymbol{h}_i^* = \boldsymbol{R}_i^* \cdot [0 \quad 0 \quad 1]^{\mathrm{T}}, \quad \boldsymbol{h}_j^* = \boldsymbol{R}_j^* \cdot [0 \quad 0 \quad 1]^{\mathrm{T}} \end{cases} \tag{3.46}$$

对于球面副，其约束方程为

$$\boldsymbol{\Phi}_{\mathrm{S}k}^* = \boldsymbol{p}_i^* + \boldsymbol{R}_i^* \boldsymbol{o}_i^q - \boldsymbol{p}_j^* - \boldsymbol{R}_j^* \boldsymbol{o}_j^q = \boldsymbol{0}_{3\times1}, \quad k = 3,4,5 \tag{3.47}$$

对于驱动，其约束方程为

$$\boldsymbol{\Phi}_{\mathrm{D}}^{*}=\left|\boldsymbol{l}_{n}^{*}\right|-\boldsymbol{h}_{n}(t)=\boldsymbol{0}_{5\times1},\quad n=1,2,\cdots,5 \tag{3.48}$$

根据式(3.43)、式(3.45)、式(3.47)和式(3.48)得到含润滑球面副间隙的 4-UPS-UPU 空间并联机构的约束方程为

$$\boldsymbol{\Phi}^{*}(q,t)=\begin{bmatrix}\boldsymbol{\Phi}_{\mathrm{U1}}^{*\mathrm{T}} & \boldsymbol{\Phi}_{\mathrm{U2}}^{*\mathrm{T}} & \boldsymbol{\Phi}_{\mathrm{U3}}^{*\mathrm{T}} & \boldsymbol{\Phi}_{\mathrm{U4}}^{*\mathrm{T}} & \boldsymbol{\Phi}_{\mathrm{U5}}^{*\mathrm{T}}\\ \boldsymbol{\Phi}_{\mathrm{U6}}^{*\mathrm{T}} & \boldsymbol{\Phi}_{\mathrm{P1}}^{*\mathrm{T}} & \boldsymbol{\Phi}_{\mathrm{P2}}^{*\mathrm{T}} & \boldsymbol{\Phi}_{\mathrm{P3}}^{*\mathrm{T}} & \boldsymbol{\Phi}_{\mathrm{P4}}^{*\mathrm{T}}\\ \boldsymbol{\Phi}_{\mathrm{P5}}^{*\mathrm{T}} & \boldsymbol{\Phi}_{\mathrm{S3}}^{*\mathrm{T}} & \boldsymbol{\Phi}_{\mathrm{S4}}^{*\mathrm{T}} & \boldsymbol{\Phi}_{\mathrm{S5}}^{*\mathrm{T}} & \boldsymbol{\Phi}_{\mathrm{D}}^{*\mathrm{T}}\end{bmatrix}^{\mathrm{T}}=\boldsymbol{0}_{63\times1} \tag{3.49}$$

5. 系统广义力及动力学方程

系统的质量矩阵仍然与式(2.84)相同，对于各构件的重力广义力为

$$\boldsymbol{F}_{k}^{g*}=\begin{bmatrix}m_{k}g & 0 & 0 & 0 & 0 & 0\end{bmatrix}^{\mathrm{T}},\quad k=1,3,4,\cdots,10 \tag{3.50}$$

由于球面副 S2 处取消了几何约束，必须在广义力中添加力约束以保证机构有确定的运动，在式(3.40)中已求得合接触力为 $\boldsymbol{F}_{\mathrm{f}}^{*}$，本机构中伸缩杆为施力物体，动平台为受力物体，故可以得出两构件的受力情况为

$$\begin{cases}\boldsymbol{F}_{\mathrm{f2}}^{*}=-\boldsymbol{F}_{\mathrm{f}}^{*}=\begin{bmatrix}F_{\mathrm{f2}x}^{*} & F_{\mathrm{f2}y}^{*} & F_{\mathrm{f2}z}^{*}\end{bmatrix}^{\mathrm{T}}\\ \boldsymbol{F}_{\mathrm{f11}}^{*}=\boldsymbol{F}_{\mathrm{f}}^{*}=\begin{bmatrix}F_{\mathrm{f11}x}^{*} & F_{\mathrm{f11}y}^{*} & F_{\mathrm{f11}z}^{*}\end{bmatrix}^{\mathrm{T}}\end{cases} \tag{3.51}$$

易知两构件的广义位置坐标分别为 $\boldsymbol{c}_{2}^{*}=\begin{bmatrix}x_{2}^{*} & y_{2}^{*} & z_{2}^{*}\end{bmatrix}^{\mathrm{T}}$ 和 $\boldsymbol{c}_{11}^{*}=\begin{bmatrix}x_{11}^{*} & y_{11}^{*} & z_{11}^{*}\end{bmatrix}^{\mathrm{T}}$，结合式(2.65)可得间隙元素的碰撞接触点分别为 ${}^{\mathrm{A}}\boldsymbol{P}_{D2}^{*}$ 和 ${}^{\mathrm{A}}\boldsymbol{P}_{C2}^{*}$，故两构件的矢量力臂可确定，并根据各构件的接触力式(2.87)可求得两构件接触力在质心处的力矩分别为

$$\begin{cases}\boldsymbol{M}_{2}^{\mathrm{S2}*}=\left({}^{\mathrm{A}}\boldsymbol{P}_{D2}^{*}-\boldsymbol{c}_{2}^{*}\right)\times\boldsymbol{F}_{\mathrm{f2}}^{*}\\ \boldsymbol{M}_{11}^{\mathrm{S2}*}=\left({}^{\mathrm{A}}\boldsymbol{P}_{C2}^{*}-\boldsymbol{c}_{2}^{*}\right)\times\boldsymbol{F}_{\mathrm{f11}}^{*}\end{cases} \tag{3.52}$$

根据作用力与反作用力的相互关系，伸缩杆和机构动平台在碰撞力情况下的广义力(力矩)为

$$\begin{cases}\boldsymbol{F}_{2}^{\mathrm{force}*}=\left[\begin{bmatrix}m_{2}g+F_{\mathrm{f2}x}^{*} & F_{\mathrm{f2}y}^{*} & F_{\mathrm{f2}z}^{*}\end{bmatrix}^{\mathrm{T}} & \left(\boldsymbol{M}_{2}^{\mathrm{S2}*}\right)^{\mathrm{T}}\right]^{\mathrm{T}}\\ \boldsymbol{F}_{11}^{\mathrm{force}*}=\left[\begin{bmatrix}m_{11}g+F_{\mathrm{f11}x}^{*} & F_{\mathrm{f11}y}^{*} & F_{\mathrm{f11}z}^{*}\end{bmatrix}^{\mathrm{T}} & \left(\boldsymbol{M}_{11}^{\mathrm{S2}*}\right)^{\mathrm{T}}\right]^{\mathrm{T}}\end{cases} \tag{3.53}$$

根据式(3.50)和式(3.53)可得机构的广义力表达式为

$$\boldsymbol{\Gamma}^*=\left[\left(\boldsymbol{F}_1^{g^*}\right)^{\mathrm{T}} \quad \left(\boldsymbol{F}_2^{\text{force}^*}\right)^{\mathrm{T}} \quad \left(\boldsymbol{F}_3^{g^*}\right)^{\mathrm{T}} \quad \left(\boldsymbol{F}_4^{g^*}\right)^{\mathrm{T}} \quad \left(\boldsymbol{F}_5^{g^*}\right)^{\mathrm{T}} \right. \\ \left. \left(\boldsymbol{F}_6^{g^*}\right)^{\mathrm{T}} \quad \left(\boldsymbol{F}_7^{g^*}\right)^{\mathrm{T}} \quad \left(\boldsymbol{F}_8^{g^*}\right)^{\mathrm{T}} \quad \left(\boldsymbol{F}_9^{g^*}\right)^{\mathrm{T}} \quad \left(\boldsymbol{F}_{10}^{g^*}\right)^{\mathrm{T}} \quad \left(\boldsymbol{F}_{11}^{\text{force}^*}\right)^{\mathrm{T}}\right]^{\mathrm{T}} \tag{3.54}$$

通过对以上各参数的求解，可得利用拉格朗日乘子法推导的含润滑球面副间隙的 4-UPS-UPU 空间并联机构的多体系统动力学方程：

$$\begin{bmatrix} \hat{\boldsymbol{M}}_{\Sigma} & \boldsymbol{\Phi}_q^{*\mathrm{T}} \\ \boldsymbol{\Phi}_q^* & \mathbf{0} \end{bmatrix} \begin{bmatrix} \ddot{\boldsymbol{q}} \\ \lambda \end{bmatrix} = \begin{bmatrix} \boldsymbol{\Gamma}^* \\ \gamma'^* \end{bmatrix} \tag{3.55}$$

3.4.2 含润滑球面副间隙的 4-UPS-UPU 空间并联机构非线性动力学分析

1. *动力学方程仿真参数及求解方法*

同理，为得到机构动力学响应，必须对机构动平台进行轨迹规划。因为此空间并联机构拥有五个自由度，从便于分析的角度考虑，限制动平台自转方向的自由度并规划动平台是一个圆形轨迹，其轨迹函数表达如下：

$$\begin{cases} X = 1.1 \\ Y = 0.05\sin(\pi t) \\ Z = 0.05\cos(\pi t) \\ \beta=0 \\ \gamma=0 \end{cases} \tag{3.56}$$

机构的结构参数与仿真参数同干摩擦接触的间隙参数一致，对于润滑油的动力黏度取值 μ_{d}=400cP，含润滑球面副间隙的 4-UPS-UPU 空间并联机构的动力学方程具体求解流程如图 3.34 所示。

动力学方程具体求解策略如下。

(1) 输入系统参数及初值。系统参数主要包括各个构件的质量、转动惯量、长度、动平台的运动规律及间隙参数，初值为仿真的第一步，即 $t=0$ 时对应的 q_0 和 $\dot{q}_0$，为求解动力学方程的准备阶段。

(2) 动力学方程的求解。首先判断间隙处两元素的相对位置关系，当 $e<c$ 时润滑油膜起作用，此时间隙处广义力只有油膜承载力；当 $c\leqslant e\leqslant c+e_0$ 时间隙元素处于过渡状态，此时间隙处广义力为混合力；当 $e>c+e_0$ 时间隙元素处于干摩擦接触状态，此时间隙处广义力为干摩擦接触力。然后基于所求的接触力模型，利用 Runge-Kutta 求解式(3.55)中的动力学方程，即可求得此时所有构件的广义坐标、广义速度和广义加速度 $\boldsymbol{q}_{(t=i)}$、$\dot{\boldsymbol{q}}_{(t=i)}$ 和 $\ddot{\boldsymbol{q}}_{(t=i)}$，并进入下一个判断见步骤(3)。

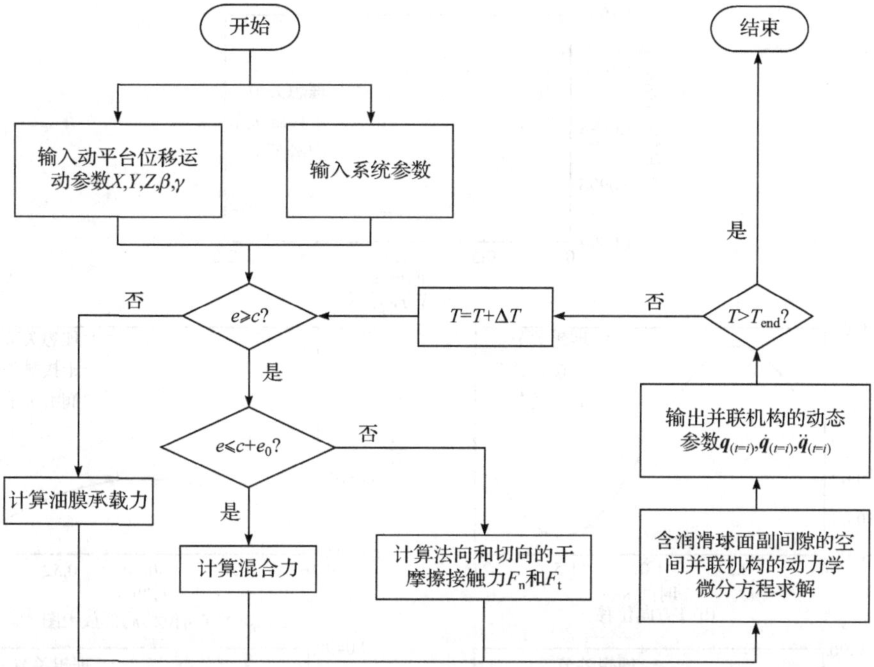

图 3.34　含润滑间隙的 4-UPS-UPU 空间并联机构的动力学方程具体求解流程

(3) 仿真结束的判断。根据每次求解的时刻得出此时的输出参数，并且判断此时刻是否为最终时刻，若不是最终时刻则继续下一时刻的求解，并且对时间赋值为$T=T+\Delta T$，再次进入循环求解返回到步骤(2)；若到达最终时刻则保存每一步的输出得到该机构的输出结果，整个求解方程的环节结束。

2. 润滑间隙对机构动力学响应的影响

根据图 3.34 所示的求解流程，利用 MATLAB 仿真软件对润滑间隙模型进行数值求解，得到含润滑球面副间隙的 4-UPS-UPU 空间并联机构的运动输出特性。在仿真过程中，为了凸显润滑关节与干接触关节对机构动力学响应的区别，仿真时间均取第一个周期，并将得到的结果与理想关节的机构动力学响应进行对比分析。

图 3.35 给出了不同关节环境下动平台的位移曲线。如图 3.35(a)所示，在 X 方向上，一开始短时间内干接触关节位移曲线存在较小的突变，但是之后润滑关节与干接触关节的位移曲线规律基本一致，并且两者与理想关节的误差基本控制在 0.5mm 内。如图 3.3(b)和(d)所示，在 Y 方向和 Z 方向上，两种关节和理想关节的位移曲线趋势基本一致，但是通过局部放大图图 3.35(c)和(e)，可以看出两种关节均与理想关节的位移曲线存在微小偏差并且发生微小的偏移，Y 方向波峰处润滑关

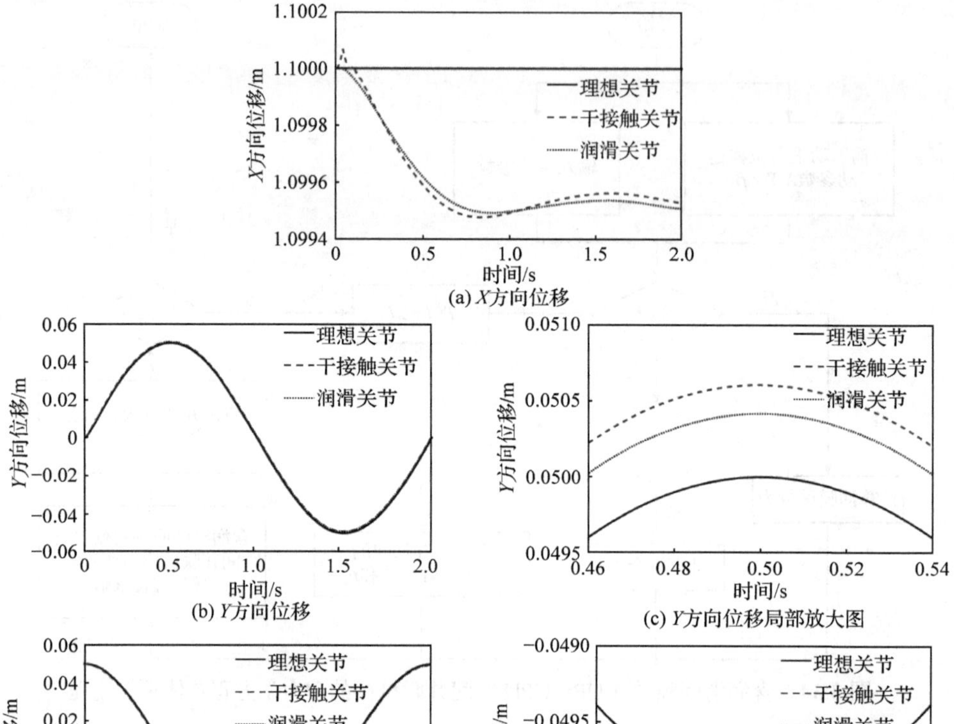

图 3.35　不同关节环境下动平台的位移曲线

节位置和干接触关节位置分别为(0.50s,0.05042m)和(0.50s, 0.05061m)，Z 方向波谷处润滑关节位置和干接触关节位置分别为(1.00s, −0.05021m)和(1.00s,−0.05041m)，很显然润滑关节的位移曲线更接近理想关节。如图 3.35(f)和(g)所示，润滑关节

和干接触关节在 β 方向与 γ 方向的角位移曲线不具有周期性，并且干接触关节曲线在一开始具有不稳定波动，两种关节曲线与理想关节曲线相比发现其转动弧度的误差不超过 2×10^{-3}rad，且均在理想关节曲线的一侧波动。通过以上分析，可以看出润滑间隙的存在相对于干接触间隙更接近理想轨迹。

图 3.36 是不同关节环境下动平台的速度曲线。如图 3.36(a)所示，在 X 方向上，干接触关节速度曲线一开始显示出不稳定的波动，而润滑关节始终保持平稳状态，之后润滑关节与干接触关节的速度曲线规律基本一致，慢慢逼近理想关节的速度曲线。如图 3.36(b)和(d)所示，在 Y 方向和 Z 方向上，两种关节和理想关节的速度曲线趋势基本一致，只是在一开始干接触关节发生不稳定波动时，通过局部放大图图 3.36(c)和(e)可以看出，两种关节均与理想关节的速度曲线存在微小偏差，在曲线的波谷处，Y 方向润滑关节位置和干接触关节位置分别为(1.00s,−0.1565m/s)和(1.00s,−0.1564m/s)，Z 方向润滑关节位置和干接触关节位置分别为(0.50s,−0.1572m/s)和(0.50s,−0.1571m/s)，发现润滑关节的速度曲线具有平滑的波动性，因为在润滑油膜的作用下其关节处元素之间总是具有小范围的波动，这种现象正好与实际情况相对应。如图 3.36(f)和(g)所示，润滑关节和干接触关节在 β 方向与 γ 方向的角速度曲线一开始具有不稳定波动，尤其对于干接触关节其曲线波动范围更大，但是稳定时两种关节曲线与理想关节曲线基本一致。通过以上分析可以看出，干接触关节速度曲线一开始具有不稳定性，然而润滑间隙的存在使速度曲线一开始就接近理想关节曲线，并且两者对动平台速度的影响大于对动平台位移的影响。

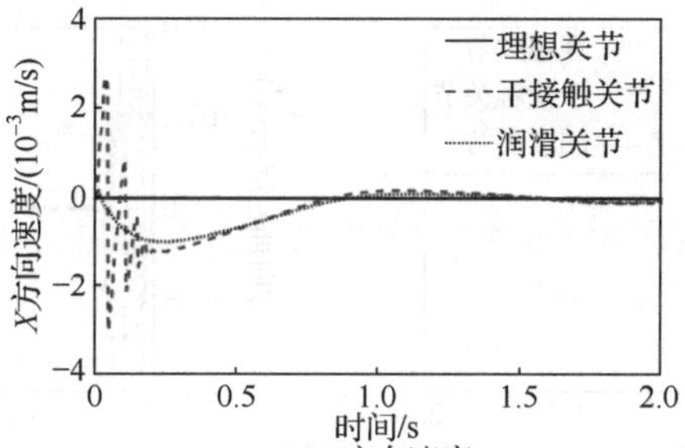

(a) X方向速度

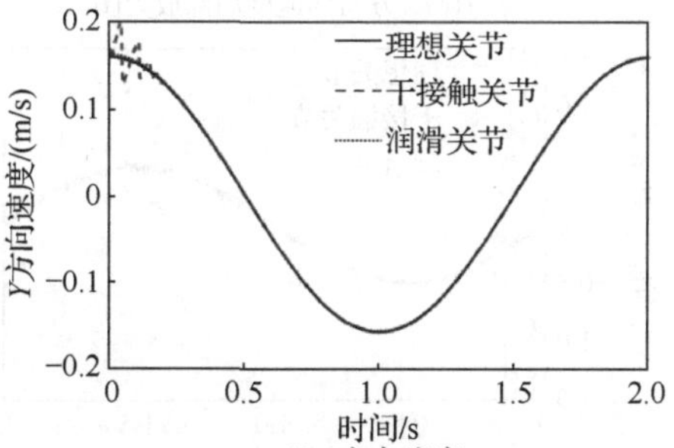

(b) Y方向速度

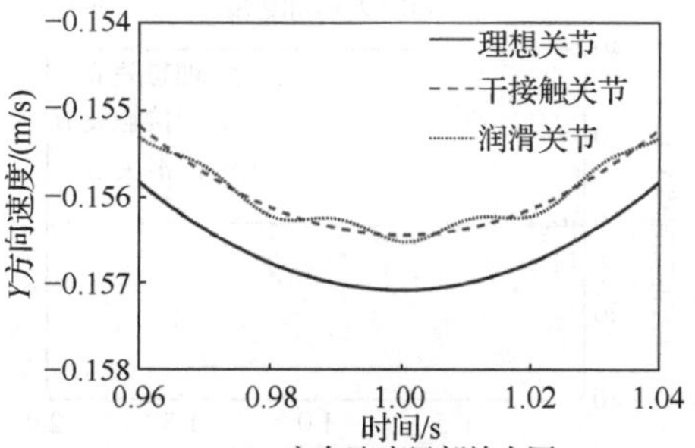

(c) Y方向速度局部放大图

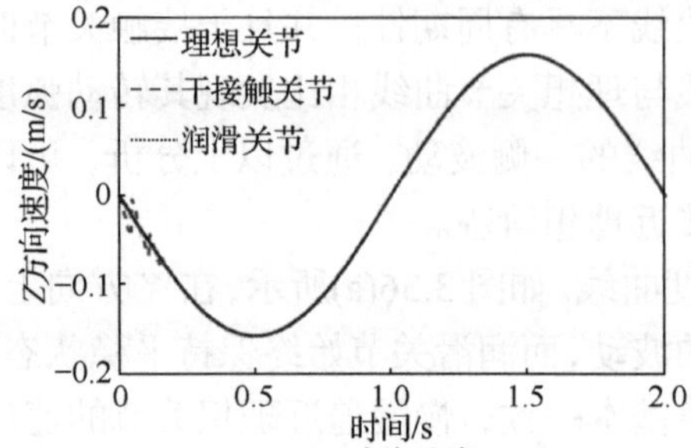

(d) Z方向速度

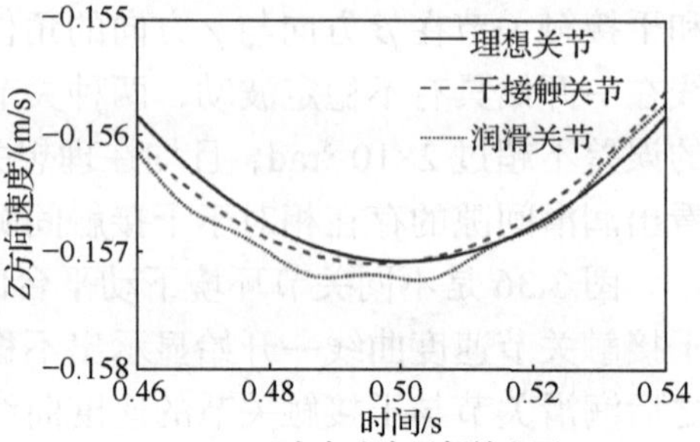

(e) Z方向速度局部放大图

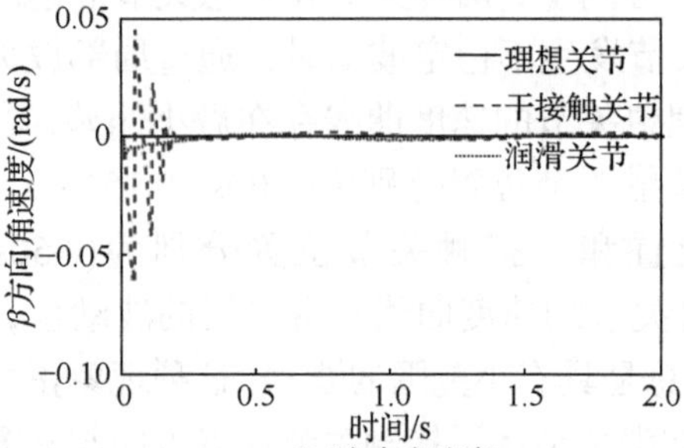

(f) β方向角速度

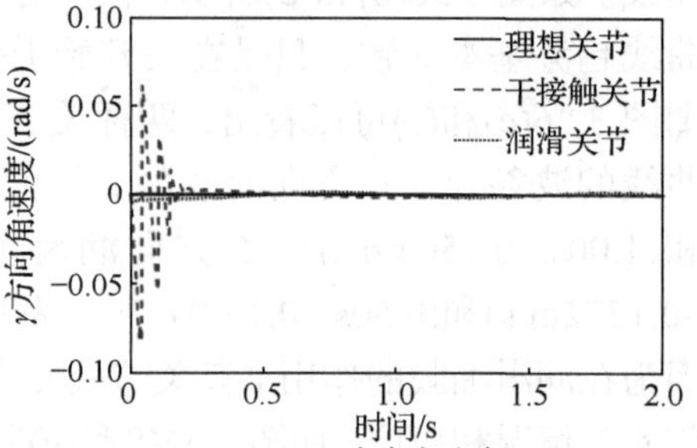

(g) γ方向角速度

图 3.36 不同关节环境下动平台的速度曲线

图 3.37 给出了不同关节环境下动平台的加速度曲线。如图 3.37(a)、(c)和(e)所示，在 X 方向、Y 方向和 Z 方向上，干接触关节的加速度曲线一开始均显示出较

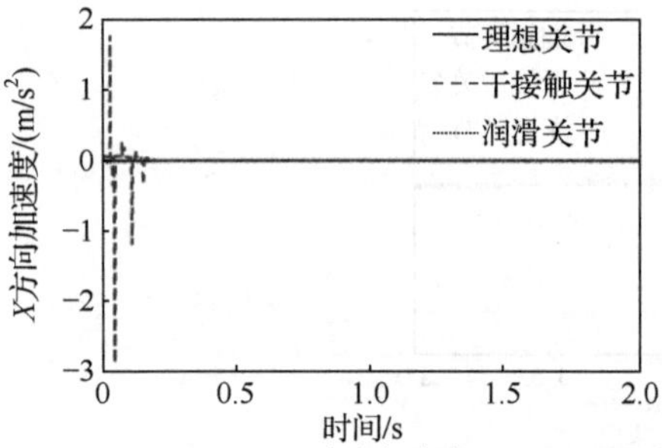

(a) X方向加速度

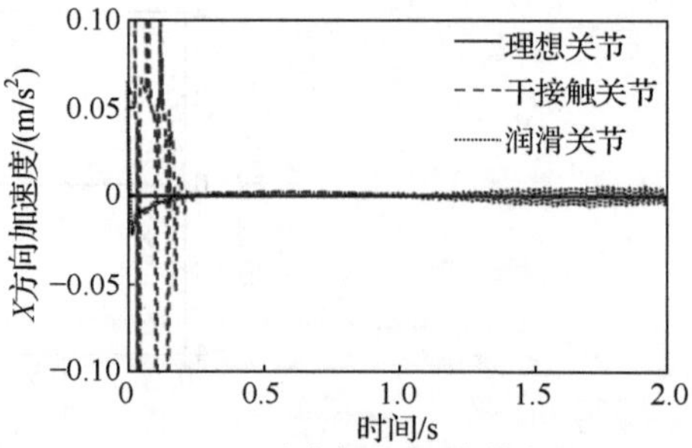

(b) X方向加速度局部放大图

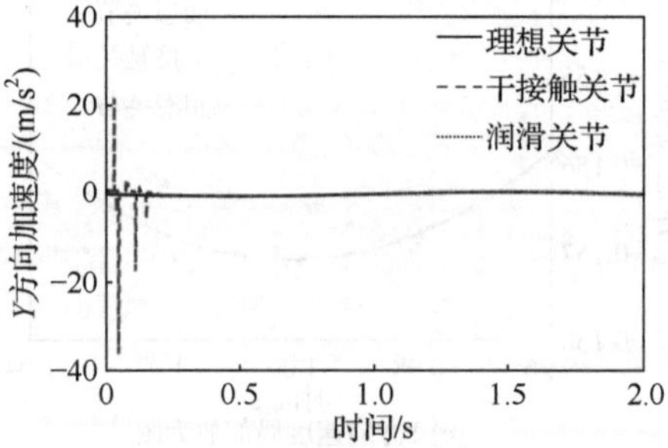

(c) Y方向加速度

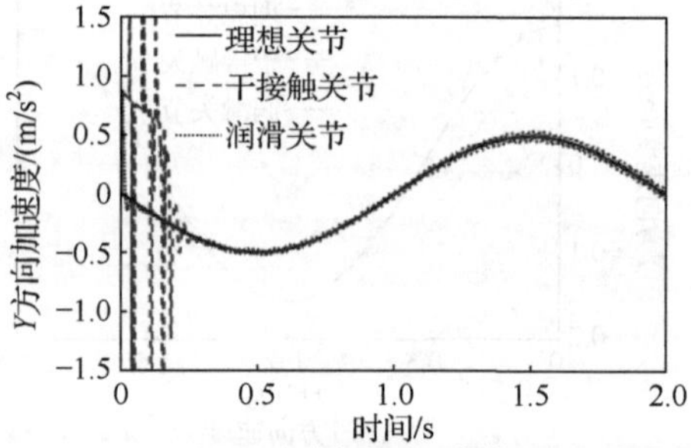

(d) Y方向加速度局部放大图

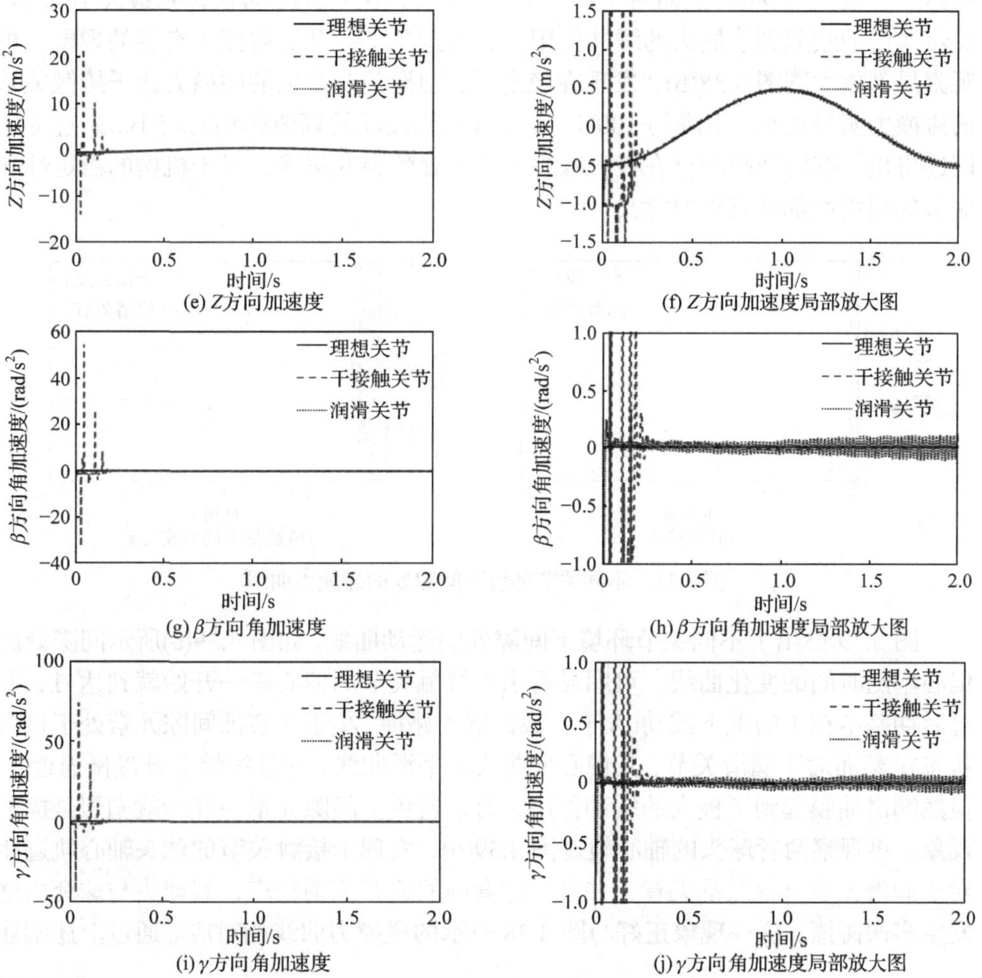

图 3.37　不同关节环境下动平台的加速度曲线

大的波动，尤其是 Y 方向峰值位置为(0.042s,−36.19m/s^2)，通过局部放大图图 3.37(b)、(d)和(f)发现润滑关节在 Y 方向最大仅达到 0.8666m/s^2，后期稳定时干接触关节和润滑关节均与理想关节保持一致，但是由于润滑油膜的存在其加速度曲线呈现出小范围的高频振动。在 β 方向和 γ 方向上，润滑关节和干接触关节呈现出的曲线规律与上述描述基本一致。通过以上分析发现，干接触关节加速度曲线一开始极具不稳定性，然而润滑间隙的存在使加速度曲线一开始就接近理想关节曲线，就关节环境对动平台动力学响应的影响程度而言，加速度的影响最大，速度次之，位移最小。

图 3.38 给出了不同关节环境下间隙处的碰撞力曲线。如图 3.38(a)所示，横坐标代表时间，纵坐标代表碰撞力的大小，发现干接触关节所产生的碰撞力在 0.042s

时达到了最大 5994N，然而对于润滑关节，碰撞力在 0.016s 时仅达到最大 160.2N，显然润滑油膜起到了极大的缓冲作用，有效避免了一开始碰撞力突变的现象。再观察局部放大图图 3.38(b)，发现在稳定时，润滑关节产生的碰撞力比干接触关节的碰撞力明显更小，下降约 100N，并且其曲线波动的幅值亦相对较小。通过上述阐述得出，润滑油膜的存在极大减少了关节处的突变碰撞，对于机构的稳定性和关节的耐用性都具有重要意义。

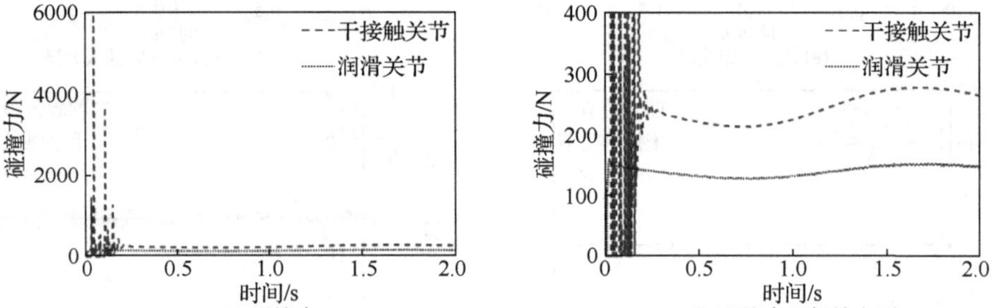

(a) 碰撞力　　(b) 碰撞力局部放大图

图 3.38　不同关节环境下间隙处的碰撞力曲线

图 3.39 给出了不同关节环境下间隙处的运动曲线。如图 3.39(a)所示间隙处的偏心率随时间的变化曲线，可明显看出干接触关节的偏心率一开始就到达 1，并且后期基本在 1 的上下波动(大于 1 表征嵌入碰撞，小于 1 表征间隙元素处于自由状态)；然而对于润滑关节，其偏心率曲线为平滑曲线，并且缓慢上升慢慢逼近 1，显然润滑油膜起到了极大的缓冲作用，有效避免了间隙元素一开始就剧烈碰撞的现象。再观察两者球头的轴心轨迹图 3.39(b)，发现干接触关节的球头轴心轨迹相对于润滑关节显得杂乱无章，并且在球套内的遍布范围较广，其球头与球套内壁发生多次碰撞，这一现象正好与图 3.38 所示的碰撞力曲线相对应。通过上述阐述

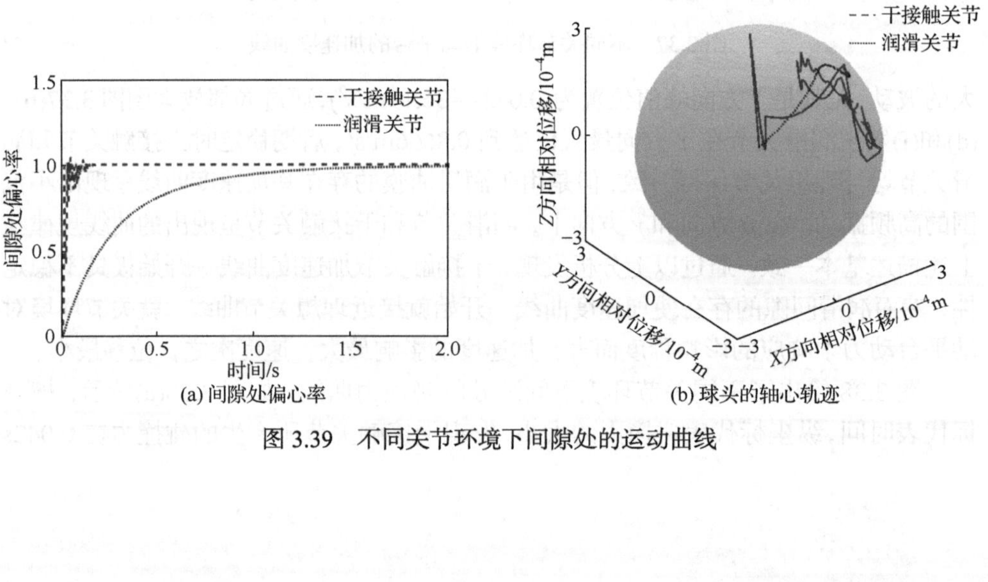

(a) 间隙处偏心率　　(b) 球头的轴心轨迹

图 3.39　不同关节环境下间隙处的运动曲线

得出，润滑油膜的存在对间隙处元素之间的碰撞起到了有效的缓冲作用，避免了关节处的接触碰撞，提高了机构的稳定性。

3. 不同间隙值对机构动力学响应的影响

间隙值是间隙动力学响应分析中的一个重要因素，为了更深入研究润滑条件下空间并联机构的动力学响应，改变间隙值的大小并对比分析其动力学响应的差别。结合工程实际选取三组间隙值，分别为 0.2mm、0.3mm、0.4mm，不同间隙值下动平台的位移曲线如图 3.40 所示。

由图 3.40(a)可知，在 X 方向上，三种不同间隙值对应的位移曲线规律基本一致，并且偏离理想曲线的误差大致在 0.5mm 以内。由图 3.40(b)和(d)可知，在 Y 方向和 Z 方向上，四种曲线基本重合。通过局部放大图图 3.40(c)和(e)可知，三者均与理想情况下的位移曲线有微小偏差，在曲线的波谷处，间隙值为 0.2mm 时，Y 方向位置坐标和 Z 方向位置坐标分别为(1.50s,−0.04959m)和(1.00s,−0.05004m)；间隙值为 0.3mm 时，Y 方向位置坐标和 Z 方向位置坐标分别为(1.50s,−0.0493m)和(1.00s,−0.05021m)；间隙值为 0.4mm 时，Y 方向位置坐标和 Z 方向位置坐标分别为(1.50s,−0.04905m)和(1.00s,−0.05035m)；通过定量分析发现随着间隙值的增大，其位移曲线偏离理想曲线的程度明显增大。如图 3.40(f)和(g)所示，三种间隙值在 β 方向和 γ 方向的角位移曲线具有类似的曲线规律，且均在理想曲线的一侧波动，但是明显发现间隙值越大，偏离程度越大，并且三者与理想曲线相比发现

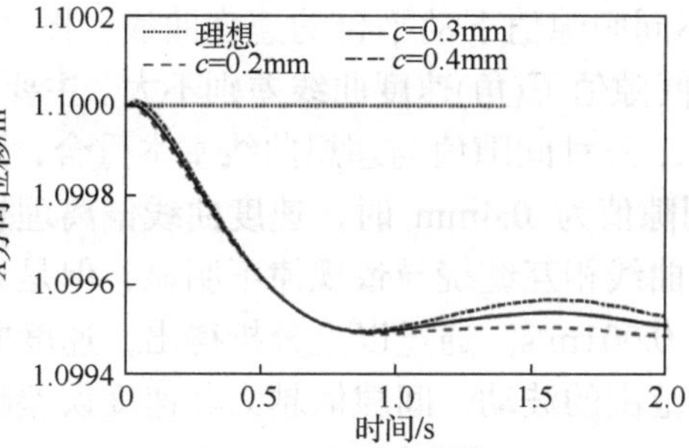

(a) X方向位移

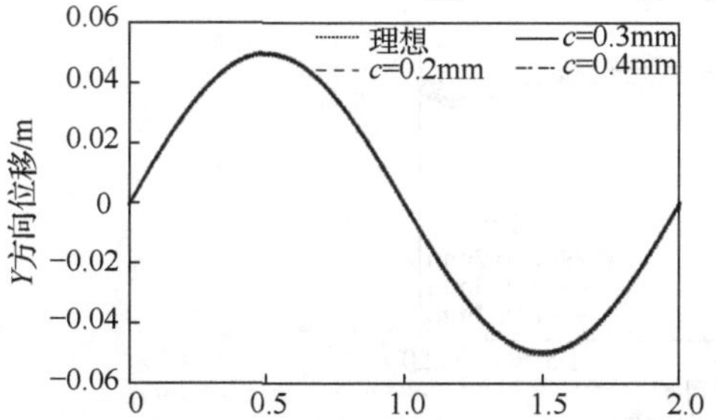

(b) Y方向位移

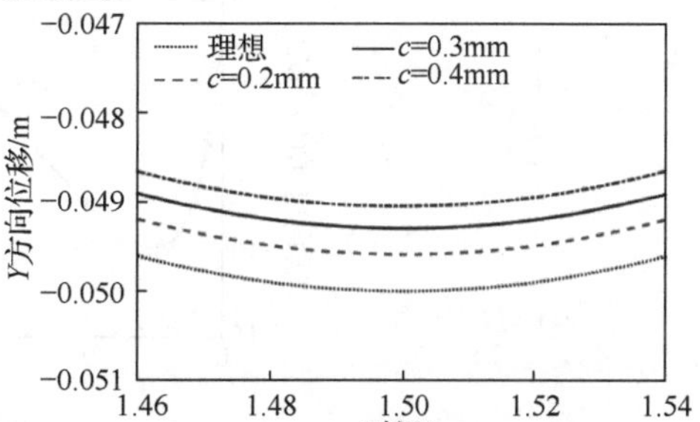

(c) Y方向位移局部放大图

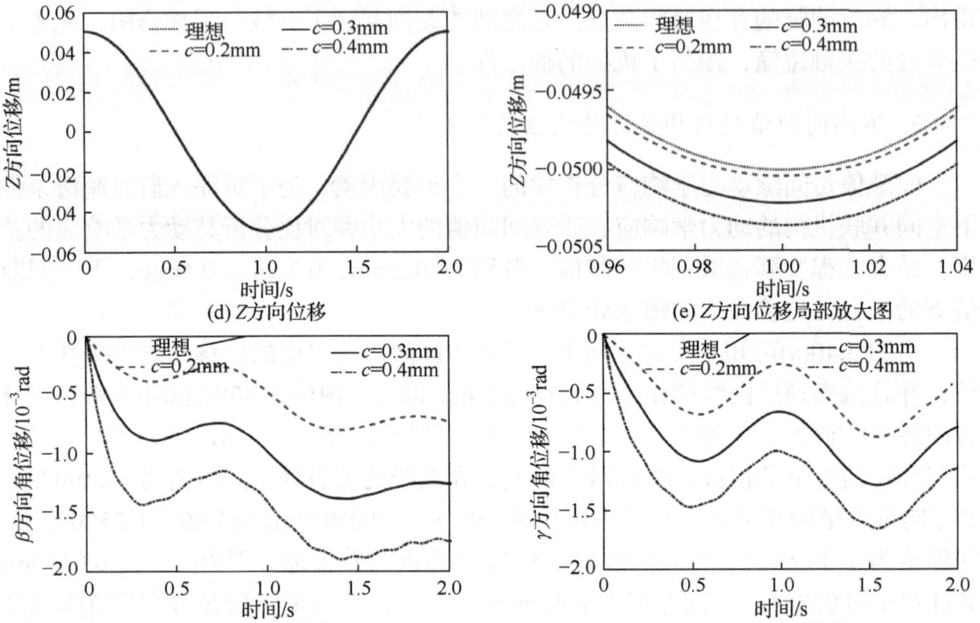

(d) Z方向位移　　(e) Z方向位移局部放大图

(f) β方向角位移　　(g) γ方向角位移

图 3.40　不同间隙值下动平台的位移曲线

误差不超过 2×10^{-3}rad。通过以上分析得出，间隙值不同其位移曲线具有一定的规律，间隙值越大，其位移误差越大。

图 3.41 给出了不同间隙值下动平台的速度曲线。图 3.41(a)、(f)和(g)中，三者误差较小，且不同间隙值下(角)速度曲线差别不大。主要分析 Y 方向和 Z 方向，如图 3.41(b)和(d)所示，三种间隙值与理想曲线基本重合，仔细观察其局部放大图图 3.41(c)和(e)发现间隙值为 0.4mm 时，速度曲线偏离理想曲线的程度最大，另外两种间隙值的速度曲线相互缠绕导致规律不明显，但是总体来说不同间隙值对应的速度误差不超过 0.001m/s。通过以上分析得出，速度曲线在不同间隙值润滑油膜的存在下具有小范围的波动，间隙值越大其速度误差越明显。

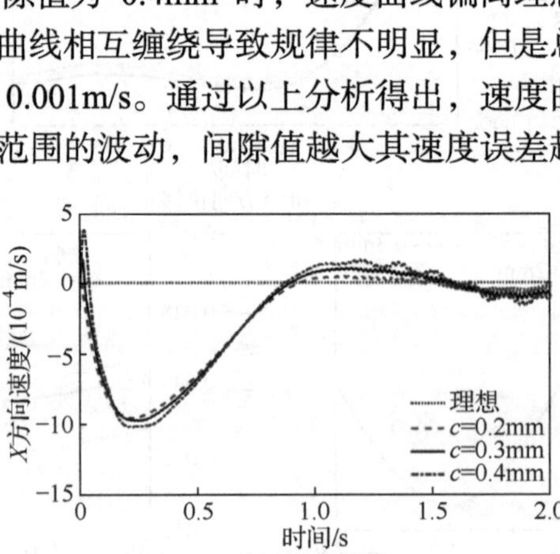

(a) X方向速度

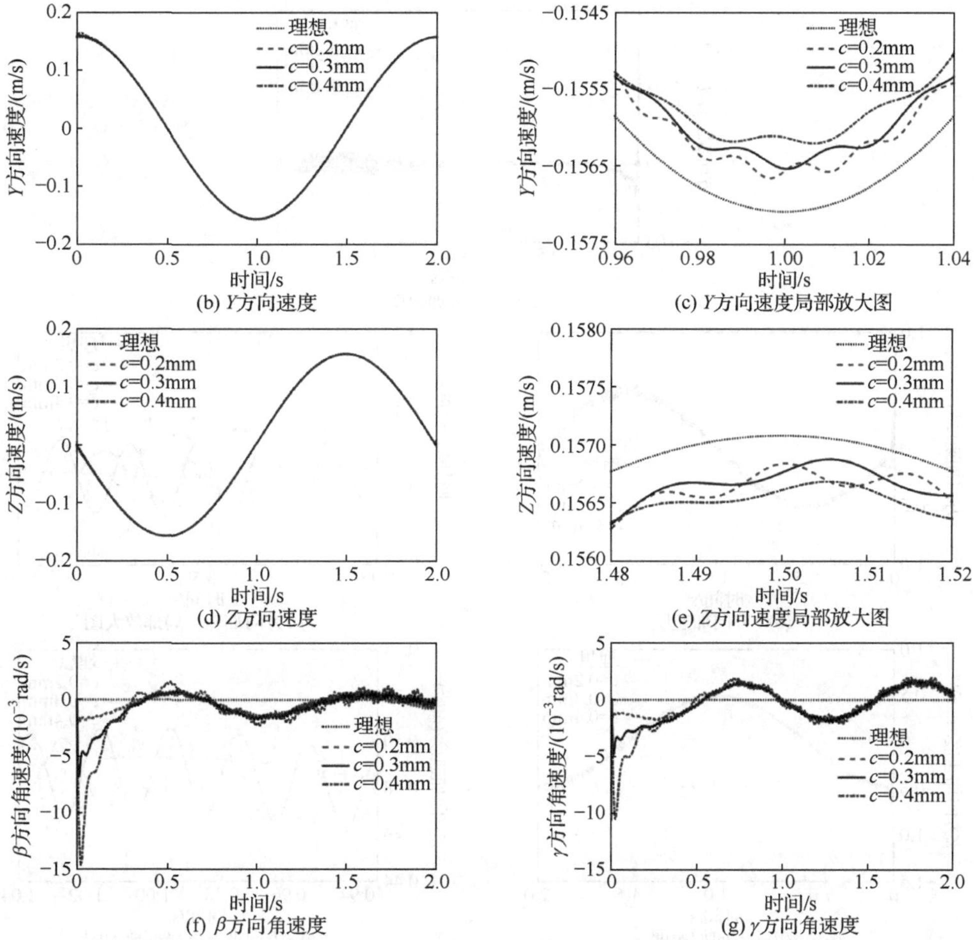

图 3.41　不同间隙值下动平台的速度曲线

图 3.42 展示了不同间隙值下动平台的加速度曲线。如图 3.42(a)、(f)和(g)所示，在 X 方向、β 方向和 γ 方向上，三种不同间隙值对(角)加速度误差的影响不大，但是在后期曲线出现了高频振动，且在后期间隙值越小，曲线波动的范围越大，其原因可能是球头外表面接近润滑油膜的边界导致力频繁改变。在 Y 方向和 Z 方向上，同样出现了高频振动，并且由局部放大图可看出间隙值越小，润滑油膜的存在导致加速度曲线的波动范围越大。通过以上分析，发现间隙值对动平台加速度的影响大于对动平台位移和动平台速度的影响。

图 3.43 展示了不同间隙值下间隙处的碰撞力曲线。如图 3.43(a)所示，一开始在三种间隙值下其间隙处的碰撞力均从零到达最高峰，并且后期在[125N,155N]内波动，间隙值从小到大对应最高峰位置依次为(0.007s,165.1N)、(0.016s,160.2N)和(0.037s,163.6N)，发现间隙值越大，最大碰撞力出现的时刻相应往后推迟。

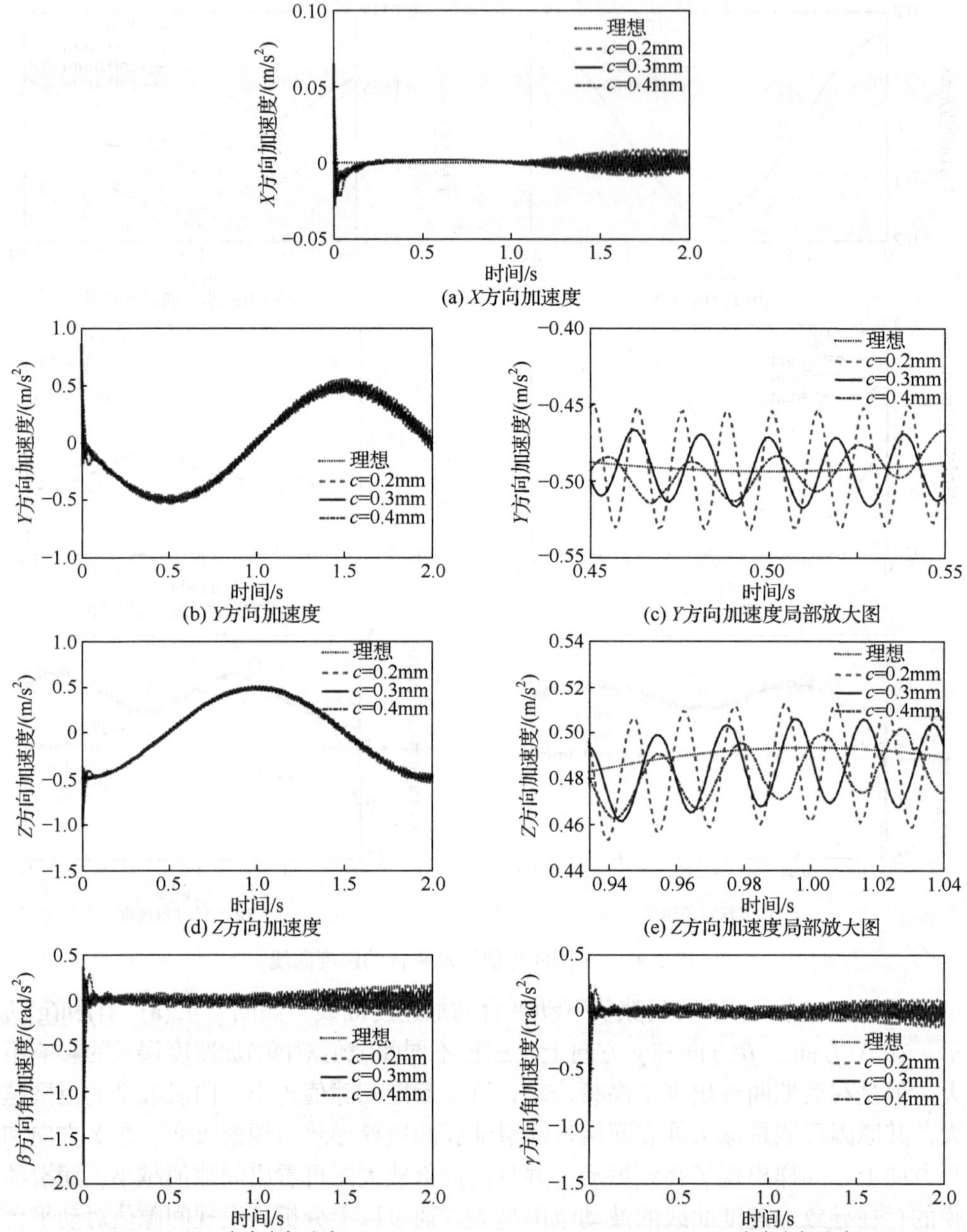

(a) X方向加速度

(b) Y方向加速度　(c) Y方向加速度局部放大图

(d) Z方向加速度　(e) Z方向加速度局部放大图

(f) β方向角加速度　(g) γ方向角加速度

图 3.42　不同间隙值下动平台的加速度曲线

由碰撞力的局部放大图可以发现，碰撞力曲线均产生高频振动，且间隙值为 0.4mm 时的波动范围最大，另外两种间隙值的波动范围较小。通过上述阐述得出，为了避免碰撞力频繁的波动，应选取较小的间隙值。

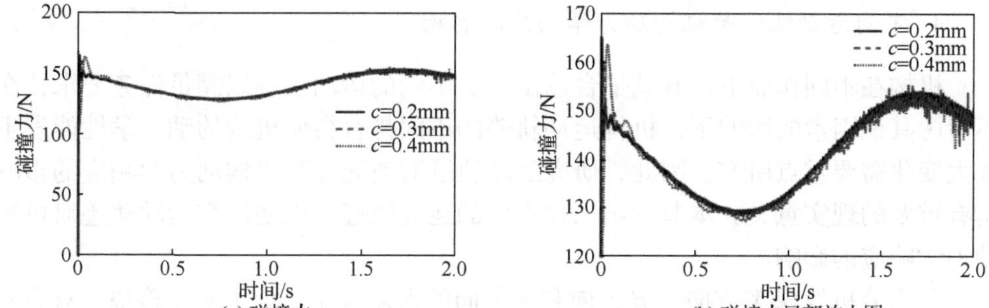

(a) 碰撞力　(b) 碰撞力局部放大图

图 3.43　不同间隙值下间隙处的碰撞力曲线

不同间隙值下间隙处的运动曲线如图 3.44 所示。间隙处的偏心率随时间的变化曲线如图 3.44(a)所示，可以发现间隙值越大，其接近 1 的时刻越早，即间隙值越大其球头外表面接近润滑油膜边界的时刻越提前。三种间隙值对应球头的轴心轨迹如图 3.44(b)、(c)和(d)所示，间隙值为 0.2mm 的轴心轨迹更平滑，并且球头外表面与球套的内壁均未发生接触，同时三种间隙值的球头轴心轨迹类似但不完全相同，体现了润滑油膜对间隙元素力作用方向的随机性。通过上述阐述得出，在间隙值较小时，润滑油膜的有效性更优。

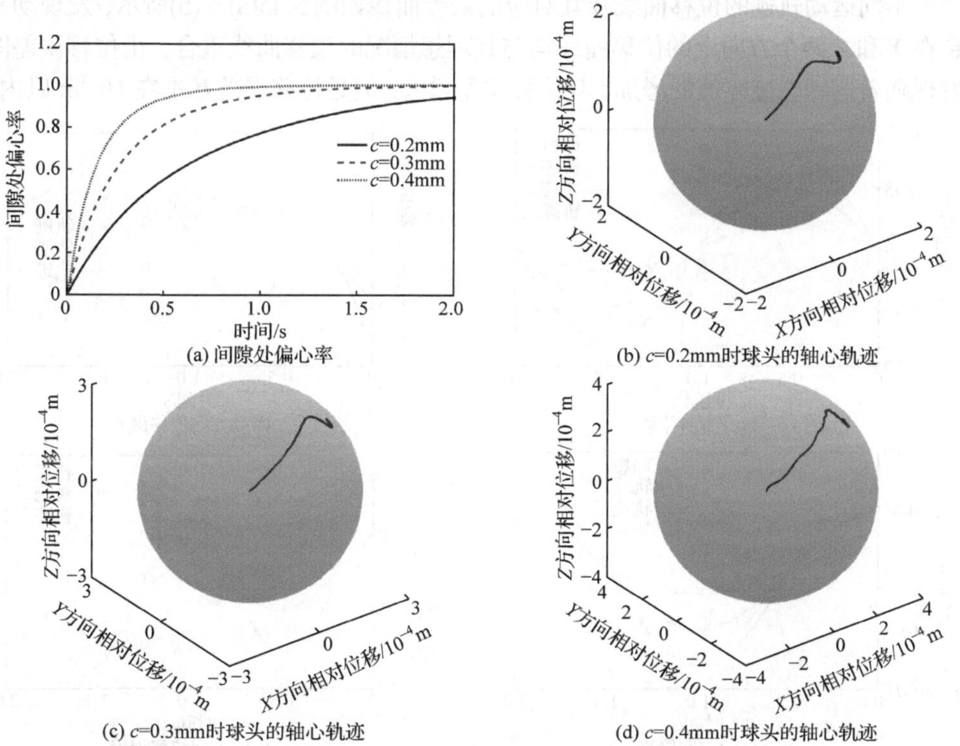

(a) 间隙处偏心率　(b) c=0.2mm时球头的轴心轨迹

(c) c=0.3mm时球头的轴心轨迹　(d) c=0.4mm时球头的轴心轨迹

图 3.44　不同间隙值下间隙处的运动曲线

4. 不同运动轨迹对机构动力学响应的影响

机构在不同作业下，其动平台输出需要不同的运动轨迹以满足任务要求，在不考虑其他因素的影响下，机构运动轨迹的不同是否会使机构的动力学性能发生较大变化需要重点研究。因此，研究运动轨迹对空间并联机构动力学响应的影响具有重要的现实意义。本节给出三种不同的运动轨迹，以便研究运动轨迹对机构动力学响应的影响。

前面分析发现 X 方向、β 方向和 γ 方向的误差较小，为了缩短篇幅，只研究 Y 和 Z 两个具有运动轨迹方向的动力学响应具有同样意义。表 3.3 给出了规划的三种运动轨迹，其特点是每种轨迹的幅值不同。

表 3.3　动平台的运动轨迹

轨迹名称	轨迹一	轨迹二	轨迹三
轨迹曲线 (单位：s，m)	$\begin{cases} X = 1.1 \\ Y = 0.02\sin(\pi t) \\ Z = 0.02\cos(\pi t) \end{cases}$	$\begin{cases} X = 1.1 \\ Y = 0.05\sin(\pi t) \\ Z = 0.05\cos(\pi t) \end{cases}$	$\begin{cases} X = 1.1 \\ Y = 0.08\sin(\pi t) \\ Z = 0.08\cos(\pi t) \end{cases}$

不同运动轨迹的位移曲线及其对应的误差曲线如图 3.45(a)～(b)所示，发现动平台在 Y 和 Z 两个方向上的位移曲线均与其理想情况的位移曲线重合，由位移误差图发现随着运动轨迹幅值的增加，其位移误差增大，但是位移误差基本在 10^{-3}m 以内。

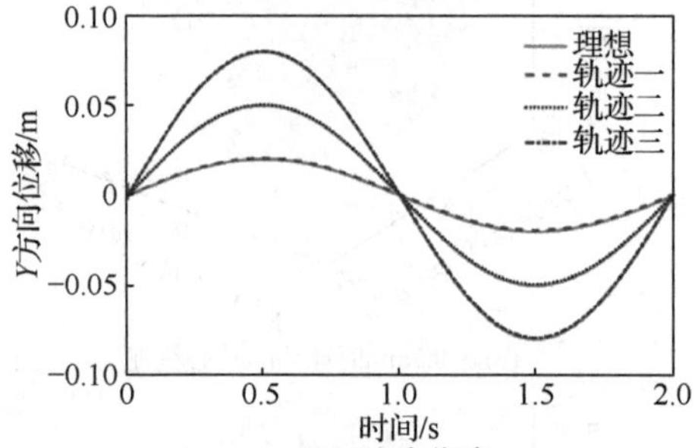

(a) Y方向位移

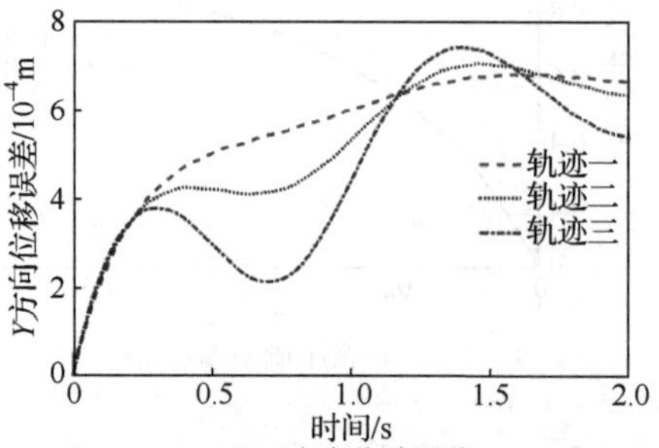

(b) Y方向位移误差

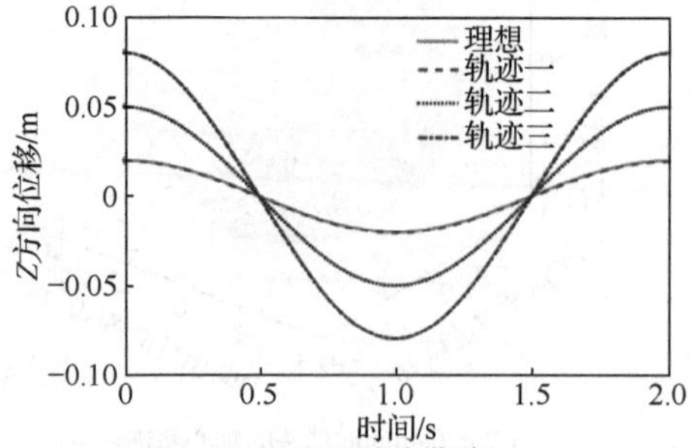

(c) Z方向位移

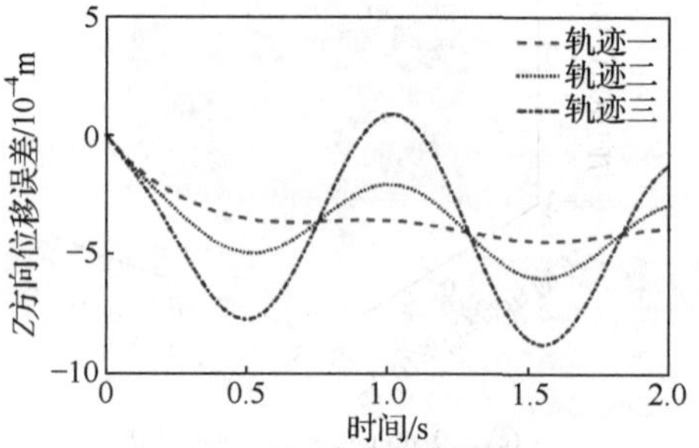

(d) Z方向位移误差

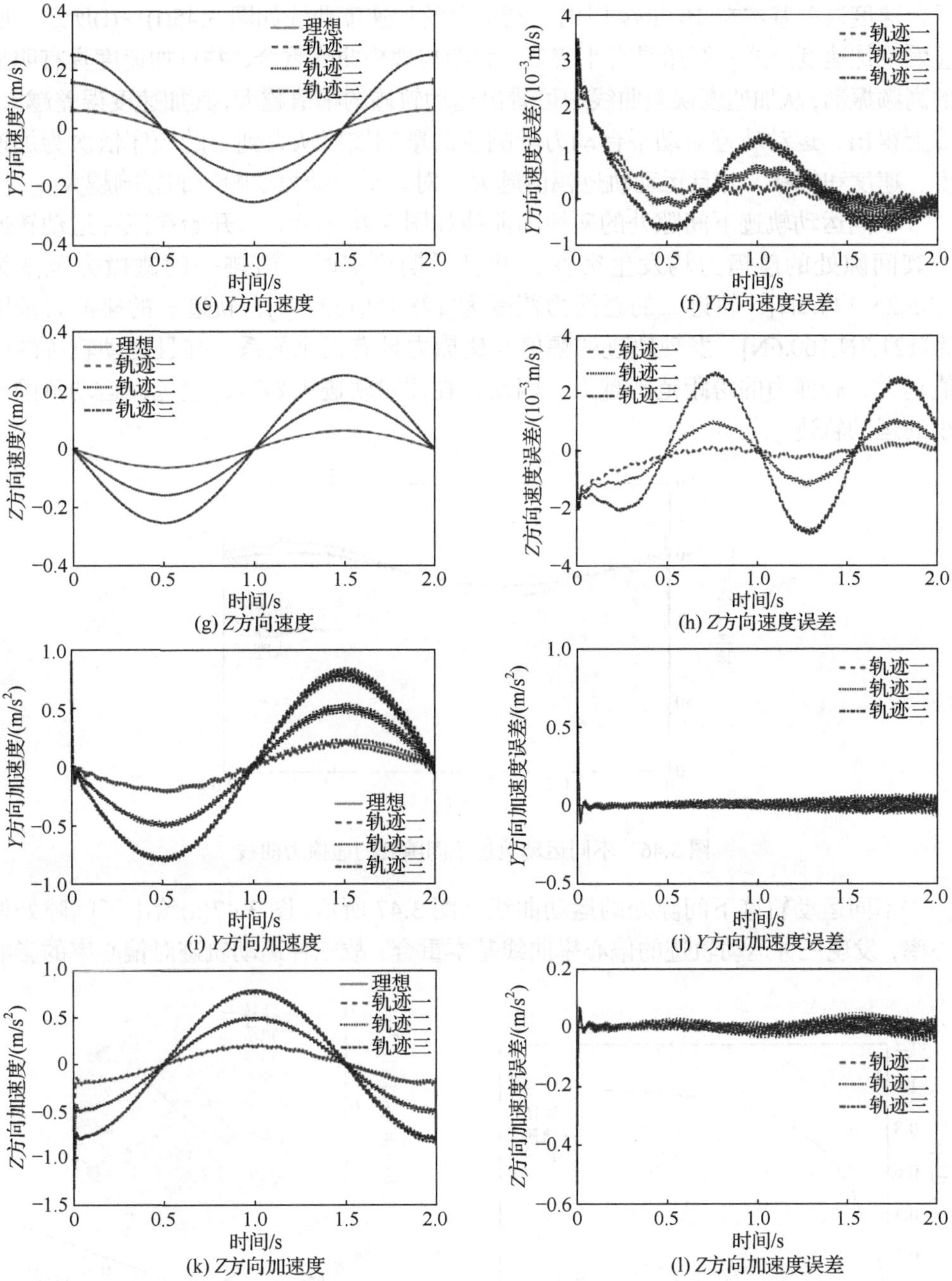

图 3.45　不同运动轨迹下动平台的动力学响应曲线(彩图请扫封底二维码)

动平台的速度曲线如图 3.45(e)～(h)所示，其规律与位移曲线类似，但是由于润滑油膜承载力的作用，在速度方向明显产生了高频振动，但是 Z 方向的振动频率较低，速度误差基本在 10^{-2}m/s 以内。动平台的加速度曲线如图 3.45(i)～(l)所示，明显发现加速度曲线一开始具有小突变，后期与理想曲线重合，并且加速度具有明显的高频振动，从加速度误差曲线中可看出运动轨迹的幅值越大，其加速度误差越大。综上得出，运动轨迹对动平台动力学响应的影响按照从大到小的顺序依次为加速度、速度和位移，并且运动轨迹幅值越大，对动平台动力学响应的影响越大。

不同运动轨迹下间隙处的碰撞力曲线如图 3.46 所示。一开始在三种运动轨迹下其间隙处的碰撞力均发生突变，并且后期稳定时，轨迹一的碰撞力范围为[135.2N,144.2N]，轨迹二的碰撞力范围为[128.1N,153.7N]，轨迹三的碰撞力范围为[121.3N,160.6N]，发现轨迹的幅值与碰撞力具有正比关系，并且运动轨迹的幅值越大，碰撞力的跨距范围越大。因此，在面对轨迹规划时，应选择运动范围较小的运动轨迹。

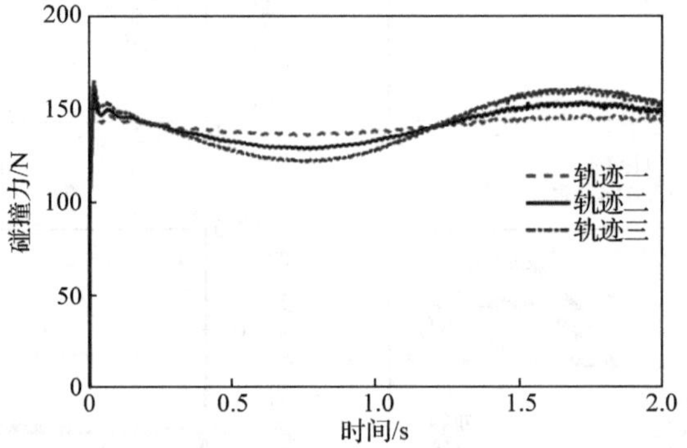

图 3.46　不同运动轨迹下间隙处的碰撞力曲线

不同运动轨迹下间隙处的运动曲线如图 3.47 所示。图 3.47(a)给出了间隙处偏心率，发现三种运动轨迹的偏心率曲线基本重合，故三种运动轨迹对偏心率的影响

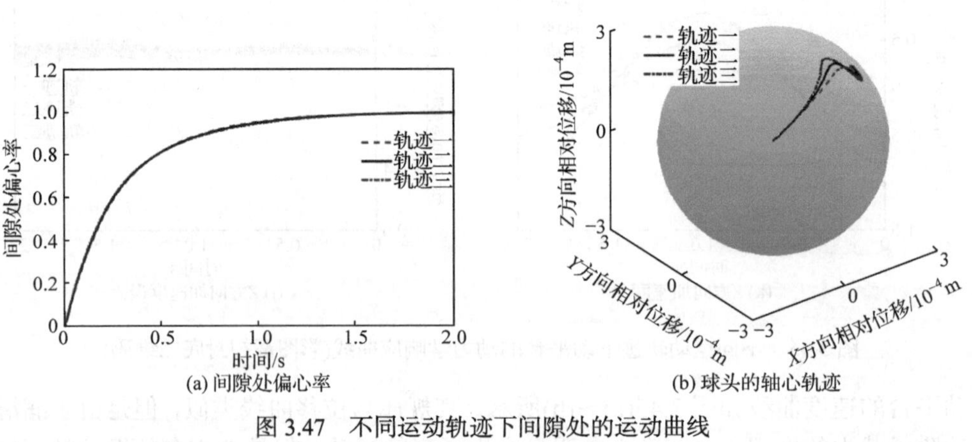

图 3.47　不同运动轨迹下间隙处的运动曲线

不大。由图 3.47(b)可知，三种运动轨迹的球头轴心轨迹均不相同，并且发现轨迹三的球头轴心轨迹遍布最广，轨迹一的球头轴心轨迹遍布最小，同时球头轴心轨迹的方向变化亦不相同。通过上述阐述得出，运动轨迹的幅值越大，间隙处的球头轴心轨迹遍布越广，结合图 3.46 的碰撞力曲线可知应选择幅值较小的运动轨迹，其间隙处的响应较优。

5. 不同驱动速度对机构动力学响应的影响

在相同运动轨迹情况下，考虑到经济成本因素，操作者往往想施加给机构更快的速度，但是在驱动速度较快的情况下，机构性能并不一定符合预期规划。因此，研究驱动速度对空间并联机构动力学响应的影响具有重要的现实意义。本节给出三种不同的驱动速度，以便研究驱动速度与机构动力学响应的关系。

图 3.48 为驱动速度分别为 1.0πrad/s、1.2πrad/s 和 1.4πrad/s 时动平台的动力学响应曲线图。其中，不同驱动速度的位移曲线及其对应的误差曲线如图 3.48(a)～(d)所示，发现动平台在 Y 和 Z 两个方向上的位移曲线均与其理想情况的位移曲线重合，由位移误差曲线发现驱动速度的改变对位移误差影响不大，位移误差基本在 10^{-3}m 以内。动平台的速度曲线如图 3.48(e)～(h)所示，其描述与位移曲线类似，观察速度误差曲线发现驱动速度增大，速度误差的范围也相应增大，速度误差基本在 10^{-2}m/s 以内。动平台的加速度曲线如图 3.48(i)～(l)所示，明显发现加速度误差的最大值达到 0.8666m/s^2，并且加速度曲线具有明显的高频振动。

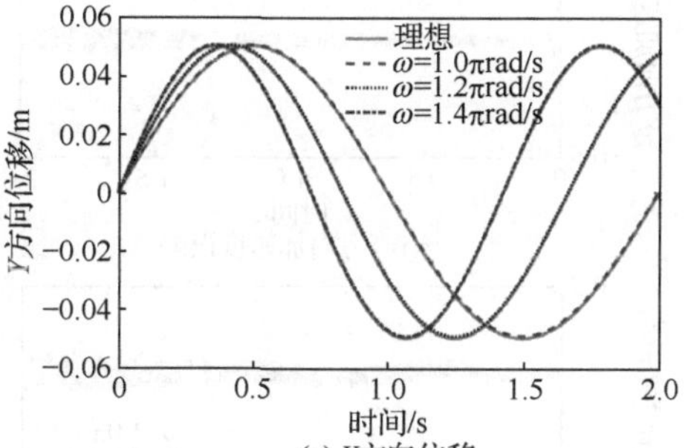

(a) Y方向位移

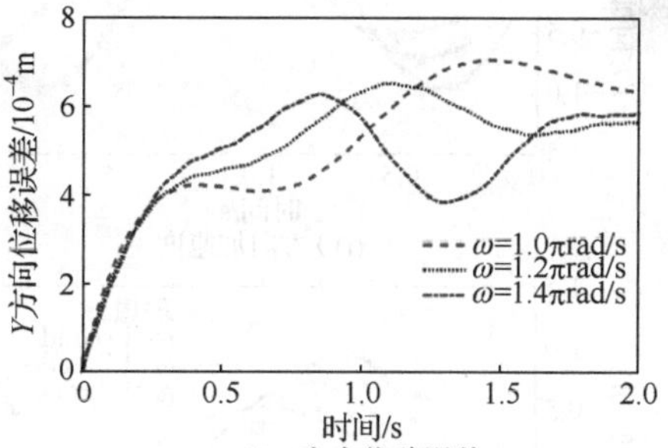

(b) Y方向位移误差

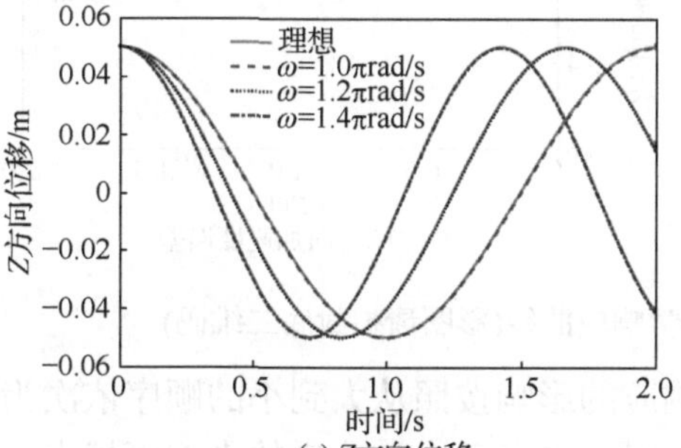

(c) Z方向位移

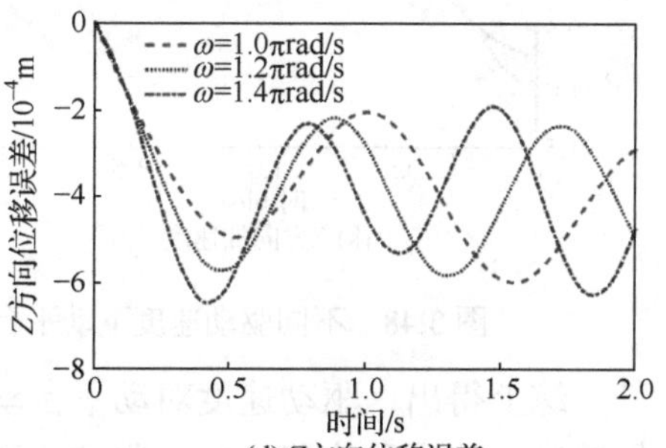

(d) Z方向位移误差

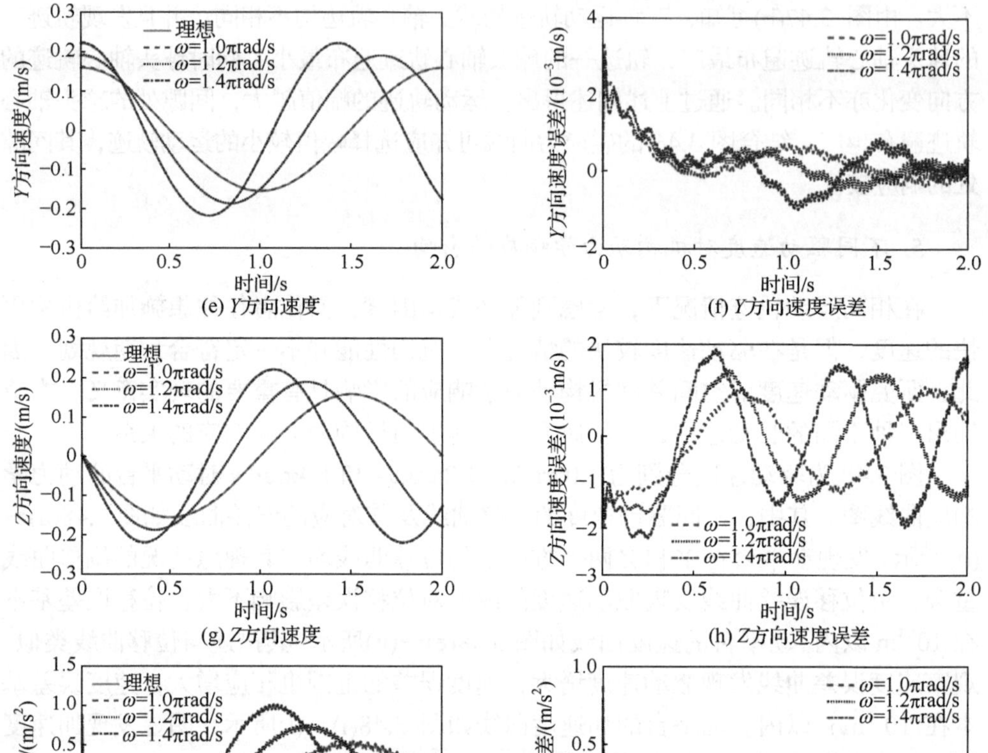

图 3.48　不同驱动速度下动平台的动力学响应曲线(彩图请扫封底二维码)

综上得出，驱动速度对动平台动力学响应的影响按照从大到小的顺序依次为加速度、速度和位移，并且驱动速度越大，对动平台动力学响应的影响也越大。

图 3.49 是不同驱动速度下间隙处的碰撞力曲线。一开始在三种驱动速度下其间隙处的碰撞力均发生突变,并且后期稳定时驱动速度为 1.0πrad/s 的碰撞力波动范围为[128.1N,153.7N]，驱动速度为 1.2πrad/s 的碰撞力波动范围为[131.3N,150.6N]，驱动速度为 1.4πrad/s 的碰撞力波动范围为[114.2N,177.8N]，发现驱动速度与碰撞力无明显的线性关系，但是在驱动速度较大时，其碰撞力明显增大，因此在面对驱动速度的选择时应在满足性能的前提下，选择满足碰撞力较小的参数。

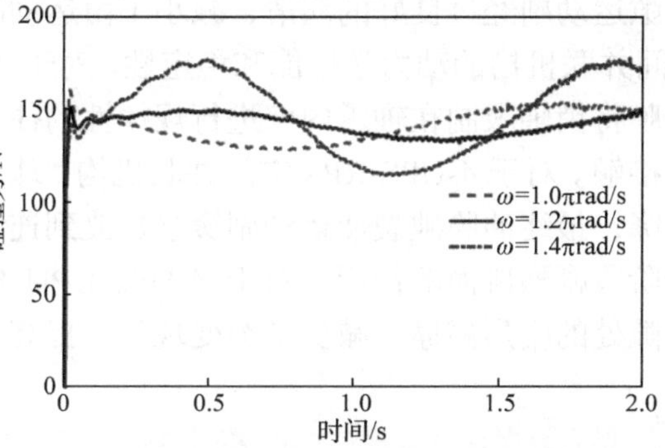

图 3.49　不同驱动速度下间隙处的碰撞力曲线

图 3.50 给出了不同驱动速度下间隙处的运动曲线。由图 3.50(a)所示间隙处偏心率可知，三种驱动速度的偏心率曲线基本重合，后期接近 1，只是在 0.5～1.0s 时有所差距，其间驱动速度越大，偏心率也越大。从图 3.50(b)中发现，驱动速度越大，球头轴心轨迹的范围越大，并且发现球头轴心轨迹的方向变化不完全相同。通过上述阐述得出，在驱动速度较小时，润滑油膜的有效性更优。

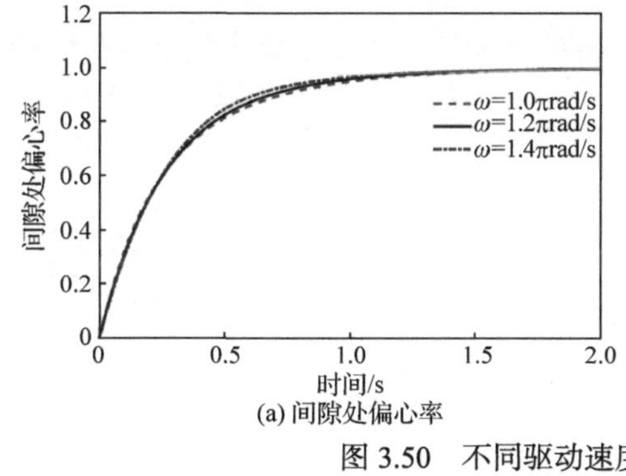

(a) 间隙处偏心率

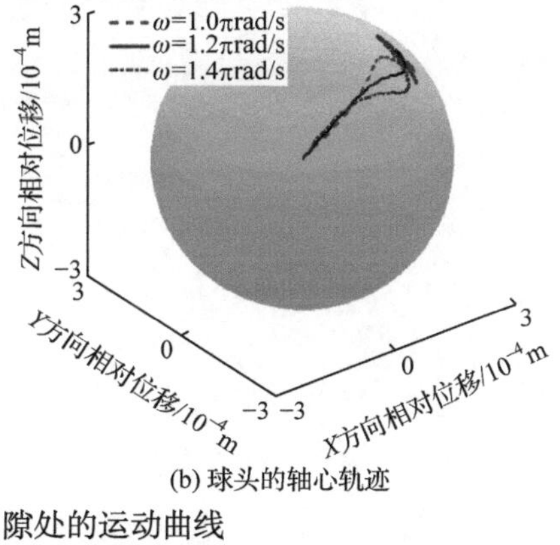

(b) 球头的轴心轨迹

图 3.50　不同驱动速度下间隙处的运动曲线

3.5　本 章 小 结

本章推导了润滑转动副间隙和润滑球面副间隙的运动学模型与油膜承载力模

型，建立了接触状态过渡力模型，提出了考虑润滑转动副间隙的 3-RRPaR 空间并联机构动力学模型和考虑润滑球面副间隙的 4-UPS-RPS、4-UPS-UPU 空间并联机构动力学模型，预测了含润滑间隙的空间并联机构的动力学响应。对比干摩擦间隙分析了润滑效应对空间并联机构动力学性能的改善作用，揭示了运动副润滑特性与机构运动特性的相互影响机制以及主要间隙参数和运动轨迹等工况参数对含润滑间隙的空间并联机构动力学特性的影响规律。

结果表明，间隙运动副经过良好的润滑，减小了由运动副间隙导致的输出误差，极大提高了空间并联机构的动力学性能和稳定性。对于 3-RRPaR 空间并联机构，形成的润滑油膜将销轴限制在轴承内壁进行规律性的往复运动，避免了销轴与轴套内壁的直接接触。对于 4-UPS-RPS 空间并联机构，球头在重力和挤压油膜力的作用下缓慢下降，最终油膜破裂使运动副缓慢过渡到连续接触状态，润滑油膜起到了避免初始阶段剧烈碰撞的作用。对于 4-UPS-UPU 空间并联机构，润滑油膜有效缓解了间隙处的剧烈碰撞，减少了突变现象，提高了机构的稳定性和运动精度。

第 4 章　含非规则磨损间隙的空间并联机构动力学建模与分析

4.1　概　　述

间隙运动副元素之间的摩擦和相对运动引起运动副表面的非规则磨损和材料缺失，是造成零件损坏和空间并联机构失效的主要因素之一。磨损加剧运动副的振动、疲劳损坏，进一步影响了空间并联机构的动力学性能和服役周期。因此，准确预测考虑非规则磨损间隙的空间并联机构的动力学响应是高精密智能装备设计中必须考虑的问题。

本章首先建立转动副和球面副的非规则磨损运动学矢量模型，将 Archard 磨损理论和多体系统动力学理论相结合，研究将磨损模型集成到多体系统动力学模型中的方法；然后建立考虑非规则磨损间隙的 3-RRPaR 空间并联机构和 4-UPS-RPS 空间并联机构动力学模型；最后系统地研究运动轨迹等工况参数及间隙参数对空间并联机构动力学响应和运动副磨损特性的影响规律。

4.2　含非规则磨损转动副间隙的 3-RRPaR 空间并联机构动力学建模与分析

4.2.1　含非规则磨损转动副间隙的 3-RRPaR 空间并联机构动力学建模

1. 转动副间隙非规则磨损模型

在以往的动力学分析中，假设转动副间隙沿运动副表面轮廓均匀分布，但在实际工况中，随着运动副表面材料的磨损，转动副间隙不断增大且呈现不规则分布。磨损后的转动副关节和机构运动状态之间的强耦合关系使得空间并联机构动力学系统呈高度非线性。所以，在机械系统设计之初，建立磨损模型对空间并联机构进行磨损预测具有重要的理论意义和工程价值。

磨损一般分为三个阶段，即磨合阶段、稳定磨损阶段和剧烈磨损阶段，如图 4.1 所示。一般来说，磨合阶段在零部件出厂前基本完成，而处于剧烈磨损阶段的零部件通常被认为服役周期结束，故本节针对稳定磨损阶段进行研究。在实际工程中，Delta 类高速空间并联机构通常在转动副销轴两侧安装包括碟形弹簧垫片和耐磨片等卡紧装置来减缓轴向磨损，因此本节忽略间隙转动副的轴向磨损，仅考虑更剧烈的径向磨损。转动副关节的磨损模型示意图如图 4.2 所示。

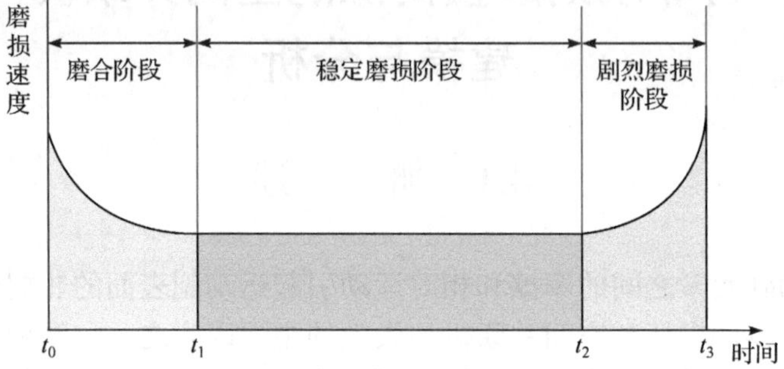

图 4.1　磨损过程曲线

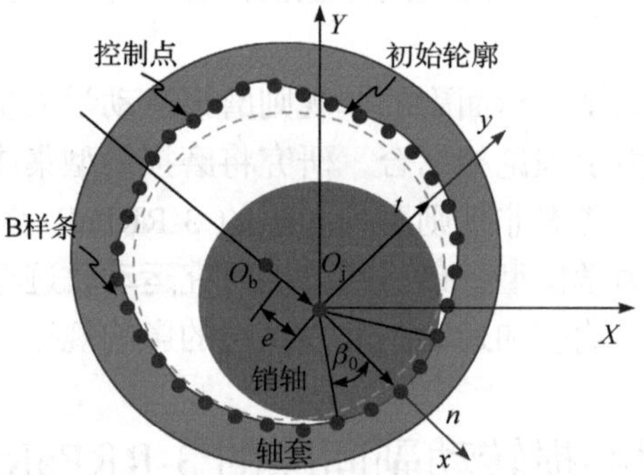

图 4.2　转动副关节的磨损模型示意图

转动副磨损是一个复杂的过程，涉及摩擦加热引起的化学变化、低温塑性、脆性断裂、磨粒作用等。在多体动力学领域，通常采用以接触力学为基础的 Archard 现象性磨损模型进行建模。该模型将磨损体积与接触体的物理参数、几何参数相联系，表示为

$$V = K_{\mathrm{w}} \frac{F_{\mathrm{n}} S}{H_{\mathrm{s}}} \tag{4.1}$$

式中，V 为磨损体积；K_{W} 为无量纲磨损系数；F_{n} 为法向接触力；S 为接触体之间的相对滑移距离；H_{s} 为较软接触材料的布氏硬度。

将式(4.1)简化为磨损深度的形式：

$$h = K_{\mathrm{w}} \frac{F_{\mathrm{n}}}{H_{\mathrm{s}} A_{\mathrm{w}}} S = K_{\mathrm{w}} \frac{p}{H_{\mathrm{s}}} S \tag{4.2}$$

式中，p 为接触表面的应力；A_{W} 为接触面积；h 为磨损深度。

为准确预测机械系统的动力学行为，首先应准确描述磨损后的关节间隙，将轴套表面离散，通过添加控制点来参数化描述具有不规则间隙的轴套表面轮廓。为方便描述，如图 4.2 所示，采用极坐标的形式定位控制点的位置坐标：

$$\boldsymbol{P}_i^{\mathrm{c}}=\begin{bmatrix} r_i^{\mathrm{w}} & u_i \end{bmatrix}^{\mathrm{T}}，\ i=0,1,\cdots,m \tag{4.3}$$

式中，u_i 为控制点 i 处的角度坐标；r_i^{w} 为控制点 i 处的半径。

观察式(4.2)可知，磨损深度的计算关键是求解相对滑移距离 S 和接触表面的应力 p。转动副元素发生接触时，接触区域内的最大接触应力为

$$p_{\mathrm{m}}=0.55\frac{F_{\mathrm{n}}}{L_{\mathrm{b}}R_{\mathrm{i}}}\left(\frac{1}{\beta_0}+0.35\right) \tag{4.4}$$

式中，L_{b} 为轴套长度；R_{i} 为在接触点处轴套的内壁半径；β_0 为接触半角(Nikolic et al.，2012)，可以表示为

$$\beta_0=0.32\left\{\left[\frac{\pi(1-\upsilon_{\mathrm{j}}^2)}{0.48}+\frac{\pi(1-\upsilon_{\mathrm{b}}^2)E_{\mathrm{b}}}{0.48E_{\mathrm{j}}}+1\right]\frac{F_{\mathrm{n}}}{F_{\mathrm{n}}+L_{\mathrm{b}}E_{\mathrm{b}}e}\right\}^{0.581} \tag{4.5}$$

式中，E_{b} 和 E_{j} 分别为轴套和销轴的杨氏模量；υ_{b} 和 υ_{j} 分别为轴套和销轴的泊松比；e 为轴套两端面潜在接触点处的偏心距。

在接触区域内的接触压力分布表达式为

$$p(\beta)=p_{\mathrm{m}}\left[1-\left(\frac{\beta}{\beta_0}\right)^2\right]^{\frac{1}{2}} \tag{4.6}$$

转动副经过磨损后轴套的内表面不再是规则的圆形轮廓。经过离散后，轴套两端轮廓分别离散成 m+1 个控制点，采用 B 样条曲线对离散后的控制点进行拟合，以达到重建轴套表面轮廓的目的。具有 m+1 个控制点的 k 阶 B 样条曲线可以表示为

$$C(u)=\sum_{i=0}^{m}\boldsymbol{P}_i^{\mathrm{c}}N_{i,k}(u) \tag{4.7}$$

式中，$N_{i,k}(u)$ 为第 i 个 k 阶 B 样条调和函数。按照 de Boor-Cox 递归公式可以定义为

$$N_{i,1}(u)=\begin{cases}1, & t_i<u<t_{i+1}\\ 0, & 其他情况\end{cases} \tag{4.8}$$

$$N_{i,k}(u)=\frac{(u-t_i)N_{i,k-1}(u)}{t_{i+k-1}-t_i}+\frac{(t_{i+k}-u)N_{i+1,k-1}(u)}{t_{i+k}-t_{i+1}}，\ t_{k-1}\leqslant u\leqslant t_{m+1} \tag{4.9}$$

在多体系统动力学仿真计算中为保证数值稳定性，通常采用较小的积分步长。

因此，在很小的相对滑动距离 dS 内，磨损对系统运动状态的影响可以忽略不计，式(4.2)可以表示为切向速度 v_t 的函数：

$$\mathrm{d}h = K_\mathrm{w}\frac{p}{H_\mathrm{s}}\mathrm{d}S = K_\mathrm{w}\frac{p}{H_\mathrm{s}}v_\mathrm{t}\mathrm{d}t \tag{4.10}$$

对式(4.10)积分可以得到 j 时刻任意控制点处的累计磨损深度：

$$h_j^\mathrm{r} = h_{j+1}^\mathrm{r} + \frac{K_\mathrm{w}}{H_\mathrm{s}}p_j \tag{4.11}$$

接触点的角度坐标可以表示为

$$u = \arctan\frac{e_y}{e_x} \tag{4.12}$$

通过式(4.13)判断控制点是否位于接触区域内：

$$\left|u - u_i\right| \leqslant \beta_0 \tag{4.13}$$

结合式(4.11)和式(4.13)可以对位于接触区域内控制点的坐标 $\boldsymbol{P}_i^\mathrm{c}$ 进行更新，通过式(4.7)进行表面轮廓重构。

由于磨损过程是缓慢的，在磨损计算中通常使用外推加速策略来提高仿真效率(Zhao et al.，2013)。在实际工况中，相邻运动周期的磨损量是接近且稳定的，且对动力学响应造成的差异是可以忽略的。引入外推因子 $\varTheta$ 将一个周期内的磨损增量映射到接下来的周期内，以达到提高计算效率的目的。式(4.11)可以改写为

$$h_j^\mathrm{r} = h_{j+1}^\mathrm{r} + \varTheta\frac{K_\mathrm{w}}{H_\mathrm{s}}p_j \tag{4.14}$$

2. 含非规则磨损间隙的 3-RRPaR 空间并联机构动力学模型

图 4.3 为含非规则磨损间隙的 3-RRPaR 空间并联机构的结构简图。与第 2 章分析的考虑干摩擦间隙的 3-RRPaR 空间并联机构动力学模型相比，该模型考虑间隙转动副处的磨损行为，通过 Archard 磨损模型量化控制点处的磨损量，采用表面重构技术将磨损信息表征成转动副间隙表面轮廓的几何信息，进一步将该信息集成到动力学方程中分析非规则磨损转动副间隙对该机构动力学特性的影响。当转动副 R1 和 R2 处考虑非规则磨损间隙时，此处的转动副运动学约束被释放，对应的约束方程数量由 81 个减少至 71 个。

含非规则磨损间隙的 3-RRPaR 空间并联机构动力学模型在形式上与式(2.30)保持一致，但其中集成了磨损量计算和转动副表面轮廓重构模块：

$$\begin{bmatrix} \boldsymbol{M} & \boldsymbol{\varPhi}_q^\mathrm{T} \\ \boldsymbol{\varPhi}_q & \boldsymbol{0} \end{bmatrix}\begin{bmatrix} \ddot{\boldsymbol{q}} \\ \boldsymbol{\lambda} \end{bmatrix} = \begin{bmatrix} \boldsymbol{Q} \\ \hat{\boldsymbol{\eta}} \end{bmatrix} \tag{4.15}$$

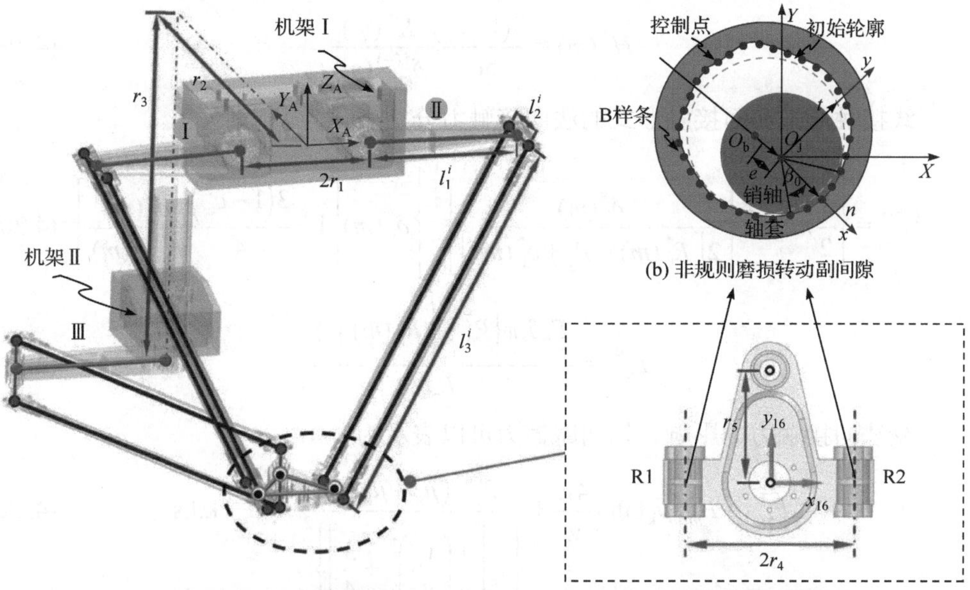

图 4.3　含非规则磨损间隙的 3-RRPaR 空间并联机构的结构简图

式中，系统的广义力矩阵 $\boldsymbol{Q}$ 包括系统的惯性力和非规则磨损间隙转动副产生的碰撞力及其他外力。其余矢量描述与含干摩擦间隙该机构动力学方程中相同，这里不再赘述。应当注意的是，当转动副发生磨损后，不同接触点位置的曲率半径不再是恒定的，需要实时读取接触点的几何信息，更新法向接触力和切向摩擦力。将轴套控制点 m 处的曲率半径定义为 R_{i}^*。同干摩擦间隙类似，控制点 m 处的间隙值可以定义为

$$c^*(m) = R_{\mathrm{i}}^*(m) - R_{\mathrm{j}} \tag{4.16}$$

由 2.2.1 节可知，任一潜在接触点的相对嵌入深度 δ_k 均为间隙值的函数，因此经过磨损后控制点 m 处的相对嵌入深度可以表示为 $\delta_k^*(m)$。间隙转动副经过磨损后点接触形式的法向接触力表示为

$$\begin{cases} F_k^{\mathrm{N}*} = K^*(m)\left[\delta_k^*(m)\right]^n + H^*\left[\delta_k^*(m)\right]^n \dot{\delta}_k^*(m), & \delta_k^*(m) \geqslant 0 \\ F_k^{\mathrm{N}*} = 0, & \delta_k^*(m) < 0 \end{cases},\quad k = M,N,P,Q \tag{4.17}$$

式中，刚度系数 $K^*(m)$ 和迟滞阻尼因子 $H^*(m)$ 分别表示为

$$K^*(m) = \frac{4E^*}{3}\left[\frac{R_{\mathrm{i}}^*(m)R_{\mathrm{j}}}{R_{\mathrm{i}}^*(m) - R_{\mathrm{j}}}\right]^{\frac{1}{2}} \tag{4.18}$$

$$H^{*}(m)=\frac{8\left(1-c_{\mathrm{e}}\right)}{5c_{\mathrm{e}}}\frac{K^{*}(m)}{\dot{\delta}_{k}^{*(-)}(m)} \tag{4.19}$$

线接触形式和面接触形式的法向接触力分别表示为

$$F_{\mathrm{l}}^{\mathrm{N}*}=\left\{\frac{1}{2}\pi L_{\mathrm{b}}E^{*}\left\{\frac{\delta_{\mathrm{l}}^{*}(m)}{2\left[R_{\mathrm{i}}^{*}(m)-R_{\mathrm{j}}+\delta_{\mathrm{l}}^{*}(m)\right]}\right\}^{\frac{1}{2}}\right\}\delta_{\mathrm{l}}^{*}(m)\left[1+\frac{3\left(1-c_{\mathrm{e}}^{2}\right)}{4}\frac{\dot{\delta}_{\mathrm{l}}^{*}(m)}{\dot{\delta}_{\mathrm{l}}^{*(-)}(m)}\right] \tag{4.20}$$

$$F_{\mathrm{s}}^{\mathrm{N}*}=\frac{E_{\mathrm{b}}\delta_{\mathrm{s}}\pi\left\{R_{\mathrm{o}}^{2}-\left[R_{\mathrm{i}}^{*}(m)\right]^{2}\right\}}{L_{\mathrm{b}}} \tag{4.21}$$

受法向接触力的影响，切向摩擦力可以表示为

$$F_{m}^{\mathrm{T}*}=F_{m}^{\mathrm{N}*}\mu_{\mathrm{k}}\tanh\frac{4v_{\mathrm{t}}}{v_{\mathrm{s}}}+\frac{F_{m}^{\mathrm{N}*}\left(\mu_{\mathrm{s}}-\mu_{\mathrm{k}}\right)v_{\mathrm{t}}}{\left\{v_{\mathrm{s}}\left[\frac{1}{4}\left(\frac{v_{\mathrm{t}}}{v_{\mathrm{s}}}\right)^{2}+\frac{3}{4}\right]\right\}^{2}},\quad m=\mathrm{k,l,s} \tag{4.22}$$

考虑非规则磨损时，间隙转动副的碰撞力计算与干摩擦间隙的情况一致，碰撞力对应的广义力 $\boldsymbol{F}_{\mathrm{W}}$ 和力矩 $\boldsymbol{M}_{\mathrm{W}}$ 采用式(2.20)进行计算。

4.2.2　含非规则磨损转动副间隙的 3-RRPaR 空间并联机构动力学分析

在实际工况中，磨损形成的具有非规则轮廓的运动副影响运动构件之间的力和运动传递，最终导致末端执行器的运动精度和动力学性能下降。根据具体的工况及机构构型的不同，各转动副的磨损状况及磨损演化过程存在差异。本节主要目的是探索非规则磨损间隙引起的空间并联机构动力学性能变化及间隙转动副轮廓表面的演变规律，研究内容包括对比分析含非规则磨损间隙与含干摩擦间隙的空间并联机构动力学特性，研究运动轨迹、间隙值和运动速度等因素对含非规则磨损间隙的空间并联机构动力学响应的影响。

经过第 2 章的分析，考虑转动副 R1 和 R2 为间隙转动副，探讨空间并联机构中间隙转动副径向上的非规则磨损状况，并进行动力学响应预测。磨损状况及表面轮廓均为转动副中心横截面处的数据。通过外推加速策略，近似模拟空载时机构运行 2 万个周期转动副的磨损状况，每隔 1 万个周期进行表面轮廓重构。本节仿真中末端执行器的运动轨迹均与 2.2.2 节中一致。

1. 含非规则磨损间隙的空间并联机构动力学方程的求解流程

间隙转动副的磨损预测基于以下假设：转动副元素表面轮廓在相邻运动周期内的改变忽略不计；仅材料较软的转动副元素发生磨损，当材料相同时，各转动

副元素的磨损深度相同。由所集成的含非规则磨损间隙的空间并联机构的动力学方程(4.15)可知，其形式与含间隙多体系统的动力学方程形式一致，都是微分指数为 1 的微分代数方程组，因此采用第 2 章中的数值解法进行求解。用于含非规则磨损间隙的 3-RRPaR 空间并联机构动力学方程求解的仿真参数如表 4.1 所示。方程求解流程如图 4.4 所示，主要包括以下步骤。

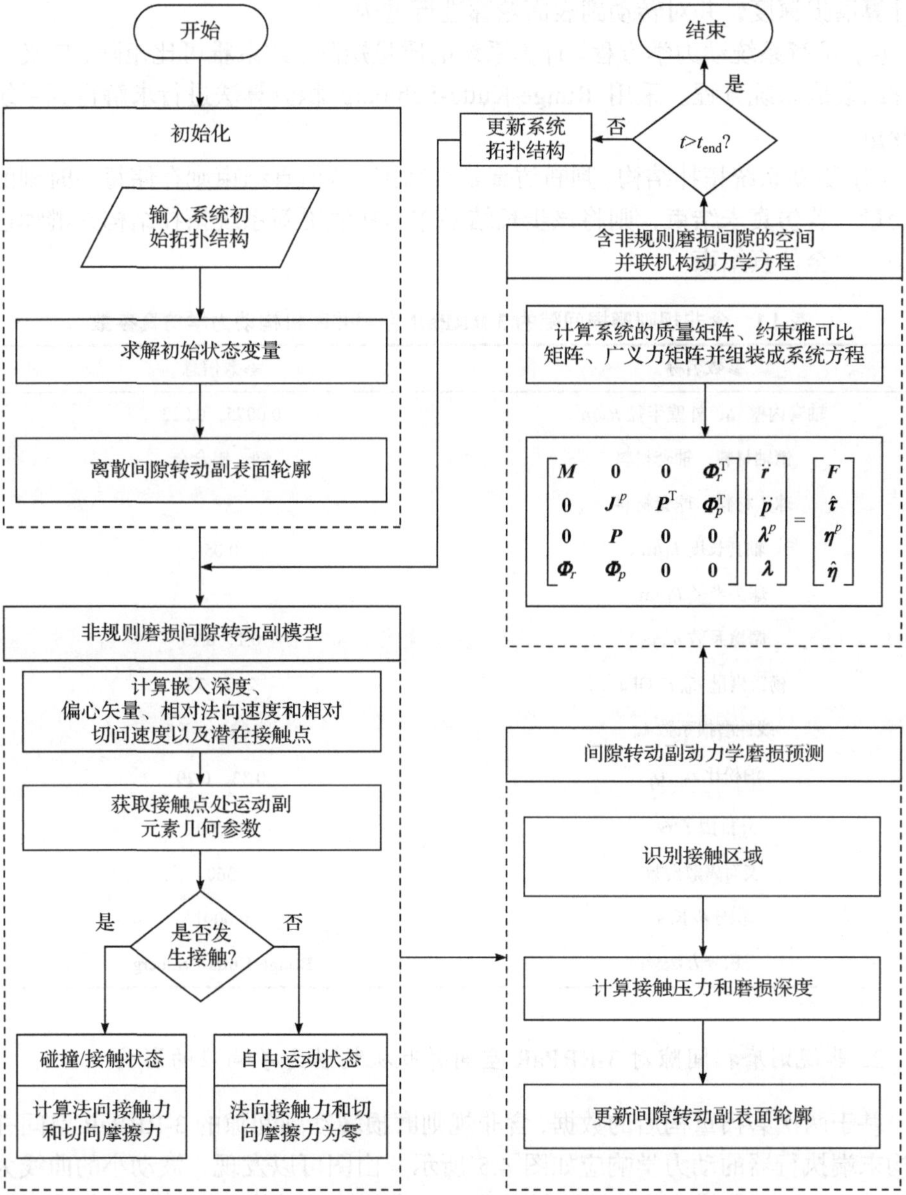

$$\begin{bmatrix} \boldsymbol{M} & 0 & 0 & \boldsymbol{\Phi}_r^{\mathrm{T}} \\ 0 & \boldsymbol{J}^p & \boldsymbol{P}^{\mathrm{T}} & \boldsymbol{\Phi}_p^{\mathrm{T}} \\ 0 & \boldsymbol{P} & 0 & 0 \\ \boldsymbol{\Phi}_r & \boldsymbol{\Phi}_p & 0 & 0 \end{bmatrix} \begin{bmatrix} \ddot{\boldsymbol{r}} \\ \dot{\boldsymbol{p}} \\ \boldsymbol{\lambda}^p \\ \boldsymbol{\lambda} \end{bmatrix} = \begin{bmatrix} \boldsymbol{F} \\ \hat{\boldsymbol{\tau}} \\ \boldsymbol{\eta}^p \\ \hat{\boldsymbol{\eta}} \end{bmatrix}$$

图 4.4　含非规则磨损间隙的空间并联机构动力学方程求解流程

(1) 读取系统初始拓扑结构及离散磨损转动副表面。通过多体系统运动学求解迭代获得各个构件的状态变量，读取磨损转动副的几何参数并进行表面离散。

(2) 建立间隙转动副运动学矢量模型。计算潜在接触点位置向量，判断接触类型及是否发生接触。若发生接触，则计算对应的法向接触力和切向摩擦力。

(3) 计算磨损深度。评估转动副元素接触时的接触压力，根据 Archard 磨损模型计算磨损深度，并对转动副表面轮廓进行重构。

(4) 求解系统动力学方程。计算系统的质量矩阵、约束雅可比矩阵、广义力矩阵并组装成系统方程。采用 Runge-Kutta-Fehlberg 积分算法进行求解得到系统状态变量。

(5) 更新系统拓扑结构。判断仿真是否结束，若仿真结束则存储每一时刻的状态变量。若仿真未结束，则将该步长结果作为初值更新系统拓扑结构并继续进行求解，直至仿真结束。

表 4.1　含非规则磨损间隙的 3-RRPaR 空间并联机构动力学仿真参数

参数名称	参数信息
轴套内壁 R_i，外壁半径 R_o/m	0.0075，0.012
销轴材料，轴套材料	钢，铝合金
球头材料，球套材料	—
轴套长度 L_b/m	0.05
球头半径 R_{bj}/m	—
摩擦系数 μ_s, μ_k	0.1，0.15
杨氏模量 E_b, E_j/GPa	200，72
线性磨损系数 k_w	5.05×10^{-10}
泊松比 υ_b , υ_j	0.33，0.29
外推因子 Θ	10000
表面离散份数	360
积分步长/s	0.0001
积分方法	Runge-Kutta-Fehlberg

2. 非规则磨损间隙对 3-RRPaR 空间并联机构动力学响应的影响

基于两次磨损重构后的数据，含非规则磨损转动副间隙的 3-RRPaR 空间并联机构末端执行器的动力学响应如图 4.5 所示。由图可以发现，波动小的曲线为磨损前；波动大的曲线为磨损后；转动副经过磨损，末端执行器 X 方向位移误差的

最大值从 1.01×10^{-4}m 增大到 2.05×10^{-4}m，Y 方向位移误差的最大值从 4.29×10^{-5}m 增大到 8.72×10^{-4}m。对于速度响应，尤其是 Y 方向的速度误差，转动副磨损前后两者差异不大。加速度响应受转动副磨损效应的影响较大，尤其在响应易发生波动的区域，磨损进一步加剧了波动的程度。

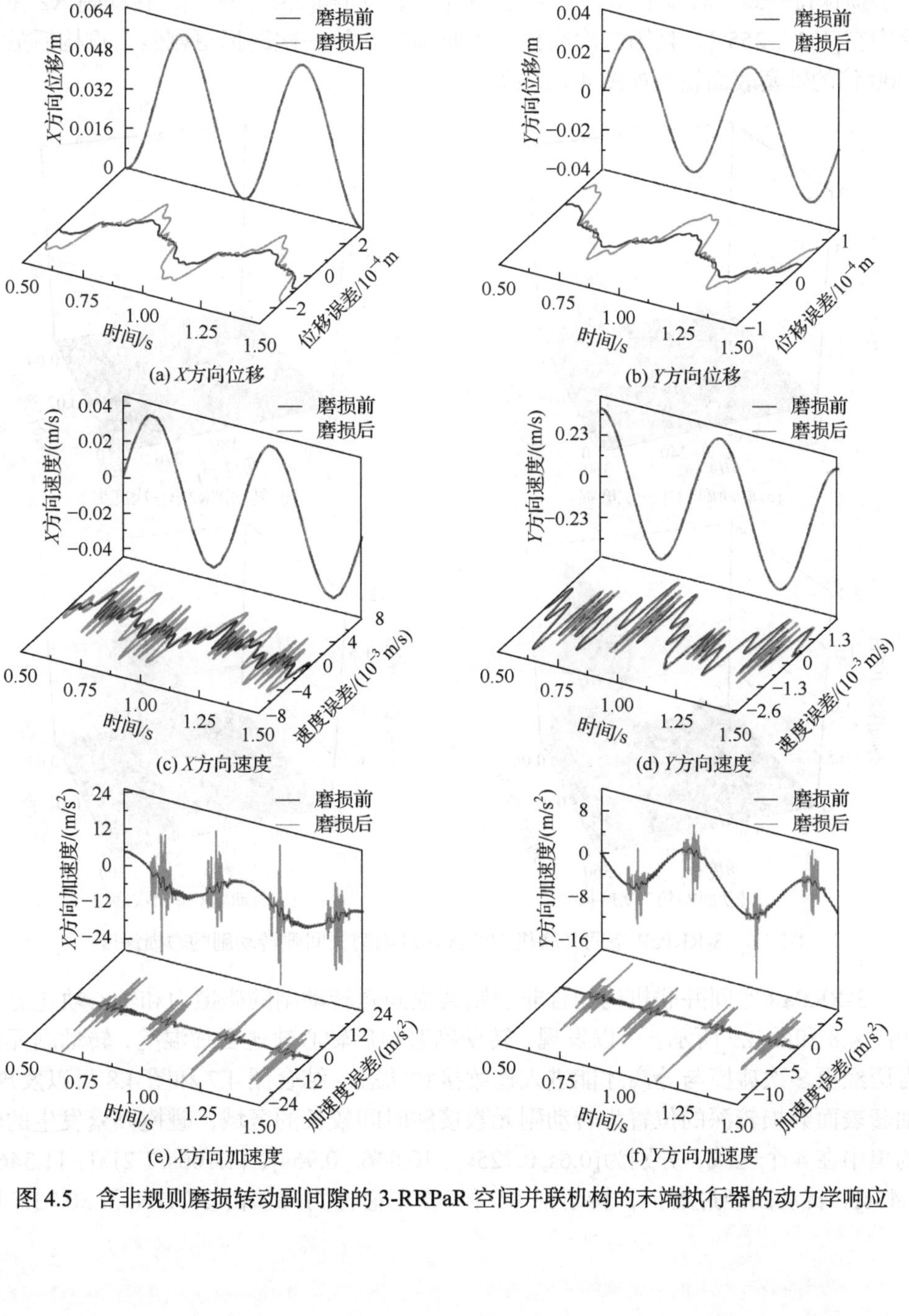

图 4.5　含非规则磨损转动副间隙的 3-RRPaR 空间并联机构的末端执行器的动力学响应

由于转动副表面轮廓在磨损分析过程中会进行重构以保证模拟的精度，以重构的次数来命名磨损的次数。3-RRPaR 空间并联机构的含非规则磨损间隙转动副的磨损深度如图 4.6 所示，可以发现轴套表面各位置的磨损深度不均匀且不规则，转动副 R1 处的最大磨损深度较 R2 处大。第二次磨损发生在轴套表面的位置和第一次磨损保持一致，转动副 R1 主要集中在[42°, 79°]和[291°, 341°]，转动副 R2 主要集中在[131°, 255°]，且第二次磨损深度整体要比第一次磨损更剧烈。重构后放大 1000 倍的轴套表面轮廓如图 4.7 所示。

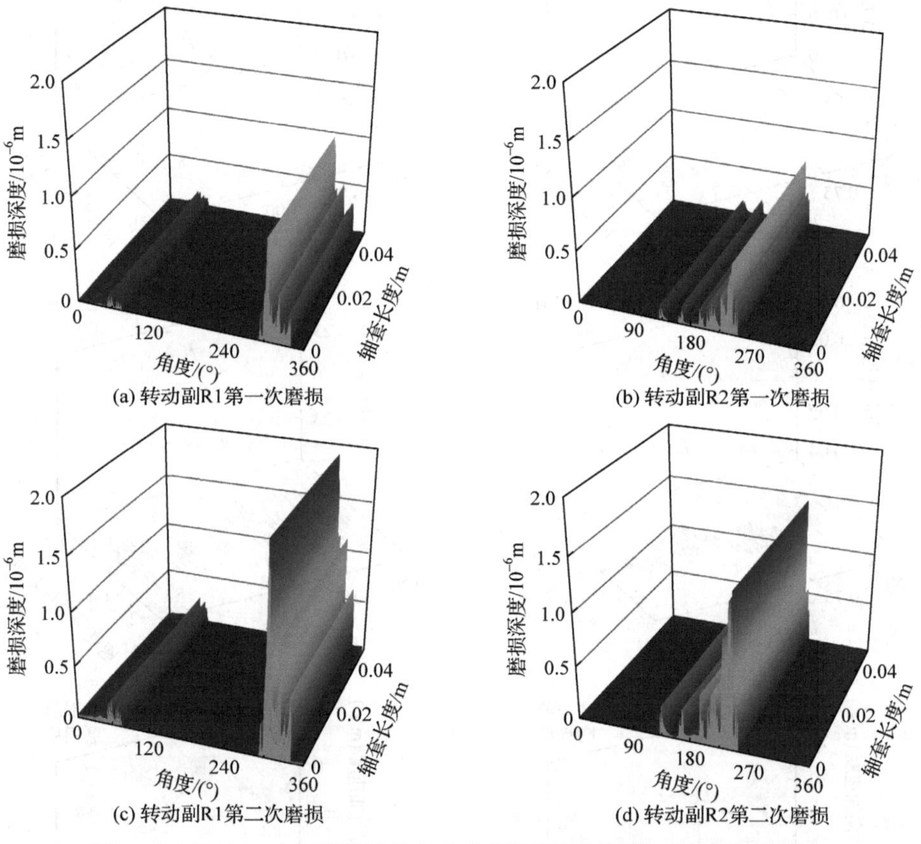

图 4.6　3-RRPaR 空间并联机构的含非规则磨损间隙转动副的磨损深度

3-RRPaR 空间并联机构的含非规则磨损间隙转动副的碰撞力和轴心轨迹分别如图 4.8 和图 4.9 所示。可以发现，转动副磨损后轴心轨迹更加混乱，转动副元素需历经更多次碰撞与分离才能进入连续接触状态。结合图 4.7 和图 4.8 可以发现，轴套表面磨损较深的位置为转动副元素接触时间较长的区域；碰撞频繁发生的时刻集中在 4 个区域，分别为[0.6s, 0.725s]、[0.846s, 0.95s]、[1.106s, 1.21s]、[1.346s, 1.45s]。转动副经过磨损，转动副 R1 和 R2 的碰撞力峰值由 27.41N 和 30.73N 增大至 106.83N 和 100.11N。这表明转动副的磨损是引起机构性能衰退的重要原因之一，磨损的预测也必须有机结合系统的动力学特性。

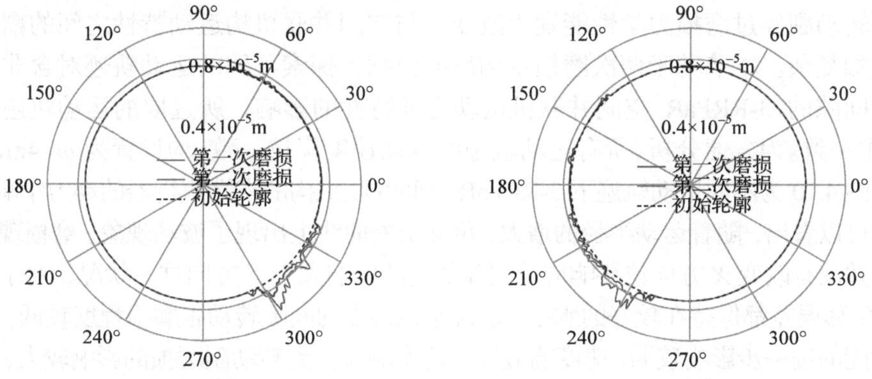

(a) 转动副R1　(b) 转动副R2

图 4.7　3-RRPaR 空间并联机构的含非规则磨损间隙转动副磨损后轴套的表面轮廓

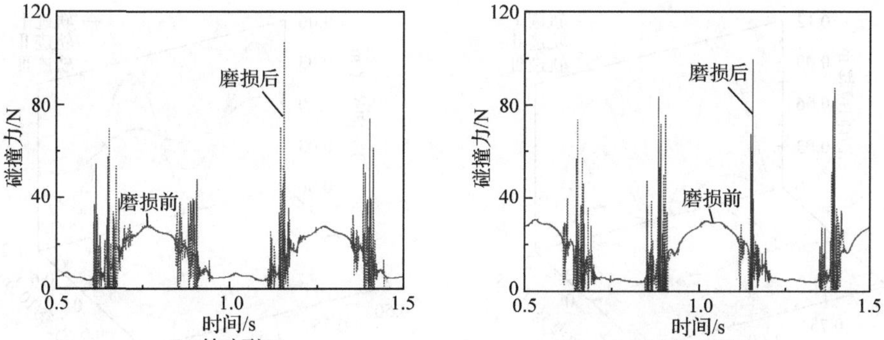

(a) 转动副R1　(b) 转动副R2

图 4.8　3-RRPaR 空间并联机构的含非规则磨损间隙转动副的碰撞力

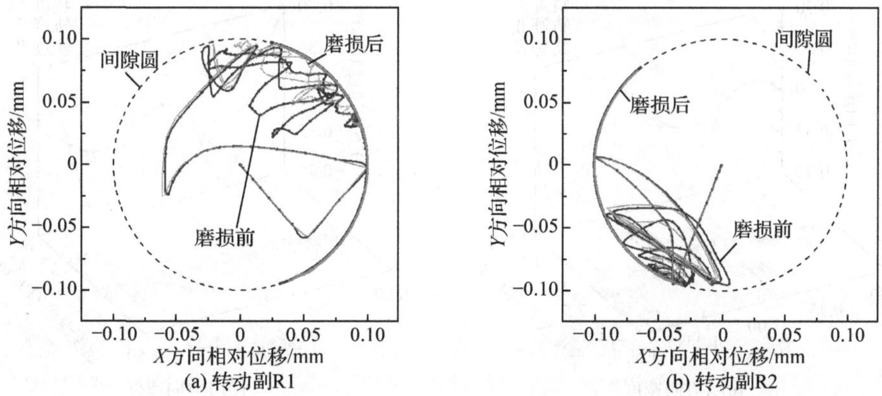

(a) 转动副R1　(b) 转动副R2

图 4.9　3-RRPaR 空间并联机构的含非规则磨损间隙转动副的轴心轨迹

3. 运动轨迹对含非规则磨损间隙 3-RRPaR 并联机构动力学响应的影响

不同的运动轨迹对含干摩擦间隙的空间并联机构动力学响应产生了复杂的影响，转动副经过磨损力学性能发生改变，与空间并联机构运动特性之间的耦合作用更加复杂。本节基于两次磨损重构后的数据，探索不同的运动轨迹对含非规则磨损间隙的 3-RRPaR 空间并联机构动力学特性的影响，所选取的运动轨迹和表 2.3 中一致。为方便分析，所有运动轨迹的运动速度保持一致，均设置为 ω=4πrad/s。

图 4.10 为不同运动轨迹下 3-RRPaR 空间并联机构的末端执行器的动力学响应。由图可以看出，随着运动半径的增大，位移误差曲线上出现了波动现象。磨损现象的发生并没有改变 *X* 方向位移响应受间隙效应的影响大于 *Y* 方向这一状况，对于轨迹Ⅰ，位移误差都保持在较好的水平，这说明轨迹Ⅰ的间隙转动副磨损程度较低，对系统性能的进一步影响较弱。速度响应和加速度响应受到转动副磨损的影响较大，尤其是 *X* 方向的加速度响应。受转动副磨损效应的影响，机构运行环境进一步恶化，非规则磨损间隙使机构碰撞加剧，加速度误差在轨迹Ⅲ时达到了–82.21m/s²。

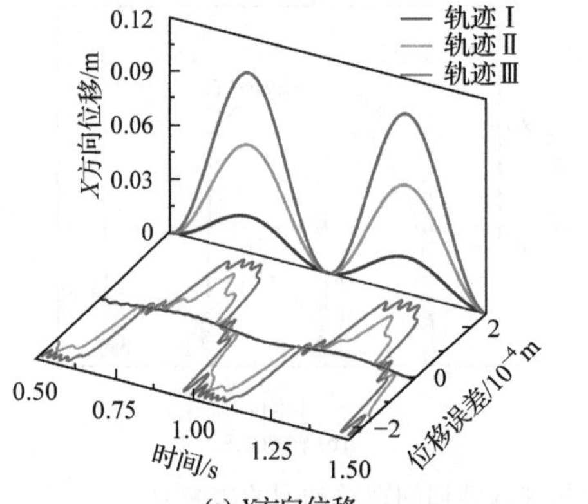

(a) *X*方向位移

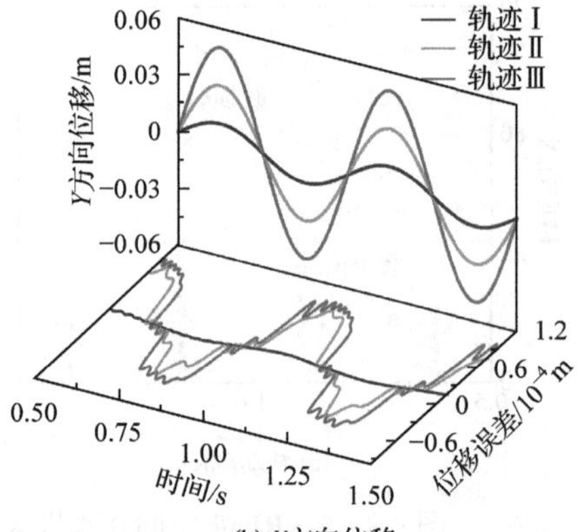

(b) *Y*方向位移

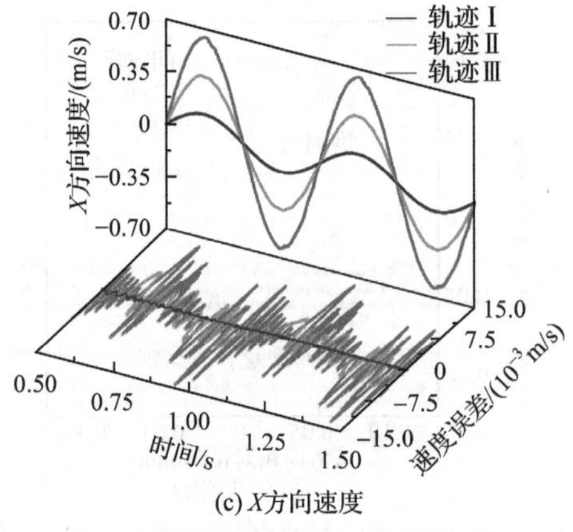

(c) *X*方向速度

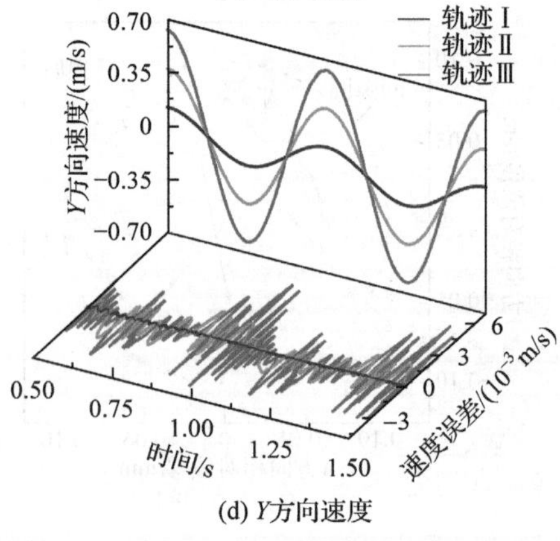

(d) *Y*方向速度

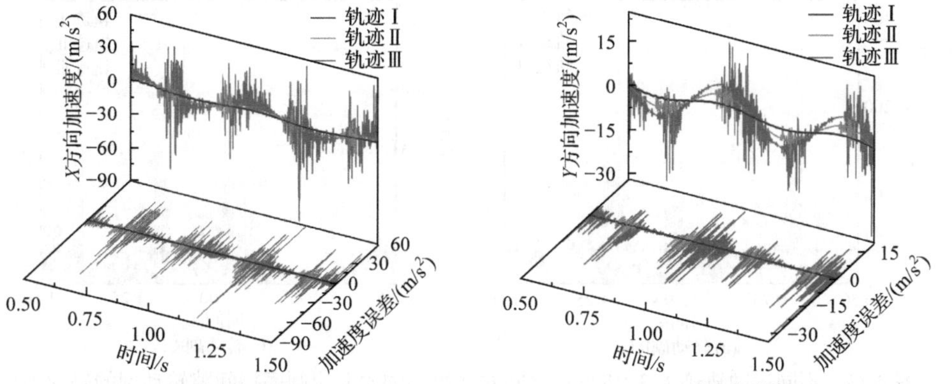

(e) X方向加速度　　(f) Y方向加速度

图 4.10　不同运动轨迹下 3-RRPaR 空间并联机构末端执行器的动力学响应(彩图请扫封底二维码)

图 4.11～图 4.14 分别展示了不同运动轨迹下 3-RRPaR 空间并联机构含非规则磨损间隙转动副的磨损深度、磨损后轴套的表面轮廓、碰撞力和轴向轨迹。由图

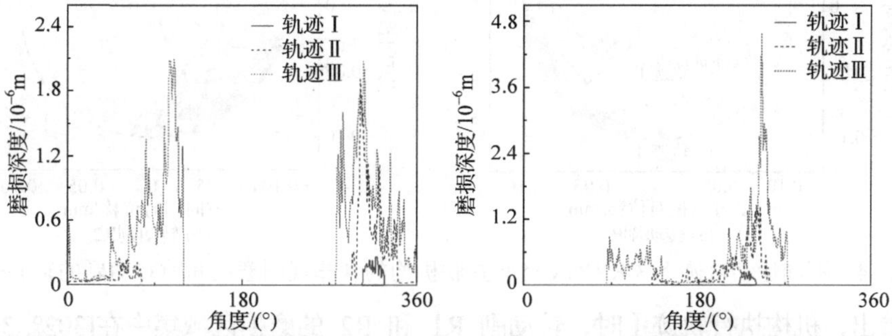

(a) 转动副R1　　(b) 转动副R2

图 4.11　不同运动轨迹下 3-RRPaR 空间并联机构含非规则磨损间隙转动副的磨损深度
(彩图请扫封底二维码)

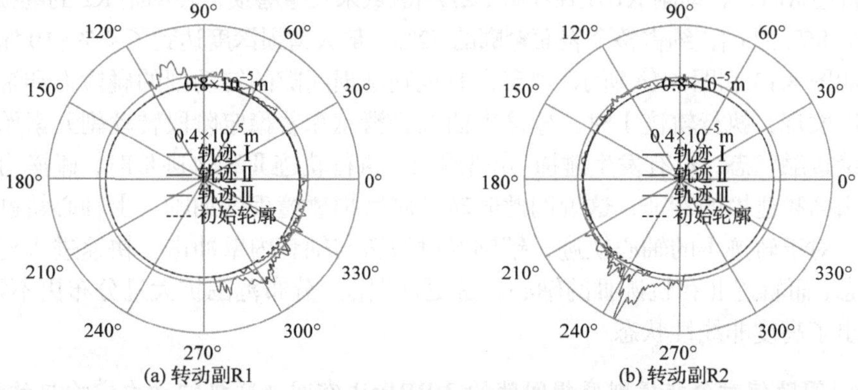

(a) 转动副R1　　(b) 转动副R2

图 4.12　不同运动轨迹下 3-RRPaR 空间并联机构的含非规则磨损间隙转动副磨损后轴套的表面轮廓
(彩图请扫封底二维码)

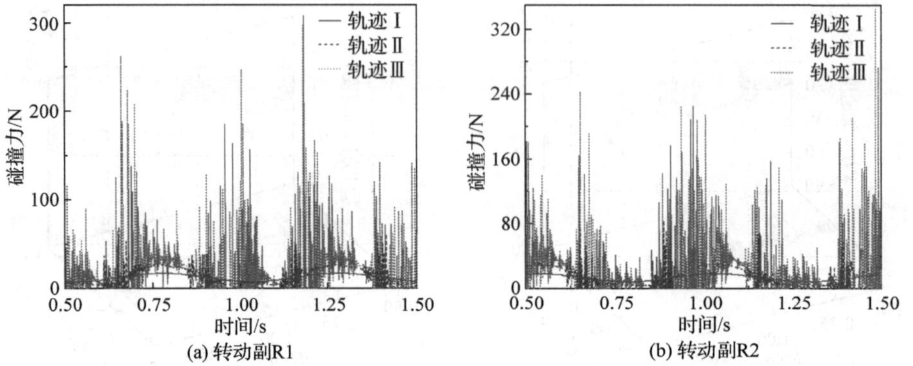

图 4.13　不同运动轨迹下 3-RRPaR 空间并联机构的含非规则磨损间隙转动副的碰撞力

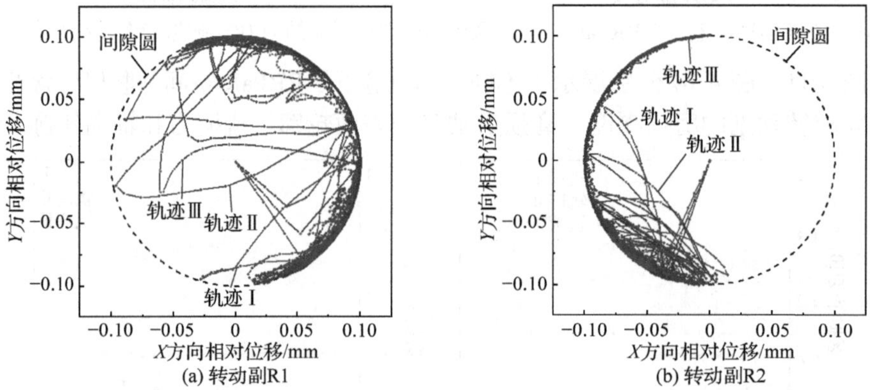

图 4.14　不同运动轨迹下 3-RRPaR 空间并联机构的含非规则磨损间隙转动副的轴心轨迹

可以看出，机构执行轨迹 I 时，转动副 R1 和 R2 的磨损区域集中在[302°, 327°]和[221°, 240°]，最大磨损深度分别为 2.67×10^{-7}m 和 2.62×10^{-7}m。随着运动半径的增大，转动副的磨损程度加剧，由原来集中在单一区域的磨损增加至两个区域的磨损。机构执行轨迹 III 时，转动副 R1 仅在[120°, 277°]区域未发生磨损，转动副 R2 的磨损区域增加至[85°, 273°]，约占整个表面轮廓的 52%，最大磨损深度达到了 4.59×10^{-6}m。

如图 4.13 和图 4.14 所示，观察含非规则磨损间隙的转动副的碰撞力和轴心轨迹可以发现，执行轨迹 I 时，碰撞力曲线光滑意味着稳定阶段转动副元素始终处于连续接触状态，没有发生碰撞-分离现象。执行轨迹 II 和轨迹 III 时，碰撞力曲线表现出高频碰撞的特征，这说明此时转动副磨损碰撞程度加剧。由轴心轨迹可以发现，对于轨迹 I 的轴心轨迹，销轴经过短暂与轴套内壁冲击，快速进入连续接触状态，而轨迹 II 和轨迹 III 的轴心轨迹更加混乱、分布范围扩大且分布更不均匀，表现出了高度非线性状态。

4. 间隙值对含非规则磨损间隙的 3-RRPaR 空间并联机构动力学响应的影响

为分析间隙值对空间并联机构动力学响应的影响，基于两次磨损重构后的数据，对比不同间隙值条件下末端执行器的动力学响应。采用的径向间隙值分别为 0.05mm、0.1mm 和 0.2mm 构成的等比数列，对应的结果如图 4.15 所示。可以看出，间隙值变为 4 倍，间隙值Ⅲ时 X 方向和 Y 方向最大位移误差分别约为间隙值Ⅰ

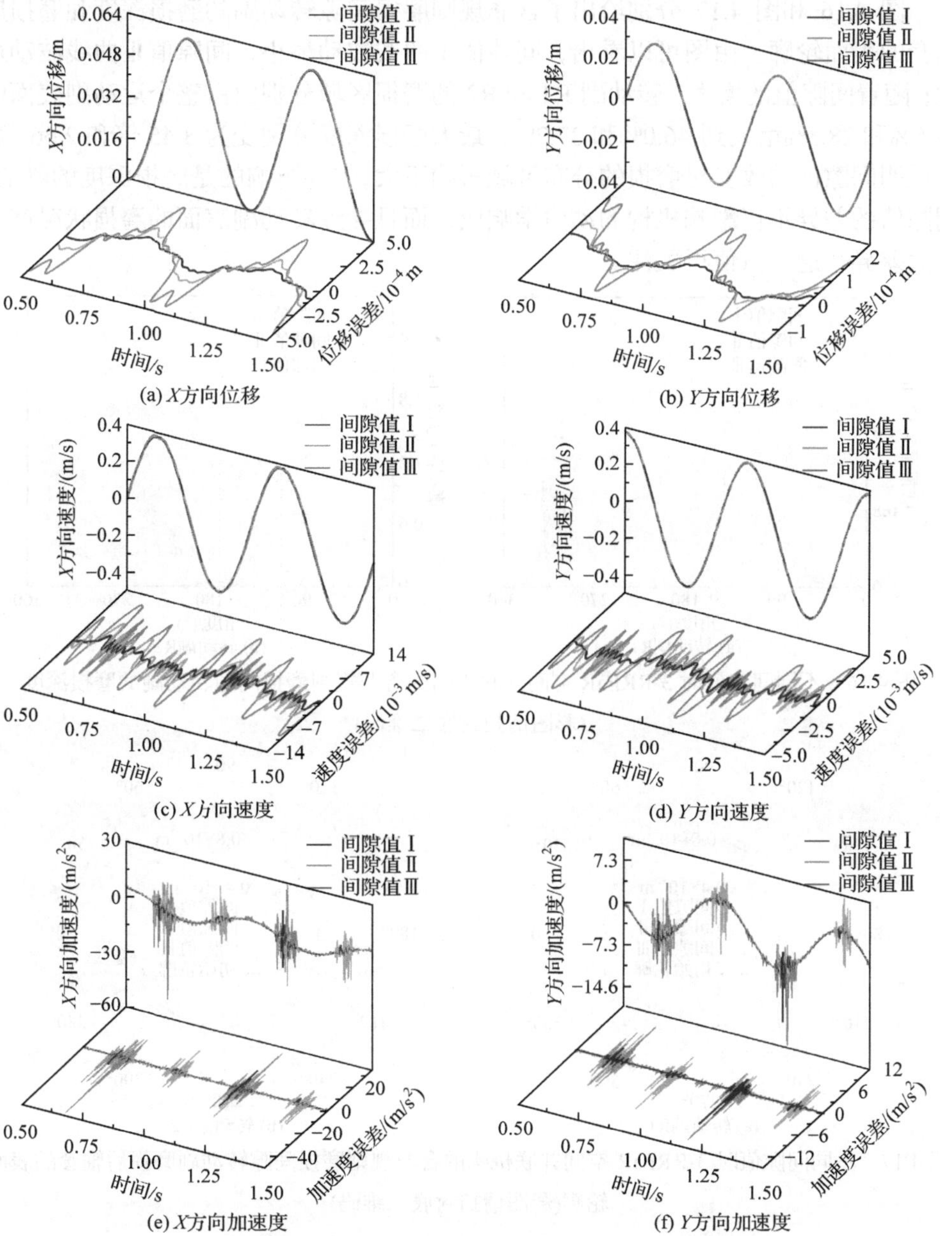

(a) X方向位移　(b) Y方向位移

(c) X方向速度　(d) Y方向速度

(e) X方向加速度　(f) Y方向加速度

图 4.15　不同间隙值时 3-RRPaR 空间并联机构的末端执行器的动力学响应

(彩图请扫封底二维码)

时的 4.3 倍和 4.5 倍。同干摩擦间隙类似，加速度响应受间隙值的影响最大。较大的间隙值造成碰撞力增大，进一步增加了转动副的磨损状况，转动副的磨损反过来又加剧了碰撞现象，导致机构的动力学响应恶化。

图 4.16 和图 4.17 分别给出了含非规则磨损间隙转动副的磨损深度和磨损后轴套的表面轮廓。由图可以看出，间隙值Ⅰ曲线波动最小，间隙值Ⅲ曲线波动最大；随着间隙值的增大，转动副 R1 和 R2 的磨损区域分别由占整个运动副表面的 37.5%和 28.3%增大到 46.0%和 37.2%，最大磨损深度分别变为 3.45 倍和 2.66 倍。这说明间隙值的改变对磨损的分布区域影响不大，主要影响的是磨损深度的峰值。间隙值的差异不仅影响机构的动力学响应，而且导致转动副表面的磨损状况产生巨大差异，这一点值得关注。

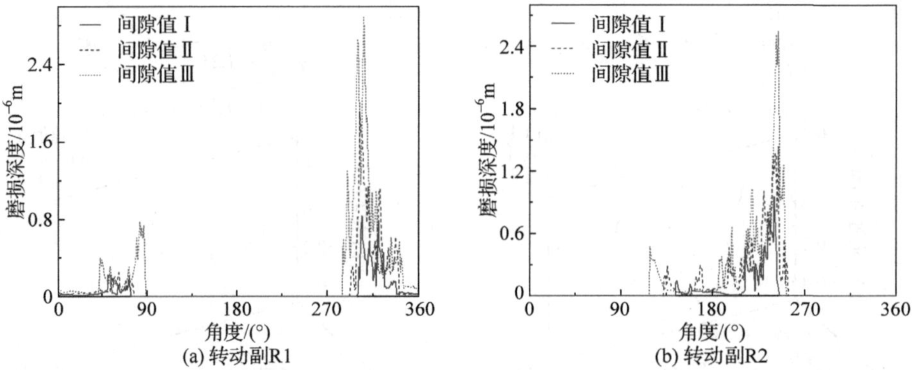

图 4.16　不同间隙值时 3-RRPaR 空间并联机构的含非规则磨损间隙转动副的磨损深度(彩图请扫封底二维码)

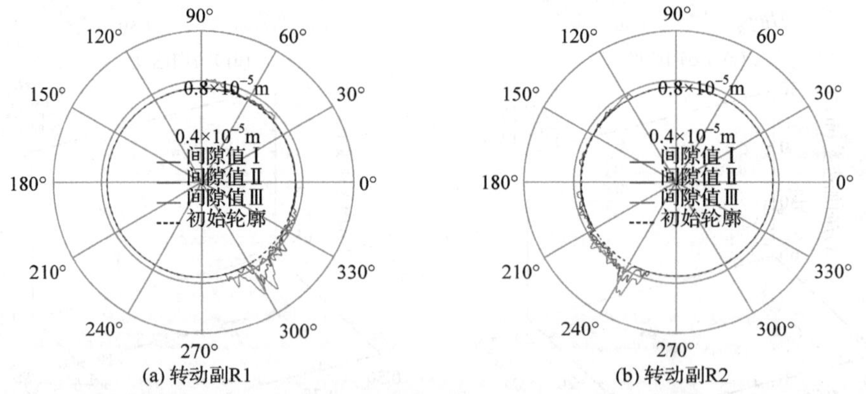

图 4.17　不同间隙值时 3-RRPaR 空间并联机构的含非规则磨损间隙转动副磨损后轴套的表面轮廓(彩图请扫封底二维码)

如图 4.18 和图 4.19 所示，随着间隙值的增大，碰撞力幅值及碰撞频率增大。这种现象出现的原因是磨损后的转动副表面轮廓不规则，间隙值在不同的位置存在差异，其数值大小和该范围内的磨损程度直接相关。对于干摩擦间隙，不同间隙值对应的轴心轨迹呈现出相似性，而对于非规则磨损间隙相似性变弱。此外，由于磨损深度的不均匀分布，轴心轨迹需要更久的时间才能进入稳定状态。

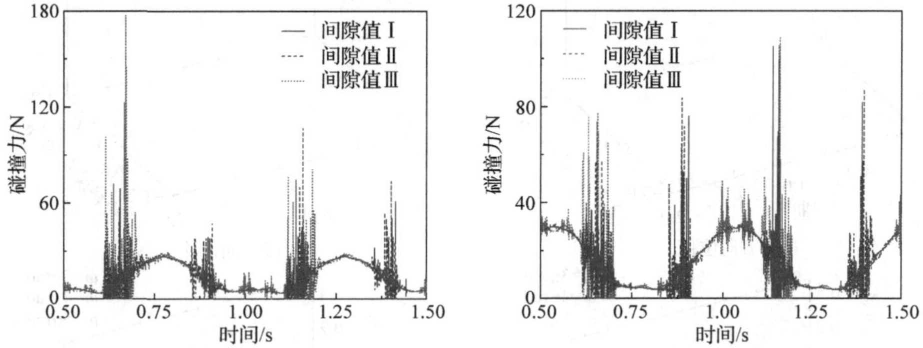

(a) 转动副R1　(b) 转动副R2

图 4.18　不同间隙值时 3-RRPaR 空间并联机构的含非规则磨损间隙转动副的碰撞力
(彩图请扫封底二维码)

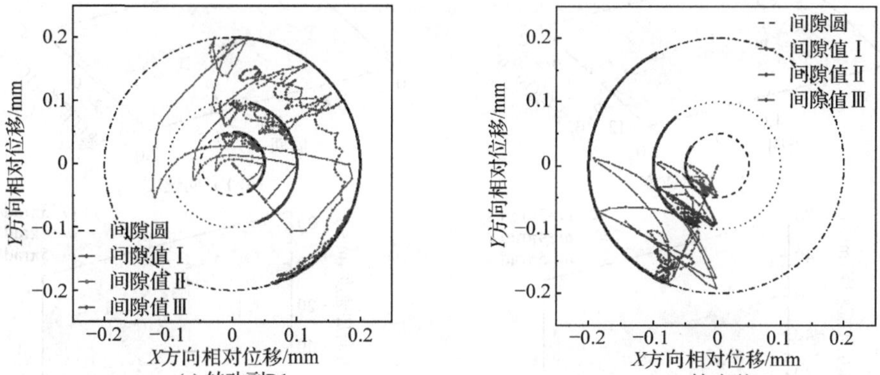

(a) 转动副R1　(b) 转动副R2

图 4.19　不同间隙值时 3-RRPaR 空间并联机构的含非规则磨损间隙转动副的轴心轨迹
(彩图请扫封底二维码)

5. 运动速度对含非规则磨损间隙的 3-RRPaR 空间并联机构动力学响应的影响

基于两次磨损重构后的数据，本节重点考察运动速度对含非规则磨损间隙的 3-RRPaR 空间并联机构动力学响应的影响。如图 4.20 所示该空间机构的末端执行器的动力学响应，当运动速度 ω=3πrad/s 时，位移响应、速度响应和加速度响应受非规则磨损间隙的影响很小；当运动速度增大至 ω=5πrad/s 时，X 方向和 Y 方向速度误差分别在[-1.05×10^{-3}m/s, 1.47×10^{-3}m/s]和[-5.16×10^{-3}m/s, 4.43×10^{-3}m/s]内，而最大加速度误差由于剧烈的碰撞现象达到了 82.03m/s^2 和−47.49m/s^2。

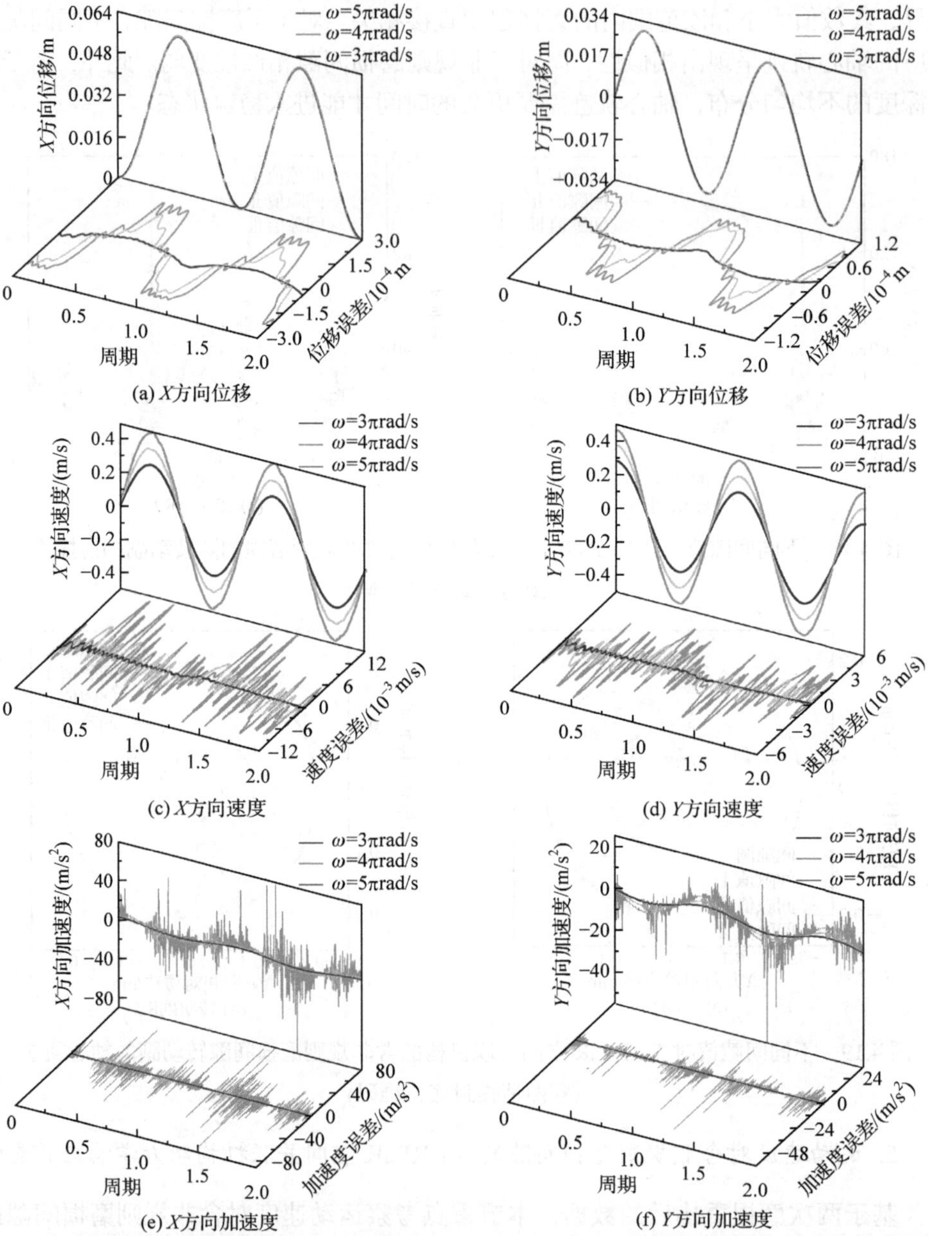

图 4.20　不同运动速度时 3-RRPaR 空间并联机构的末端执行器的动力学响应
(彩图请扫封底二维码)

图 4.21～图 4.24 分别给出了不同运动速度时 3-RRPaR 空间并联机构的含非规则磨损间隙转动副的磨损深度、磨损后轴套的表面轮廓、碰撞力和轴心轨迹。由磨损深度曲线可知，随着运动速度的增大，转动副 R1 和 R2 的最大磨损深度呈

非线性增长，分别由 3.83×10^{-7}m 和 3.43×10^{-7}m 增大至 2.8×10^{-6}m 和 2.29×10^{-6}m。此外，观察磨损后轴套的表面轮廓可发现，磨损分布范围也分别由 10.60%和

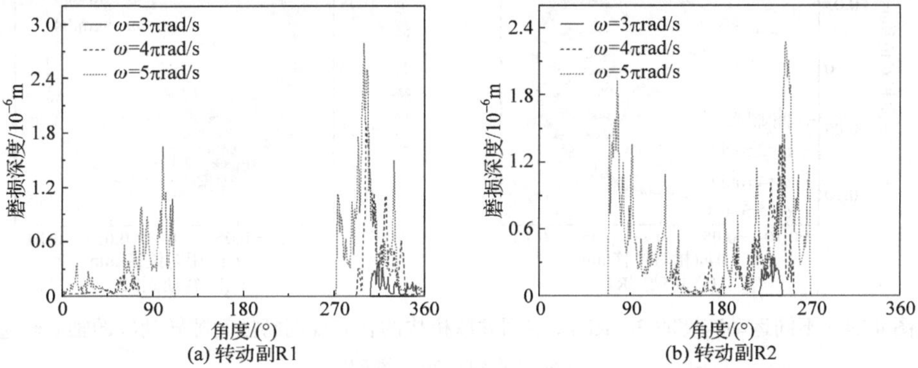

图 4.21　不同运动速度时 3-RRPaR 空间并联机构的含非规则磨损间隙转动副的磨损深度(彩图请扫封底二维码)

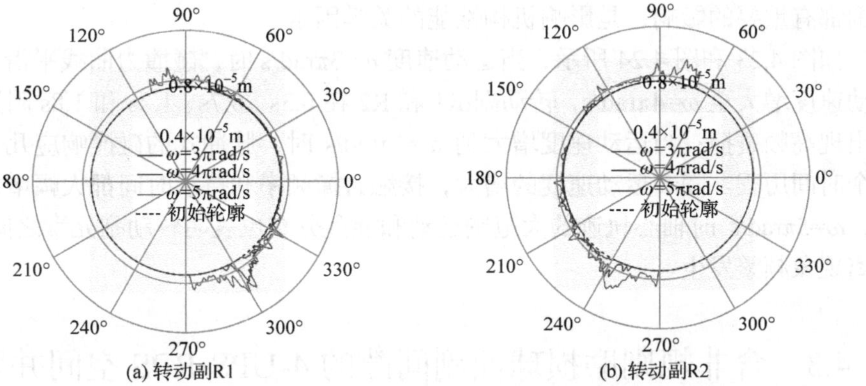

图 4.22　不同运动速度时 3-RRPaR 空间并联机构的含非规则磨损间隙转动副磨损后轴套的表面轮廓(彩图请扫封底二维码)

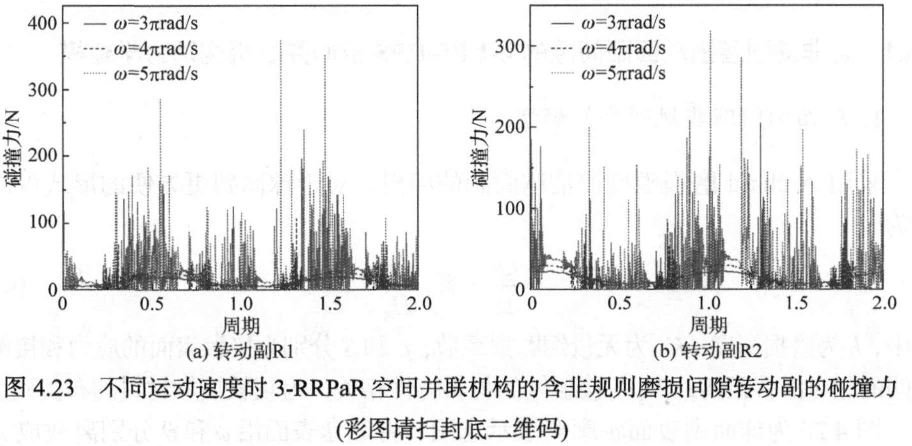

图 4.23　不同运动速度时 3-RRPaR 空间并联机构的含非规则磨损间隙转动副的碰撞力(彩图请扫封底二维码)

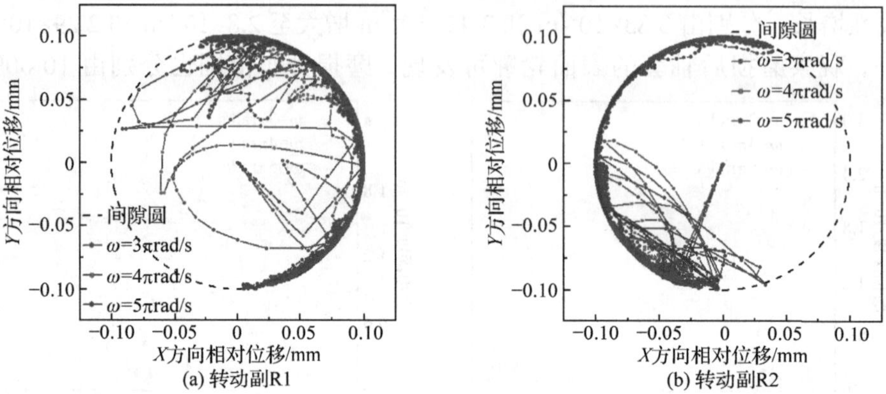

图 4.24 不同运动速度时 3-RRPaR 空间并联机构的含非规则磨损间隙转动副的轴心轨迹(彩图请扫封底二维码)

6.71%增大到 55.01%和 56.61%。这表明运动速度对转动副磨损深度及磨损的分布范围都有重要的影响，是影响机构性能的关键因素。

如图 4.23 和图 4.24 所示，当运动速度 ω=3πrad/s 时，碰撞力曲线平滑；随着运动速度增大至 ω=4πrad/s，转动副 R1 和 R2 在 0.3s、0.7s、1.2s 和 1.8s 附近位置处出现高频碰撞；当运动速度增大到 ω=5πrad/s 时，脉冲式的碰撞响应几乎贯穿整个时间历程。随着运动速度的增大，接触碰撞频率和持续时间都大幅增加。此外，ω=5πrad/s 时轴心轨迹的大范围运动和混乱分布也表明转动副元素之间碰撞-分离现象频繁发生。

4.3 含非规则磨损球面副间隙的 4-UPS-RPS 空间并联机构动力学建模与分析

4.3.1 含非规则磨损球面副间隙的 4-UPS-RPS 空间并联机构动力学建模

1. 球面副间隙非规则磨损模型

采用 Archard 磨损模型评估球面副的磨损，对于球面副更方便的形式可以表示为

$$\frac{\mathrm{d}h}{\mathrm{d}S} = K_{\mathrm{w}} \frac{p}{H_{\mathrm{s}}} \tag{4.23}$$

式中，h 为磨损深度；K_{w} 为无量纲磨损系数；p 和 S 分别为接触表面的应力和接触体之间的相对滑移距离；H_{s} 与接触体的材料特性相关，为较软接触材料的布氏硬度。

图 4.25 为球面副表面轮廓离散示意图，将球套表面沿 ϕ 和 θ 分别离散成 n 份

和 $2n$ 份。r_i^{w} 为控制点 P_i^{c} 的曲率半径，$\theta_i \in [0,\pi]$ 表示控制点 P_i^{c} 的矢径与 Z 轴正方向的夹角，$\phi_i \in [0,2\pi]$ 为控制点 P_i^{c} 的矢径在 X-Y 平面的投影与 X 轴正方向的夹角。通过控制点参数化描述具有不规则间隙的球套表面轮廓。控制点 P_i^{c} 在球坐标系下的位置向量可以表示为

$$\boldsymbol{P}_i^c = \begin{bmatrix} r_i^{\mathrm{w}} & \theta_i & \phi_i \end{bmatrix}^{\mathrm{T}}, \quad i = 0,1,\cdots,m \tag{4.24}$$

图 4.26 为球面副磨损几何关系图。当球头和球套受到外力作用保持接触时，接触区域是半径为 a 的圆形区域。此时，最大接触半角 $\varphi_{\max}$ 可以表示为

$$\varphi_{\max} = a\cos\frac{e^2 + R_{\mathrm{si}}^2 - R_{\mathrm{bj}}^2}{2eR_{\mathrm{si}}} \tag{4.25}$$

根据几何关系，接触区域半径 a 可以表示为

$$a = R_{\mathrm{si}} \sin\varphi_{\max} \tag{4.26}$$

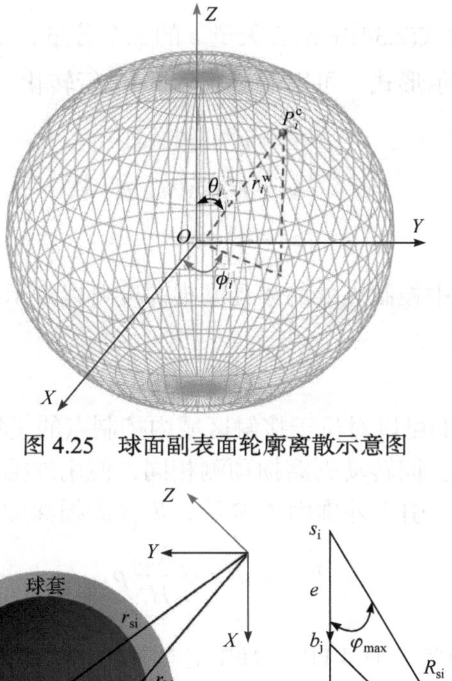

图 4.25　球面副表面轮廓离散示意图

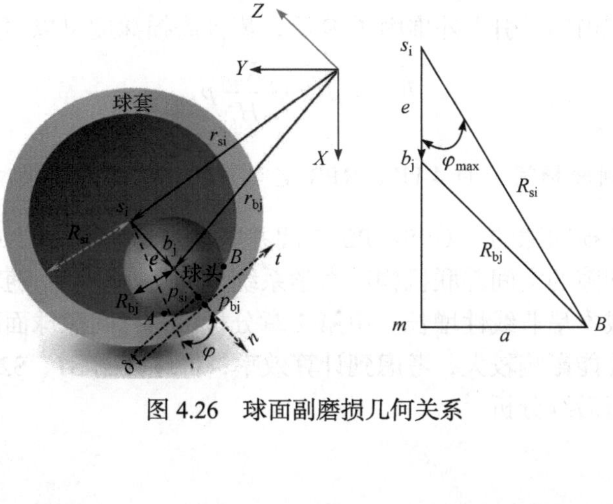

图 4.26　球面副磨损几何关系

在接触区域中，任意控制点 P_i^c 处的应力都可以表示为最大接触应力 p_m 的函数，其计算公式如下：

$$P(\varphi)=p_m\sqrt{1-\left(\frac{\sin\varphi}{\sin\varphi_{max}}\right)^2} \tag{4.27}$$

式中，φ 为接触区域内控制点与法向向量 $\boldsymbol{n}$ 的夹角。

最大接触应力 p_m 可以写为

$$p_m=\frac{3F_n}{2\pi a^2} \tag{4.28}$$

网格上控制点与接触中心的夹角 η_i 可用来识别位于接触区域内的控制点：

$$\eta_i=a\cos\frac{e_x x_i+e_y y_i+e_z z_i}{\sqrt{e_x^2+e_y^2+e_z^2}\sqrt{x_i^2+y_i^2+z_i^2}} \tag{4.29}$$

式中，e_x、e_y、e_z 为式(2.34)中偏心矢量 $\boldsymbol{e}$ 的三个分量；x_i、y_i、z_i 为控制点 P_i^c 在直角坐标系中的表示形式，可以通过式(4.30)进行转化：

$$\begin{cases}x_i=r_i^w\sin\theta_i\cos\phi_i\\ y_i=r_i^w\sin\theta_i\sin\phi_i\\ z_i=r_i^w\cos\theta_i\end{cases} \tag{4.30}$$

球面副接触区域中控制点处的累计磨损深度可以表示为

$$h_j^s=h_{j+1}^s+\frac{K_w}{H_s}p_j \tag{4.31}$$

结合式(4.29)～式(4.31)可以对位于接触区域内控制点的坐标 P_i^c 进行更新，并进行球面副表面轮廓重构。同转动副磨损预测相同，使用外推加速策略来提高仿真效率(Zhao et al.，2013)。引入外推因子 Θ 后，累计磨损深度可以写为

$$h_j^s=h_{j+1}^s+\Theta\frac{K_w}{H_s}p_j \tag{4.32}$$

2. 含非规则磨损间隙的 4-UPS-RPS 空间并联机构动力学模型

含非规则磨损间隙的 4-UPS-RPS 空间并联机构的结构简图如图 4.27 所示。含非规则磨损间隙的空间并联机构动力学系统呈高度非线性，随着间隙球面副数量的增加计算成本呈非线性增长。由第 2 章分析可知，间隙球面副 S1、S2 和 S5 对系统动力学性能影响较大，考虑到计算效率，将球面副 S1、S2 和 S5 视为磨损间隙球面副进行后续分析。

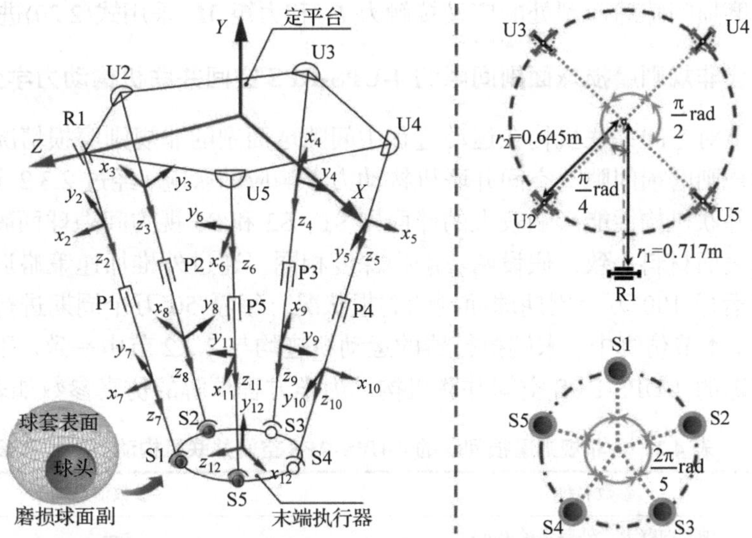

图 4.27　含非规则磨损间隙的 4-UPS-RPS 空间并联机构的结构简图

含非规则磨损球面副间隙的 4-UPS-RPS 空间并联机构的动力学方程可以表示为

$$\begin{bmatrix} \boldsymbol{M} & \boldsymbol{0} & \boldsymbol{0} & \boldsymbol{\Phi}_r^{\mathrm{T}} \\ \boldsymbol{0} & \boldsymbol{J}^p & \boldsymbol{P}^{\mathrm{T}} & \boldsymbol{\Phi}_p^{\mathrm{T}} \\ \boldsymbol{0} & \boldsymbol{P} & \boldsymbol{0} & \boldsymbol{0} \\ \boldsymbol{\Phi}_r & \boldsymbol{\Phi}_p & \boldsymbol{0} & \boldsymbol{0} \end{bmatrix} \begin{bmatrix} \ddot{\boldsymbol{r}} \\ \ddot{\boldsymbol{p}} \\ \boldsymbol{\lambda}^p \\ \boldsymbol{\lambda} \end{bmatrix} = \begin{bmatrix} \boldsymbol{F} \\ \hat{\boldsymbol{\tau}} \\ \boldsymbol{\eta}^p \\ \hat{\boldsymbol{\eta}} \end{bmatrix} \tag{4.33}$$

式中，$\boldsymbol{F}$ 和 $\hat{\boldsymbol{\tau}}$ 分别为广义力向量和力矩向量，包括惯性力、非规则磨损球面副接触产生的碰撞力和力矩及其他外力与外力矩。其余矢量描述与第 2 章含干摩擦间隙的空间机构动力学方程中相同，不再赘述。受球面副磨损的影响，球面副表面材料缺失导致各控制点处的曲率半径 R_s^* 出现差异。因此，控制点 m 处的间隙值和嵌入深度分别重新定义为

$$c_{\mathrm{s}}^*(m) = R_{\mathrm{s}}^*(m) - R_{\mathrm{b}} \tag{4.34}$$

$$\delta_{\mathrm{s}}^*(m) = \sqrt{\boldsymbol{e}^{\mathrm{T}}\boldsymbol{e}} - c_{\mathrm{s}}^*(m) \tag{4.35}$$

结合式(2.46)非规则磨损球面副处的法向接触力可以表示为

$$F_{\mathrm{N}}^* = (F_{\mathrm{n}}^m)^* + (C_m)^* \tag{4.36}$$

切向摩擦力可以改写为

$$F_{\mathrm{T}}^* = F_{\mathrm{N}}^* \mu_{\mathrm{k}} \tanh\frac{4v_{\mathrm{t}}}{v_{\mathrm{s}}} + \frac{F_{\mathrm{N}}^*(\mu_{\mathrm{s}} - \mu_{\mathrm{k}})v_{\mathrm{t}}}{\left\{ v_{\mathrm{s}}\left[\frac{1}{4}\left(\frac{v_{\mathrm{t}}}{v_{\mathrm{s}}}\right)^2 + \frac{3}{4}\right]\right\}^2} \tag{4.37}$$

非规则磨损间隙球面副处的广义接触力 $\boldsymbol{F}_{\mathrm{W}}$ 和力矩 $\boldsymbol{M}_{\mathrm{W}}$ 采用式(2.20)进行计算。

4.3.2 含非规则磨损球面副间隙的 4-UPS-RPS 空间并联机构动力学分析

本节对空间并联机构在运动过程中间隙球面副的非规则磨损情况进行预测，分析非规则磨损间隙对空间并联机构动力学响应的影响。经过 2.3.2 节的分析，将对空间并联机构性能影响较大的球面副 S1、S2 和 S5 视为间隙球面副，由于球头和球套表面材料一致，假设两者磨损深度相同。通过外推加速策略近似模拟空载时机构运行 100 万个周期球面副的磨损状况，每隔 50 万个周期进行一次表面轮廓重构。本节仿真中，末端执行器的运动轨迹均与 2.2.2 节中一致。用于含非规则磨损间隙的 4-UPS-RPS 空间并联机构动力学方程求解的仿真参数如表 4.2 所示。

表 4.2 含非规则磨损间隙的 4-UPS-RPS 空间并联机构动力学仿真参数

参数名称	参数信息
轴套内壁 R_{i}、外壁半径 R_{o}/m	—
销轴材料，轴套材料	—
球头材料，球套材料	钢
轴套长度 L_{b}/m	—
球头半径 R_{bj}/m	0.0225
摩擦系数 $\mu_{\mathrm{s}}, \mu_{\mathrm{k}}$	0.1，0.15
杨氏模量 $E_{\mathrm{b}}, E_{\mathrm{j}}$/GPa	200
线性磨损系数 k_{w}	8×10^{-14}
泊松比 $\upsilon_{\mathrm{b}}, \upsilon_{\mathrm{j}}$	0.33
外推因子 Θ	500000
表面离散份数	360×360
积分步长/s	0.0001
积分方法	Runge-Kutta-Fehlberg

1. 非规则磨损间隙对 4-UPS-RPS 空间并联机构动力学响应的影响

基于两次磨损重构后的数据，研究非规则磨损球面副间隙对 4-UPS-RPS 空间并联机构末端执行器动力学响应的影响，如图 4.28 所示，机构的运动速度为 $\omega=1.5\pi$rad/s。如图 4.28(a)和(b)所示，对于该机构球面副磨损前后的误差曲线基本重合，Y 方向和 Z 方向位移误差分布在[-5×10^{-4}m, 0m]和[2×10^{-3}m, 4×10^{-3}m]内，这说明球面副经过磨损对位移响应没有明显的影响。观察速度曲线，可以看出干摩擦间隙对 Z 方向速度的影响大于 Y 方向，磨损效应加剧了这一现象。此外，磨损并没有改变速度曲线原有的趋势，仅在特殊的位置点波动程度增加。如图 4.28(e)

和(f)所示，加速度响应对于非规则磨损间隙更加敏感。球面副经过磨损后，Y 方向和 Z 方向加速度误差的最大值分别由 0.04m/s^2 和 0.68m/s^2 增大到 0.20m/s^2 和 1.47m/s^2。可以发现，磨损前后加速度曲线及误差曲线的趋势保持一致，但磨损加

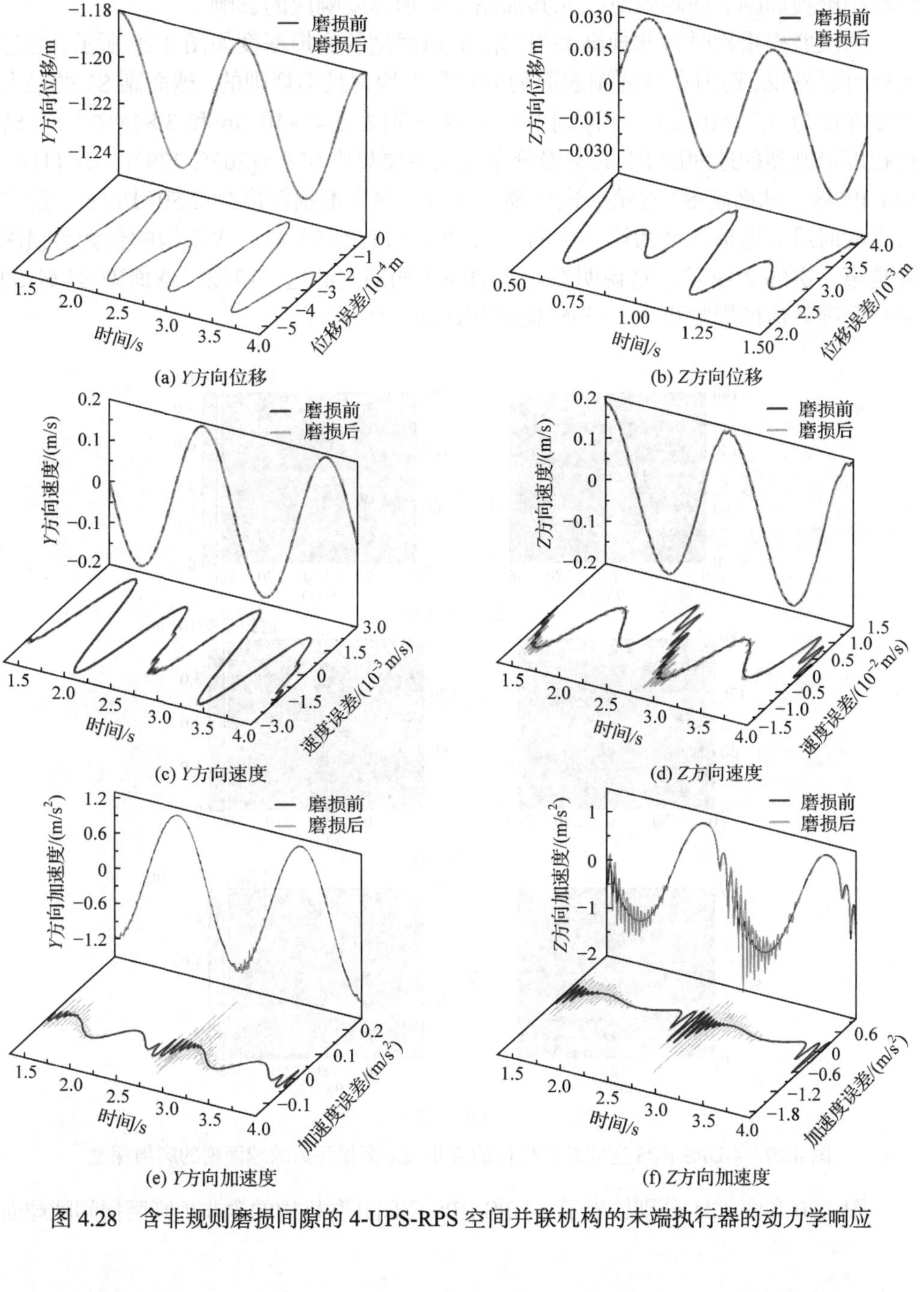

(a) Y方向位移　(b) Z方向位移
(c) Y方向速度　(d) Z方向速度
(e) Y方向加速度　(f) Z方向加速度

图 4.28　含非规则磨损间隙的 4-UPS-RPS 空间并联机构的末端执行器的动力学响应

剧了球面副元素的碰撞，导致加速度曲线上出现了更多波动。经过磨损，Y 方向和 Z 方向的加速度误差分布范围增大，由[-0.04m/s^2, 0.04m/s^2]和[-0.68m/s^2, 0.25m/s^2]分别增大到[-0.09m/s^2, 0.21m/s^2]和[-1.47m/s^2, 0.65m/s^2]。上述结果表明，运动副磨损加剧了间隙效应，尤其加剧了对加速度响应的影响。

两次磨损重构时含非规则磨损间隙的球面副的磨损深度如图 4.29 所示。通过观察可以发现，磨损在球面副表面的分布是不均匀且不规则的。球面副 S1 的最大磨损深度为 8.70×10^{-6}m，球面副 S5 和 S2 分别为 5.41×10^{-6}m 和 3.84×10^{-6}m。磨损程度最剧烈的球面副 S1 的磨损分布范围主要集中在 $\theta\in[263°, 279°]$、$\varphi\in[110°, 128°]$区域。球面副 S2 在第一次磨损重构时，最大磨损深度为 2.50×10^{-6}m，第二次重构时最大磨损深度为第一次的 1.54 倍。球面副 S5 第二次重构的最大磨损深度是第一次的 2.19 倍。这说明在两次磨损重构期间的这一阶段，球面副 S5 较 S2 受到间隙效应的影响更大，球面副处的接触压力更大。

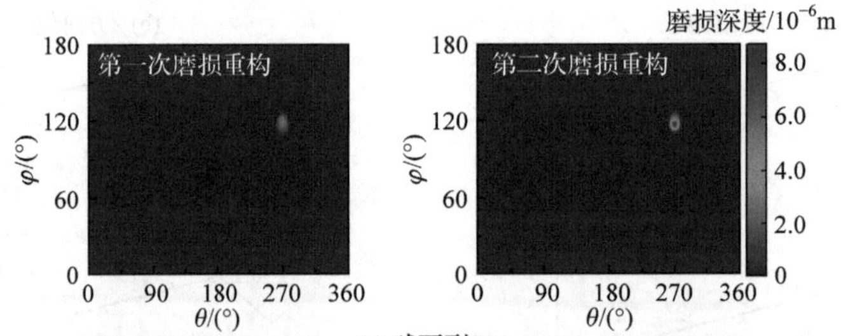

(a) 球面副S1

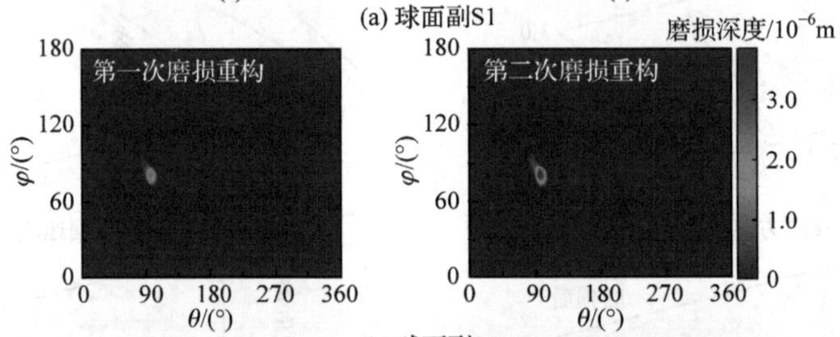

(b) 球面副S2

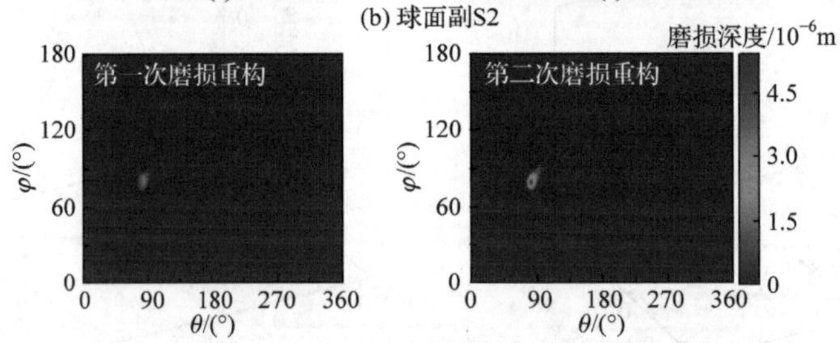

(c) 球面副S5

图 4.29　4-UPS-RPS 空间并联机构的含非规则磨损间隙的球面副的磨损深度

图 4.30 和图 4.31 分别给出了 4-UPS-RPS 空间并联机构的含非规则磨损间隙球面

副的碰撞力和轴心轨迹。由图可以发现，球面副磨损前后，球面副 S1 处的碰撞力曲线基本重合，而球面副 S2 和 S5 经过磨损，碰撞力幅值更大，同时出现了更多的低频波动，这也是导致加速度曲线出现更多毛刺的原因。通过轴心轨迹可以发现，球面副表面经过磨损导致轴心轨迹较磨损之前更加混乱，需要更久才能进入稳定状态。

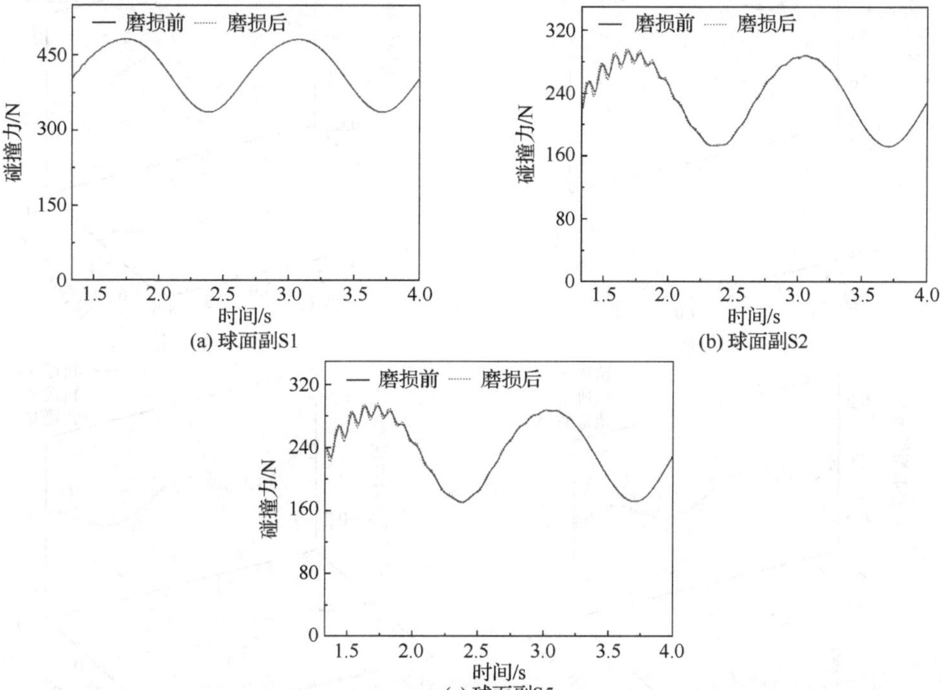

(a) 球面副S1　(b) 球面副S2　(c) 球面副S5

图 4.30　4-UPS-RPS 空间并联机构的含非规则磨损间隙球面副的碰撞力

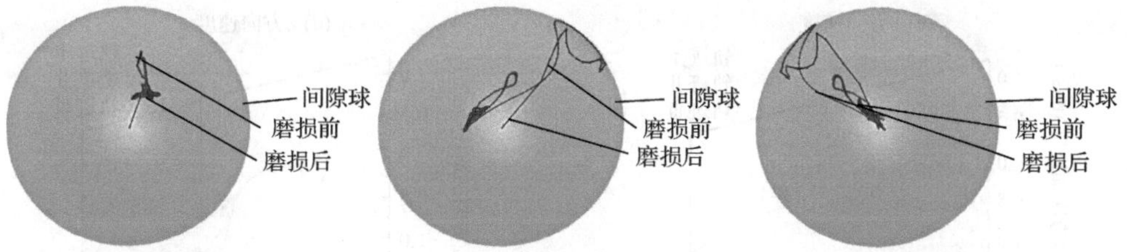

(a) 球面副S1　(b) 球面副S2　(c) 球面副S5

图 4.31　4-UPS-RPS 空间并联机构的含非规则磨损间隙球面副的轴心轨迹(彩图请扫封底二维码)

2. 运动轨迹对含非规则磨损间隙 4-UPS-RPS 空间并联机构动力学响应的影响

研究运动轨迹对含非规则磨损间隙 4-UPS-RPS 空间并联机构动力学响应的影响时，选取的运动轨迹和表 2.12 中一致。为方便分析，所有运动轨迹的运动速度保持一致，均设置为 ω=1.5πrad/s。由图 4.32 可知，随着运动半径的增大，位移误差、速度误差和加速度误差均增大。Y 方向位移误差分布范围受磨损影响较大，由轨迹Ⅰ时的[−3.5×10⁻⁴m, −2.46×10⁻⁴m]增大至轨迹Ⅲ时的[−9.51×10⁻⁴m, 4.34×10⁻⁴m]。对于速度响应，*Y* 方向误差曲线仅在 1.5s 附近出现了轻微的波动，

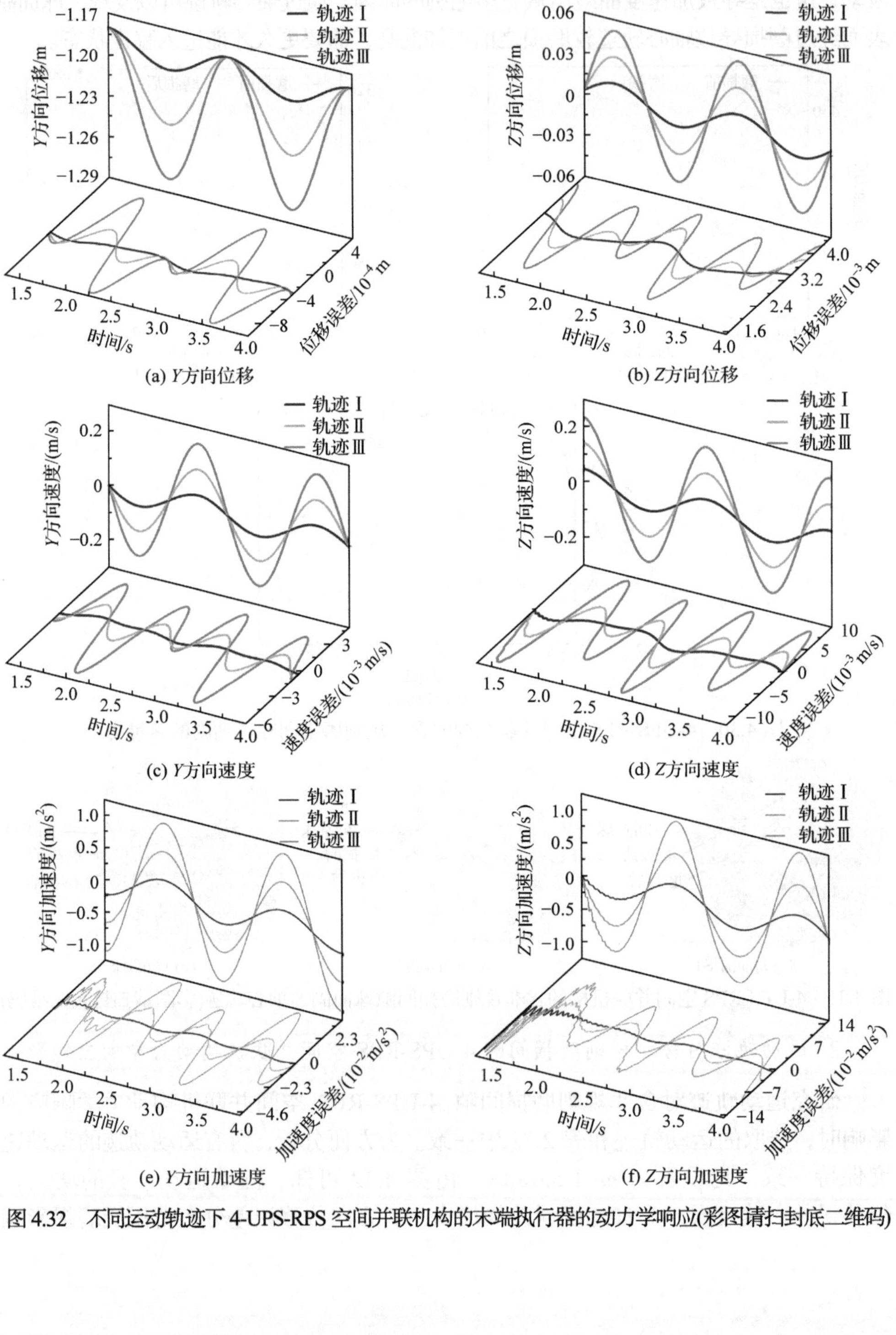

图 4.32　不同运动轨迹下 4-UPS-RPS 空间并联机构的末端执行器的动力学响应(彩图请扫封底二维码)

其余时刻曲线平滑。执行轨迹Ⅲ时，Y 方向和 Z 方向最大加速度误差分别是轨迹Ⅰ的 13.59 倍和 5.86 倍。

由如图 4.33 所示该机构含非规则磨损间隙球面副的磨损深度可以发现，对于所执行的轨迹，球面副 S1 处的磨损程度最大，其次是球面副 S5 和 S2。球面副 S1 的磨损集中区域为 $\theta\in[263°, 279°]$、$\varphi\in[109°, 127°]$。对于球面副 S1，机构执行轨迹Ⅲ时的最大磨损深度为轨迹Ⅰ的 2.16 倍；对于球面副 S2 和 S5，该值有所减小，分别为 1.88 倍和 2.03 倍。应当注意的是，球面副 S2 和 S5 磨损的区域大小与分布坐标近似，这与间隙球面副的分布位置及运动轨迹相关。不同运动轨迹下 4-UPS-RPS 空间并联机构的含非规则磨损间隙球面副的碰撞力和轴心轨迹分别如图 4.34 和图 4.35 所示。由图可以发现，各间隙球面副处轨迹Ⅲ的碰撞力幅值最大，其次是轨迹Ⅱ、轨迹Ⅰ。在球面副 S2 和 S5 处，轨迹Ⅰ的碰撞力波动幅值更大且持续的时间更长，但是整体碰撞力水平要低于轨迹Ⅱ和轨迹Ⅲ。碰撞力的波动位置同加速度曲线的波动位置保持一致。通过观察轴心轨迹可以发现，三种运

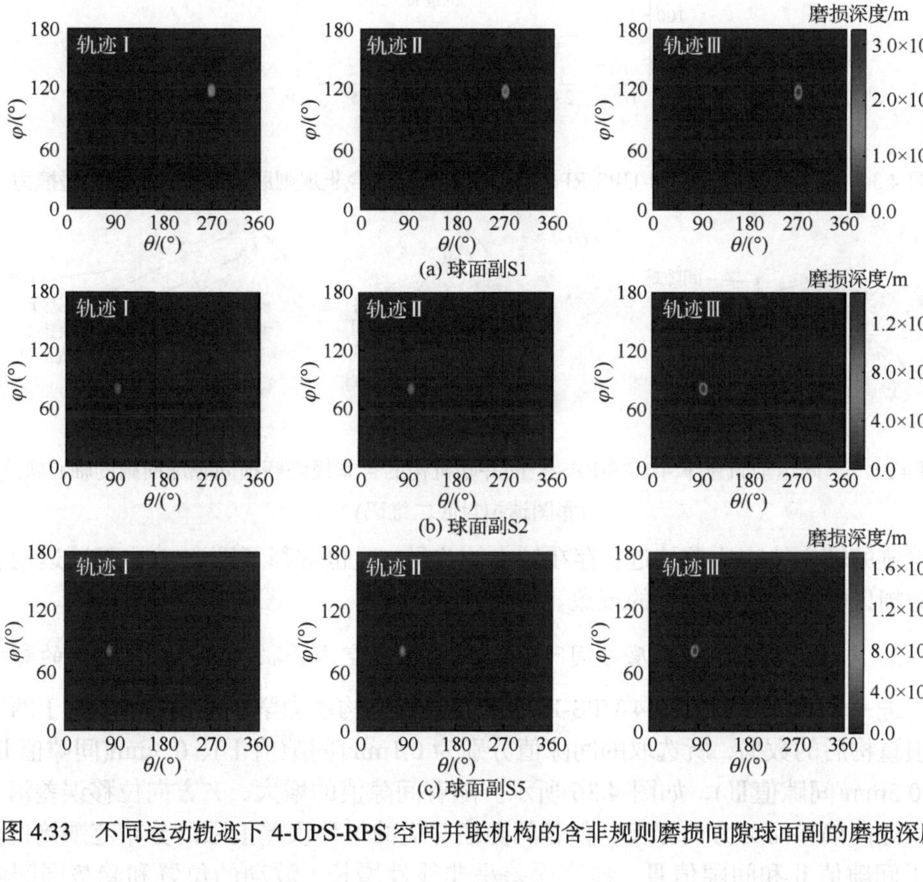

图 4.33　不同运动轨迹下 4-UPS-RPS 空间并联机构的含非规则磨损间隙球面副的磨损深度

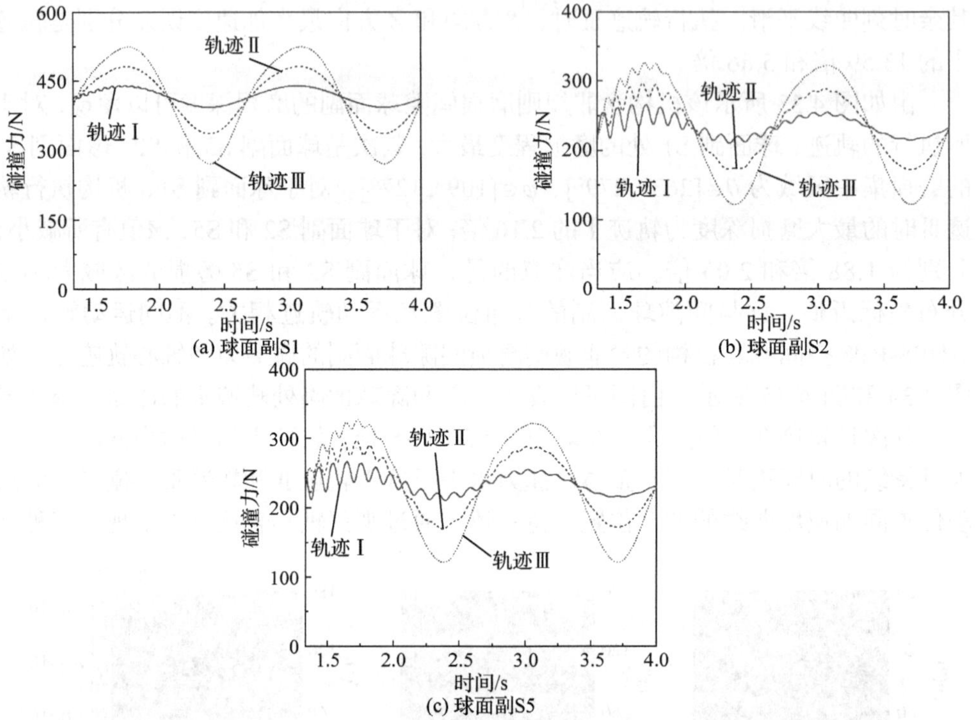

(a) 球面副S1　(b) 球面副S2　(c) 球面副S5

图 4.34　不同运动轨迹下 4-UPS-RPS 空间并联机构的含非规则磨损间隙球面副的碰撞力

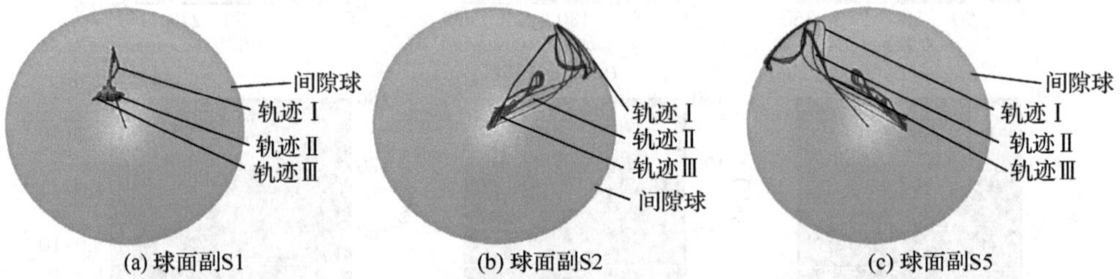

(a) 球面副S1　(b) 球面副S2　(c) 球面副S5

图 4.35　不同运动轨迹下 4-UPS-RPS 空间并联机构的含非规则磨损间隙球面副的轴心轨迹

(彩图请扫封底二维码)

动轨迹的轴心轨迹比较接近，存在较小的差异，这也解释了图 4.33 中不同运动轨迹磨损区域形状比较接近的现象。

3. 间隙值对含非规则磨损间隙的 4-UPS-RPS 空间并联机构动力学响应的影响

进一步研究间隙值对 4-UPS-RPS 空间并联机构动力学响应的影响，基于两次磨损重构后的数据，所选取的间隙值分别为 0.1mm(间隙值Ⅰ)、0.3mm(间隙值Ⅱ)和 0.5mm(间隙值Ⅲ)，如图 4.36 所示。随着间隙值的增大，Y 方向位移误差沿 Y 轴正方向偏移而 Z 方向相反，但各间隙值对应的位移误差上限的分布范围接近。对于间隙值Ⅱ和间隙值Ⅲ，速度误差呈非线性增长，波动的位置和趋势同间隙值 I 存在巨大差异，类似的现象也出现在加速度响应上。加速度响应出现了持续的波动，但趋势同间隙值 I 保持一致。对于 Y 方向的加速度误差，间隙值 I 误

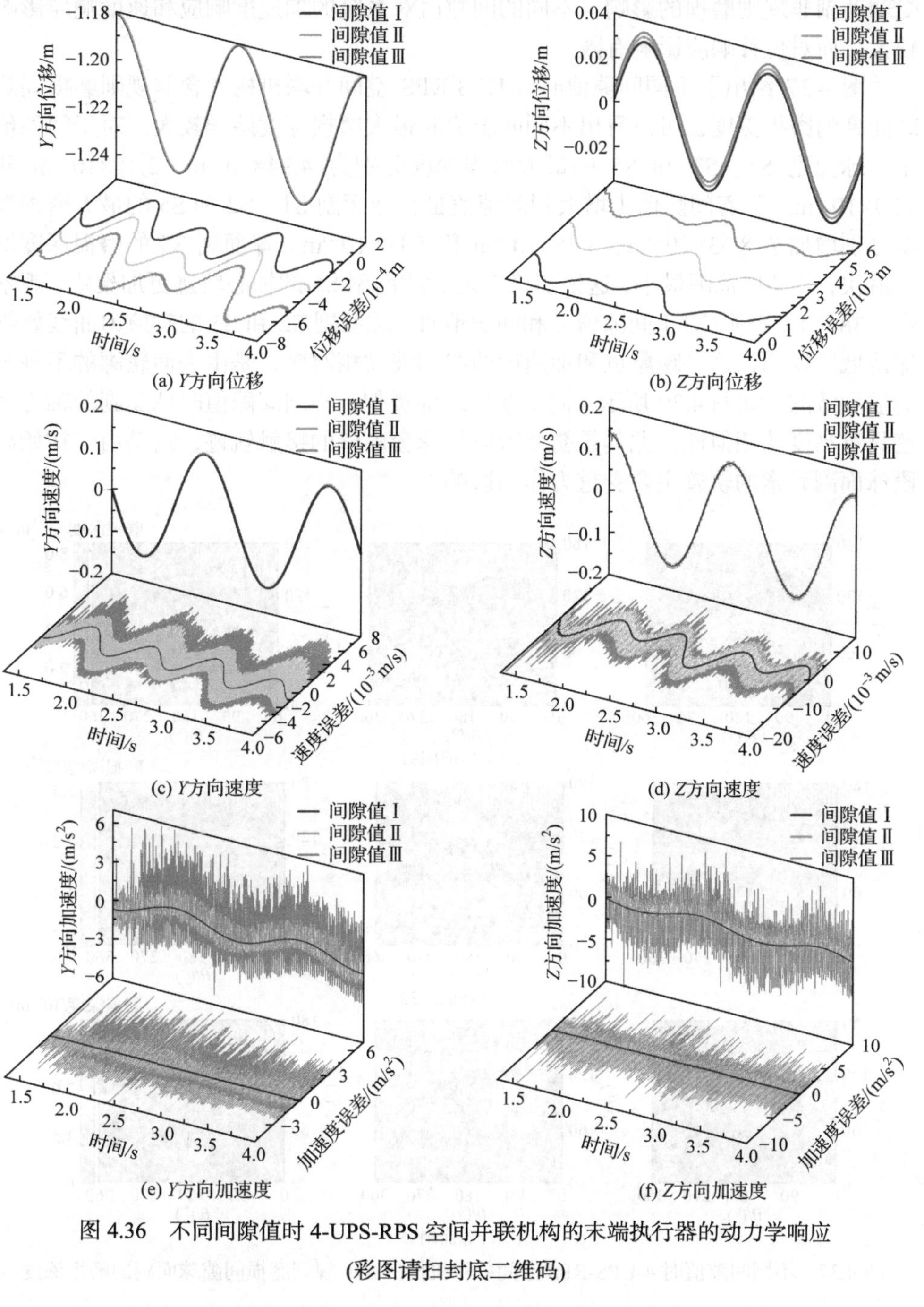

(a) Y方向位移　(b) Z方向位移

(c) Y方向速度　(d) Z方向速度

(e) Y方向加速度　(f) Z方向加速度

图 4.36　不同间隙值时 4-UPS-RPS 空间并联机构的末端执行器的动力学响应
(彩图请扫封底二维码)

差分布在[−0.01m/s², 0.02m/s²]内，随着间隙值Ⅰ增大到间隙值Ⅲ，误差分布范围急剧增大至[−5.04m/s², 6.44m/s²]，分布范围的上下限分别变为 504 倍和 322 倍。受球动副非规则磨损的影响，不同的间隙值对系统的加速度响应和速度响应影响较大，而对位移响应影响有限。

图 4.37 给出了不同间隙值时 4-UPS-RPS 空间并联机构的含非规则磨损间隙球面副的磨损深度，可以看出不同间隙值时最大磨损深度差异较大。对于间隙值Ⅰ，球面副 S1、S2 和 S5 的最大磨损深度分别为 4.94×10^{-7}m、2.18×10^{-7}m 和 2.29×10^{-7}m。随着间隙值Ⅰ增大到间隙值Ⅲ，球面副 S1、S2 和 S5 的最大磨损深度分别增加至 8.53×10^{-6}m、3.46×10^{-6}m 和 5.19×10^{-6}m。球面副 S5 的磨损深度增加最快，且磨损范围最小，这说明稳定之后球面副 S5 的轴心轨迹更加聚集。观察图 4.38 可以发现，对于间隙值Ⅱ和间隙值Ⅲ，球面副 S2 和 S5 的碰撞力曲线始终保持低频振动，这一现象也和加速度曲线的波动相对应，是由表面轮廓的不规则磨损导致的。如图 4.39 所示，同干摩擦间隙类似，不同间隙值时球面副的轴心轨迹具有高度的相似性，尤其是初始阶段与球套内壁的接触轨迹，这是由于初始阶段球面副元素的轨迹主要受重力作用影响。

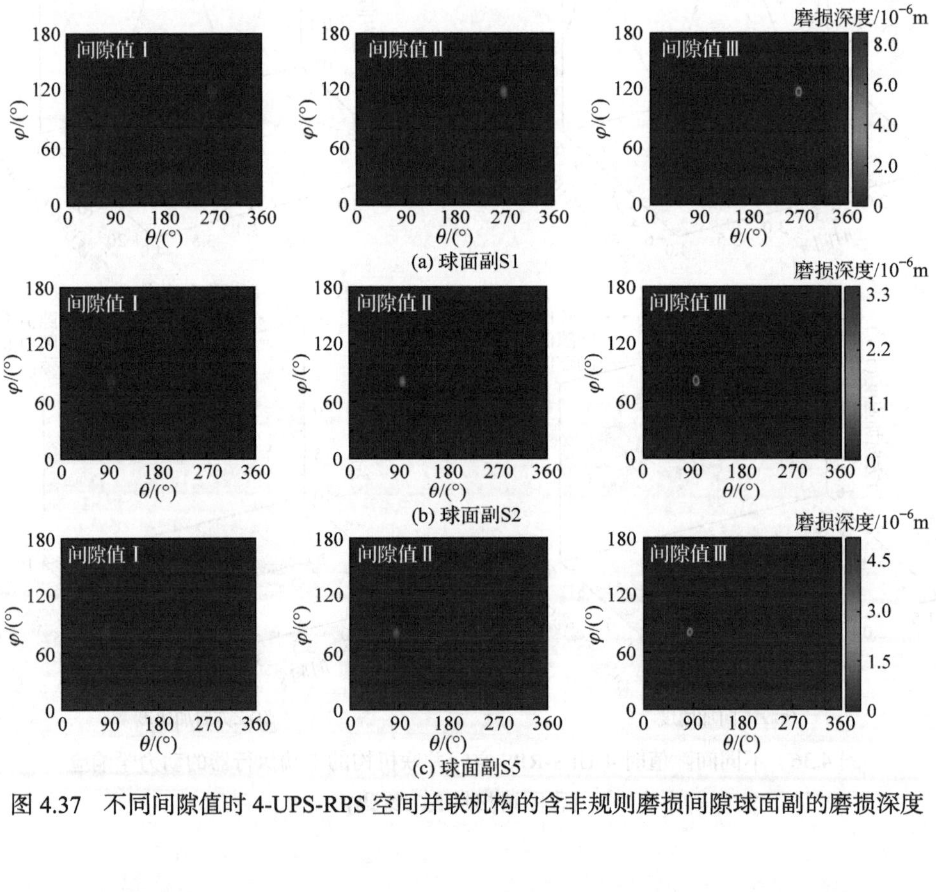

图 4.37　不同间隙值时 4-UPS-RPS 空间并联机构的含非规则磨损间隙球面副的磨损深度

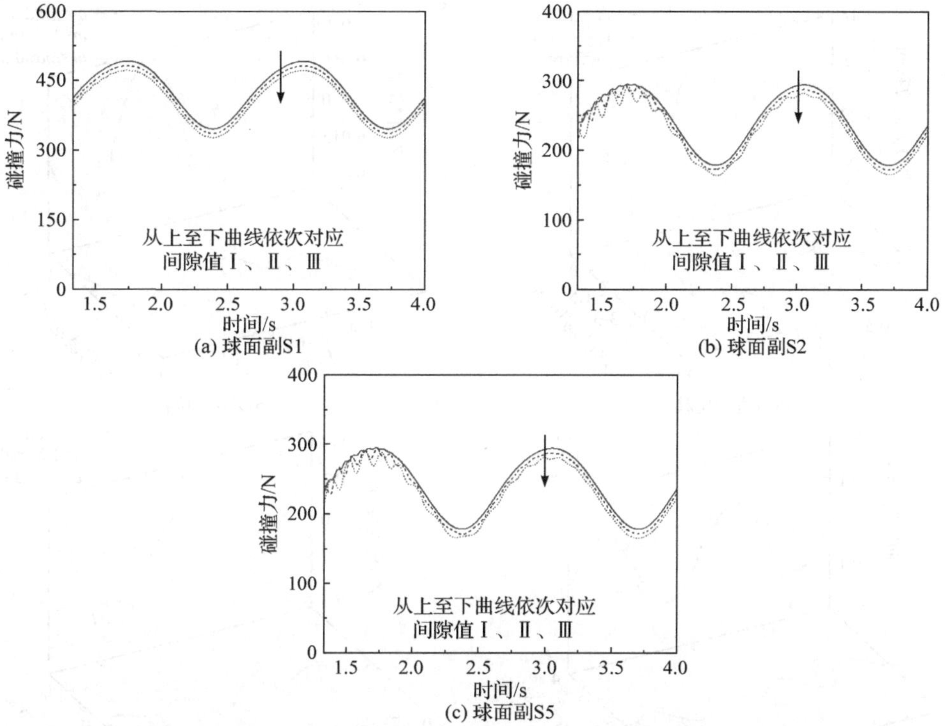

图 4.38　不同间隙值时 4-UPS-RPS 空间并联机构的含非规则磨损间隙球面副的碰撞力

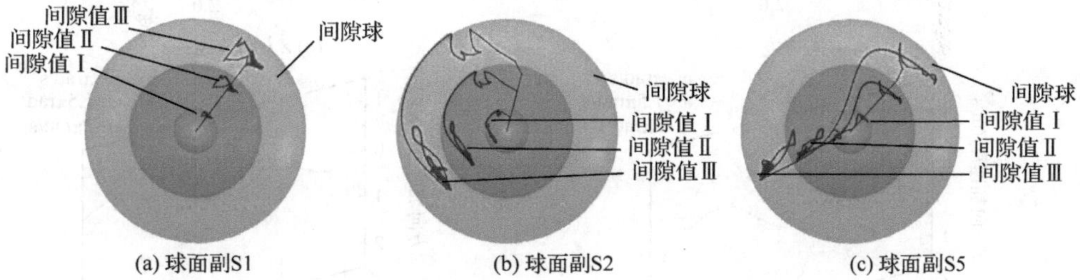

图 4.39　不同间隙值时 4-UPS-RPS 空间并联机构的含非规则磨损间隙球面副的轴心轨迹

4. 运动速度对含非规则磨损间隙的 4-UPS-RPS 空间并联机构动力学响应的影响

基于两次磨损重构后的数据，本节对比不同运动速度下 4-UPS-RPS 空间并联机构的末端执行器的动力学响应。由图 4.40 可以看出，位移误差对于运动速度变化不敏感。速度误差随着运动速度的增大有所增大，但是依然维持在相同的误差水平，当运动速度为 ω=2πrad/s 时，Y 方向速度误差在第 1.09 个周期附近偏离程度最大，为–0.012m/s。随着运动速度的增大，加速度响应出现了剧烈波动，Y 方向加速度误差最大值出现的位置与速度曲线波动峰值的位置相同。

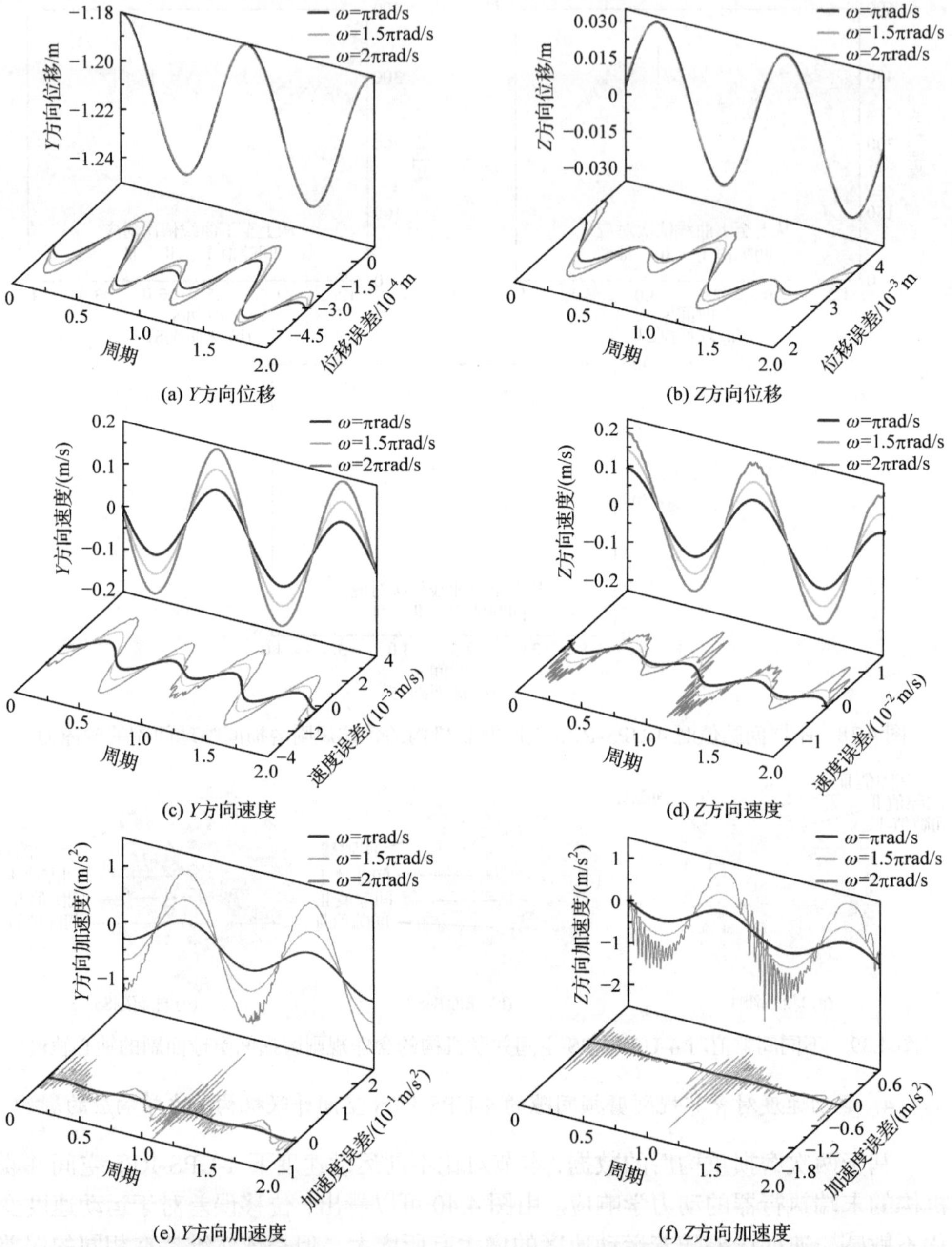

(a) *Y*方向位移　　(b) *Z*方向位移

(c) *Y*方向速度　　(d) *Z*方向速度

(e) *Y*方向加速度　　(f) *Z*方向加速度

图 4.40　不同运动速度下 4-UPS-RPS 空间并联机构的末端执行器的动力学响应

(彩图请扫封底二维码)

考虑不同运动速度时，4-UPS-RPS 空间并联机构的含非规则磨损间隙球面副的磨损深度如图 4.41 所示。由图可知，球面副 S1 的磨损程度最剧烈，当运动速

度 $\omega=2\pi\text{rad/s}$ 时，最大磨损深度达到 $8.70\times10^{-6}\text{m}$。相对于球面副 S2，球面副 S5 磨损区域较大且更集中。比较不同运动速度时的磨损深度图像，可以发现随着运动速度的增大，各间隙球面副磨损程度加剧。这一现象结合图 4.42 可以解释为，由于运动速度增大，各球面副处碰撞力增大引起单位面积内的接触压力增大，碰撞频率的增加引起滑动速度增大，结合 Archard 磨损公式可知磨损程度加剧。由如图 4.43 所示含非规则磨损间隙球面副的轴心轨迹可知，随着运动速度的增大，轴心轨迹运动范围有所偏移，但经过若干次碰撞后，最终集中在特定的区域往复运动。

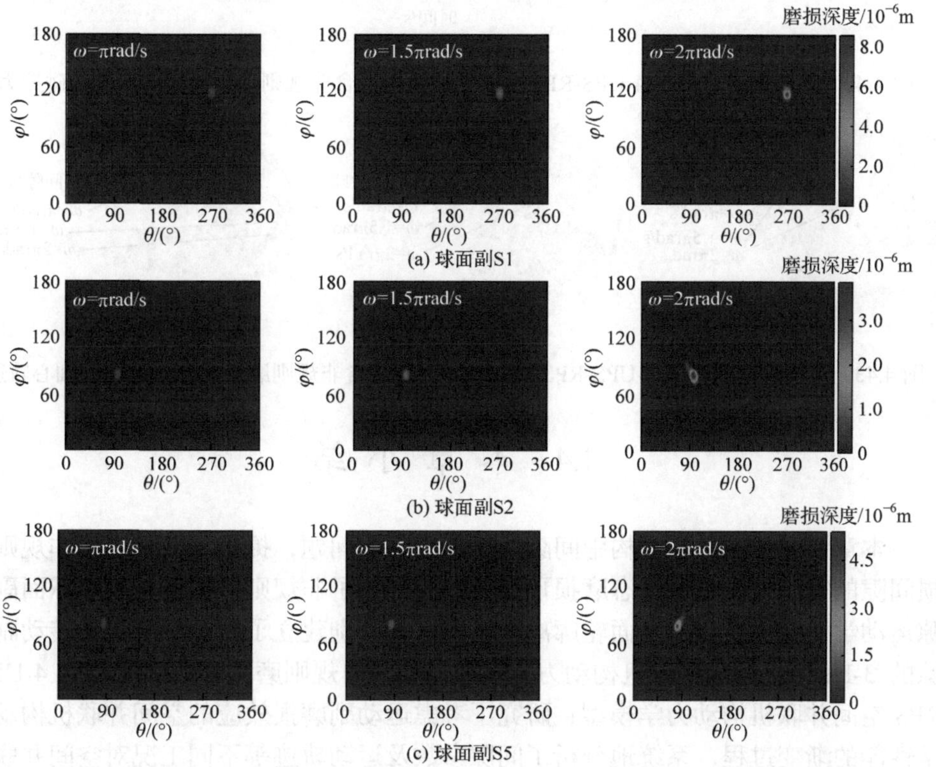

图 4.41　不同运动速度下 4-UPS-RPS 空间并联机构的含非规则磨损间隙球面副的磨损深度

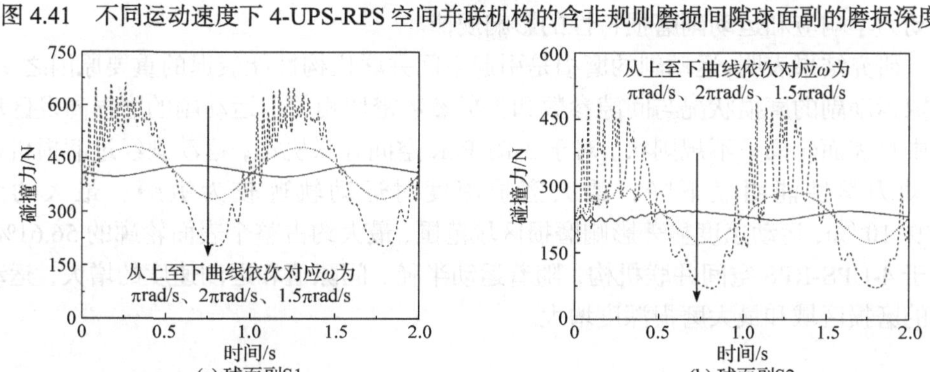

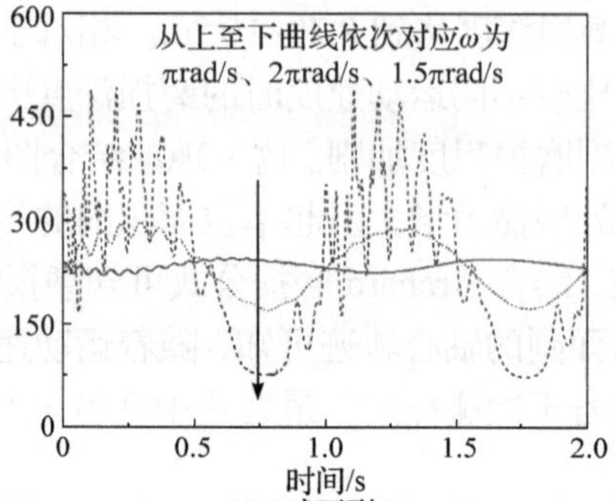

(c) 球面副S5

图 4.42　不同运动速度下 4-UPS-RPS 空间并联机构的含非规则磨损间隙球面副的碰撞力

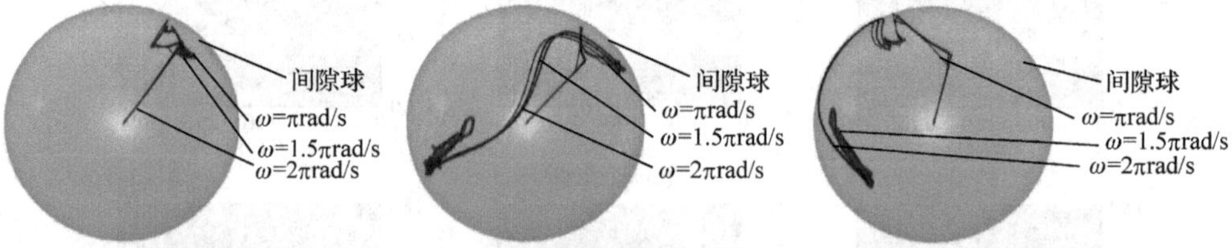

(a) 球面副S1　　(b) 球面副S2　　(c) 球面副S5

图 4.43　不同运动速度下 4-UPS-RPS 空间并联机构的含非规则磨损间隙球面副的轴心轨迹

4.4　本 章 小 结

本章针对空间并联机构中间隙运动副的磨损问题，提出了一种考虑非规则磨损间隙的空间并联机构动态磨损预测方法；推导了非规则磨损转动副和球面副间隙运动学模型并进行了表面轮廓离散与重构；分别建立了含非规则磨损转动副间隙的 3-RRPaR 空间并联机构动力学模型以及含非规则磨损球面副间隙的 4-UPS-RPS 空间并联机构动力学模型；研究了考虑运动副磨损效应的空间并联机构动力学性能的渐变过程，系统地分析了间隙参数及运动轨迹等不同工况对空间并联机构动力学响应和运动副磨损特性的影响规律。

研究结果表明,运动副的磨损是引起空间并联机构性能衰退的重要原因之一，间隙运动副的磨损状况与间隙参数和工况参数密切相关，运动副的磨损高发区域集中且表面轮廓呈不规则状。对于 3-RRPaR 空间并联机构，运动副经过磨损机构的动力学性能明显下降，最大磨损深度对运动轨迹较为敏感，最大约为 4.59×10^{-6}m, 运动速度显著影响磨损区域范围，最大约占整个表面轮廓的 56.61%。对于 4-UPS-RPS 空间并联机构，随着运动半径、间隙值和运动速度的增大，运动副的磨损区域和最大磨损深度增大。

第 5 章 考虑运动副间隙的空间并联机构动力学优化设计

5.1 概 述

空间并联机构在实际运行过程中工况复杂多变，间隙运动副元素之间的剧烈碰撞、运动副表面的不断磨损以及轴承无法长期保持在完全动压润滑状态都导致机构的动力学性能和稳定性面临巨大的挑战。因此，获得空间并联机构关键构件的最佳设计方案以降低间隙效应对机构动力学性能的影响，是保障空间并联机构动力学性能和开展整机集成设计必须重点考虑的问题。

本章研究考虑运动副间隙的空间并联机构的动力学优化设计建模与分析。基于元模型的辅助进化算法建立 3-RRPaR 空间并联机构和 4-UPS-RPS 空间并联机构的间隙动力学优化模型。设置优化目标及约束条件，通过优化关键构件的质量及转动惯量来缓解运动副间隙导致的劣化效应，对比分析优化前后含间隙的空间并联机构动力学响应的变化情况。

5.2 考虑间隙效应的空间并联机构动力学优化建模

通过分析可以发现，保持空间并联机构间隙参数和工况参数在合理范围内，空间并联机构可以具有较好的稳定性和动力学性能。空间并联机构工况环境复杂，传统的数值模拟方法难以对空间并联机构进行高效准确的动态响应预测和动力学性能优化，同时效率低下。考虑到含间隙的空间并联机构动力学响应预测计算的复杂性，将全局度量随机响应面策略用于考虑间隙效应的空间并联机构动力学优化中，在保证计算精度的同时，大大提高了计算效率，为含间隙的空间并联机构的设计与研制提供重要技术支撑。

5.2.1 径向基函数元模型

径向基函数(radial basis function, RBF)结构简单，由于对维数的不敏感性，在高维空间中具有较好的逼近精度。考虑到在动力学优化问题中通常是多设计变量优化问题，因此采用径向基函数作为元模型对考虑间隙效应的空间并联机构动力学模型进行逼近。

径向基函数模型使用基函数的加权来近似复杂的底层函数。对于 n 个不同的点 $x_1, x_2, \cdots, x_n \in \mathbf{R}^d$ 和数据 $f_1, f_2, \cdots, f_n \in \mathbf{R}$，该问题可近似为

$$s(\boldsymbol{x}) = \sum_{i=1}^{n} \lambda_i \varphi\left(\| \boldsymbol{x}_i - c_i \|_2\right) + \rho(\boldsymbol{x}), \quad \boldsymbol{x} \in \mathbf{R}^d \tag{5.1}$$

式中，n 为目标和约束函数内已被评估的点数；第 i 个基函数的系数 $\lambda_i\left(i = 1, 2, \cdots, n\right)$ 可以通过求解线性方程组得到；c_i 为第 i 个基函数 $\varphi\left(\chi\right)$ 的中心；$\| \boldsymbol{x}_i - c_i \|_2$ 用于表征 $\boldsymbol{x}_i$ 与样本点 c_i 之间的欧几里得距离；$\rho(\boldsymbol{x})$ 为多项式或常数。常用的基函数 $\varphi\left(\chi\right)$ 类型包括线性函数、三次函数、薄板样条函数、多二次函数及高斯函数，其形式如下所示：

$$\begin{cases} \varphi\left(\chi\right) = \chi, & \text{线性} \\ \varphi\left(\chi\right) = \chi^3, & \text{三次} \\ \varphi\left(\chi\right) = \chi^2 \log\chi, & \text{薄板样条}, \quad \chi \geqslant 0, \quad \gamma \in \mathbf{N}^* \\ \varphi\left(\chi\right) = \sqrt{\chi^2 + \gamma^2}, & \text{多二次} \\ \varphi\left(\chi\right) = \mathrm{e}^{-\gamma\chi^2}, & \text{高斯} \end{cases} \tag{5.2}$$

本节使用较为稳健的配置方式，基函数和多项式分别采用三次径向基函数 $\varphi\left(\chi\right) = \chi^3$ 和线性多项式 $\rho\left(\boldsymbol{x}\right) = \boldsymbol{b}^{\mathrm{T}} \boldsymbol{x} + a$，其中 $\boldsymbol{b} = \left[b_1 \ b_2 \ \cdots \ b_k\right]^{\mathrm{T}}$。系数 λ_i、$\boldsymbol{b}$ 和 a 可以通过求解式(5.3)获得

$$\begin{bmatrix} \boldsymbol{\varphi} & \boldsymbol{P} \\ \boldsymbol{P}^{\mathrm{T}} & \boldsymbol{0} \end{bmatrix} \begin{bmatrix} \boldsymbol{\lambda} \\ \boldsymbol{c} \end{bmatrix} = \begin{bmatrix} \boldsymbol{F} \\ \boldsymbol{0} \end{bmatrix} \tag{5.3}$$

式中，$\left[\varphi_{l_1 l_2}\right] = \boldsymbol{\varphi}\left(\| \boldsymbol{x}_{l_1} - \boldsymbol{x}_{l_2} \|_2\right)$，$l_1 = l_2 = 1, 2, \cdots, N_t$；

$$\boldsymbol{P} = \begin{bmatrix} \boldsymbol{x}_1^{\mathrm{T}} & 1 \\ \boldsymbol{x}_2^{\mathrm{T}} & 1 \\ \vdots & \vdots \\ \boldsymbol{x}_n^{\mathrm{T}} & 1 \end{bmatrix}, \quad \boldsymbol{\lambda} = \begin{bmatrix} \lambda_1 \\ \lambda_2 \\ \vdots \\ \lambda_n \end{bmatrix}, \quad \boldsymbol{c} = \begin{bmatrix} b_1 \\ b_2 \\ \vdots \\ b_k \\ a \end{bmatrix}, \quad \boldsymbol{F} = \begin{bmatrix} f\left(\boldsymbol{x}_1\right) \\ f\left(\boldsymbol{x}_2\right) \\ \vdots \\ f\left(\boldsymbol{x}_n\right) \end{bmatrix} \tag{5.4}$$

径向基函数近似模型(式(5.1))的输入为优化的设计变量参数，输出为不同间隙效应的空间并联机构末端执行器的动力学响应，对应的响应通过第 2～4 章中建立的动力学模型获得。

5.2.2　寻优策略

常用的进化算法包括遗传算法、粒子群优化、差分进化等。这类进化算法在

求解复杂非凸函数问题上具有强大的全局寻优能力，广泛应用于实际工程中的优化问题。然而，进化算法等启发式方法通常需要大量的函数评估来获得优质解，这使得在求解昂贵模拟的优化问题时其计算成本令人望而却步。

G-MSRS 策略(Regis and Shoemaker，2007)是一种基于元模型的辅助进化算法，对于处理昂贵模拟的优化问题是一种有前景的方法。该方法根据一定的标准从随机候选点序列 $\boldsymbol{x} \in \Omega_n$ 中选择下一个进行函数评估的样本点。对于该样本点更倾向贪婪的本地开发策略，即围绕当前最优值进行搜索以获得更好的解。在这种情况下，随机候选点的方法比直接最小化评价函数具有优势，因为样本点的随机特性仍然保证了全局探索，避免了非凸函数的局部最优陷阱。

评价函数由响应面准则和距离准则两部分组成：

$$u(\boldsymbol{x}) = w_n^{\mathrm{S}} R(\boldsymbol{x}) + w_n^{\mathrm{D}} D(\boldsymbol{x}) \tag{5.5}$$

式中，权重系数 w_n^{S} 和 w_n^{D} 满足 $w_n^{\mathrm{S}} + w_n^{\mathrm{D}} = 1$，用于控制本地开发和全局探索之间的平衡；$R(\boldsymbol{x})$ 和 $D(\boldsymbol{x})$ 分别为响应面准则和距离准则，

$$R(\boldsymbol{x}) = \frac{S(\boldsymbol{x}) - S_{\min}}{S_{\max} - S_{\min}} \tag{5.6}$$

$$D(\boldsymbol{x}) = \frac{\mathrm{Ed}_{\max} - \mathrm{Ed}(\boldsymbol{x})}{\mathrm{Ed}_{\max} - \mathrm{Ed}_{\min}} \tag{5.7}$$

其中，$S(\boldsymbol{x})$ 为最新迭代的元模型；$S_{\max} = \max\{S(\boldsymbol{x}) : \boldsymbol{x} \in \Omega_n\}$；$S_{\min} = \min\{S(\boldsymbol{x}) : \boldsymbol{x} \in \Omega_n\}$；$\mathrm{Ed}_{\max} = \max\{\mathrm{Ed}(\boldsymbol{x}) : \boldsymbol{x} \in \Omega_n\}$；$\mathrm{Ed}_{\min} = \min\{\mathrm{Ed}(\boldsymbol{x}) : \boldsymbol{x} \in \Omega_n\}$。

现有样本点与候选点之间的最小欧几里得距离可以表示为

$$\mathrm{Ed}(\boldsymbol{x}) = \min_{\boldsymbol{x}_{\mathrm{p}} \in \mathbf{R}^d} \| \boldsymbol{x} - \boldsymbol{x}_{\mathrm{p}} \|_2 \tag{5.8}$$

式中，$\boldsymbol{x}_{\mathrm{p}}$ 为现有样本集中的样本点。

为了实现有效的全局优化，必须在全局搜索和局部搜索之间平衡。该方法对函数评估点的选择具有两个目标：发现目标函数值较低的新样本点；通过对信息较少的区域进行采样以改进元模型。式(5.5)中响应面准则和距离准则的权重系数允许在搜索迭代中循环，从距离准则的高权重系数开始，到距离准则的低权重系数结束。距离准则的高权重系数意味着向定义域中的未探索区域移动，而距离准则的低权重系数等效于响应面准则的高权重系数，此时会迫使算法考虑潜在的低目标函数值作为候选点。本节单次迭代过程中距离准则的权重系数 w_n^{D} 取值分别为 0.95、0.8、0.5、0.3，这对应不同的搜索半径，通过最小化评价函数可以获得样本点并更新元模型。G-MSRS 策略的主要步骤如图 5.1 所示。

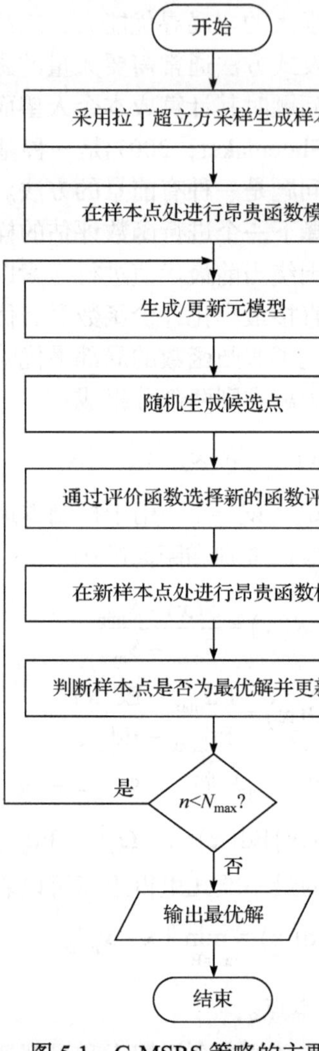

图 5.1　G-MSRS 策略的主要步骤

5.2.3　考虑间隙效应的空间并联机构动力学优化设计模型

间隙运动副给空间并联机构带来的劣化效应，制约了空间并联机构性能的充分发挥。在理论层面通过对空间并联机构进行结构参数优化是解决这一问题的有效途径。考虑间隙效应的空间并联机构动力学优化设计是在满足工程需要和性能要求的前提下，将空间并联机构动力学模型与优化算法相融合，对机构中的关键构件进行参数优化设计。同结构优化问题类似，机械装备的动力学优化问题也包括三个要素，即目标函数、设计变量和约束条件。

1. 目标函数

明确优化目标是对考虑间隙效应的空间并联机构动力学进行优化设计时首先要考虑的，目标函数决定了优化设计的方向。通过第 2～4 章的分析明确了间隙效应对空间并联机构动力学特性的不良影响主要源自间隙运动副元素的频繁接触碰撞，产生的碰撞力通过构件传递至末端执行器进而影响执行机构的动力学性能。为降低这种影响分别从两个视角研究优化前后间隙效应对空间并联机构动力学响应的影响：优化末端执行器的动力学响应误差(目标函数Ⅰ)和优化间隙运动副处的约束反力(目标函数Ⅱ)。

1) 目标函数Ⅰ

间隙运动副处的接触碰撞直接作用在末端执行器上，会导致动力学响应产生高频振动，这种波动和间隙运动副处的接触碰撞行为密切相关，也是多个间隙运动副耦合作用的结果体现。优化设计方向为考虑减小末端执行器的位移响应、速度响应和加速度响应与规划轨迹响应的误差，以保证该机构动力学性能有本质的提高。该优化目标的设定以间隙效应作用在空间并联机构动力学响应的具体影响结果为依据，目标函数可以表示为

$$f_{\mathrm{o}}^{1}(\boldsymbol{x})=w_D\|D_{\mathrm{E}}\|+w_S\|S_{\mathrm{E}}\|+w_A\|A_{\mathrm{E}}\| \tag{5.9}$$

式中，w_D、w_S 和 w_A 分别为对应响应的权重系数，这里 w_D、w_S 和 w_A 取值相等且均为 1/3；D_{E}、S_{E} 和 A_{E} 分别为归一化后的空间并联机构末端执行器的位移误差、速度误差和加速度误差指标。

考虑间隙效应的空间并联机构的末端执行器的位移误差、速度误差和加速度误差在不同的数量级，采用 min-max 归一化方法对动力学响应误差进行线性变换，归一化后的位移误差可以表示为

$$D_{\mathrm{E}}=\frac{\bar{D}_{\mathrm{E}}-\left(\bar{D}_{\mathrm{E}}\right)_{\min}}{\left(\bar{D}_{\mathrm{E}}\right)_{\max}-\left(\bar{D}_{\mathrm{E}}\right)_{\min}} \tag{5.10}$$

式中，$\bar{D}_{\mathrm{E}}$、$(\bar{D}_{\mathrm{E}})_{\max}$ 和 $(\bar{D}_{\mathrm{E}})_{\min}$ 分别为样本点处的位移误差响应均值、优化前位移误差的均值上限和下限。对于速度误差指标和加速度误差指标，只需将对应的位移响应替换成速度响应和加速度响应。

2) 目标函数Ⅱ

鉴于缓解间隙效应最直接的方法是减缓间隙运动副元素的接触碰撞程度，优化方向为减小间隙运动副处的约束反力。该优化目标从间隙效应问题的源头出发，着重考量运动副关节处的接触行为，目标函数如下所示：

$$f_{\mathrm{o}}^{2}(\boldsymbol{x})=\sum_{i=1}^{n}w_iF_i^{\mathrm{c}} \tag{5.11}$$

式中，$i(i=1,2,\cdots,n)$为间隙运动副的编号；w_i为对应编号为i的间隙运动副的权重系数，考虑各间隙运动副的重要程度相同，因此权重系数的取值相同；F_i^{c}为间隙运动副i处的作用力指标，同位移误差一致采用式(5.10)进行归一化处理。

2. 设计变量

采用质量分配法针对含间隙的空间并联机构的关键构件进行结构参数优化，在不改变空间并联机构拓扑构型、结构类型和材料的情况下，通过重新分配关键构件的质量和惯量使含间隙的空间并联机构保持动力学性能最优。从本书研究的两类空间并联机构的结构来看，可以选择优化的构件包括主动臂、从动臂和末端执行器。对于主动臂和从动臂，每个构件的尺寸、形状和结构都是相同的，因此经过结构优化需要同时替换其余相同构件以保持机构的拓扑结构和性能。此外，主动臂和从动臂等构件也受实际设计功能所限，不宜作为动力学优化中的设计变量。末端执行器作为执行机构往往根据具体工况需求进行相应设计。因此，本节中的设计变量$\boldsymbol{x}$可以表示为

$$\boldsymbol{x}=\begin{bmatrix} m_{\mathrm{e}} & J_{xx}^{\mathrm{e}} & J_{yy}^{\mathrm{e}} & J_{zz}^{\mathrm{e}} \end{bmatrix}^{\mathrm{T}} \tag{5.12}$$

式中，$\boldsymbol{x}$为优化设计变量阵列；m_{e}为末端执行器的质量；$J_{xx}^{\mathrm{e}}, J_{yy}^{\mathrm{e}}, J_{zz}^{\mathrm{e}}$为末端执行器的转动惯量。

3. 约束条件

对于考虑间隙效应的空间并联机构的动力学优化问题，约束条件主要考虑优化变量的变化范围。对于本节可以表示为

$$\begin{gathered}
\boldsymbol{x}_{\mathrm{l}}=\begin{bmatrix} (m_{\mathrm{e}})_{\min} & (J_{xx}^{\mathrm{e}})_{\min} & (J_{yy}^{\mathrm{e}})_{\min} & (J_{zz}^{\mathrm{e}})_{\min} \end{bmatrix}^{\mathrm{T}} \\
\boldsymbol{x}_{\mathrm{u}}=\begin{bmatrix} (m_{\mathrm{e}})_{\max} & (J_{xx}^{\mathrm{e}})_{\max} & (J_{yy}^{\mathrm{e}})_{\max} & (J_{zz}^{\mathrm{e}})_{\max} \end{bmatrix}^{\mathrm{T}} \\
\boldsymbol{x}_{\mathrm{l}} \leqslant \boldsymbol{x} \leqslant \boldsymbol{x}_{\mathrm{u}}
\end{gathered} \tag{5.13}$$

式中，$\boldsymbol{x}_{\mathrm{u}}$和$\boldsymbol{x}_{\mathrm{l}}$分别为设计变量$\boldsymbol{x}$的上下边界，取值范围如表5.1所示。

表 5.1 设计变量的取值范围

变量	m_{e}/kg	J_{xx}^{e} /(kg · m²)	J_{yy}^{e} /(kg · m²)	J_{zz}^{e} /(kg · m²)
x_{u}	$1.3m_{\mathrm{e}}$	$1.3J_{xx}^{\mathrm{e}}$	$1.3J_{yy}^{\mathrm{e}}$	$1.3J_{zz}^{\mathrm{e}}$
x_{l}	$0.7m_{\mathrm{e}}$	$0.7J_{xx}^{\mathrm{e}}$	$0.7J_{yy}^{\mathrm{e}}$	$0.7J_{zz}^{\mathrm{e}}$

求解考虑间隙效应的空间并联机构动力学优化设计问题可以表示为有约束的非线性优化问题，其数学模型可以表示为

$$\begin{aligned}&\min_{\boldsymbol{x}} f_i^{\mathrm{o}}(\boldsymbol{x}), \quad i=1,2,3\\&\text{s.t.}\ \ \boldsymbol{x}_{\mathrm{l}} \leqslant \boldsymbol{x} \leqslant \boldsymbol{x}_{\mathrm{u}}\end{aligned} \tag{5.14}$$

针对干摩擦间隙、润滑间隙和非规则磨损间隙，设计变量的取值范围相同，目标函数中作用在间隙运动副元素所在构件轴心处的作用力 $\boldsymbol{F}_{\mathrm{c}}$ 表达式有所差异。

5.3 考虑间隙效应的空间并联机构动力学优化分析

通过研究发现，间隙运动副对空间并联机构动力学性能造成了劣化。在不同的工况条件下，不同间隙效应之间的相互作用及与空间并联机构运动的耦合特性存在差异。为此，本节从局部运动副视角和整体机构动力学响应视角对考虑间隙效应的空间并联机构进行动力学优化，内容包括分析所建立的考虑间隙效应的空间并联机构动力学优化模型的有效性、对比分析不同目标函数对考虑间隙效应的空间并联机构动力学性能的影响，以及动力学优化对不同间隙效应空间并联机构动力学特性的影响。

5.3.1 考虑间隙效应的空间并联机构动力学优化的求解流程与结果

1. 考虑间隙效应的空间并联机构动力学优化的求解流程

考虑间隙效应的空间并联机构的动力学优化由第 2～4 章所建立的考虑间隙效应的空间并联机构动力学模型和 G-MSRS 策略组成。其中，考虑不同间隙效应的动力学方程求解过程与第 2～4 章一致。动力学优化的主要求解流程如图 5.2 所示，包括以下步骤。

(1) 读取系统动力学优化模型的相关参数。包括系统初始拓扑结构和间隙运动副的几何参数，获取优化所需要的目标函数、设计变量及约束条件。

(2) 生成初始样本点。根据所选取的设计变量及约束条件，采用拉丁超立方采样生成初始样本点，并在对应的样本点处进行昂贵函数模拟。

(3) 建立不同间隙效应的运动副矢量模型。计算潜在接触点位置向量，判断销轴和轴套的相对位置关系，根据不同的间隙效应模型，计算间隙运动副处的约束反力。

(4) 求解系统动力学方程。计算系统的质量矩阵、约束雅可比矩阵、广义力矩阵并组装成系统方程，将系统方程降阶并求解得到系统的状态变量。

(5) 生成用于动力学优化的元模型。采用径向基函数生成用于动力学优化的元模型，采用随机抽样策略生成候选点对样本点进行富集。

(6) 评价样本点信息。通过评价函数的响应面准则和距离准则对各样本点进行评估，根据评价结果选择出最优评估点并在该点进行动力学模拟。

(7) 更新元模型信息。采用径向基函数更新用于间隙动力学优化的元模型，并判断样本点是否为最优解。若样本点为已知最优解，则进行保存；否则，进行下一次迭代，直至达到优化的最大迭代数。

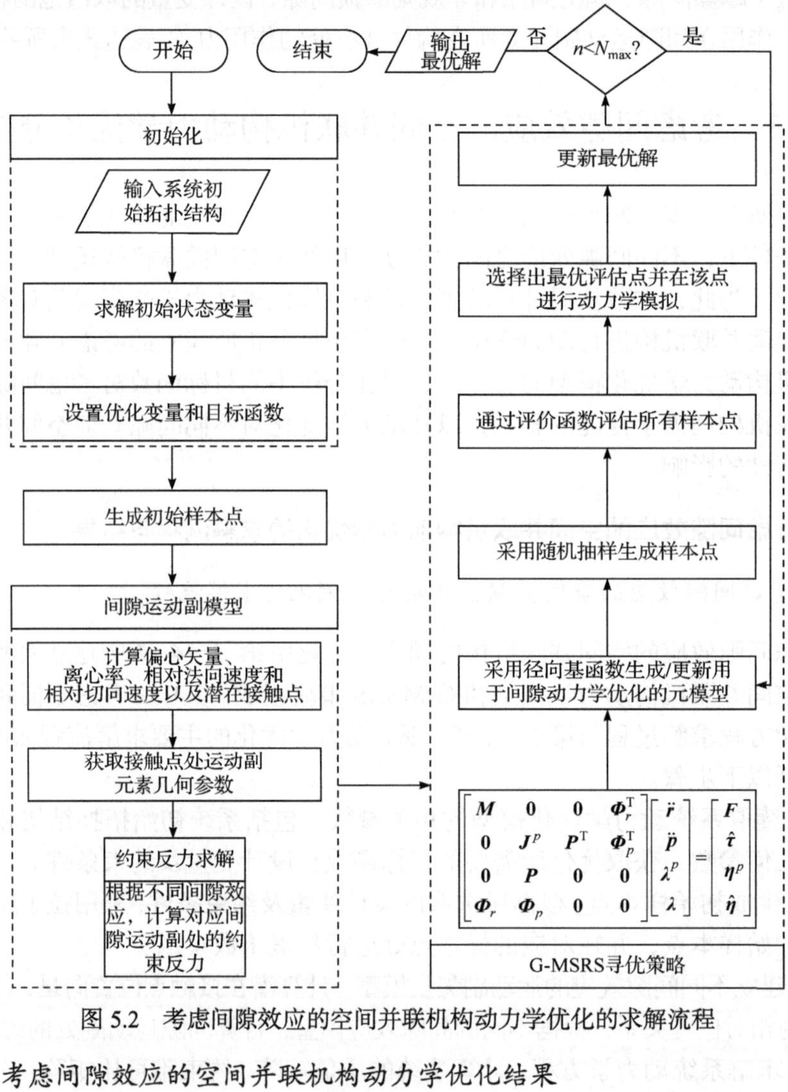

图 5.2　考虑间隙效应的空间并联机构动力学优化的求解流程

2. 考虑间隙效应的空间并联机构动力学优化结果

根据上述考虑间隙效应的空间并联机构动力学优化的求解流程，优化末端执行器的动力学响应误差(目标函数Ⅰ)、优化间隙运动副处的约束反力(目标函数Ⅱ)，同时分别对含干摩擦间隙、润滑间隙和非规则磨损间隙的 3-RRPaR 空间并联机构与 4-UPS-RPS 空间并联机构进行动力学优化。优化结果如表 5.2～表 5.7 所示。

表 5.2　含干摩擦间隙的 3-RRPaR 空间并联机构优化结果

变量	m_e/kg	J_{xx}^{e} /(kg · m²)	J_{yy}^{e} /(kg · m²)	J_{zz}^{e} /(kg · m²)
目标函数 I	0.711	9.043×10^{-4}	7.162×10^{-4}	1.521×10^{-3}
目标函数 II	0.703	8.957×10^{-4}	7.099×10^{-4}	1.498×10^{-3}

表 5.3　含润滑间隙的 3-RRPaR 空间并联机构优化结果

变量	m_e/kg	J_{xx}^{e} /(kg · m²)	J_{yy}^{e} /(kg · m²)	J_{zz}^{e} /(kg · m²)
目标函数 I	0.887	1.166×10^{-3}	1.276×10^{-3}	1.649×10^{-3}
目标函数 II	0.703	8.957×10^{-4}	7.099×10^{-4}	1.498×10^{-3}

表 5.4　含非规则磨损间隙的 3-RRPaR 空间并联机构优化结果

变量	m_e/kg	J_{xx}^{e} /(kg · m²)	J_{yy}^{e} /(kg · m²)	J_{zz}^{e} /(kg · m²)
目标函数 I	0.711	9.044×10^{-4}	7.162×10^{-4}	1.521×10^{-3}
目标函数 II	0.723	8.957×10^{-4}	7.099×10^{-4}	1.498×10^{-3}

表 5.5　含干摩擦间隙的 4-UPS-RPS 空间并联机构优化结果

变量	m_e/kg	J_{xx}^{e} /(kg · m²)	J_{yy}^{e} /(kg · m²)	J_{zz}^{e} /(kg · m²)
目标函数 I	13.052	0.295	0.507	0.308
目标函数 II	13.043	0.166	0.320	0.166

表 5.6　含润滑间隙的 4-UPS-RPS 空间并联机构优化结果

变量	m_e/kg	J_{xx}^{e} /(kg · m²)	J_{yy}^{e} /(kg · m²)	J_{zz}^{e} /(kg · m²)
目标函数 I	13.207	0.248	0.452	0.259
目标函数 II	13.043	0.308	0.320	0.226

表 5.7　含非规则磨损间隙的 4-UPS-RPS 空间并联机构优化结果

变量	m_e/kg	J_{xx}^{e} /(kg · m²)	J_{yy}^{e} /(kg · m²)	J_{zz}^{e} /(kg · m²)
目标函数 I	13.043	0.233	0.376	0.187
目标函数 II	13.091	0.170	0.406	0.166

5.3.2　考虑间隙效应的 3-RRPaR 空间并联机构动力学优化分析

1. 优化对含干摩擦转动副间隙的 3-RRPaR 空间并联机构动力学特性的影响

基于 2.2.1 节建立的含干摩擦转动副间隙的 3-RRPaR 空间并联机构的动力学

模型，研究优化对空间并联机构动力学特性的影响。优化前的 3-RRPaR 空间并联机构结构参数与表 2.1 中一致，通过质量重新分配原则优化得到的末端执行器的参数结果与表 5.2 中一致，动力学仿真参数及运动轨迹与 2.2.2 节中的默认值一致，目标函数值的迭代曲线如图 5.3 所示。可以发现较优化前，以末端执行器动力学响应误差最小为目标的目标函数值降低了 45.01%，以间隙转动副处的约束反力最小为优化目标的目标函数值降低了 19.68%。

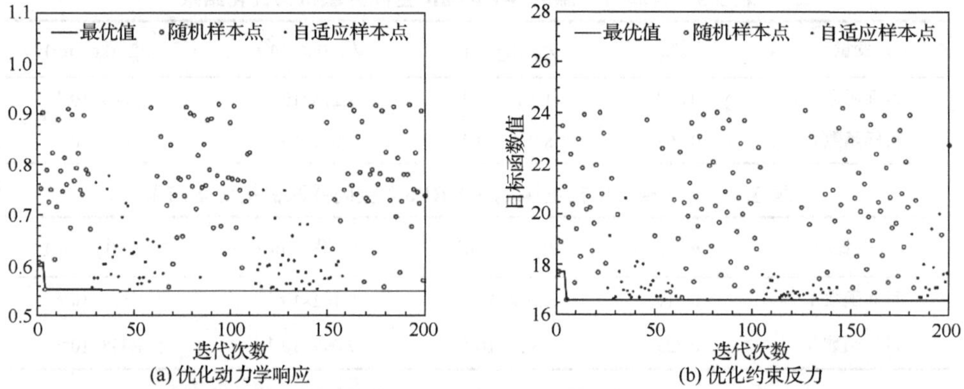

(a) 优化动力学响应　(b) 优化约束反力

图 5.3　含干摩擦转动副间隙的 3-RRPaR 空间并联机构的动力学优化迭代过程

本节对比研究以动力学响应误差最小为目标和以约束反力的峰值最小为目标的情况，分析优化对含干摩擦转动副间隙的 3-RRPaR 空间并联机构动力学响应的影响。由图 5.4 可以发现，优化前后 X 方向位移曲线和速度曲线差异较小，但经过优化之后曲线更平滑，波动明显减少。对于 Y 方向位移响应和速度响应，经过优化误差整体水平均有效减小，优化动力学响应和优化约束反力得到的响应曲线基本重合，这也说明了间隙转动副与末端执行器的运动特性存在一定的关联性。观察加速度响应可以发现，经过优化后的曲线高频振动明显减少。优化

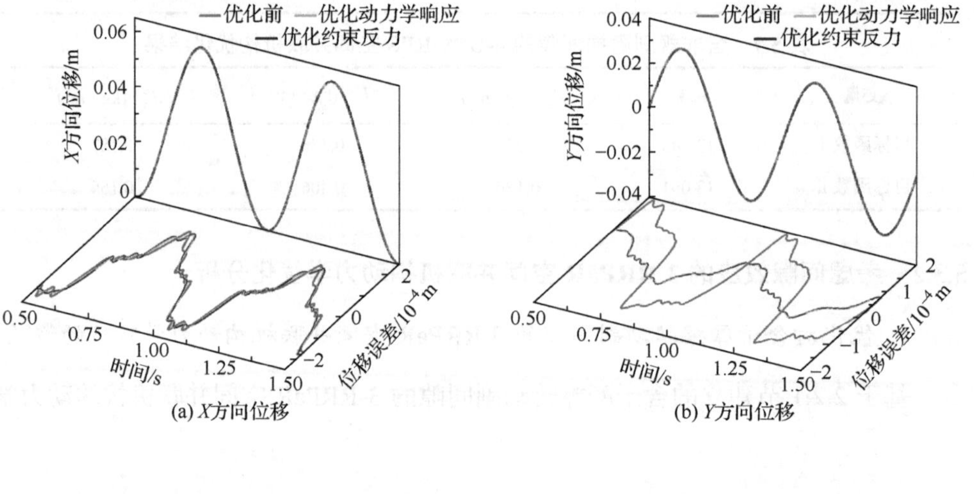

(a) X方向位移　(b) Y方向位移

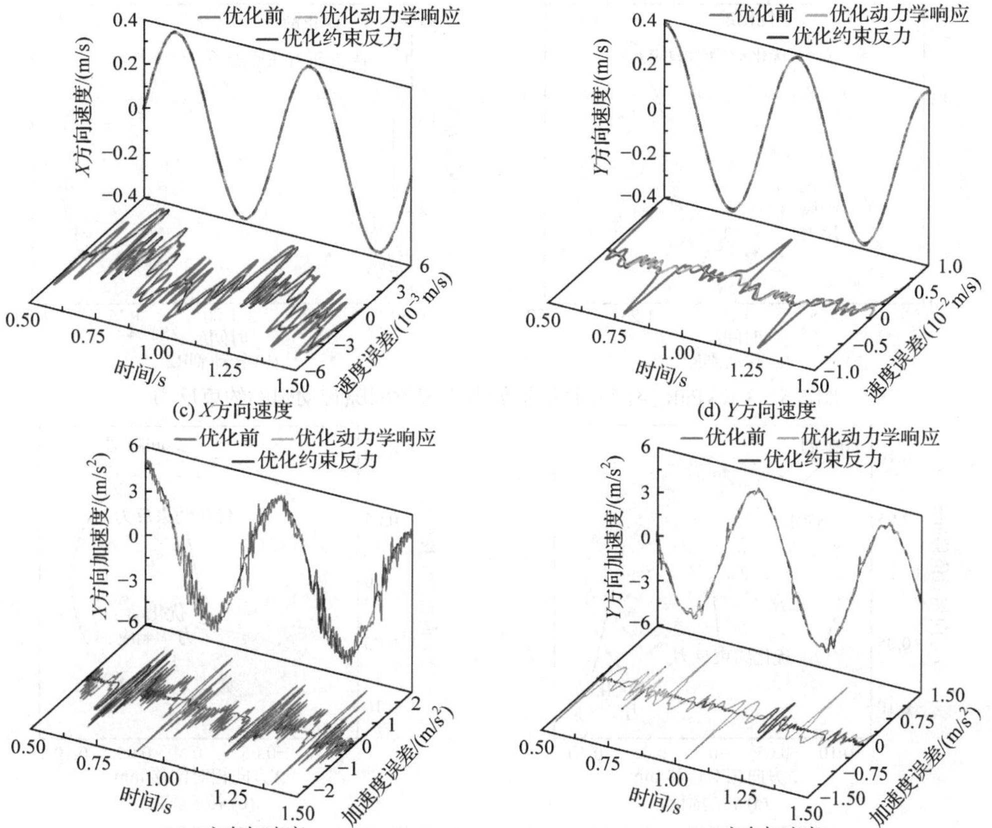

图 5.4　含干摩擦转动副间隙的 3-RRPaR 空间并联机构的末端执行器的动力学响应
(彩图请扫封底二维码)

动力学响应和优化约束反力时，*Y* 方向加速度误差最大值分别减小了 48.53%和 47.56%。

优化前后 3-RRPaR 空间并联机构的含干摩擦间隙转动副的约束反力和轴心轨迹分别如图 5.5 和图 5.6 所示。由图可以发现，优化动力学响应和优化约束反力两种方式的约束反力曲线基本重合，都较优化前的约束反力峰值和振动明显减小。以优化动力学响应为目标时，经过动力学优化转动副 R1 和 R2 的约束反力峰值由 19.294N 和 22.057N 减小至 15.656N 和 18.153N。以优化约束反力为目标时，优化效果更佳，转动副 R1 和 R2 的约束反力峰值减小至 15.572N 和 18.047N。观察轴心轨迹可以发现，两种优化方式在转动副 R1 处的轨迹差异较 R2 明显，但相对于优化前都明显更贴近间隙圆内壁。这说明两种优化方式均有效减弱了转动副间隙处的冲击碰撞程度。

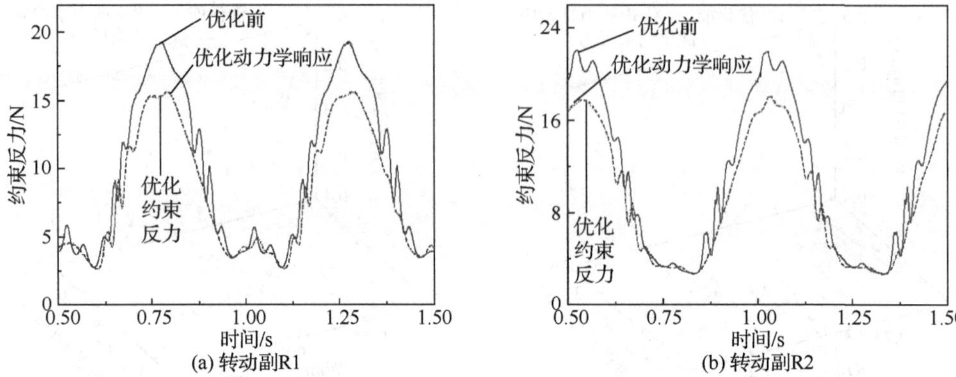

图 5.5　3-RRPaR 空间并联机构的含干摩擦间隙转动副的约束反力

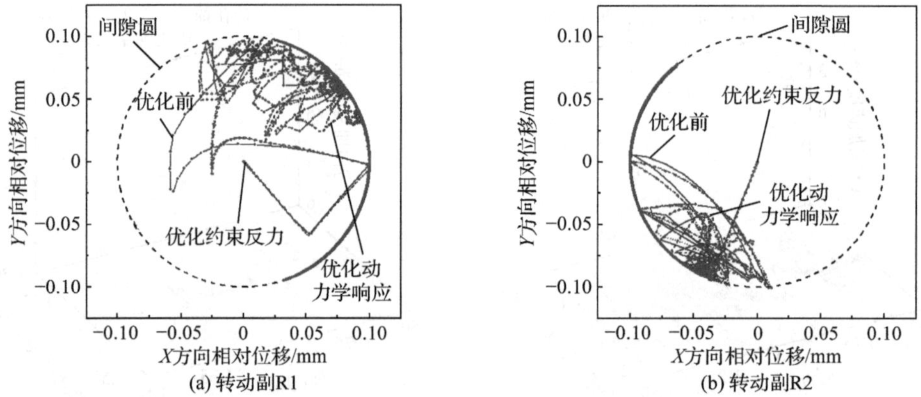

图 5.6　3-RRPaR 空间并联机构的含干摩擦间隙转动副的轴心轨迹

2. 优化对含润滑转动副间隙的 3-RRPaR 空间并联机构动力学特性的影响

基于 3.2.1 节建立的含润滑转动副间隙的 3-RRPaR 空间并联机构的动力学模型，分别以末端执行器动力学响应误差最小和间隙转动副处的约束反力最小为目标函数，研究含间隙的系统动力学优化对空间并联机构动力学特性的影响。动力学仿真参数及运动轨迹与 3.2.2 节中的默认值一致。优化前的 3-RRPaR 空间并联机构结构参数与表 2.1 中一致，经过质量重新分配原则优化得到的末端执行器参数与表 5.3 中一致。图 5.7 对比了不同优化方式目标函数值的迭代曲线，可以看出，相较于干摩擦间隙和非规则磨损间隙情况，含润滑间隙的 3-RRPaR 空间并联机构动力学优化性能提升有限。较优化前，以末端执行器动力学响应误差最小为目标时，目标函数值仅降低了 0.2%；而以间隙转动副处的约束反力最小为目标时，目标函数值降低了 16.16%。由随机样本点的函数值分布范围可知，末端执行器的质量参数对间隙转动副处的约束反力影响较大。

图 5.8 给出了优化前后含润滑转动副间隙的 3-RRPaR 空间并联机构的末端执行器的动力学响应。润滑油的存在使位移误差保持在较低的水平。优化动力学响

应时，X 方向的位移误差最大值由 6.11×10^{-4}m 减小至 5.42×10^{-4}m。Y 方向位移误差沿 Y 轴负方向的最大偏移由 1.22×10^{-5}m 减小至 9.34×10^{-6}m。应当注意的是，以约束反力为目标时，在 X 方向和 Y 方向的误差分布范围都较优化前有小幅度增大。速度曲线和位移曲线的情况类似，优化前后的误差曲线趋势及波动位置一致。

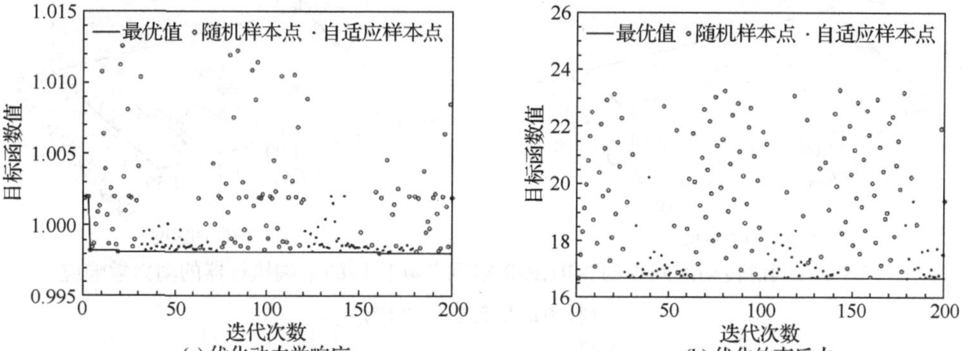

(a) 优化动力学响应　(b) 优化约束反力

图 5.7　含润滑转动副间隙的 3-RRPaR 空间并联机构的动力学优化迭代过程

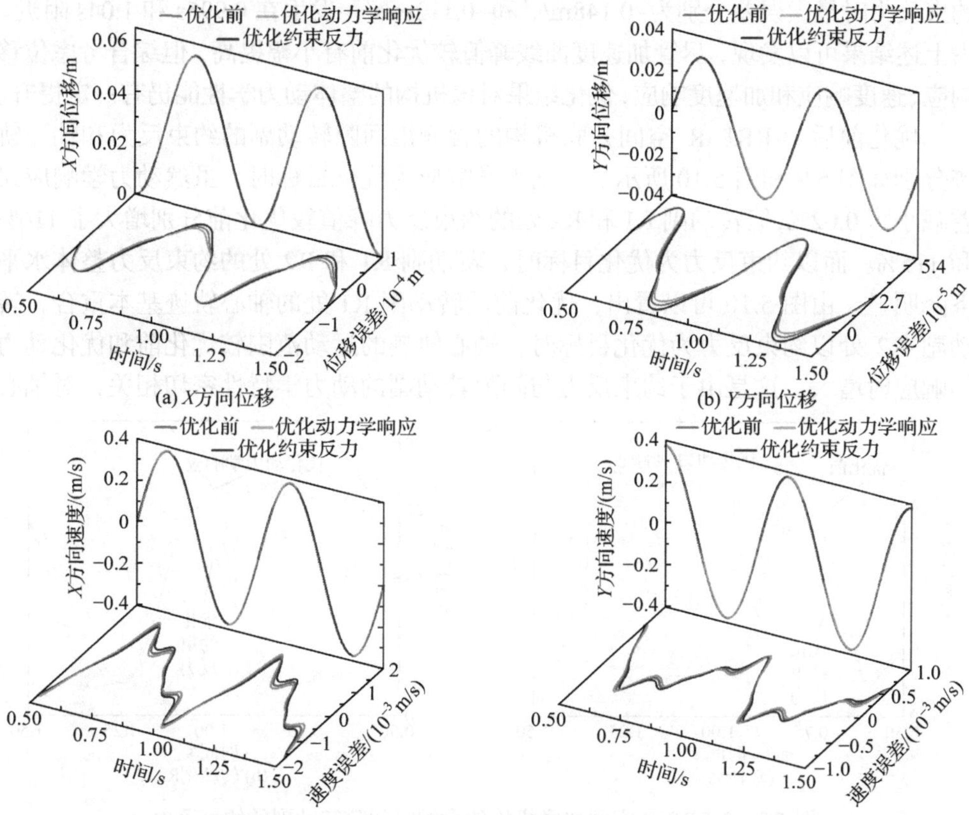

(a) X方向位移　(b) Y方向位移

(c) X方向速度　(d) Y方向速度

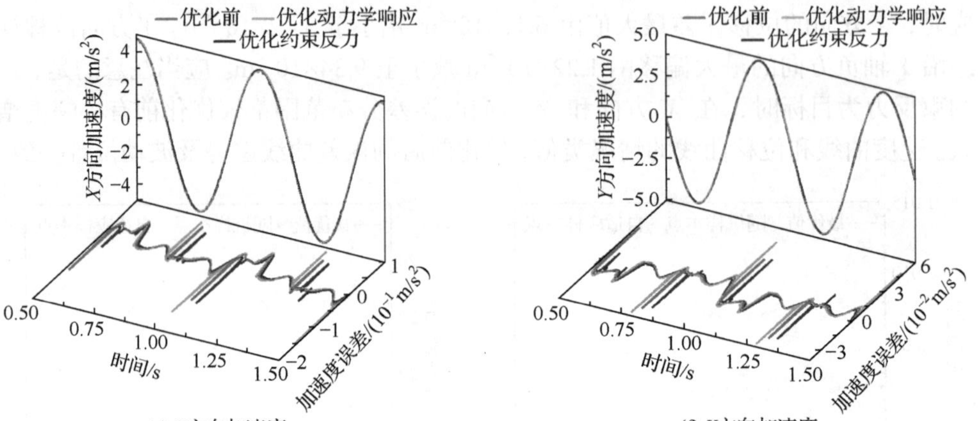

(e) X方向加速度　　(f) Y方向加速度

图 5.8　含润滑转动副间隙的 3-RRPaR 空间并联机构的末端执行器的动力学响应

(彩图请扫封底二维码)

由图 5.14(e)和(f)可以发现，经过优化的加速度误差曲线的波动位置出现了差异。以 *X* 方向为例，优化前最大误差为–0.108m/s^2 发生在 1.014s 附近，优化动力学响应和约束反力时最大误差分别为–0.148m/s^2 和–0.112m/s^2，发生在 0.995s 和 1.04s 附近。由上述结果可以发现，尽管加速度曲线峰值较优化前有小幅提高，但综合考虑位移响应、速度响应和加速度响应，优化结果对该机构的整体动力学性能仍有一定提升。

优化前后 3-RRPaR 空间并联机构的含润滑间隙转动副的约束反力和轴心轨迹分别如图 5.9 和图 5.10 所示。以动力学响应为优化目标时，虽然动力学响应误差减小了 0.02%，但转动副 R1 和 R2 处的约束反力峰值较优化前分别增大了 116% 和 115%。而以约束反力为优化目标时，转动副 R1 和 R2 处的约束反力整体水平下降明显。由图 5.10 可以看出，优化前后转动副 R1 处的轴心轨迹基本重合，转动副 R2 处以约束反力为优化目标时，轴心轨迹的运动范围较优化前和优化动力学响应时增大，这是由于约束反力与间隙转动副的动力学特性密切相关，对轴心

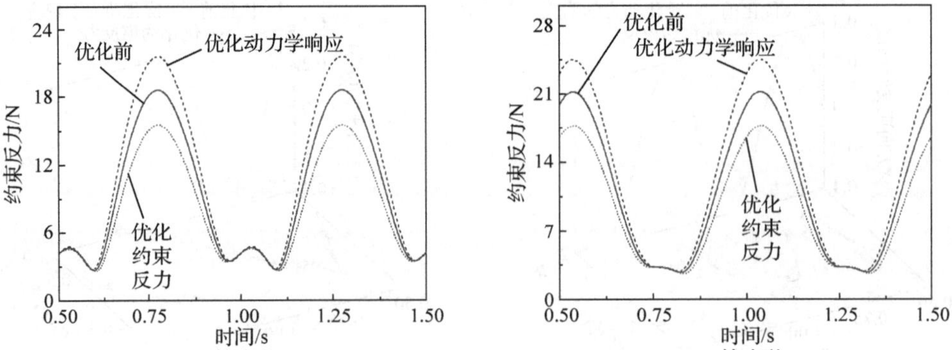

(a) 转动副R1　　(b) 转动副R2

图 5.9　3-RRPaR 空间并联机构的含润滑间隙转动副的约束反力

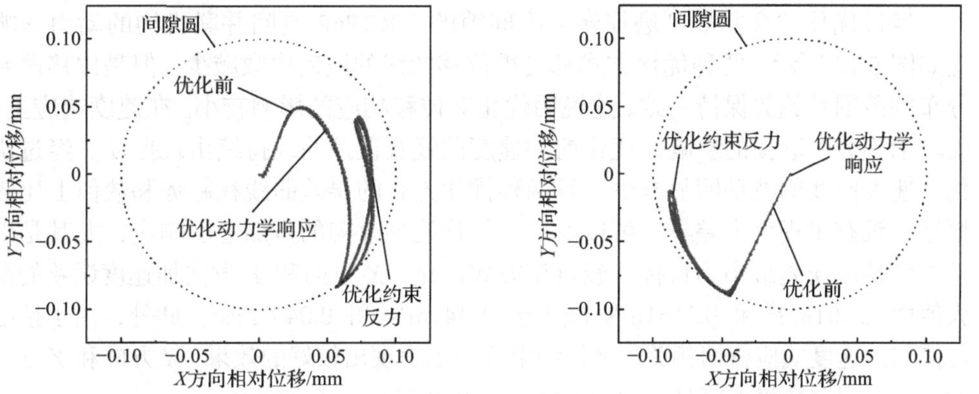

(a) 转动副R1　(b) 转动副R2

图 5.10　3-RRPaR 空间并联机构的含润滑间隙转动副的轴心轨迹

轨迹的影响较优化动力学响应更加直接。

3. 优化对含非规则磨损转动副间隙的 3-RRPaR 空间并联机构动力学特性的影响

根据 4.2.1 节建立的含非规则磨损转动副间隙 3-RRPaR 空间并联机构的动力学模型，探讨优化对转动副磨损状况及对空间并联机构动力学特性的影响。动力学仿真参数与 4.2.2 节中的默认值一致，优化前的 3-RRPaR 空间并联机构结构参数与表 2.1 中一致，按照不同的优化目标进行优化，末端执行器参数与表 5.4 中一致。目标函数值的迭代曲线如图 5.11 所示，以优化末端执行器动力学响应为目标函数时，末端执行器动力学响应误差减小了 33.12%；以优化间隙关节处的约束反力为目标函数时，间隙关节处的约束反力最大值由 103.37N 减小至 34.67N，减小了 66.46%。此外，自适应样本点的函数值大多集中在最优值附近，由于自适应样本点的位置由元模型根据评价函数确定，这也说明建立的基于径向基函数的辅助优化模型能够有效寻找出低目标函数值区域，反映出所建立元模型的准确性与有效性。

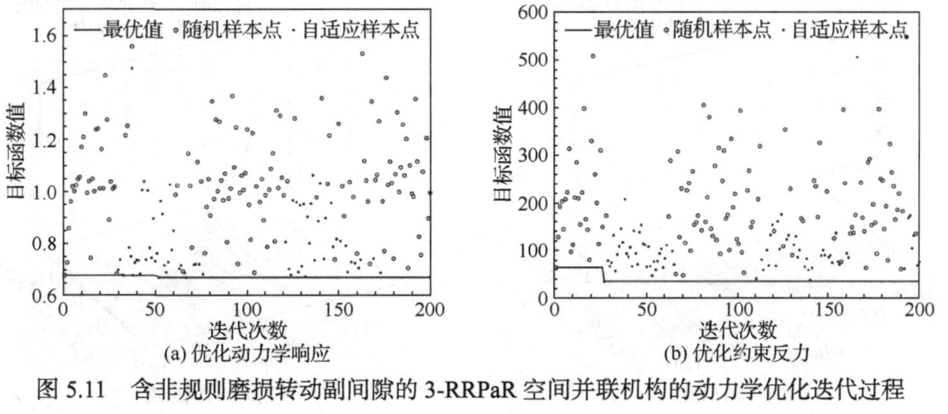

(a) 优化动力学响应　(b) 优化约束反力

图 5.11　含非规则磨损转动副间隙的 3-RRPaR 空间并联机构的动力学优化迭代过程

经过优化的含非规则磨损转动副间隙的 3-RRPaR 空间并联机构的动力学响应如图 5.12 所示。两种优化方式都使得位移曲线的波动次数减少，但是位移误差分布的范围及趋势保持一致，这说明优化对位移响应的影响较小。在速度响应上，受转动副表面磨损的影响，优化前的速度曲线及误差曲线持续出现振动。经过优化，速度曲线的波动明显减少，且两种优化方式的误差曲线在趋势和数值上比较接近，没有出现巨大差异。可以发现，优化明显改善的是加速度响应，尤其是以动力学响应误差最小为目标，经过该方式优化，X 方向和 Y 方向加速度误差的最大值由$-2.401\mathrm{m/s^2}$和$-0.1151\mathrm{m/s^2}$减小至$-1.447\mathrm{m/s^2}$和$-0.0402\mathrm{m/s^2}$。此外，由于接触碰撞与加速度响应密切相关，优化约束反力也表现出较好的效果，X方向和 Y方向的加速度误差的最大值分别为$-1.542\mathrm{m/s^2}$和$-0.0445\mathrm{m/s^2}$。

优化前后 3-RRPaR 空间并联机构的含非规则磨损间隙转动副的约束反力和轴心轨迹分别如图 5.13 和图 5.14 所示。由图可以发现，以优化约束反力最小为目标的情况约束反力峰值最小且最平滑，这说明了优化方法的有效性，也表明该方法极大改善了间隙转动副处的碰撞程度。以优化动力学响应和优化约束反力为目标时，经过优化转动副 R1 和 R2 的约束反力峰值分别减小了 48.61%、63.34%和

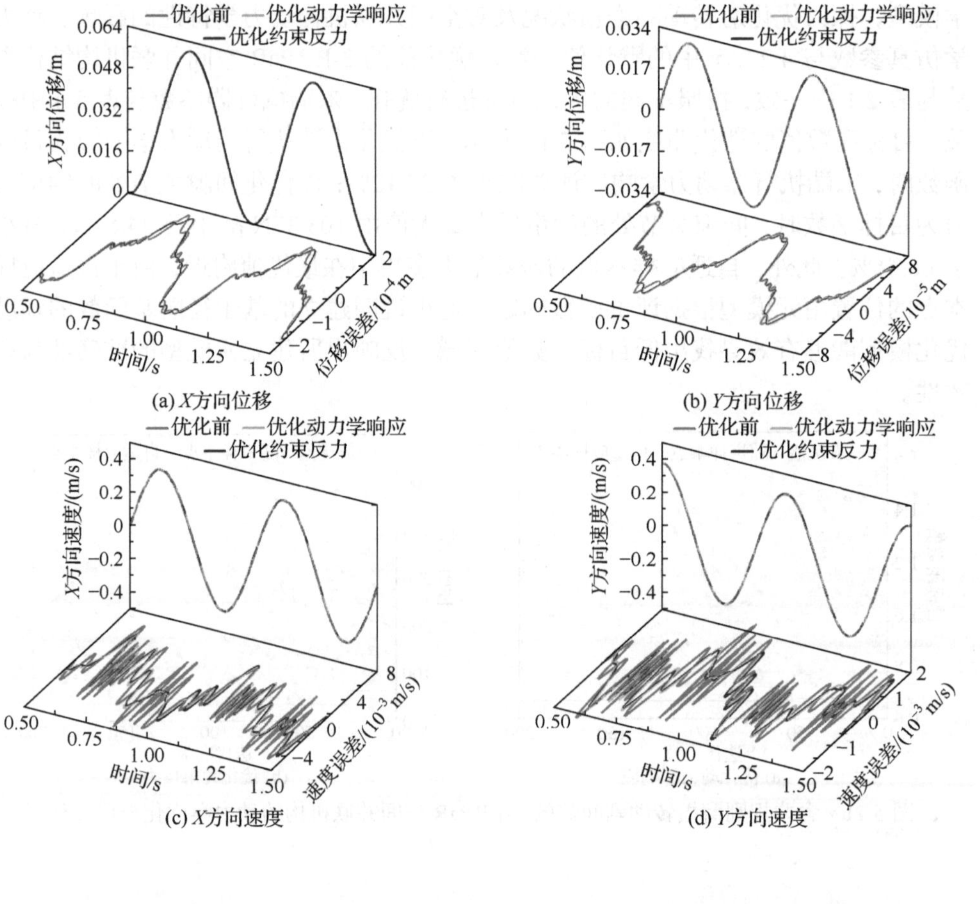

(a) X方向位移

(b) Y方向位移

(c) X方向速度

(d) Y方向速度

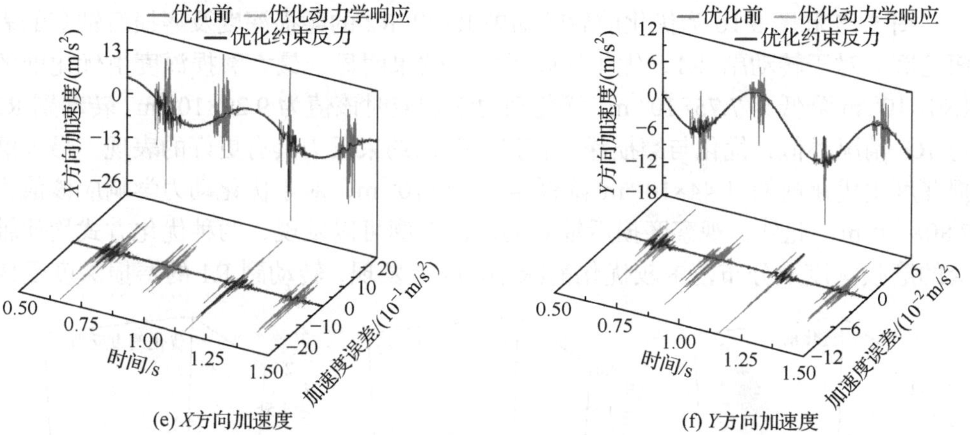

(e) X方向加速度　　(f) Y方向加速度

图 5.12　含非规则磨损转动副间隙的 3-RRPaR 空间并联机构的末端执行器的动力学响应
(彩图请扫封底二维码)

62.52%、72.44%，这表明经过优化转动副 R2 处的碰撞情况较转动副 R1 得到了更大程度的改善。此外，经过优化间隙转动副处的运动轨迹较优化前的混乱程度降低。

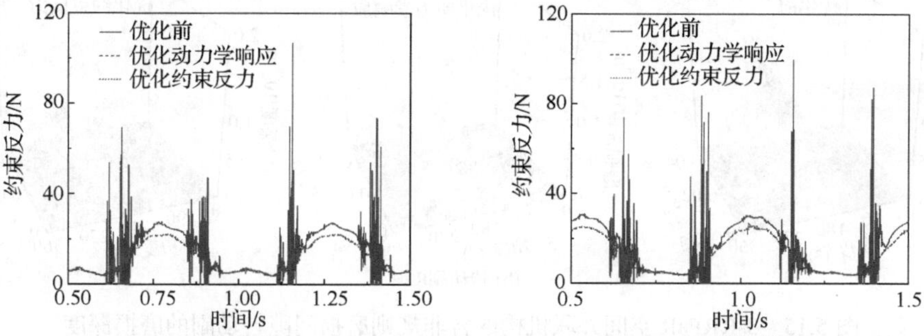

(a) 转动副R1　　(b) 转动副R2

图 5.13　3-RRPaR 空间并联机构的含非规则磨损间隙转动副的约束反力(彩图请扫封底二维码)

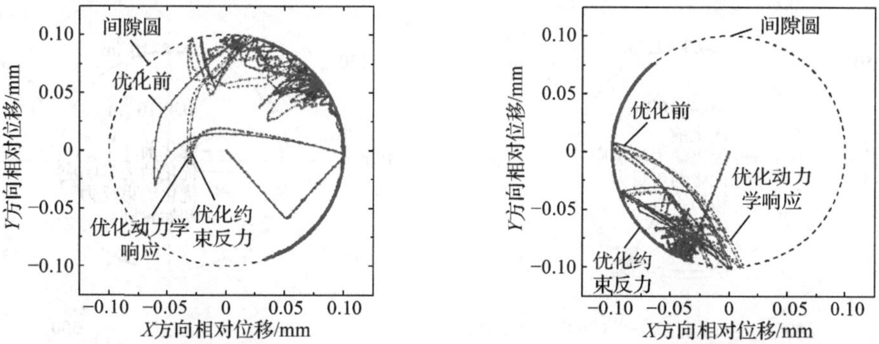

(a) 转动副R1　　(b) 转动副R2

图 5.14　3-RRPaR 空间并联机构的含非规则磨损间隙转动副的轴心轨迹(彩图请扫封底二维码)

图 5.15 和图 5.16 为优化前后转动副 R1 和 R2 的磨损深度及磨损后轴套的表面轮廓。对于转动副 R1，优化约束反力的效果明显，最大磨损深度由优化前的 1.91×10^{-6}m 降低至 7.75×10^{-7}m，优化动力学响应时该值为 9.29×10^{-7}m。转动副 R2 与 R1 情况类似，优化与磨损深度直接相关的约束反力具有更好的表现，最大磨损深度由优化前的 1.44×10^{-6}m 降低至 7.15×10^{-7}m，对于优化动力学响应该值为 7.80×10^{-7}m。此外，观察磨损后轴套的表面轮廓可以发现，两种优化方式均使轴套的磨损深度及分布范围较优化前减小。综上发现，转动副 R1 的磨损深度受优

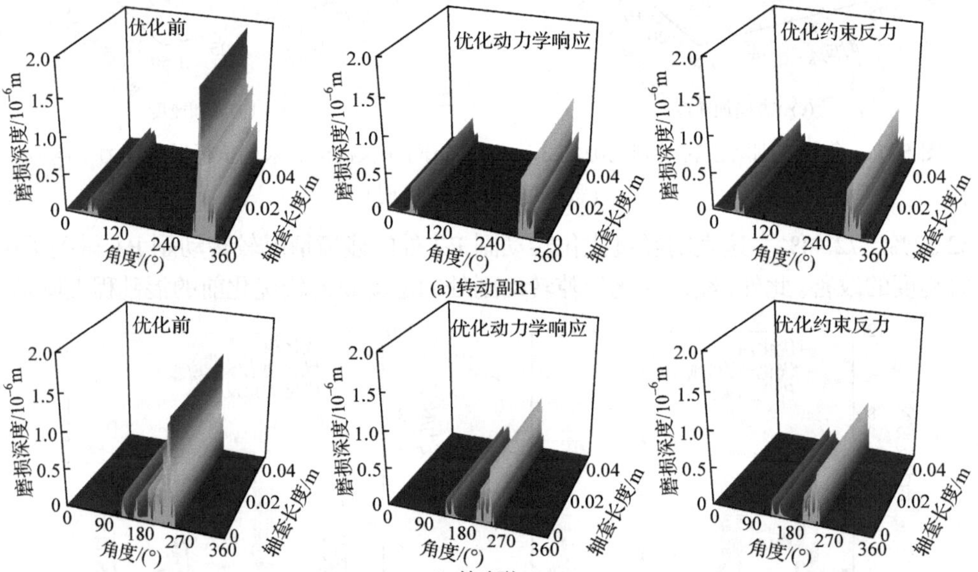

(a) 转动副R1

(b) 转动副R2

图 5.15　3-RRPaR 空间并联机构的含非规则磨损间隙转动副的磨损深度

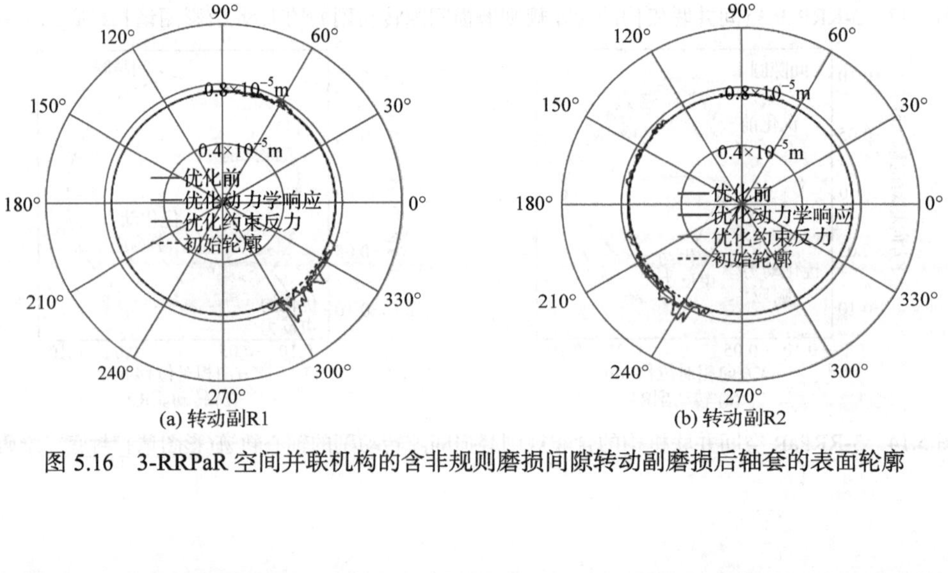

(a) 转动副R1　　(b) 转动副R2

图 5.16　3-RRPaR 空间并联机构的含非规则磨损间隙转动副磨损后轴套的表面轮廓

化影响最大。以优化约束反力为目标时，转动副 R1 和 R2 的最大磨损深度分别减少了 59.42%和 50.35%。

5.3.3　考虑间隙效应的 4-UPS-RPS 空间并联机构动力学优化分析

1. 优化对含干摩擦球面副间隙的 4-UPS-RPS 空间并联机构动力学特性的影响

基于 2.3.1 节建立的含干摩擦球面副间隙的 4-UPS-RPS 空间并联机构的动力学模型，探讨优化对该并联机构动力学特性的影响。动力学仿真参数及运动轨迹与 2.3.2 节中的默认值一致。优化前的 4-UPS-RPS 空间并联机构结构参数与表 2.9 中一致，分别以末端执行器动力学响应误差最小和间隙球面副约束反力最小为目标，通过质量重新分配原则优化的末端执行器参数与表 5.5 中一致。如图 5.17 所示，由优化过程中目标函数值的迭代曲线可知，优化提高了空间并联机构的动力学性能，较优化前，以末端执行器动力学响应误差最小为目标的目标函数值降低了 9.74%，以间隙球面副处的约束反力最小为目标的目标函数值降低了 29.01%。

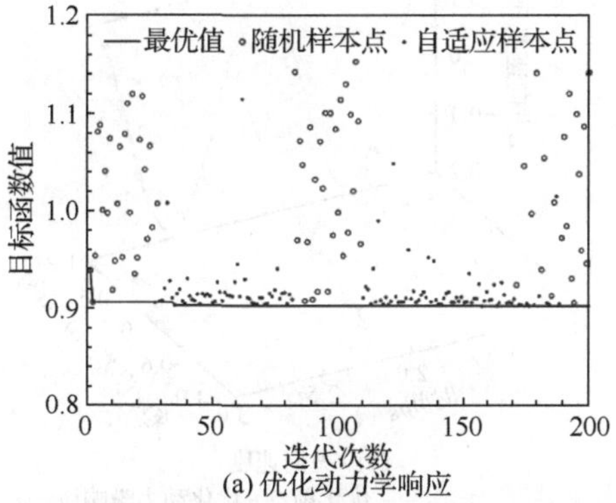

(a) 优化动力学响应

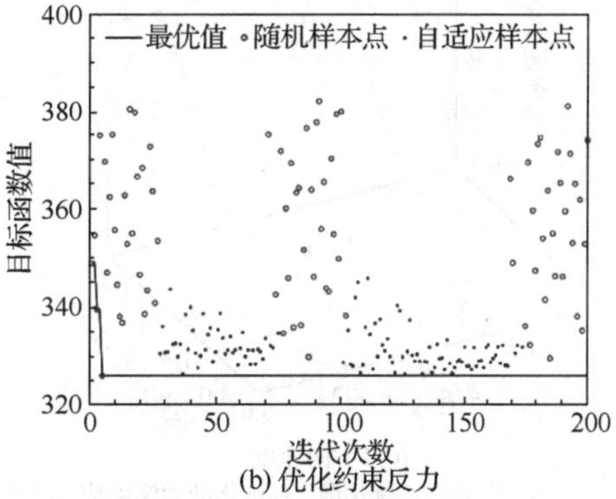

(b) 优化约束反力

图 5.17　含干摩擦球面副间隙的 4-UPS-RPS 空间并联机构的动力学优化迭代过程

图 5.18 给出了优化对含干摩擦球面副间隙的 4-UPS-RPS 空间并联机构动力学响应的影响。由图可以看出，优化对位移响应的影响较小，优化前后 Y 方向和 Z 方向的位移误差曲线基本重合。对于速度响应，优化前后速度误差曲线趋势相同，但优化显著减弱了速度误差曲线的波动程度。在 1.8～2.2s 内，优化前 Z 方向速度误差最大值为 1.05×10^{-2}m/s，以优化动力学响应和优化约束反力为目标时，速度误差最大值分别减小至 8.13×10^{-3}m/s 和 8.11×10^{-3}m/s。观察图 5.18(e)和(f)可以发现，加速度误差曲线剧烈波动的区域和速度误差曲线保持一致，波动均由间隙球面副处的接触碰撞引起。优化明显减小了加速度误差曲线的振动频率和峰值，经过以动力学响应为目标的优化，Y 方向和 Z 方向的加速度误差最大值分别减小了 27.90%和 59.47%。以约束反力为优化目标时，对应的加速度误差最大值分别减小

了 22.65%和 59.41%。两种优化方式都大幅减小了干摩擦间隙效应对空间并联机构动力学响应的影响。

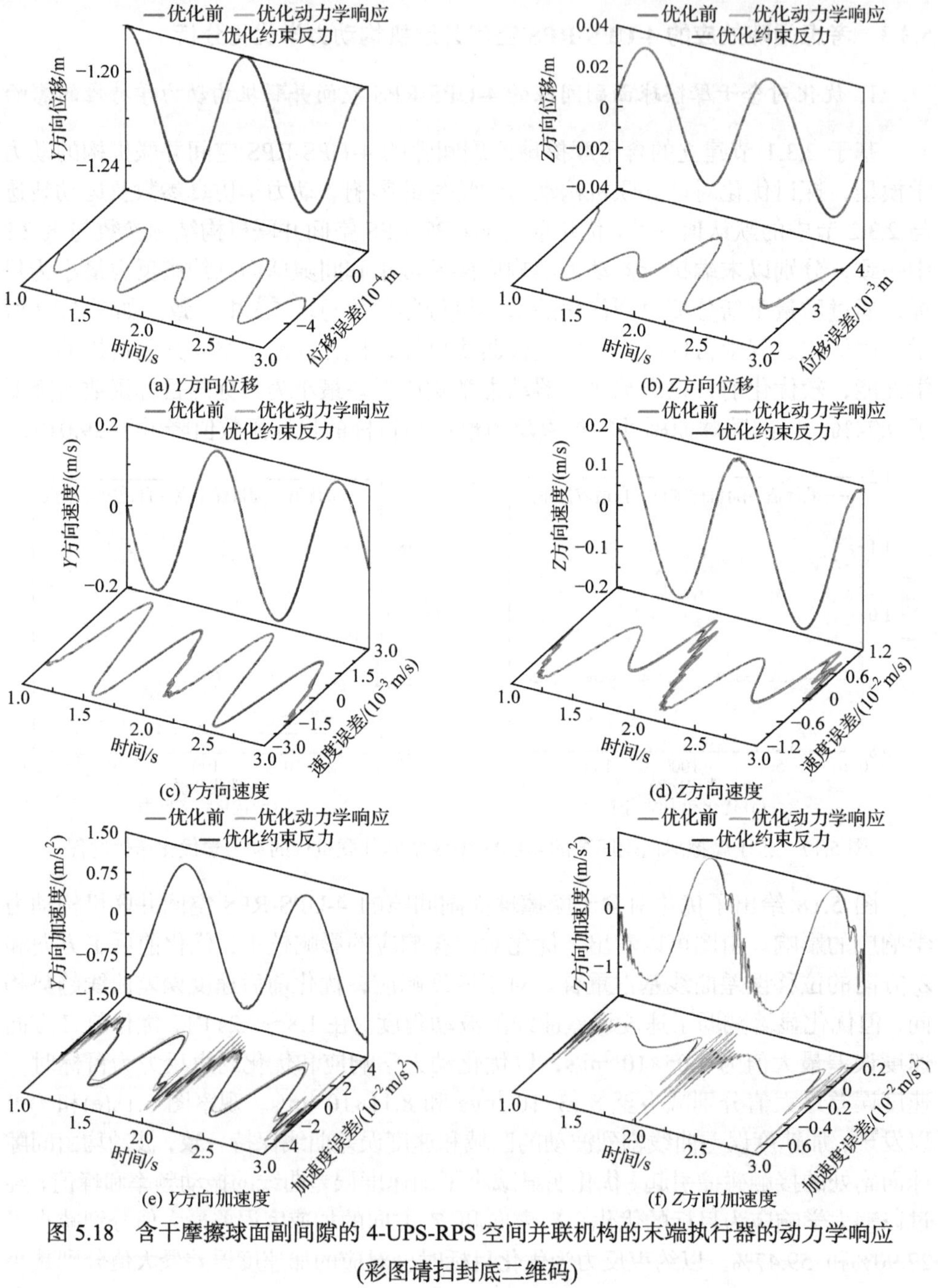

图 5.18　含干摩擦球面副间隙的 4-UPS-RPS 空间并联机构的末端执行器的动力学响应
(彩图请扫封底二维码)

图 5.19 和图 5.20 分别给出了优化对含干摩擦间隙球面副的约束反力和轴心轨迹的影响。由图 5.19 可以发现，两种优化方式都显著减小约束反力的峰值及振动频率；球面副 S1 的优化效果最为明显，约束反力峰值较优化前的 590.11N 分别减小了 10.08%和 10.05%。振动持续时间与优化前基本一致，只是振动水平显著降低。受机构构型及运动轨迹的影响，经过间隙动力学优化，球面副 S2 和 S5 的约束反力曲线依然表现出相似性，具体体现在曲线趋势、振动时间及峰值上。值得注意的是，优化仅轻微地改变了间隙球面副的轴心轨迹，没有从本质上改变球面副元素的相对运动形式，连续接触状态依然为主要的运动状态。

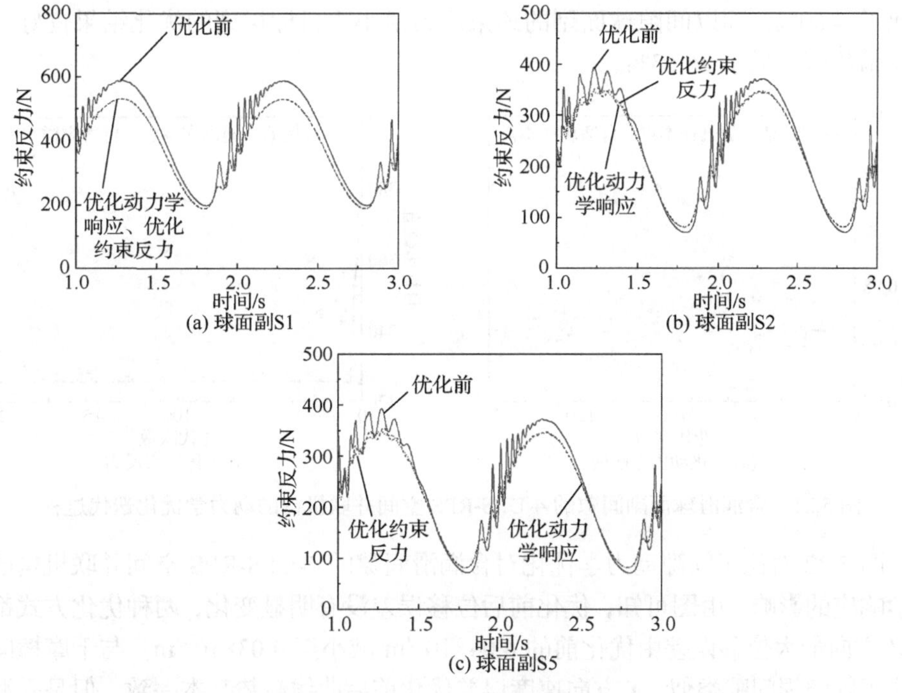

图 5.19　4-UPS-RPS 空间并联机构的含干摩擦间隙球面副的约束反力

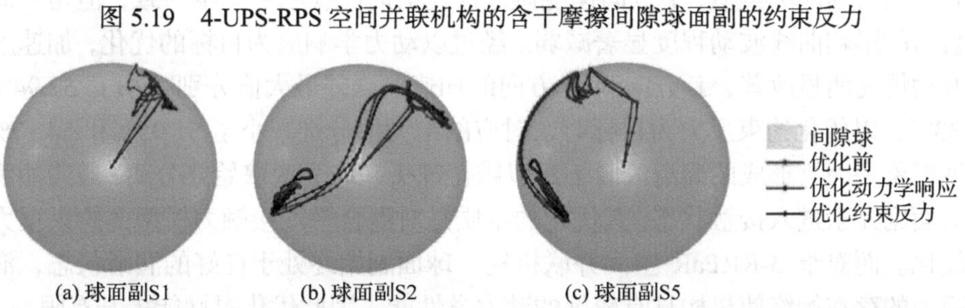

(a) 球面副S1　(b) 球面副S2　(c) 球面副S5

图 5.20　4-UPS-RPS 空间并联机构的含干摩擦间隙球面副的轴心轨迹(彩图请扫封底二维码)

2. 优化对含润滑球面副间隙的 4-UPS-RPS 空间并联机构动力学特性的影响

基于 3.3.1 节建立的含润滑球面副间隙的 4-UPS-RPS 空间并联机构的动力学模型，研究优化对该空间并联机构动力学特性的影响。动力学仿真参数及运动轨迹与 3.3.2 节中的默认值一致。优化前的 4-UPS-RPS 空间并联机构结构参数与表 2.9 中一致，两种优化方式得到的末端执行器的参数结果与表 5.6 中一致。图 5.21 给出了以末端执行器动力学响应误差最小和间隙球面副约束反力最小为目标的优化迭代过程。结果表明，和 3-RRPaR 空间并联机构情况类似，以末端执行器动力学响应误差最小为目标的优化方式对该机构动力学特性影响有限，仅使目标函数值降低了 4.60%；而以间隙球面副的约束反力最小为目标得到的优化结果良好，使目标函数值降低了 26.63%。

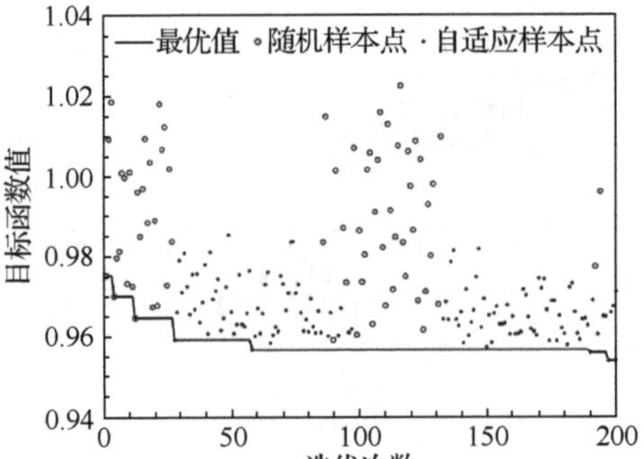

(a) 优化动力学响应

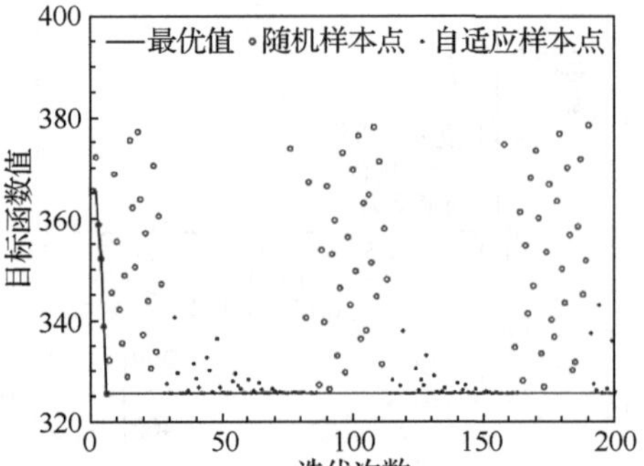

(b) 优化约束反力

图 5.21　含润滑球面副间隙的 4-UPS-RPS 空间并联机构的动力学优化迭代过程

图 5.22 对比了间隙动力学优化对含润滑间隙的 4-UPS-RPS 空间并联机构的动力学响应的影响。由图可知，优化前后位移误差没有明显变化，两种优化方式都使得 Z 方向最大位移误差由优化前的 4.04×10^{-3}m 减小至 4.03×10^{-3}m。与干摩擦间隙和非规则磨损间隙类似，Y 方向速度误差优化前后曲线趋势基本一致，但是受润滑油膜力的影响曲线波动程度显著减弱。经过以动力学响应为目标的优化，加速度响应振动情况明显改善，Y 方向和 Z 方向的加速度误差最大值分别减小了 52.94%和 54.33%；以优化约束反力为目标时，对应的最大值分别减小了 51.05%和 54.17%。这种现象是因为形成的润滑油膜不足以维持球头和球套内壁始终分离，最终油膜破裂球面副元素进入接触状态，其优化的本质是对混合平均接触力模型的约束反力进行优化。而对于 3-RRPaR 空间并联机构，球面副始终处于良好的润滑状态，润滑油膜力的存在始终使机构具有较好的动力学性能，因此优化对性能提升有限。

优化对含润滑间隙球面副的约束反力和轴心轨迹的影响分别如图 5.23 和图 5.24 所示。可以发现，两种优化方式都改善了间隙球面副处的碰撞程度。优化末端执

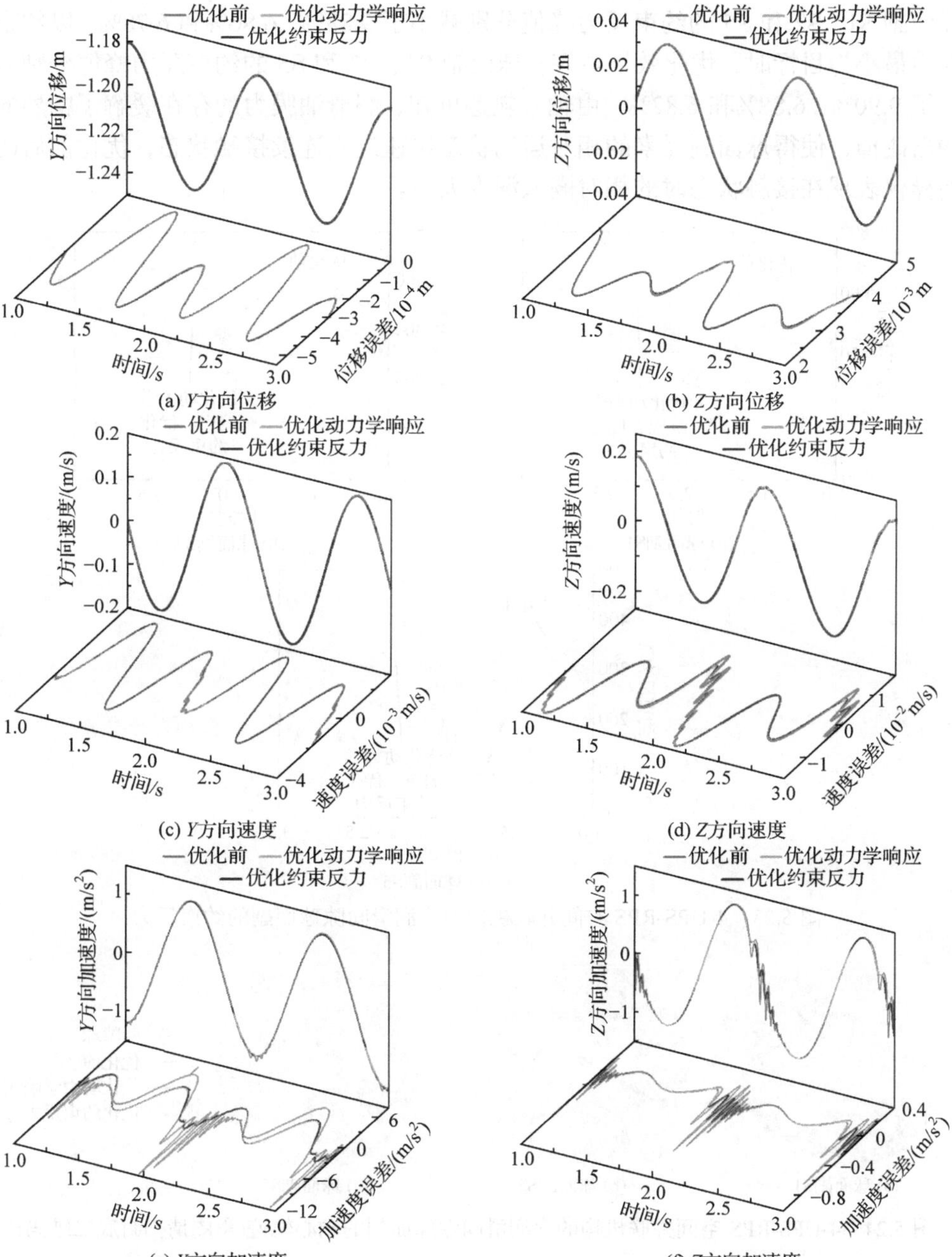

图 5.22 含润滑球面副间隙的 4-UPS-RPS 空间并联机构的末端执行器的动力学响应
(彩图请扫封底二维码)

行器的响应误差也使得约束反力水平显著下降，这也说明了动力学响应的误差与间隙球面副处的碰撞密切相关。对于以动力学响应误差最小为目标的优化方式，球面副 S1、S2 和 S5 的约束反力峰值分别减小了 9.88%、6.86%和 6.78%。以约束反力最小为目标时，优化效果更好，球面副 S1、S2 和 S5 的约束反力峰值分别减小了 9.90%、6.88%和 6.82%。由轴心轨迹可知，润滑油膜力的存在缓解了剧烈的冲击碰撞，使得球面副元素的相对运动状态快速进入连续接触状态，优化前后的差异仅表现在接触状态时的相对嵌入深度大小。

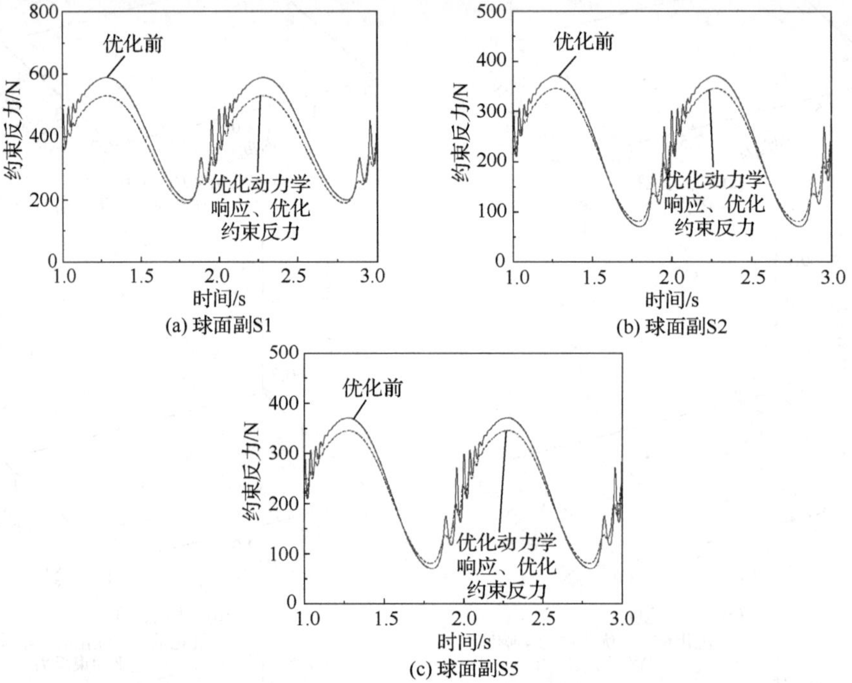

图 5.23 4-UPS-RPS 空间并联机构的含润滑间隙球面副的约束反力

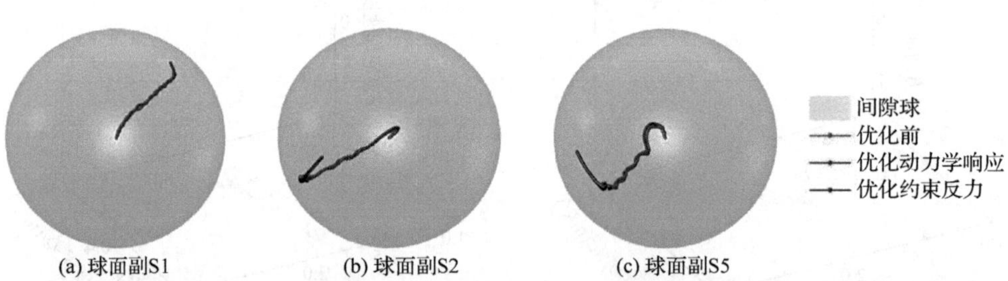

图 5.24 4-UPS-RPS 空间并联机构的含润滑间隙球面副的轴心轨迹(彩图请扫封底二维码)

3. 优化对含非规则磨损球面副间隙的 4-UPS-RPS 空间并联机构动力学特性的影响

本节基于 4.3.1 节建立的含非规则磨损球面副间隙的 4-UPS-RPS 空间并联机

构的动力学模型，进一步研究优化对球面副磨损及空间并联机构动力学特性的影响。动力学仿真参数及运动轨迹与 4.3.2 节中的默认值一致。优化前的 4-UPS-RPS 空间并联机构结构参数与表 2.9 中一致，以末端执行器动力学响应误差最小和间隙球面副约束反力最小为目标，优化得到的末端执行器的结构参数与表 5.7 中参数一致。可以发现，两种优化方式得到的优化结果差异较小。由图 5.25 中目标函数值的迭代曲线可知，相比含干摩擦间隙，优化对含非规则磨损间隙的 4-UPS-RPS 空间并联机构动力学性能的提升更大，以末端执行器动力学响应误差最小为目标时，目标函数值降低了 16.28%；以间隙球面副处的约束反力最小为目标时，目标函数值降低了 40.42%。这表明两种优化方式都在很大程度上均减弱了非规则磨损间隙球面副处的碰撞。相对于优化约束反力的方式，优化动力学响应时目标函数收敛得更快，迭代了 88 次完成收敛。

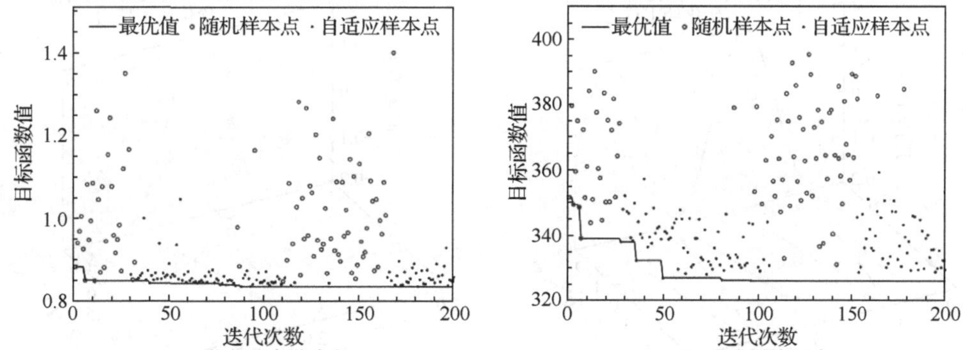

(a) 优化动力学响应 (b) 优化约束反力

图 5.25 含非规则磨损球面副间隙的 4-UPS-RPS 空间并联机构的动力学优化迭代过程

图 5.26 给出了不同优化方式对含非规则磨损间隙的 4-UPS-RPS 空间并联机构动力学响应的影响。观察图 5.22(a)和(b)可以发现，和含干摩擦间隙类似，优化没有显著减小该机构的位移误差。受优化的影响，*Z* 方向速度误差曲线振荡程度减弱，最大误差由优化前的 9.82×10^{-3}m/s 减小至 8.14×10^{-3}m/s(优化动力学响应)和 8.15×10^{-3}m/s(优化约束反力)。应当注意的是，以优化动力学响应为目标时，*Y* 方向的加速度误差较优化前出现了轻微增大的情况，这是由于目标函数综合考虑了位移响应、速度响应和加速度响应三部分，而 *Z* 方向加速度误差较优化前减小；以约束反力为优化目标时，加速度误差较优化前均减小。

图 5.27 给出了动力学优化前后 4-UPS-RPS 空间并联机构的间隙球面副的磨损情况。可以发现，优化动力学响应和优化约束反力的方式均有效减小了各间隙球面副处的磨损深度。优化前球面副 S1 处的最大磨损深度为 8.70×10^{-6}m，经过优化，最大磨损深度分别减小了 47.71%(优化动力学响应)和 66.89%(优化约束反力)。以动力学响应误差最小为目标时，球面副 S2 和 S5 的最大磨损深度分别减小

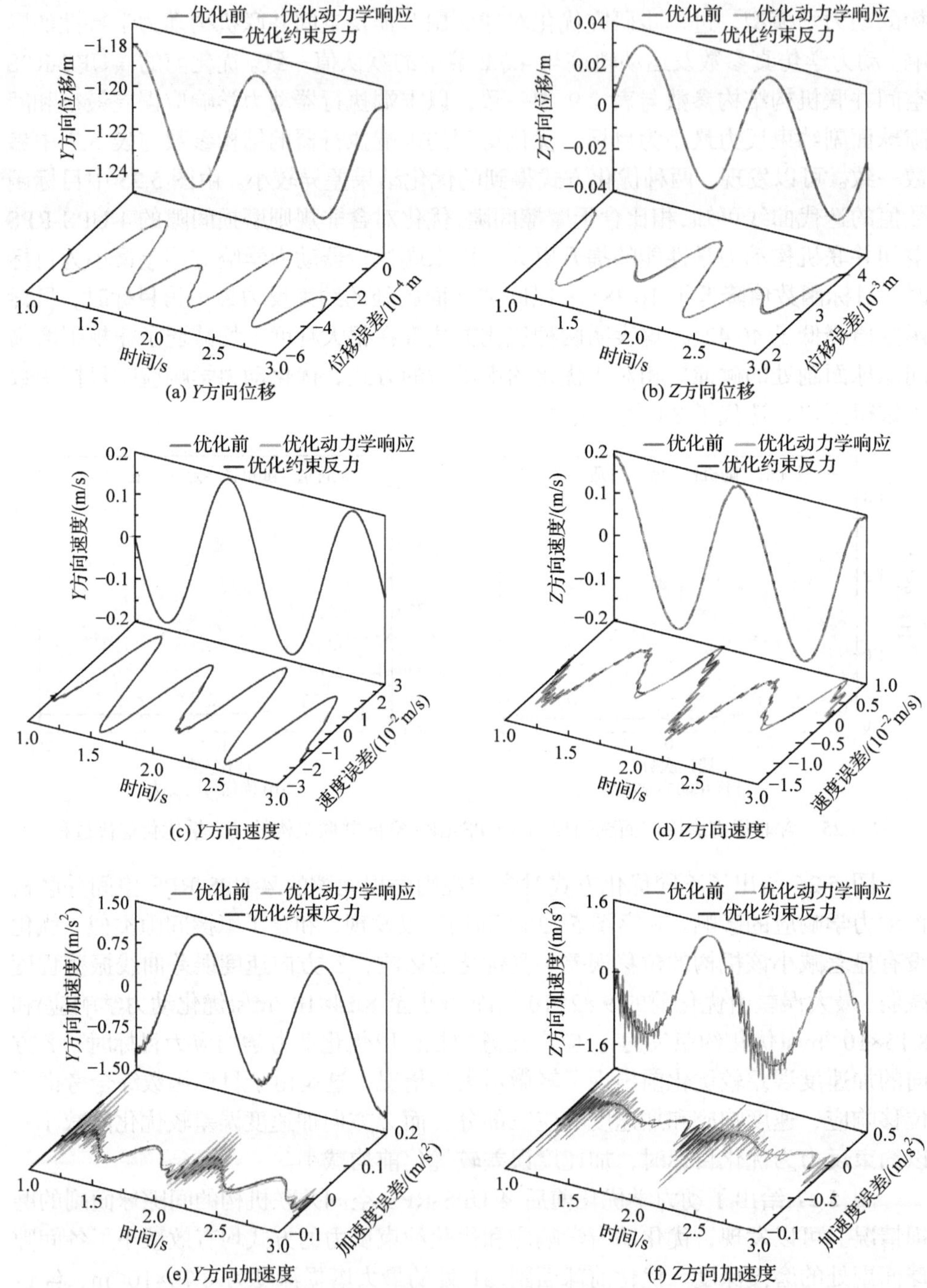

(a) *Y*方向位移　(b) *Z*方向位移

(c) *Y*方向速度　(d) *Z*方向速度

(e) *Y*方向加速度　(f) *Z*方向加速度

图 5.26　含非规则磨损球面副间隙的 4-UPS-RPS 空间并联机构的末端执行器的动力学响应

(彩图请扫封底二维码)

了 33.56%和 30.96%；以约束反力最小为目标时具有更好的优化效果，较优化前，球面副 S2 和 S5 的最大磨损深度分别减小了 47.05%和 50.00%。此外，优化没有改变球面副的磨损区域，这说明磨损区域只和空间并联机构的运动特性相关。

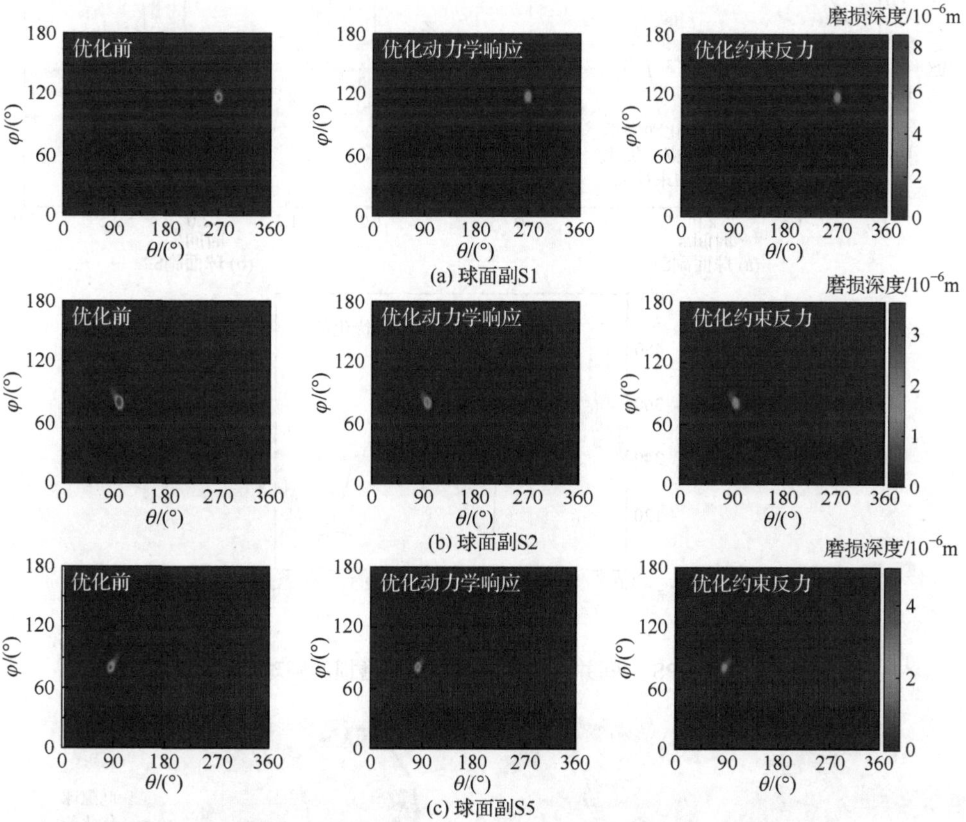

图 5.27　4-UPS-RPS 空间并联机构的含非规则磨损间隙球面副的磨损深度

图 5.28 和图 5.29 对比了优化前后 4-UPS-RPS 空间并联机构的含非规则磨损间隙球面副的约束反力和轴心轨迹。优化约束反力的方式对间隙球面副的运动状态影响更加直接，经过优化球面副 S1、S2 和 S5 处的最大约束反力分别减小了 19.42%、26.71%和 27.59%。优化动力学响应时，球面副 S1、S2 和 S5 处的最大约束反力分别减小了 17.57%、23.41%和 24.36%。约束反力的大小与间隙球面副处的磨损密切相关，这也解释了采用优化约束反力的方式进行优化，间隙球面副的磨损程度最低的原因。与干摩擦间隙相比，非规则磨损间隙球面副的轴心轨迹更加混乱，但整体的运动轨迹基本和干摩擦间隙一致。不同的优化方式导致间隙球面副的轴心轨迹在初始阶段存在差异，优化前的轴心轨迹运动范围更大，初始碰撞最为剧烈。在进入连续接触状态之后，优化前后的轴心轨迹差异较小，都集

中在较小的区域范围内进行往复运动，这也导致了球面副磨损区域较为集中。

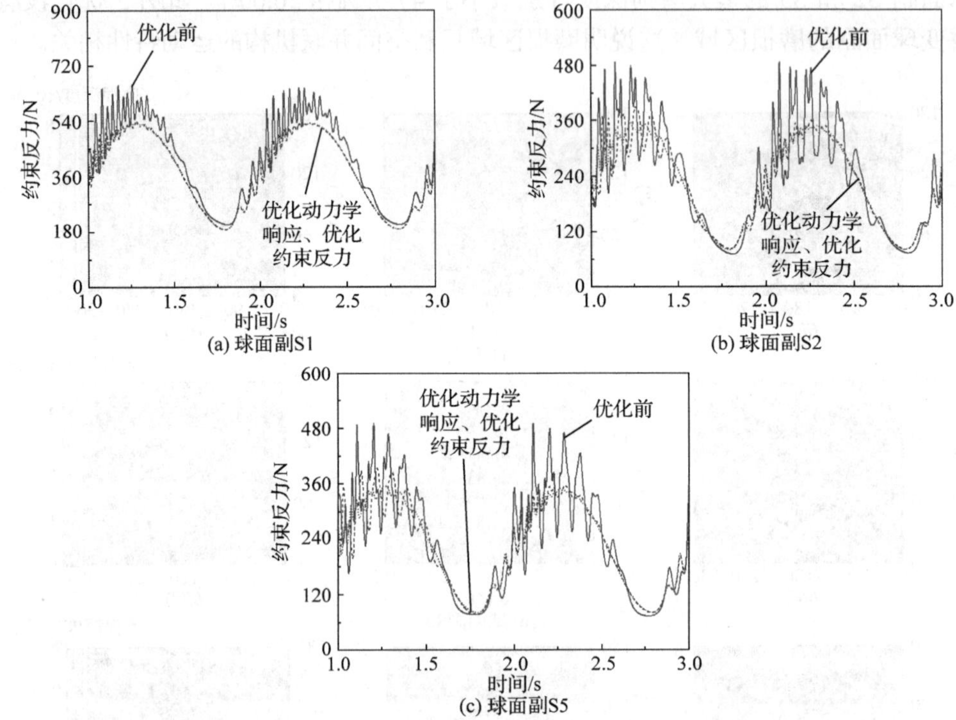

图 5.28　4-UPS-RPS 空间并联机构的含非规则磨损间隙球面副的约束反力

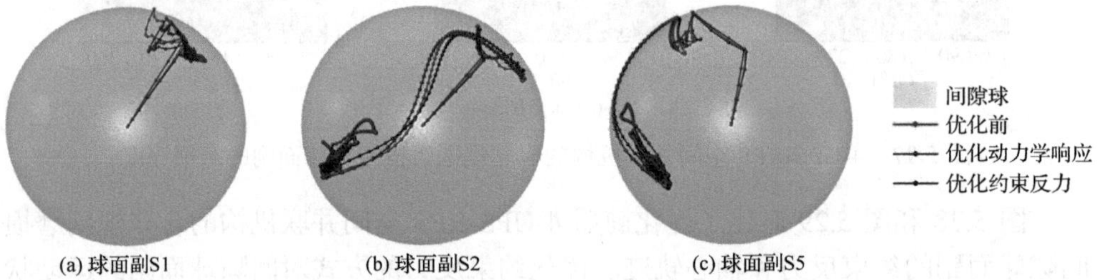

图 5.29　4-UPS-RPS 空间并联机构的含非规则磨损间隙球面副的中心轨迹
(彩图请扫封底二维码)

5.4　本 章 小 结

本章针对间隙效应引起的空间并联机构动力学性能的渐变劣化问题，提出了考虑间隙效应的空间并联机构动力学优化模型；构建了径向基函数元模型用于近似考虑间隙效应的 3-RRPaR 空间并联机构和 4-UPS-RPS 空间并联机构的动力学方程，基于全局度量随机响应面框架分别以优化动力学响应和优化约束反力的方式对空间并联机构中的末端执行器进行了参数优化；系统地对比了优化前后考虑间隙效应的空间并联机构动力学特性的变化。

研究结果表明，优化有效减缓了间隙运动副的接触碰撞，改善了空间并联机构的动力学性能。以约束反力最小为目标时空间并联机构动力学性能更好，优化效果更为显著。对于 3-RRPaR 空间并联机构，优化使干摩擦间隙和润滑间隙转动副处的约束反力峰值分别减小了 19.68%和 16.16%，极大改善了间隙转动副处的非规则磨损状况，使最大磨损深度最多减小 59.42%。经过以动力学响应误差最小为目标的优化，4-UPS-RPS 空间并联机构的动力学性能也得到了改善，运动更加平稳，其干摩擦间隙和润滑间隙时的约束反力分别减小了 29.01%和 26.63%，间隙球面副的最大磨损深度最多减小了 27.59%，进而增加了空间并联机构的服役寿命。

第 6 章　含间隙的空间并联机构动力学响应试验

6.1 概　述

开展含间隙的空间并联机构试验系统研究不仅能够验证所建立理论模型的正确性，而且开展试验过程中的探索、发现可以为理论研究提供实践指导。为充分发挥空间并联机构装备的应用价值，对含运动副间隙的空间并联机构进行动力学响应试验研究，可以充分了解运动副间隙对系统的劣化效应，具有重要的工程价值。

为验证第 2～5 章所建立理论模型的有效性，本章以模型更复杂、应用更广泛的含间隙的 3-RRPaR 空间并联机构为例进行动力学响应试验探索与研究。首先，对 3-RRPaR 空间并联机构试验系统进行总体结构设计；其次，扼要地介绍试验平台各组成部分及功能；最后，搭建 3-RRPaR 空间并联机构样机，结合数据采集设备，开展考虑间隙效应的空间并联机构动力学响应试验研究，通过对比含干摩擦间隙、含润滑间隙和含非规则磨损间隙的空间并联机构的试验结果与数值计算结果，进一步验证所提出理论模型的正确性。

6.2　含间隙的 3-RRPaR 空间并联机构试验系统搭建

为了验证前几章所建立理论模型的有效性，开展含间隙的 3-RRPaR 空间并联机构动力学响应的试验研究，试验系统如图 6.1 所示，主要包含三部分：3-RRPaR 空间并联机构机械系统、运动控制系统和数据采集与分析系统。运动控制系统中的人机交互界面由 LabVIEW 编写，配合下位机设备实现对机械系统的实时控制；机械系统是试验装置的基本骨架也是被控对象，用于实现用户规划的运动；数据采集与分析系统用于捕捉、记录和分析空间并联机构末端执行器的加速度信号。

6.2.1　并联机构机械系统

含间隙的 3-RRPaR 空间并联机构试验样机如图 6.2 所示。采用铸铁机架以降低在高速运动情况下，间隙运动副碰撞导致的空间并联机构本体剧烈振动。同时，在机架外部安装防护网以保障进行试验操作时的安全，防护网通过包裹在机架外部的铝型材相连接。3-RRPaR 空间并联机构本体包括三条构造相同的运动支链，

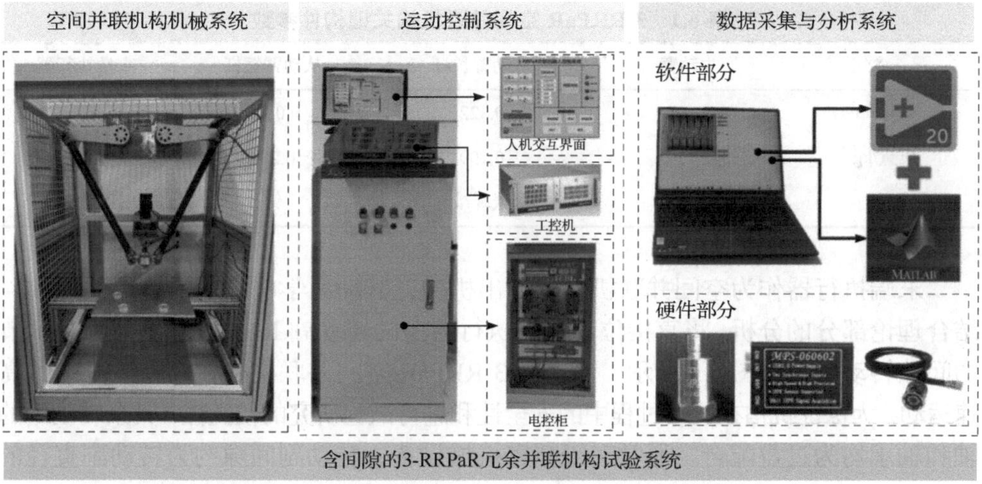

图 6.1　含间隙的 3-RRPaR 空间并联机构试验系统

每条运动支链均由主动臂和具有平行四边形结构的从动臂组成。主动臂通过行星减速器与伺服电机连接，伺服电机与机架上的基座采用开放式的安装方式，易于后期拆卸、维护及散热。所有构件之间的连接均采用成本较低、标准化程度高、具有更好耐磨性的转动副连接。通过伺服控制系统驱动，末端执行器可以完成三个方向的平动。

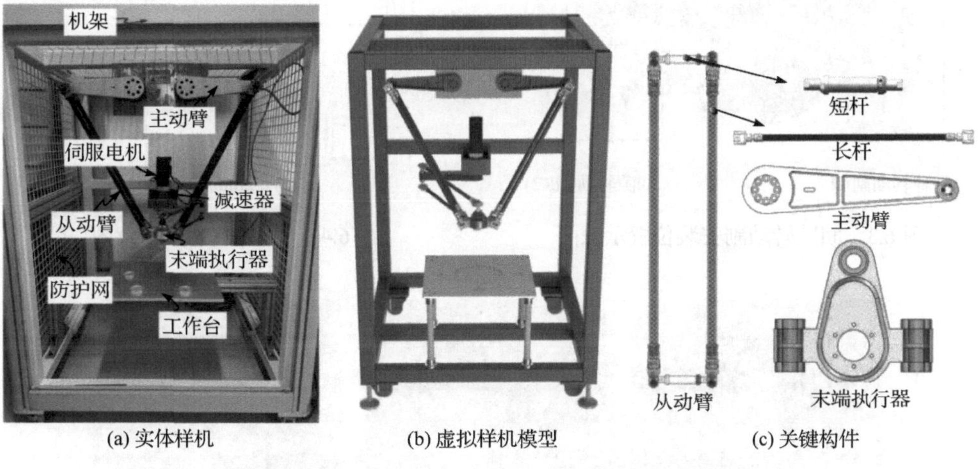

(a) 实体样机　(b) 虚拟样机模型　(c) 关键构件

图 6.2　含间隙的 3-RRPaR 空间并联机构试验样机

为了提高空间并联机构的性能，主动臂和末端执行器分别采用铝合金和钛铝合金材料加工而成，并对非关键受力部位进行镂空处理以减小零部件的质量，如图 6.2(c) 所示。具有平行四边形结构的从动臂长杆采用碳纤维制作以最大限度地减轻由高速运动和运动副碰摩现象引发的振动和变形。该机构的关键构建参数如表 6.1 所示。

表 6.1　3-RRPaR 空间并联机构关键构件参数

参数	主动臂	从动臂长杆	从动臂短杆	末端执行器
长度/m	0.125	0.322	0.0525	—
质量/kg	2.129	0.199	0.259	1.005
材料	铝合金	碳纤维	钢	钛铝合金

末端执行器作为空间并联机构的输出机构，其动力学响应是最值得关注的。结合理论部分的分析，将直接位于末端执行器上的转动副 R1 和 R2 设计为可调节的间隙转动副，如图 6.3 所示。考虑到 3-RRPaR 空间并联机构在实际工况中的高速运动，为保证机构在运动过程中的安全性和进行试验研究的便捷性，其余转动副的轴和轴承均为过盈配合。通常对于精密机械设备，转动副间隙约为转动副直径的 0.01～0.0001。为了方便观察间隙效应对空间并联机构动力学性能的影响，所选取的间隙值分别为 0.05mm、0.1mm、0.2mm，处于合理范围的偏大水平，如图 6.4 和图 6.5

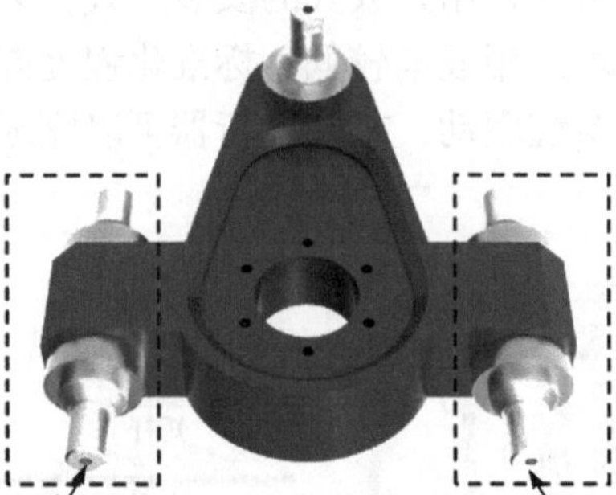

图 6.3　间隙转动副安装位置示意图

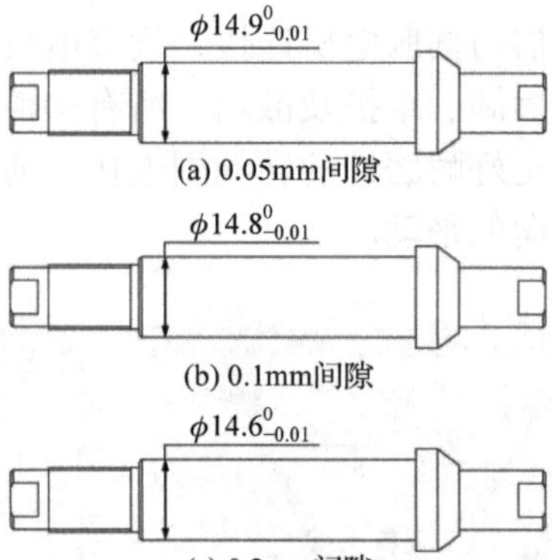

(a) 0.05mm间隙　(b) 0.1mm间隙　(c) 0.2mm间隙

图 6.4　间隙轴 CAD 示意图

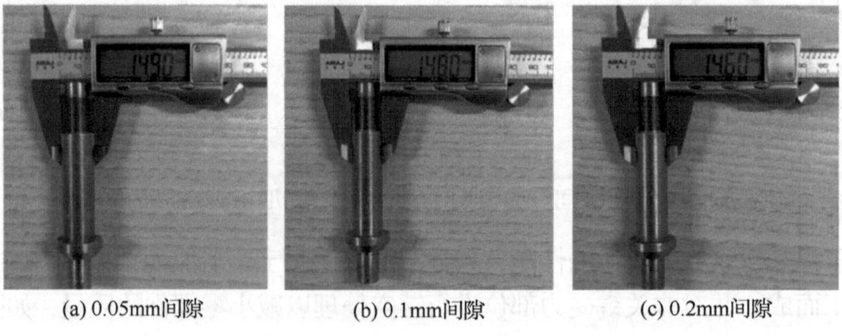

(a) 0.05mm间隙　(b) 0.1mm间隙　(c) 0.2mm间隙

图 6.5　间隙轴实物图

所示。位于末端执行器上的间隙转动副，其轴颈外圈套为可更换的铝合金轴套，轴套和设计的销轴可以组合形成不同尺寸的间隙值。间隙转动副的相关参数如表 6.2 所示。

表 6.2　间隙转动副的相关参数

转动副元素	内径/mm	外径/mm	长度/mm	材料
轴套	15	24	50	铝合金
间隙轴(0.05mm)	—	14.9	98	钢
间隙轴(0.1mm)	—	14.8	98	钢
间隙轴(0.2mm)	—	14.6	98	钢

6.2.2　运动控制系统

3-RRPaR 空间并联机构的运动控制系统分为软件控制系统和硬件控制系统两部分，如图 6.6 所示。软件控制系统提供个性化的人机交互界面，并且实现运动控制和数据传递等核心功能，通过与硬件控制系统有机结合可以实现对试验样机机械本体的控制。

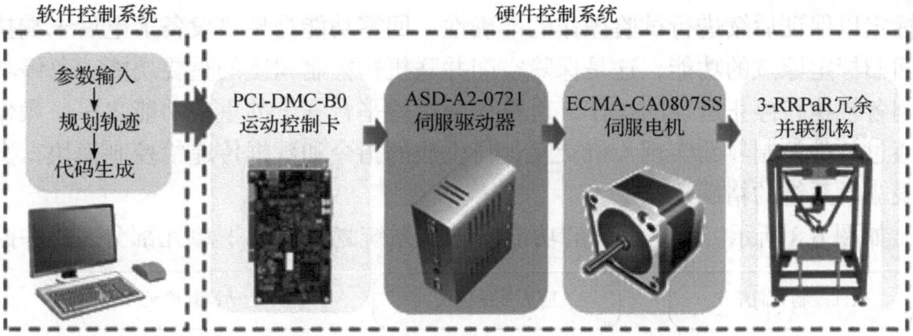

图 6.6　3-RRPaR 空间并联机构运动控制系统组成

1. 软件控制系统

在软件控制部分中，为了提高开发效率、缩短研发周期，采用 LabVIEW 图形化编程语言进行软件控制系统的开发。LabVIEW 提供一种图形化软件集成开发环境，内置信号采集、测量分析与数据显示功能，具有高效的、直观的图形显示等辅助模块，能够高效地实现对运动控制卡的数据传输和运动控制。设计的 3-RRPaR 空间并联机器人控制系统界面如图 6.7 所示。

基于运动控制模块，3-RRPaR 空间并联机器人软件控制系统可以实现伺服使能、运行、单轴标定、急停、回零等功能。试验平台在安装完成后需要进行运动学位

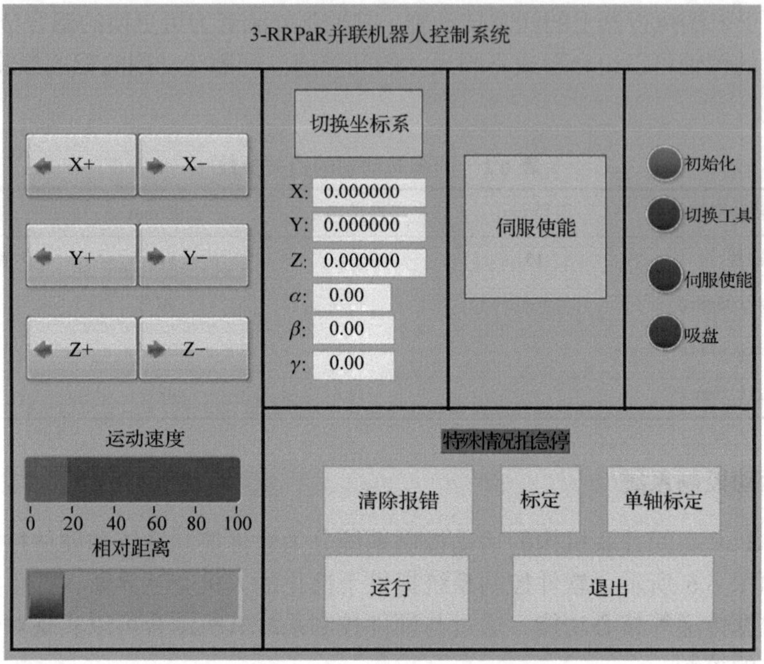

图 6.7　3-RRPaR 空间并联机器人控制系统界面

置标定以保证后续进行试验操作的准确性。回零功能是指对设备上电后末端执行器回归标定原点的功能，这是保障空间并联机构控制精度的重要功能。急停功能强制各轴执行停止运动的操作，也是保障试验平台安全的重要功能之一。操作人员通过软件控制界面实现人机交互，将生成的指令和数据传递给控制模块，实现伺服驱动系统的精确运动。

如图 6.8 所示，根据设计的功能将软件系统划分为以下单元部分：软件控制

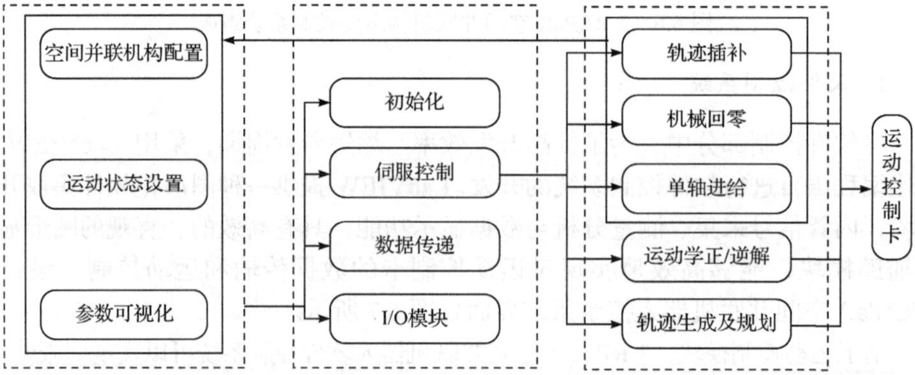

图 6.8　3-RRPaR 空间并联机器人软件系统的组成

界面单元包括空间并联机构配置、运动状态设置、末端执行器的位置和姿态参数可视化；应用程序单元包括初始化、伺服控制、数据传递、I/O 模块；运动控制单元主要包括轨迹插补、机械回零、轨迹生成及规划等功能。模块之间及模块内部采用局部变量的形式实现信息的交互。

2. 硬件控制系统

在硬件控制部分中，对于伺服驱动系统的控制选择，采用目前在空间并联机构中广泛应用的个人计算机和运动控制卡的控制方案，该方案具有使用灵活简便、成本较低、代码通用性和可移植性好、适合二次开发等优点，适用于运动过程和运动轨迹都比较复杂的机械产品。

在本方案中，个人计算机选用稳定可靠具有抗电子干扰能力的研华 IPC-610L 工控机。该工控机配备主频为 3.4GHz 的 Intel i7-6700 处理器。使用的研华 AIMB-705G2 工业级主板具有 8GB 内存，以及 1TB 的硬盘存储空间。该工控机用于软件控制系统的人机交互、系统状态检测以及配合下位机实现运动控制。

由于空间并联机构的高精度、动力学响应灵敏等要求，选用台达 PCI-DMC-B0 运动控制卡，该运动控制卡通过 PCI 接口与工控机连接，在 1ms 内可完成 12 轴同动或 4 组 3 轴同动插补，可实现任意 2 轴圆弧插补，任意 3 轴直线、螺旋和连续插补。通过 EzDMC 软件可以对伺服驱动器进行动作规划与参数控制。本节试验研究中，在个人计算机端使用 LabVIEW 语言对提供的动态链接库进行二次开发以实现对运动控制卡的实时控制，并采用位置控制模式实现对伺服电机的控制。该运动控制卡的主要规格如表 6.3 所示。

表 6.3　PCI-DMC-B0 运动控制卡的主要规格

功能	规格
串接轴数	12 轴
插补模式	线性、圆弧、螺旋与连续
控制模式	速度、扭力、位置
运动速率切线控制	T-curve、S-curve
支持驱动器模块	Delta ASDA-A2 系列伺服驱动器
支持工具语言	VB、VC、BCB、DELPHI、C#、VB.NET、LabVIEW

为实现空间并联机构的高精度和稳定工作及与运动控制卡有较好的匹配度，

采用具有高运动精度、低惯量和低摩擦的台达伺服系统。驱动器型号为台达 ASD-A2-0721 伺服驱动器，主要性能参数如表 6.4 所示。配套使用的伺服电机型号为台达 ECMA-CA0807SS，主要性能参数如表 6.5 所示。

表 6.4　ASD-A2-0721 伺服驱动器的主要性能参数

参数	数值
工作电压/V	三相 170～255
连续输出电/A	5.1
最大适用容量/W	750
编码器分辨数/bit	20

表 6.5　ECMA-CA0807SS 伺服电机的主要性能参数

参数	数值	参数	数值
额定功率/W	750	最大扭矩/(N · m)	7.16
额定扭矩/(N · m)	2.39	转子惯量/(kg · m^2)	1.13×10^{-4}
额定转速/(r/min)	3000	最大转速/(r/min)	5000

6.2.3　数据采集与分析系统

考虑到 3-RRPaR 空间并联机构需要在高速、高加速度的工况下运动，采用普通的位置传感器和速度传感器难以准确捕捉末端执行器的动力学响应信号。此外，通过第 2～5 章的理论分析发现，加速度响应对间隙效应最敏感，且与系统的力学特性密切相关。因此，采用加速度信号表征和分析间隙效应对 3-RRPaR 空间并联机构动力学特性的影响。如图 6.9 所示，数据采集与分析系统由硬件和软件两部分组成。硬件部分包括加速度传感器和数据采集卡，软件部分主要包括 LabVIEW 信号分析模块和 MATLAB 数据后处理模块。

(a) 加速度传感器　(b) 数据采集卡　(c) 信息分析模块和数据后处理模块

图 6.9　数据采集与分析系统

加速度传感器选择 2 个灵敏度为 500mV/g 的 MPS-ACC01X 压电式加速度计，

如图 6.9(a)所示，主要性能参数如表 6.6 所示。传感器由双头 M5 螺柱固定在基座上，为减小基座质量对系统的影响，基座由丙烯腈-丁二烯-苯乙烯(acrylonitrile-butadiene-styrene，ABS)轻质材料打印而成。传感器的观测点以及固定基座的安装位置如图 6.10 所示。

表 6.6　加速度传感器的主要性能参数

参数	数值
量程/g	±10
灵敏度/(mV/g)	500
横向灵敏度	⩽3%
频率范围/Hz	0.3～12000
抗冲击/g	4000
质量/g	31

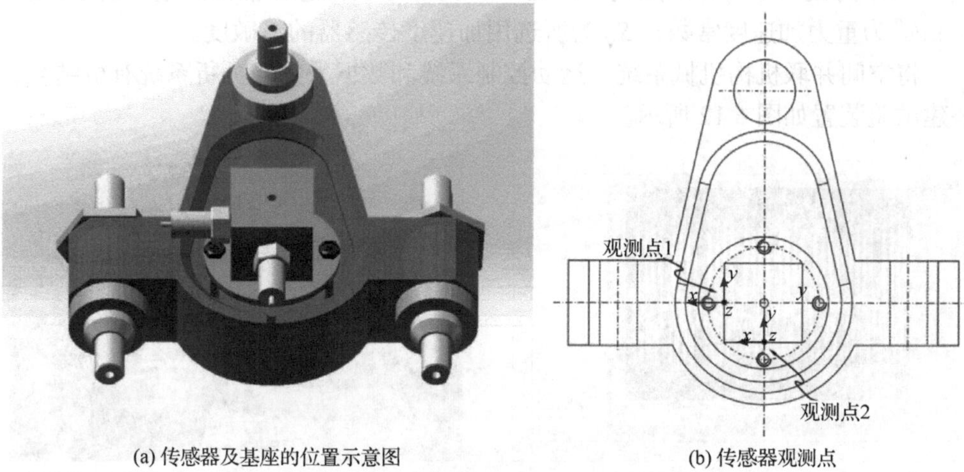

(a) 传感器及基座的位置示意图　　(b) 传感器观测点

图 6.10　传感器观测点示意图

数据采集卡通过超小型 A 版本(subminiature version A，SMA)信号线接收加速度传感器捕捉到的电压信号。试验使用的 MPS-060602 数据采集卡如图 6.9(b)所示，具有 16 位分辨率，450kHz 高采样频率可以完成双通道同步采样，该采集卡的主要性能参数如表 6.7 所示。

表 6.7　MPS-060602 数据采集卡主要性能参数

参数	数值
量程/(V/PGA)	±10
分辨率/bit	16
采样频率/kHz	1～450

续表

参数	数值
恒流输出/mA	4
低通滤波/kHz	100
驱动电压/V	24

注：PGA 表示可编程增益放大器。

通过 LabVIEW 编写加速度信号处理软件，界面如图 6.11 所示。该软件可对数据采集卡得到的数据进行处理和实时显示，将获得的加速度信号导出 MATLAB 中进行信号后处理以及进一步分析。应当注意的是，因为采用的是压电式加速度传感器，所以数据采集卡得到的电压信号应通过式(6.1)转换为加速度信号：

$$R_{\mathrm{a}} = Ug / S_{\mathrm{V}} \tag{6.1}$$

式中，R_{a} 为被测量物体的加速度响应；U 为加速度传感器捕获的电压信号；$g = 9.8\mathrm{m/s^2}$ 为重力加速度常数；S_{V} 为所选用加速度传感器的灵敏度。

将空间并联机构机械系统、运动控制系统和数据采集与分析系统有机结合，搭建试验装置如图 6.12 所示。

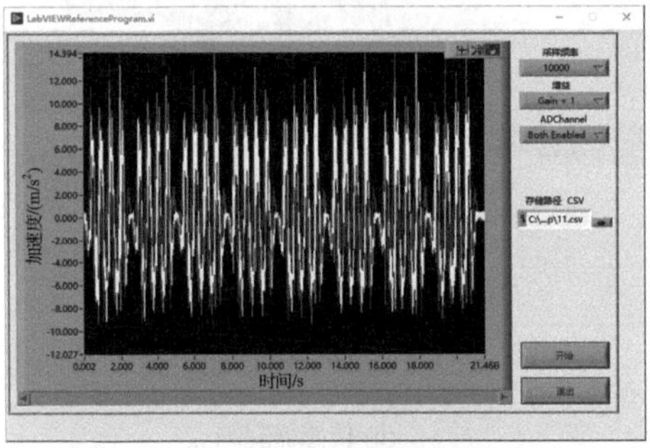

图 6.11　加速度信号处理软件界面

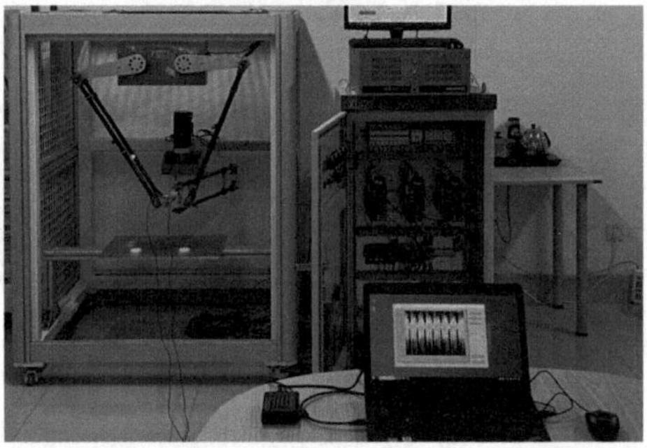

图 6.12　含间隙的 3-RRPaR 空间并联机构试验装置

基于上述搭建的装置开展含间隙的空间并联机构动力学响应试验研究，方案如图 6.13 所示，主要流程如下。

(1) 设计 3-RRPaR 空间并联机构的试验装置，确定各构件的初始位置、尺寸、材料、铰链类型及分布情况，并进行装配。基于 LabVIEW 软件设计含间隙的空间并联机构运动控制系统，通过伺服驱动器控制伺服电机转动，伺服电机带动编码器转动，编码器通过光栅、模块处理反馈信号给伺服驱动器形成闭环控制，从而实现对空间并联机构的运动控制。

(2) 选择加工好的间隙轴替换平行四边形支链中的理想轴，对含间隙的空间并联机构进行装配。对含干摩擦间隙、含非规则磨损间隙、含润滑间隙的空间并联

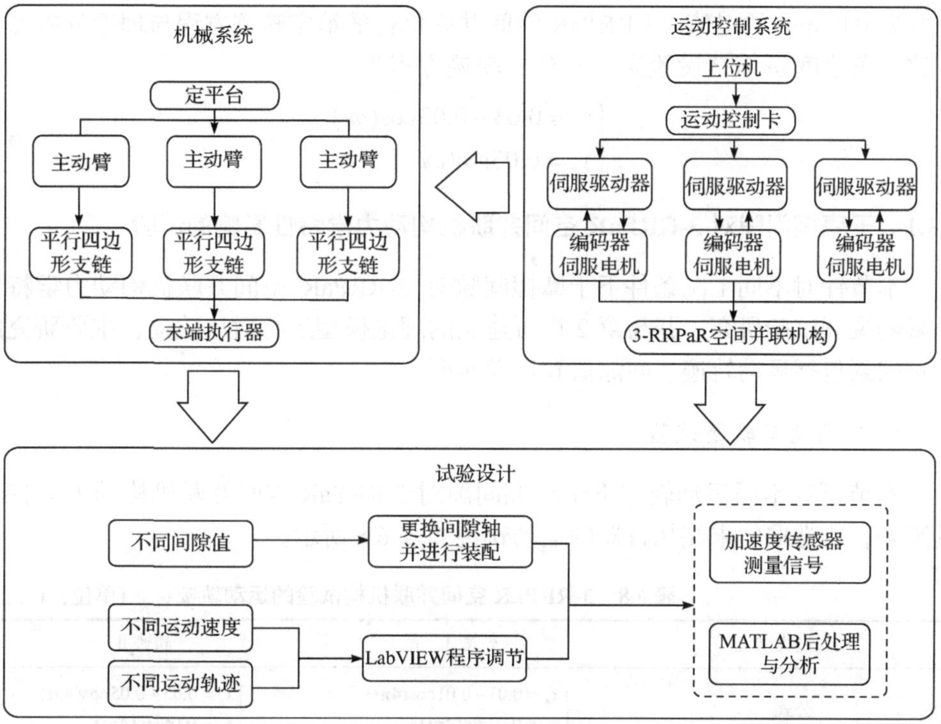

图 6.13　试验研究方案

机构进行试验设计，调节不同的运动速度，更换不同尺寸的间隙轴，调整不同的运动轨迹进行试验。

(3) 将加速度支撑底座安装到末端执行器的中心位置，并将加速度传感器固定然后检查试验装置的稳定性。通过数据采集系统，对不同工况机构运行时末端执行器的加速度信号进行采集和存储。将加速度信号导入个人计算机端，通过 MATLAB 进行数据处理与分析，探究间隙效应对 3-RRPaR 空间并联机构动力学响应的影响，验证所建立理论模型的有效性。

6.3　含间隙的 3-RRPaR 空间并联机构动力学响应试验

为研究不同间隙效应对 3-RRPaR 空间并联机构动力学响应的影响，在自主搭建的含间隙的 3-RRPaR 空间并联机构试验台开展试验，将试验结果与理论数值计算结果对比分析以验证所建立理论模型结果的合理性和科学性。为了更好地验证理论模型结果，待空间并联机构运动稳定后选取一个完整运动周期进行测量分析。对转动副 R1 和 R2 更换间隙轴以调节径向间隙大小，轴向间隙通过径向锁紧螺母控制为 0.01mm 的定值。3-RRPaR 空间并联机构的给定轨迹方程与理论分析部分一致，角速度 ω 默认设置为 4πrad/s，轨迹方程为

$$\begin{cases} x_e = 0.03 - 0.03\cos(\omega t) \\ y_e = 0.03\sin(\omega t) \end{cases} \tag{6.2}$$

6.3.1　干摩擦间隙对 3-RRPaR 空间并联机构动力学特性影响的试验

本节针对不同工况条件下干摩擦间隙对 3-RRPaR 空间并联机构动力学特性的影响展开试验研究，并与第 2 章所建立的理论模型进行对比验证，主要研究的影响因素包括运动轨迹、间隙值和运动速度。

1. 不同运动轨迹试验

本节研究不同运动轨迹下干摩擦间隙对 3-RRPaR 空间并联机构动力学特性的影响，所选取的末端执行器的运动轨迹如表 6.8 所示。

表 6.8　3-RRPaR 空间并联机构试验的运动轨迹　　(单位：m)

轨迹类型	轨迹Ⅰ	轨迹Ⅱ
公式	$\begin{cases} x_e = 0.01 - 0.01\cos(4\pi t) \\ y_e = 0.01\sin(4\pi t) \end{cases}$	$\begin{cases} x_e = 0.05 - 0.05\cos(4\pi t) \\ y_e = 0.05\sin(4\pi t) \end{cases}$

图 6.14 对比分析了不同运动轨迹时，通过加速度传感器测量得到的含干摩擦转动副间隙的 3-RRPaR 空间并联机构 X 方向和 Y 方向末端执行器的加速度响应、第 2 章数值计算得到的理论结果以及不考虑间隙效应时末端执行器的理想加速度结果。对比两组轨迹的试验结果，可以发现轨迹Ⅱ较轨迹Ⅰ，加速度响应波动的幅值增大、数量增多、持续时间延长。具有共性的是，两组轨迹发生剧烈波动的位置以及趋势具有相似性。随着运动半径的增大，加速度响应振动频率和幅值不同程度的增加，这说明间隙转动副处的碰撞现象变得剧烈，严重恶化了机构的动力学性能，这一结论与第 2 章中图 2.8 的分析结果一致。

对比试验结果与第 2 章数值计算得到的理论结果，可知理论结果与试验结果在加速度响应的主要波动位置、波动幅值和趋势上具有较好的吻合。对于理论结果与试验结果误差较大的轨迹Ⅱ，X 方向在波谷处测得的试验结果和理论结果的幅值分别为-9.86m/s^2和-7.85m/s^2。Y 方向试验结果和理论结果的最大峰值分别为 10.38m/s^2 和 8.54m/s^2。和理论结果一致，受干摩擦间隙的影响 3-RRPaR 空间并联机构在 X 方向上加速度出现了更频繁的振动，在 Y 方向上加速度信号整体波动频率下降，主要波动位置集中在理想加速度响应的波峰和波谷处。

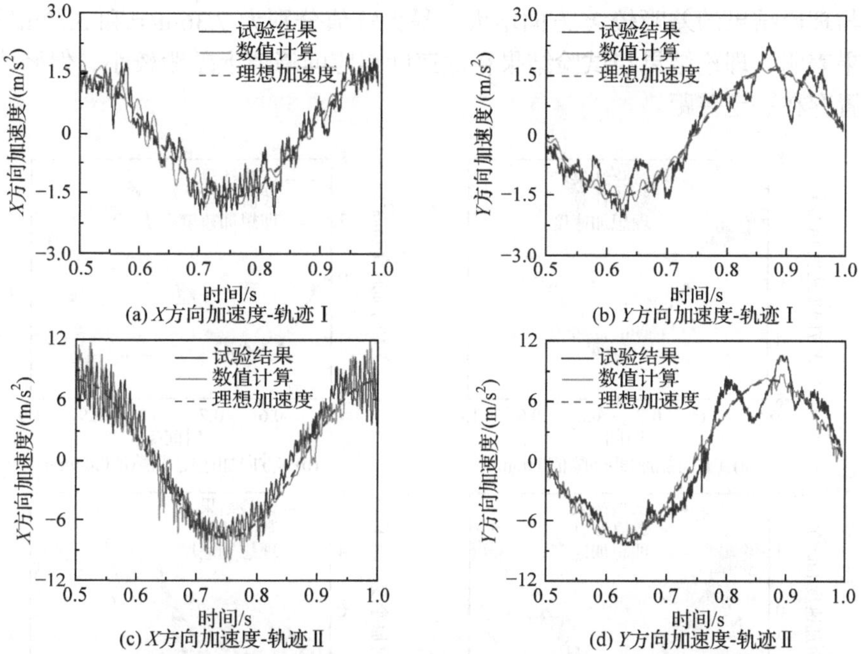

(a) X方向加速度-轨迹Ⅰ　(b) Y方向加速度-轨迹Ⅰ
(c) X方向加速度-轨迹Ⅱ　(d) Y方向加速度-轨迹Ⅱ

图 6.14　不同运动轨迹下含干摩擦间隙时末端执行器加速度响应的试验结果与数值计算对比

2. 不同间隙值试验

本节进一步探讨不同间隙值对含干摩擦间隙的 3-RRPaR 空间并联机构动力学特性的影响，为更容易突出该空间并联机构的运动特性，选取的径向间隙值大小为 2.2.2 节中差异较大的两种情况，分别为 0.05mm(间隙值Ⅰ)和 0.2mm(间隙值Ⅲ)。

图 6.15 给出了不同间隙值时含干摩擦转动副间隙的 3-RRPaR 空间并联机构末端执行器加速度响应的试验测量结果、第 2 章数值计算得到的理论结果以及不考虑间隙效应时末端执行器的理想加速度结果。对比分析试验结果发现，加速度响应整体趋势与理想情况一致，受间隙转动副处冲击碰撞的影响，曲线围绕理想情况上下波动。两种间隙值情况下，X 方向加速度响应差距较小，Y 方向加速度响应随着间隙值的增大，整体波动水平和幅值显著提高。这说明随着间隙值的增大，间隙转动副处的碰撞剧烈程度显著提高，导致加速度响应振动程度加剧，这与第 2 章中图 2.11 的结果相对应。

对比试验结果与第 2 章数值计算得到的理论结果，可以发现理论结果与试验结果在加速度响应的主要波动位置和趋势上具有较好的一致性。当间隙值为 0.2mm 时，对于 X 方向加速度响应理论结果的幅值及振动频率均具有较好的吻合，在波谷处试验结果与理论结果的最小值分别为 -6.06m/s^2 和 -5.67m/s^2；Y 方向试验结果与理论结果的差距较 X 方向增大，最大峰值分别为 7.36m/s^2 和 5.17m/s^2。上述结果表明，理论结果与试验结果在加速度响应的峰值上差距较小，但峰值出现的位置存在一定差距。

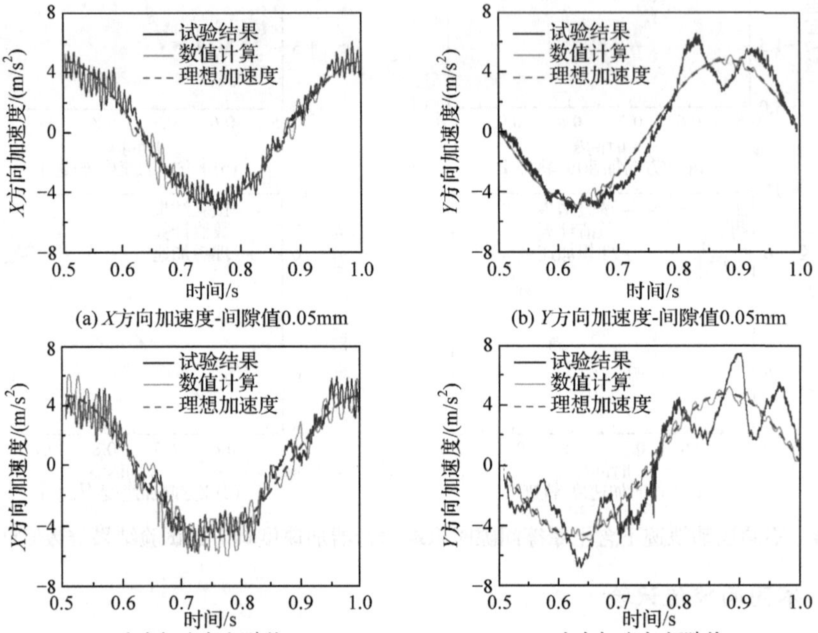

(a) X方向加速度-间隙值0.05mm　(b) Y方向加速度-间隙值0.05mm

(c) X方向加速度-间隙值0.2mm　(d) Y方向加速度-间隙值0.2mm

图 6.15　不同间隙值、含干摩擦间隙时末端执行器加速度响应的试验结果与数值计算对比

3. 不同运动速度试验

本节主要研究在不同运动速度下，干摩擦间隙对 3-RRPaR 空间并联机构动力学特性的影响。为更容易体现不同运动速度下该空间并联机构的运动特性，选取的运动速度为 2.2.2 节中差异较大的两种情况，分别为 ω=3πrad/s 和 ω=5πrad/s。

不同运动速度时，含干摩擦转动副间隙的 3-RRPaR 空间并联机构末端执行器的加速度响应、第 2 章数值计算得到的理论结果以及不考虑间隙效应时末端执行器的理想加速度结果如图 6.16 所示。观察不同运动速度时的加速度响应试验结果，可以发现随着运动速度的增大，加速度响应与理想情况的偏离程度增大，尤其是 Y 方向的加速度响应。Y 方向加速度响应除了在波峰波谷处出现了剧烈的振动，在中间阶段也出现了高频振动。这表明该机构在较大的运动速度状态下，间隙转动副碰撞现象更剧烈，引起加速度信号的突变。

对比试验结果与理论结果，发现两者在加速度曲线趋势与主要波动位置上具有较好的一致性，在幅值上存在差异。当运动速度 ω=5πrad/s 时，波谷处 X 方向加速度响应试验结果与理论结果的最小值分别为–7.20m/s^2 和–11.75m/s^2。试验结果与理论结果在加速度响应沿 Y 轴负方向偏移的最大值分别为 3.50m/s^2 和 1.47m/s^2。与理论模型得到的结果类似，运动速度的增大，增大了空间并联机构末端执行器加速度响应的幅值和振动频率。

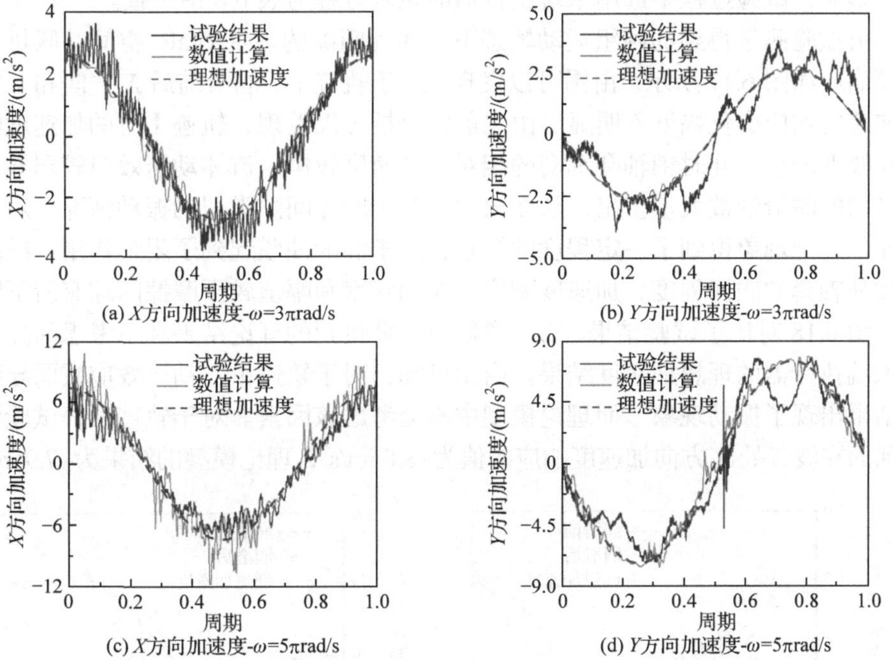

图 6.16　不同运动速度、含干摩擦间隙时末端执行器加速度响应的试验结果与数值计算对比

综上所述，通过试验测量与理论分析的手段，系统地分析了在不同工况条件下，干摩擦间隙对 3-RRPaR 空间并联机构动力学响应的影响。结果表明，受间隙效应的影响，运动轨迹、间隙值和运动速度的增大都会进一步恶化该空间并联机构的动力学性能。建立的含干摩擦间隙的 3-RRPaR 空间并联机构动力学理论模型与试验结果具有较好的吻合，但加工误差、试验测量精度等因素，导致响应曲线的具体数值存在差异。因此，上述试验结果说明了所建立理论模型的有效性。

6.3.2　润滑间隙对 3-RRPaR 空间并联机构动力学特性影响的试验

本节对比含润滑间隙的 3-RRPaR 空间并联机构动力学特性的试验数据、第 3 章数值计算得到的理论结果和不考虑间隙效应时末端执行器的理想加速度结果，研究润滑间隙对空间并联机构动力学响应的影响同时验证所建立理论模型的正确性。试验研究中，间隙转动副处添加动力黏度为 10cP 的润滑油，间隙转动副高速旋转形成润滑油膜，并通过 O 型橡胶圈密封防止润滑油渗出。通过加速度传感器提取 3-RRPaR 空间并联机构稳定运动周期时的加速度信号。

1. 不同运动轨迹试验

本节主要讨论不同运动轨迹下润滑间隙对 3-RRPaR 空间并联机构动力学响应的影响，试验过程中选用末端执行器的轨迹方程与表 6.8 中一致。

由试验测量得到的两组运动轨迹下含润滑间隙的 3-RRPaR 空间并联机构加速度响应如图 6.17 所示。由图可以发现，对于轨迹Ⅰ，润滑前后 X 方向和 Y 方向的加速度响应变化幅度不明显。由之前的分析可以发现，轨迹Ⅰ时的加速度响应波动幅度较小，此时销轴和轴套的相对运动速度较慢，流体动压效应较弱导致接触界面的润滑油被大量挤出，从而出现了与干摩擦间隙类似的振动情况。对于轨迹Ⅱ，这种现象得到了一定程度的缓解，由于润滑油膜起到了阻尼作用，减缓了销轴和轴套的碰撞程度，加速度响应的波动频率和幅值较干摩擦间隙有所下降。

图 6.18 对比了试验结果、第 3 章数值计算得到的理论结果和不考虑间隙效应时末端执行器的理想加速度结果。由图可知，对于轨迹Ⅰ，动压效应减弱导致试验结果出现了振动现象，而理论模型中不会考虑该因素。对于轨迹Ⅱ，试验测量得到的在波谷处 X 方向加速度响应的值为$-8.86\mathrm{m/s^2}$，理论模型的结果为$-7.95\mathrm{m/s^2}$，

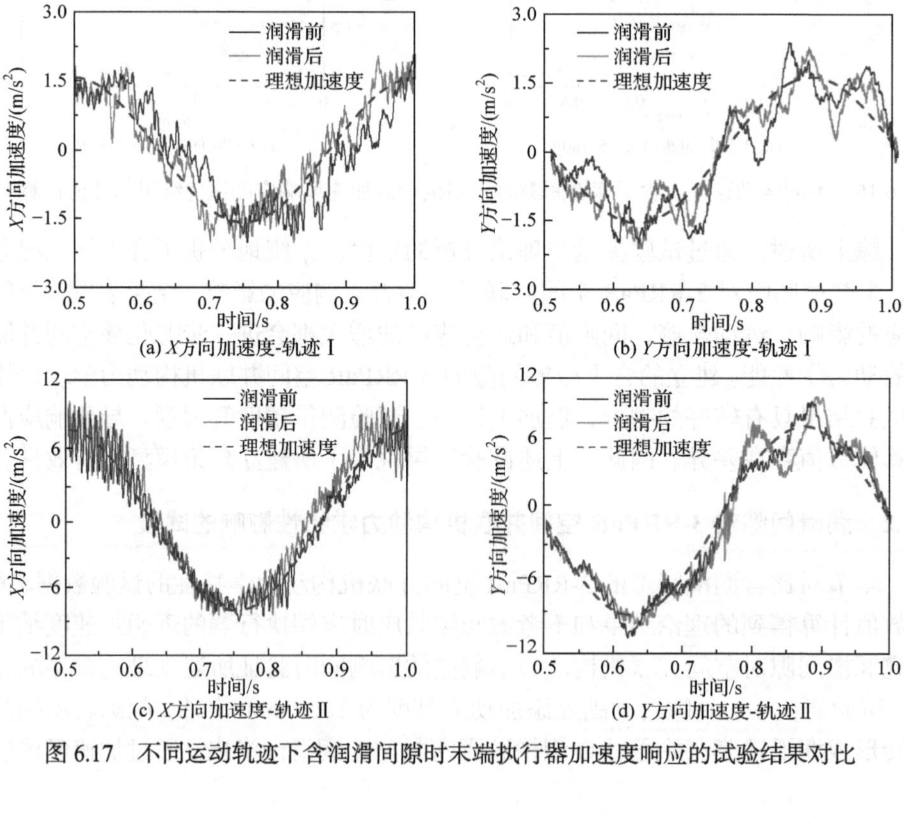

(a) X方向加速度-轨迹Ⅰ　(b) Y方向加速度-轨迹Ⅰ
(c) X方向加速度-轨迹Ⅱ　(d) Y方向加速度-轨迹Ⅱ

图 6.17　不同运动轨迹下含润滑间隙时末端执行器加速度响应的试验结果对比

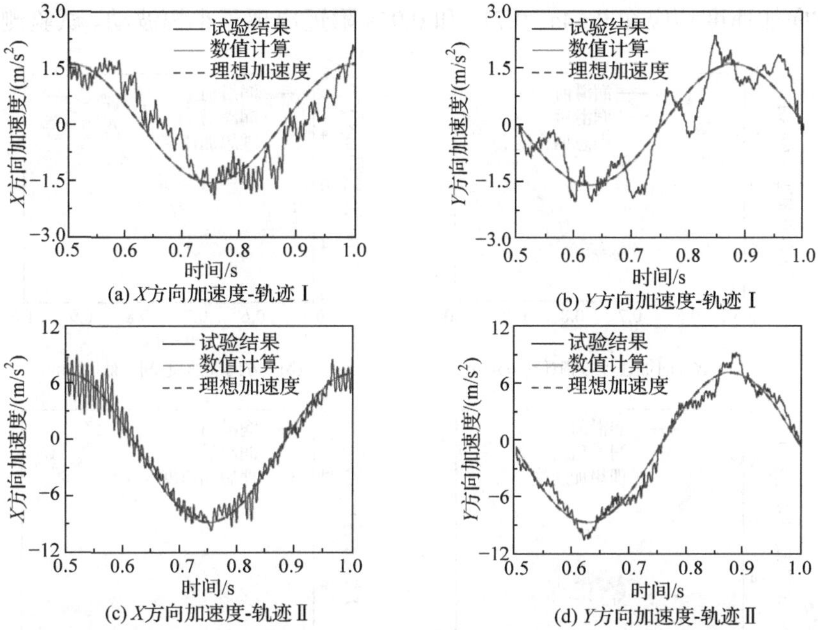

图 6.18　不同运动轨迹下含润滑间隙时末端执行器加速度响应的试验结果与数值计算对比

而理想加速度结果为$-7.90\mathrm{m/s^2}$。Y 方向在波峰处加速度响应的试验结果为 $10.10\mathrm{m/s^2}$，理论模型结果为 $7.93\mathrm{m/s^2}$，理想加速度结果为 $7.90\mathrm{m/s^2}$。试验结果与理论结果在趋势上保持较好的一致性，试验结果始终围绕理想结果波动，而理论结果基本与理想结果重合。

2. 不同间隙值试验

进一步研究不同间隙值对含润滑间隙的 3-RRPaR 空间并联机构动力学特性的影响，为更容易突出该空间并联机构的运动特性，选取的径向间隙值大小与 6.3.1 节中的情况一致，分别为 0.05mm 和 0.2mm。

图 6.19 给出了不同间隙值时含润滑间隙的 3-RRPaR 空间并联机构末端执行器加速度响应的试验结果。对比分析试验结果发现，两组间隙值情况的加速度响应较干摩擦间隙时更平稳，幅值和振动频率有所下降。对于干摩擦间隙，当间隙值增大至 0.2mm 时，Y 方向高频振动区域增多，通过添加润滑油在 0.75s 左右的频繁碰撞现象得到改善。此外，间隙转动副经过润滑，两种间隙值的加速度响应呈现出相似性，表现在曲线趋势、振动位置和振动频率上。

图 6.20 给出了含润滑转动副间隙的 3-RRPaR 空间并联机构末端执行器加速度响应的试验结果、第 3 章数值计算得到的理论结果以及不考虑间隙效应时末端执行器的理想加速度结果。对于间隙值为 0.2mm 的情况，理论模型得到的 X 方向

和 Y 方向加速度响应在 0.64s、0.71s 和 0.95s 附近出现了小幅波动。试验测量和理

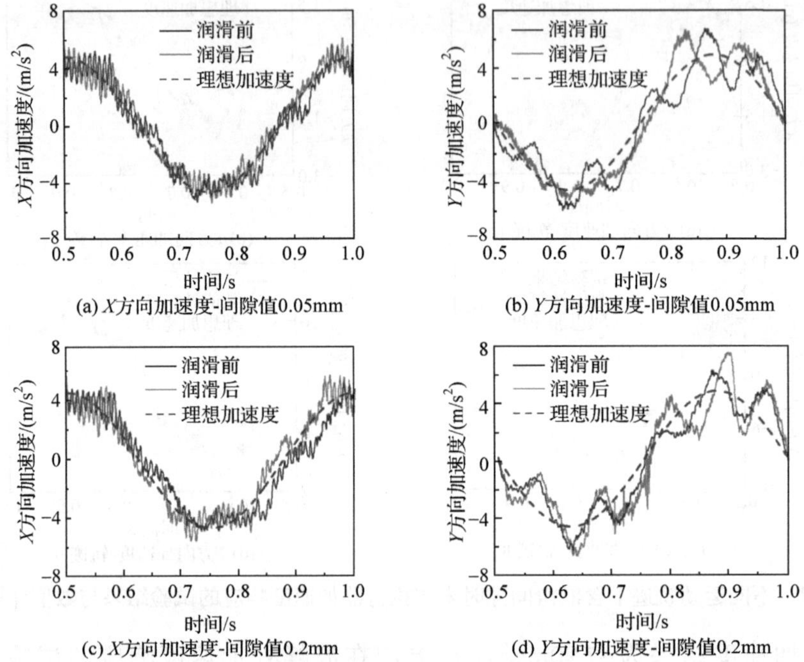

(a) X方向加速度-间隙值0.05mm　(b) Y方向加速度-间隙值0.05mm

(c) X方向加速度-间隙值0.2mm　(d) Y方向加速度-间隙值0.2mm

图 6.19　不同间隙值、含润滑间隙时末端执行器加速度响应的试验结果对比

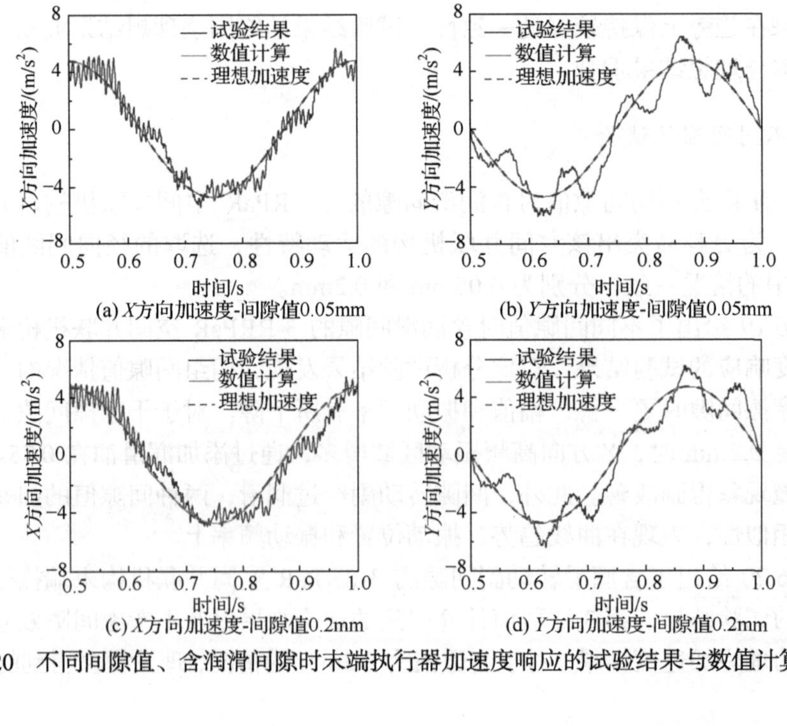

(a) X方向加速度-间隙值0.05mm　(b) Y方向加速度-间隙值0.05mm

(c) X方向加速度-间隙值0.2mm　(d) Y方向加速度-间隙值0.2mm

图 6.20　不同间隙值、含润滑间隙时末端执行器加速度响应的试验结果与数值计算对比

论计算得到的 X 方向加速度响应在波谷处的最小值分别为–5.15m/s² 和–4.71m/s²，Y 方向加速度响应在波峰处的最大值分别为 6.19m/s² 和 4.70m/s²。在试验过程中润滑油的加入在一定程度上改善了加速度响应的波动程度，但较理论结果仍出现了频繁的振动。

3. 不同运动速度试验

本节研究运动速度对含润滑间隙的 3-RRPaR 空间并联机构动力学响应的影响。选取的运动速度与第 6.3.1 节中一致，分别为 ω=3πrad/s 和 ω=5πrad/s。

图 6.21 给出了不同运动速度时，间隙转动副润滑前后空间并联机构加速度响应的试验结果。由图可知，当空间并联机构高速运动时，润滑效应更加显著，加速度响应的剧烈波动和低频响应都有所减少。当 ω=5πrad/s 时，间隙转动副经过润滑，该空间并联机构稳定性得到提升，加速度信号幅值和频繁振动区域减小，更加接近理想加速度响应。当 ω=3πrad/s 时，润滑前后加速度响应差距不显著，这是由于销轴和轴套相对运动速度较小，流体动压效应较弱。

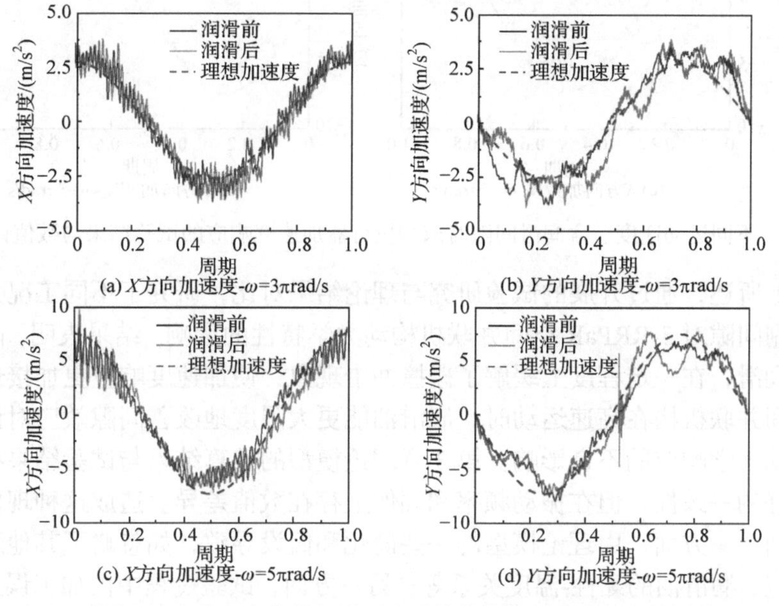

图 6.21　不同运动速度、含润滑间隙时末端执行器加速度响应的试验结果对比

图 6.22 对比了含润滑转动间隙的 3-RRPaR 空间并联机构末端执行器的加速度响应试验结果、第 3 章数值计算得到的理论结果以及不考虑间隙效应时末端执行器的理想加速度结果。可以发现，试验结果加速度响应和理论结果加速度响应在趋势上保持一致，理论结果加速度响应与理想加速度响应基本重合，而试验结果加速度响应围绕理想加速度响应上下波动。X 方向试验结果加速度响应在波谷

处的最大值为-4.75m/s^2，理论结果和理想加速度结果分别为-7.48m/s^2和-7.40m/s^2。Y方向加速度响应理论结果和试验结果误差较X方向减小。

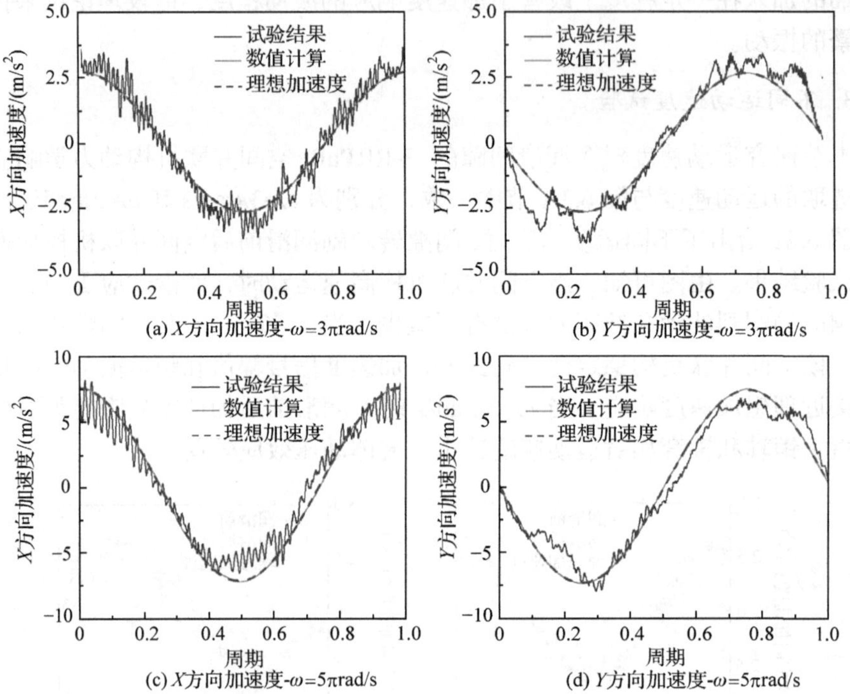

(a) X方向加速度-$\omega=3\pi$rad/s　(b) Y方向加速度-$\omega=3\pi$rad/s

(c) X方向加速度-$\omega=5\pi$rad/s　(d) Y方向加速度-$\omega=5\pi$rad/s

图 6.22　不同运动速度、含润滑间隙时末端执行器加速度响应的试验结果与数值计算对比

综上所述，通过开展的试验研究与理论结果对比，研究了不同工况条件下润滑转动副间隙对 3-RRPaR 空间并联机构动力学特性的影响。结果表明，间隙转动副经过润滑，在一定程度上缓解了碰撞冲击现象，使加速度响应更加接近理想情况。空间并联机构在高速运动时，润滑油能更大限度地改善间隙效应对该空间并联机构动力学响应的不良影响。第 3 章理论模型的计算结果与试验结果在趋势上保持较好的一致性，但在振动频率和幅值上存在数值差异。造成这种现象的原因有两方面，一方面，由理论模型的一些简化和假设导致，如忽略了其他运动副的摩擦效应、润滑油的黏性-温度关系等；另一方面，试验过程中由加工误差、测量误差、润滑油的挤出以及试验过程中伺服电机运动引发的机构本体振动等因素导致。因此，上述试验结果说明了所建立理论模型的有效性。

6.3.3　非规则磨损间隙对 3-RRPaR 空间并联机构动力学特性影响的试验

本节结合含非规则磨损间隙的 3-RRPaR 空间并联机构动力学特性的试验数据、第 4 章数值计算得到的理论结果和不考虑间隙效应时末端执行器的理想加速度结果，研究非规则磨损间隙对该并联机构动力学响应的影响同时验证所建立理论模型的正确性。试验研究中，加工的间隙转动副销轴和轴套的材料分别为 45 号钢和 6061 铝合金，测量 3-RRPaR 空间并联机构经过 2 万个运动周期后末端执行器的加速度信号。

1. 不同运动轨迹试验

本节主要讨论不同运动轨迹情况下非规则磨损间隙对 3-RRPaR 空间并联机构动力学响应的影响，所选取的末端执行器的轨迹方程与表 6.8 中一致。

通过加速度传感器分别测量两组运动轨迹磨损前后的机构加速度响应并进行对比分析，如图 6.23 所示。由图可知，对于两组运动轨迹，磨损前后的加速度响应始终围绕理想加速度响应波动。间隙转动副经过非规则磨损表面轮廓扩大，使加速度信号的波动程度较磨损之前更加剧烈，其峰值也更大，这与第 4 章中图 4.5 分析得到的结论一致。与图 4.10 中曲线的趋势类似，随着运动半径的增大，间隙转动副处的磨损状况加剧，使加速度信号波动幅度和频率变大，引起该空间并联机构运动更加不稳定。

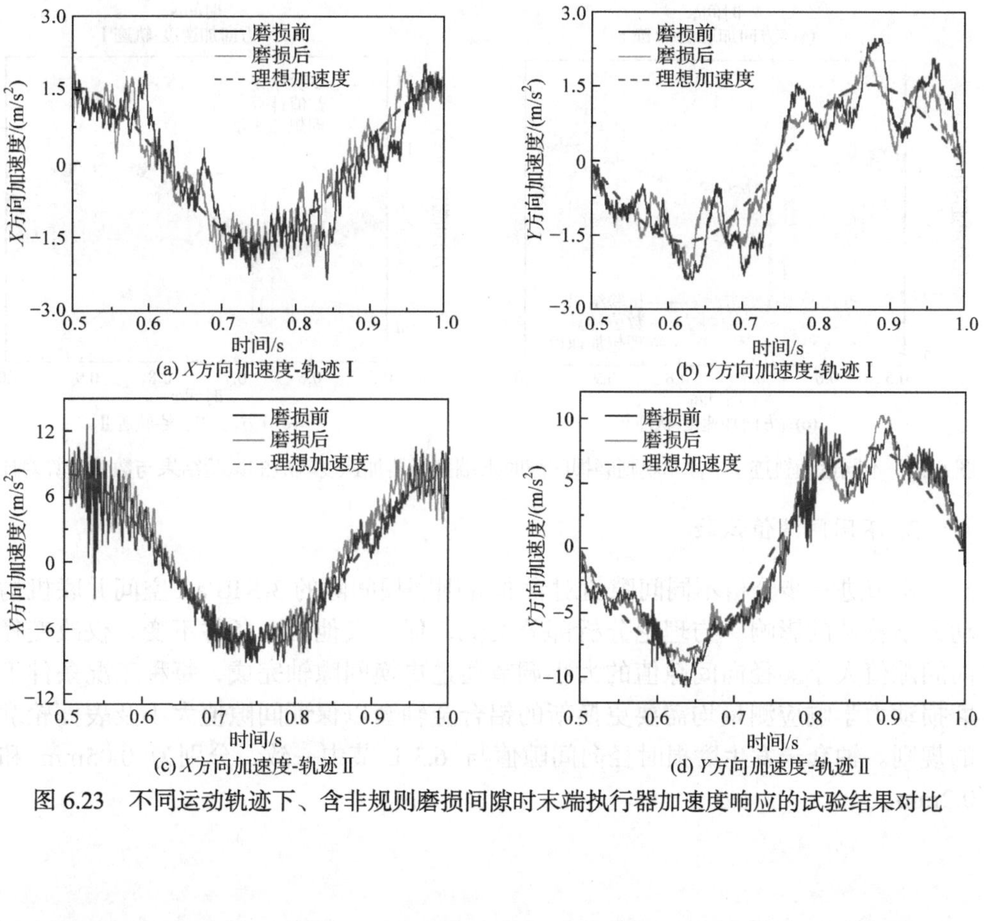

图 6.23　不同运动轨迹下、含非规则磨损间隙时末端执行器加速度响应的试验结果对比

如图 6.24 所示，对于轨迹Ⅰ，X方向试验结果与理论结果在趋势和振动位置上具有较好的一致性。对于理论结果与试验结果误差较大的轨迹Ⅱ，X 方向在波谷处测得的试验结果与理论结果的幅值分别为$-11.77\mathrm{m/s^2}$和$-70.29\mathrm{m/s^2}$。Y方向试验结果与理论结果的最大峰值分别为 $9.86\mathrm{m/s^2}$ 和 $23.05\mathrm{m/s^2}$，Y方向加速度响应的幅值和振动频率存在差异。随着运动半径的增大，试验结果和理论结果的振动频率与幅值较轨迹Ⅰ增大。理论结果在趋势、振动频率和主要振动位置上与试验结果较吻合，但幅值存在差异。

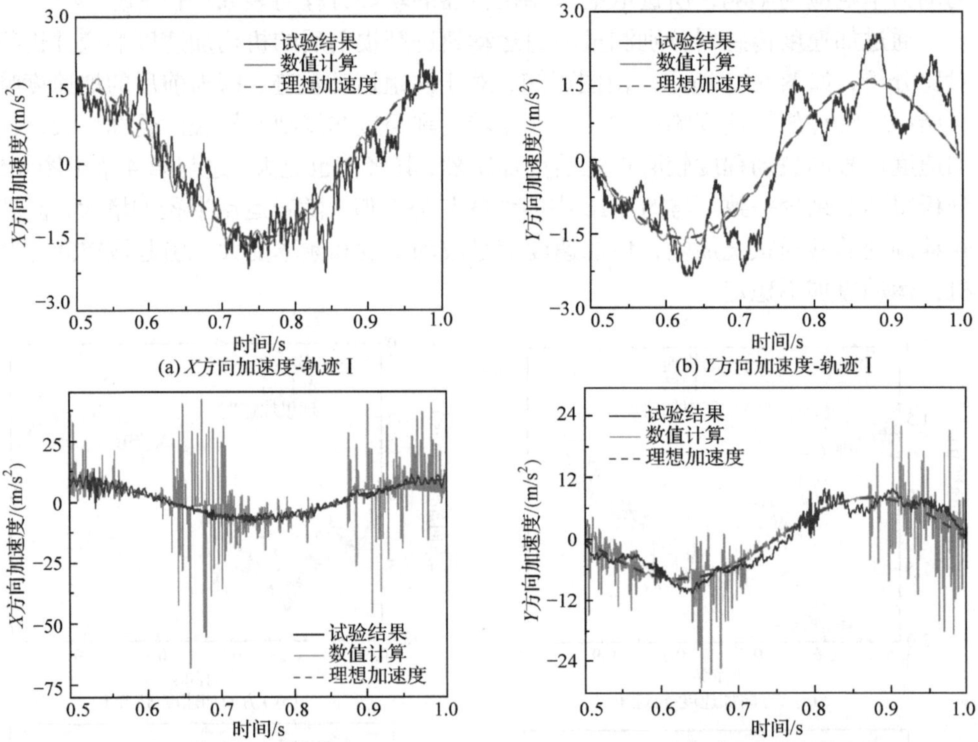

(a) X方向加速度-轨迹Ⅰ　(b) Y方向加速度-轨迹Ⅰ　(c) X方向加速度-轨迹Ⅱ　(d) Y方向加速度-轨迹Ⅱ

图 6.24　不同运动轨迹下、含非规则磨损间隙时末端执行器加速度响应的试验结果与数值计算对比

2. 不同间隙值试验

本节进一步分析不同间隙值对含非规则磨损间隙的 3-RRPaR 空间并联机构动力学特性的影响。与理论分析部分类似，保持其他工况条件不变，仅改变径向间隙值大小。径向间隙值的大小调节通过更换间隙轴完成，每种工况条件下磨损动力学响应测量均需要更换新的铝合金轴套以保证间隙值大小及表面轮廓的规则。轴套未发生磨损时径向间隙值与 6.3.1 节中一致，分别为 0.05mm 和 0.2mm。

采用加速度传感器测量间隙值为 0.05mm 和 0.2mm 时，转动副磨损前后 3-RRPaR 空间并联机构末端执行器 X 方向和 Y 方向的加速度信号，得到加速度响应如图 6.25 所示。由图可知，间隙转动副经过磨损，末端执行器的加速度响应峰值变大，高频振动频率增加，响应偏离理想情况的程度加剧。但转动副磨损前后机构的加速度响应趋势仍保持一致，仅围绕理想情况出现了不同程度的波动。此外，随着间隙值的增大，间隙转动副磨损状况加剧，加速度响应振动峰值和振动频率明显增大，剧烈振动发生的位置更集中，空间并联机构动力学性能下降明显，上述结果与图 4.15 的曲线变化规律相同。

图 6.26 对比了试验结果、第 4 章数值计算得到的理论结果和不考虑间隙效应时末端执行器的理想加速度结果。由图 6.26(a)和(b)可以发现，对于 X 方向加速度响应，试验结果和理论结果的最大振动位置出现了滞后，与理想加速度响应的最大误差分别为 5.31m/s^2 和 7.39m/s^2；Y 方向加速度响应试验结果振动更频繁，与理想加速度响应的最大误差出现在波峰为 4.12m/s^2 处，理论结果较试验结果偏小约为 0.92m/s^2。如图 6.26(c)和(d)所示，当间隙值增大至 0.2mm 时，在 X 方向加速度响应上，试验结果与理论结果趋势上大致相同，主要振动位置出现一定程度的

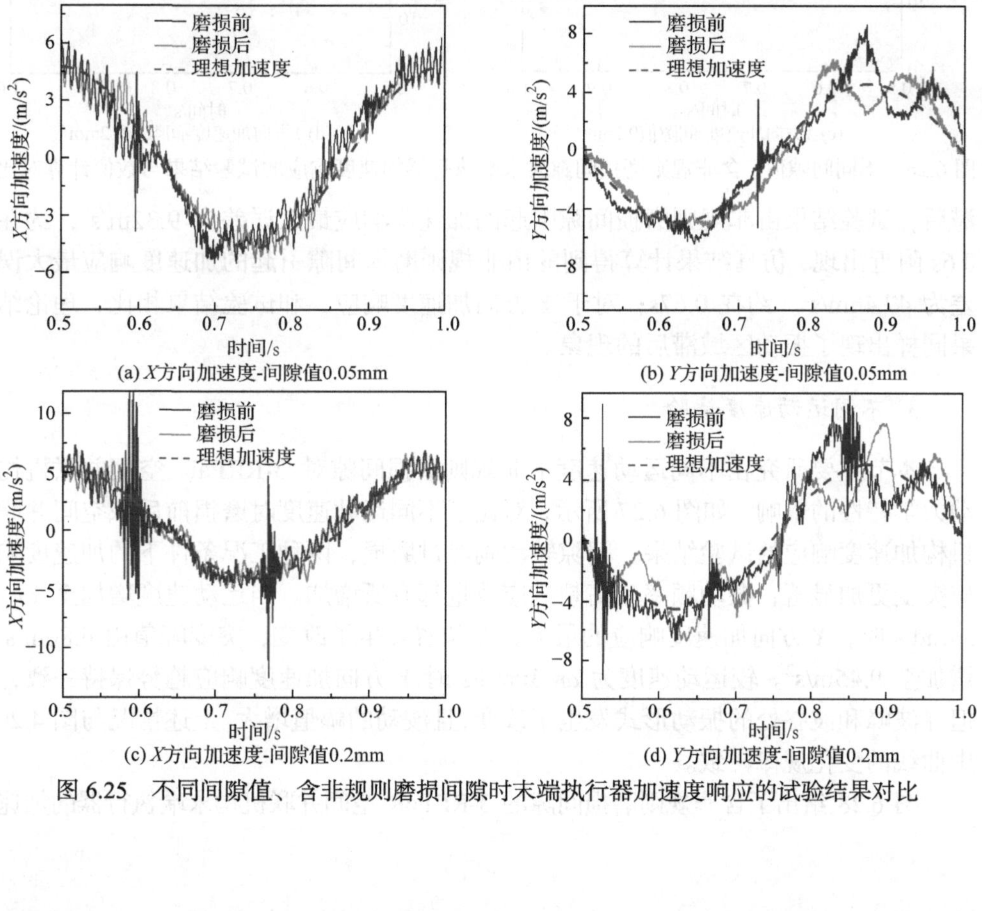

(a) X方向加速度-间隙值0.05mm　(b) Y方向加速度-间隙值0.05mm

(c) X方向加速度-间隙值0.2mm　(d) Y方向加速度-间隙值0.2mm

图 6.25　不同间隙值、含非规则磨损间隙时末端执行器加速度响应的试验结果对比

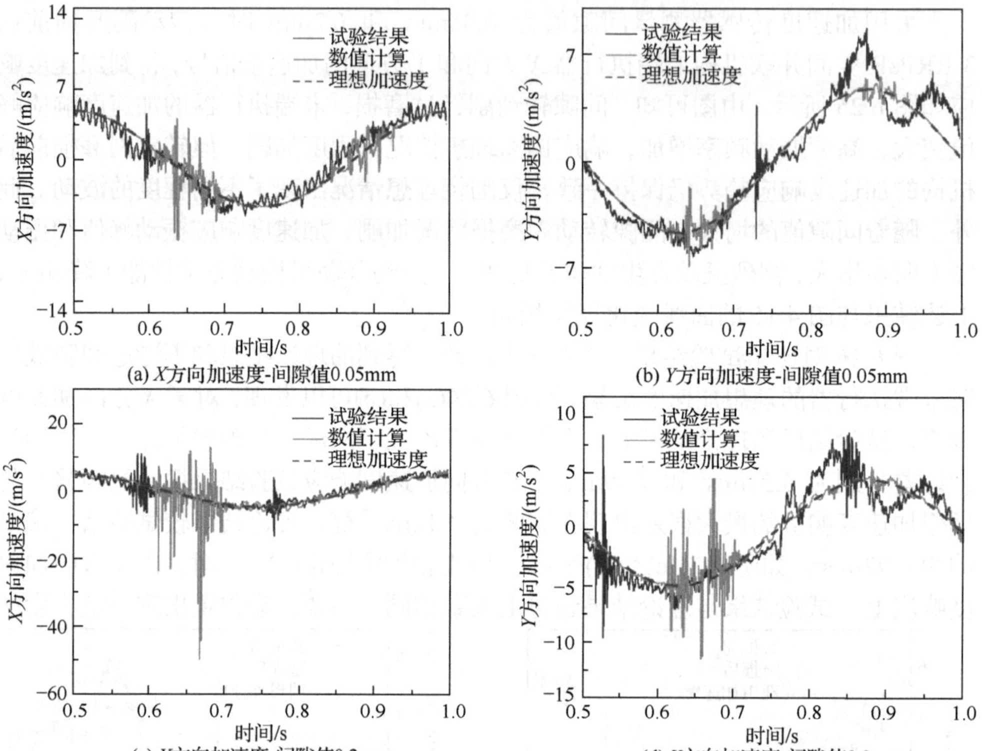

(a) X方向加速度-间隙值0.05mm　(b) Y方向加速度-间隙值0.05mm

(c) X方向加速度-间隙值0.2mm　(d) Y方向加速度-间隙值0.2mm

图 6.26　不同间隙值、含非规则磨损间隙时末端执行器加速度响应的试验结果与数值计算对比

滞后，试验结果由非规则磨损间隙引起的加速度响应最大误差为 9.32m/s^2，约在 0.6s 附近出现，仿真结果计算得到的由非规则磨损间隙引起的加速度响应最大误差为 47.46m/s^2，约在 0.67s；对于 Y 方向加速度响应，和试验结果相比，理论结果同样出现了振动区域滞后的现象。

3. 不同运动速度试验

本节主要研究在不同运动速度下非规则磨损间隙对 3-RRPaR 空间并联机构动力学特性的影响。如图 6.27 所示，对比了不同运动速度时磨损前后该空间并联机构加速度响应的试验结果。间隙转动副经过磨损，两种工况条件下的加速度响应突变更加显著，振动频率和高频响应数量都有所增加。当运动速度增加至 ω=5πrad/s 时，X 方向加速度响应的最大突变位置发生了改变，突变峰值由 6.86m/s^2 增加至 9.45m/s^2。较运动速度为 ω=3πrad/s 时 Y 方向加速度响应趋势保持一致，但在波峰和波谷处的振动形式发生了改变，且波动的幅值增大。上述情况与图 4.20 中曲线的变化规律一致。

图 6.28 给出了含非规则磨损间隙的 3-RRPaR 空间并联机构末端执行器的加速

度响应试验结果、第 4 章数值计算得到的理论结果以及不考虑间隙效应时末端执行器的理想加速度结果。由图可知，对于两种工况，试验结果与理论结果在加速度响应趋势上大致保持一致都围绕理想加速度响应附近波动，但在幅值上存在数值差异。当 ω=3πrad/s 时，理论结果的主要振动区域范围与试验结果相近，X 方向的最大波

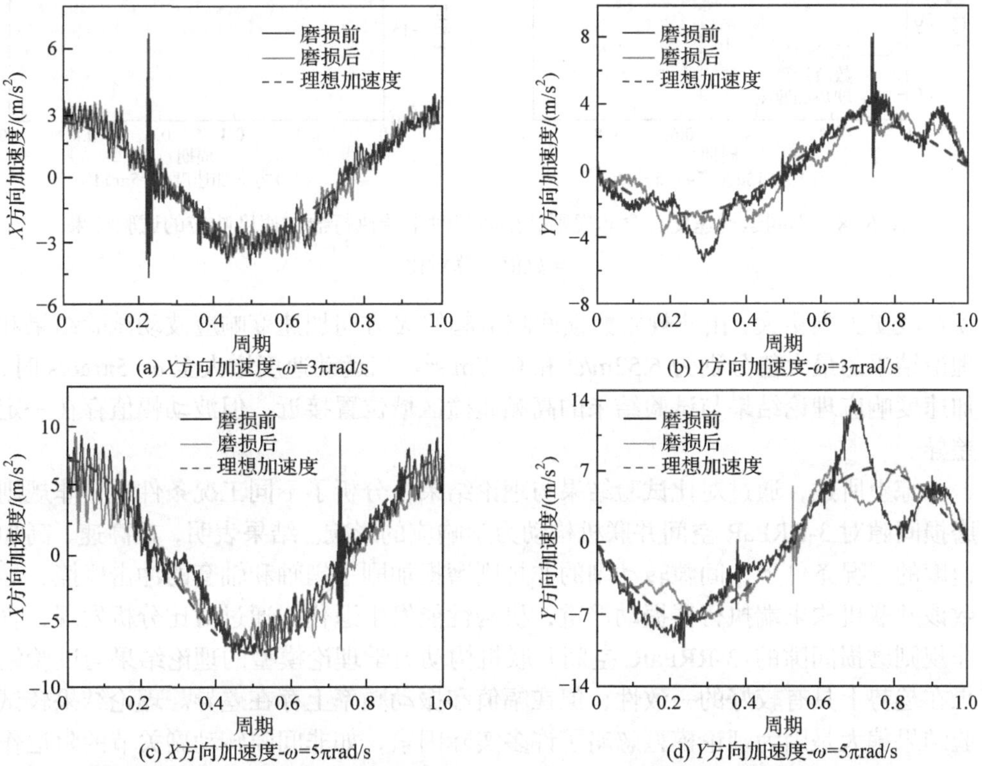

(a) X方向加速度-ω=3πrad/s　(b) Y方向加速度-ω=3πrad/s

(c) X方向加速度-ω=5πrad/s　(d) Y方向加速度-ω=5πrad/s

图 6.27　不同运动速度、含非规则磨损间隙时末端执行器加速度响应的试验结果对比

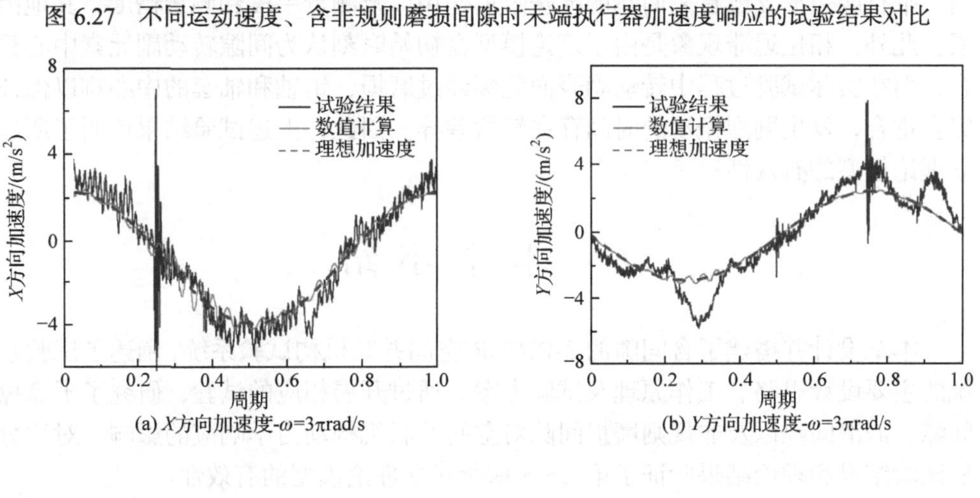

(a) X方向加速度-ω=3πrad/s　(b) Y方向加速度-ω=3πrad/s

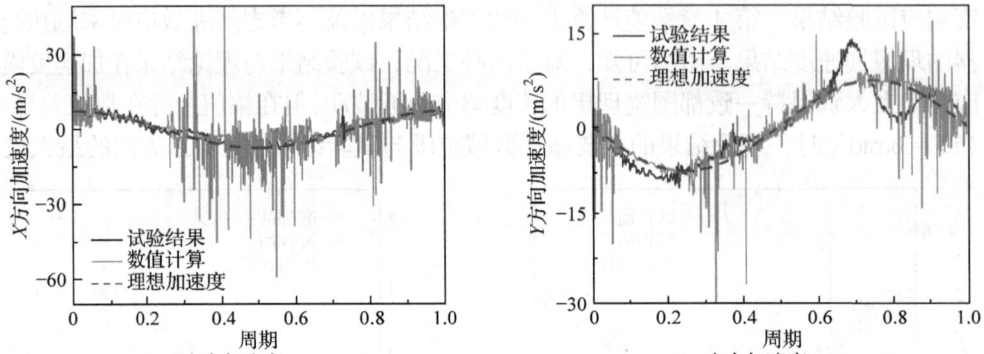

(c) X方向加速度-ω=5πrad/s　　(d) Y方向加速度-ω=5πrad/s

图 6.28　不同运动速度、含非规则磨损间隙时末端执行器加速度响应的试验结果与数值计算对比

动量较 Y 方向更大，由非规则磨损间隙引起的 X 方向加速度响应波动试验结果和理论结果的最大值分别为 $6.52\mathrm{m/s^2}$ 和 $0.77\mathrm{m/s^2}$。当运动速度增大至 $\omega=5\pi\mathrm{rad/s}$ 时，加速度响应理论结果与试验结果的高频碰撞区域位置接近，但波动幅值存在一定差异。

综上所述，通过对比试验结果与理论结果，分析了不同工况条件下，非规则磨损间隙对 3-RRPaR 空间并联机构动力学响应的影响。结果表明，在高速、高加速度的工况条件下，间隙转动副的非规则磨损加剧了销轴和轴套的冲击碰撞，导致该并联机构末端执行器振动严重，机构性能发生退化。通过对比分析发现，含非规则磨损间隙的 3-RRPaR 空间并联机构动力学理论模型的理论结果与试验结果在趋势上具有较好的一致性，但在幅值和振动频率上存在差异。理论结果较试验结果偏大是因为理论模型忽略了许多实际因素，如非间隙转动副关节的阻尼作用，平行四边形支链首末两端的弹簧阻尼作用以及测量手段和测量精度等其他因素。此外，相位迟滞现象是由于理论模型在初始时刻认为间隙转动副元素中心重合，而在实际试验过程中转动副表面轮廓经过磨损，销轴和轴套的中心难以保证完全重合，发生剧烈振动的时间存在轻微差异。因此，上述试验结果说明了所建立理论模型的有效性。

6.4　本 章 小 结

本章设计并搭建了含间隙的 3-RRPaR 空间并联机构试验系统，阐述了试验系统的主要设计思路、工作原理及试验方案。通过开展相应的试验，研究了干摩擦间隙、润滑间隙以及非规则磨损间隙对空间并联机构动力学响应的影响，对比分析试验结果和理论结果验证了第 2～5 章所建立理论模型的有效性。

结果表明，3-RRPaR 空间并联机构在高速、高加速度的工况条件下，转动副间隙的存在引起了机构加速度响应的突变和振动，降低了机构的稳定性。当机构高速运动时，间隙转动副的润滑效应更加显著，减少了加速度响应的剧烈波动和低频响应。间隙转动副经过非规则磨损，加剧了转动副元素的冲击碰撞，使加速度信号的幅值和振动频率增加，进一步恶化了机构的动力学性能。通过对比分析不同工况条件时空间并联机构响应的试验结果与理论结果，验证了理论模型计算结果的有效性。

参 考 文 献

曹毅, 王见, 刘俊辰, 等. 2019. 含关节间隙的 3-CPaRR 并联机构的动力学分析及自适应滑模控制[J]. 哈尔滨工程大学学报, 40(11): 1917-1924.

常琦, 周长聪, 刘付超, 等. 2023. 考虑铰接间隙区间不确定性的飞机舱门锁机构可靠性分析[J]. 机械工程学报, 59(8): 264-272.

陈修龙, 樊慧凯. 2023. 考虑球面副润滑间隙的空间并联机构动力学建模与响应分析[J]. 计算机集成制造系统, 29(9): 2890-2898.

陈修龙, 江守源. 2023. 含间隙多连杆机构刚柔耦合动力学建模与分析[J]. 计算机集成制造系统, 29(10): 3366-3379.

陈修龙, 张昊. 2023. 含多球铰间隙并联机构动力学建模与响应分析[J]. 哈尔滨工程大学学报, 44(8): 1397-1405.

陈修龙, 高文花, 宋浩, 等. 2018. 含球面副间隙的空间并联机构动力学特性分析[J]. 计算机集成制造系统, 24(3): 660-670.

陈修龙, 郭景尧, 王景庆, 等. 2023. 考虑混合间隙的空间并联机构非线性动力学特性分析[J]. 农业机械学报, 54(12): 431-448.

陈修龙, 居硕, 贾永皓. 2024. 考虑润滑间隙效应的空间并联机构动力学优化[J]. 农业机械学报, 55(3): 441-451.

陈雪辉, 李威, 刘伟, 等. 2022. 基于动力学特性的挖掘机工作装置端面摩擦副间隙磨损机理研究[J]. 机械工程学报, 58(19): 191-205.

高娟娟, 曹志琼, 刘福才. 2024. 考虑摩擦与间隙的空间机械臂轨迹跟踪控制[J]. 高技术通讯, 34(8): 864-874.

高翔, 石峰, 牛军川, 等. 2024. 考虑关节间隙的多维隔振系统振动特性分析[J]. 振动工程学报, 37(3): 448-456.

金国光, 侯旭睿, 魏展, 等. 2022. 考虑运动副间隙的平面连杆机构动力学分析[J]. 机械传动, 46(9): 59-66.

刘臻, 胡三宝, 胡军华, 等. 2022. 基于深度学习方法的含间隙铰链多刚体系统的动力学建模与分析[J]. 机械工程学报, 58(9): 136-146.

潘佳煊, 钱孟波, 孙福兴, 等. 2023. 基于熵权法的含间隙和柔性的机构定量分析方法及应用[J]. 振动与冲击, 42(19): 40-48.

秦志英, 陆启韶. 2006. 基于恢复系数的碰撞过程模型分析[J]. 动力学与控制学报, 4(4): 294-298.

任杰超, 张静宇, 魏强. 2023. 空间环境下航天器含间隙机构动力学研究进展[J]. 航天器环境工程, 40(3): 309-318.

孙杰, 孙俊, 刘付成, 等. 2020. 含间隙铰接的柔性航天器刚柔耦合动力学与控制研究[J]. 力学学报, 2020, 52(6): 1569-1580.

田强，刘铖，李培，等. 2017. 多柔体系统动力学研究进展与挑战[J]. 动力学与控制学报，15(5): 385-405.

万琦，张永芳，朱成龙. 2024. 多间隙铰链印刷机递纸机构动力学特性研究[J]. 机械传动，48(9): 43-48, 75.

王庚祥，刘宏昭，邓培生. 2014. 考虑球面副间隙的并联机构动力学模型[J]. 振动与冲击，33(10): 43-49.

王见，董虎，王兆东，等. 2020. 含关节间隙的 3-CPaRR 解耦并联机构弹性动力学建模与分析[J]. 振动与冲击, 39(5): 118-130.

王林军，徐博，郑敏，等. 2024. 含运动副间隙的 6-RSS 并联机器人弹性动力学建模与分析[J]. 计算机集成制造系统, 30(5): 1810-1822.

尉立肖，刘才山. 2005. 圆柱铰间隙运动学分析及动力学仿真[J]. 北京大学学报(自然科学版), 41(5): 679-687.

徐向前，王宁博，印寅，等. 2019. 考虑间隙的起落架收放机构运动精度可靠性分析[J]. 南京航空航天大学学报, 56(5): 909-921.

徐向阳，广永川，杨宝军，等. 2023. 考虑关节间隙的柔性机械臂动力学模型及特性分析[J]. 西安交通大学学报, 57(8): 138-147.

阎绍泽，向吴维凯，黄铁球. 2016. 计及间隙的运动副和机械系统动力学的研究进展[J]. 北京大学学报(自然科学版), 52(4): 741-755.

杨玉维，李彬，周海波，等. 2019. 计及非完美运动副的移动并联机械手动力学分析[J]. 机械工程学报, 55(15): 208-216.

张浩栋. 2019. 考虑运动副间隙影响的平面并联机构动力学研究[D]. 广州：华南理工大学.

张静. 2014. 铰链及含铰折展桁架非线性动力学建模与分析[D]. 哈尔滨：哈尔滨工业大学.

张凌云，刘俊杰，吕勇，等. 2024. 含干摩擦-刚性间隙约束振动系统的动力学特性研究[J]. 机械强度, 46(5): 1036-1044.

张树培，夏明悦，张玮，等. 2022. 考虑非线性刚度的间隙球铰碰撞动力学建模与仿真[J]. 吉林大学学报(工学版), 2(52): 1-12.

赵富强，李钊钰，高智颖，等. 2022. 含间隙关节的双推杆机械臂运动特性研究[J]. 中国机械工程, 33(11): 1309-1316.

Askari E, Flores P, Dabirrahmani D, et al. 2014. Nonlinear vibration and dynamics of ceramic on ceramic artificial hip joints: A spatial multibody modelling[J]. Nonlinear Dynamics, 76(2): 1365-1377.

Askari E, Flores P, Dabirrahmani D, et al. 2016. A review of squeaking in ceramic total hip prostheses[J]. Tribology International, 93: 239-256.

Bai Z F, Sun Y. 2016. A study on dynamics of planar multibody mechanical systems with multiple revolute clearance joints[J]. European Journal of Mechanics-A /Solids, 60: 95-111.

Bai Z F, Zhao J J, Chen J, et al. 2018. Design optimization of dual-axis driving mechanism for satellite antenna with two planar revolute clearance joints[J]. Acta Astronautica, 144: 80-89.

Brown P, McPhee J. 2016. A continuous velocity-based friction model for dynamics and control with physically meaningful parameters[J]. Journal of Computational and Nonlinear Dynamics, 11(5): 054502.

Chan C L, Ting K L. 2021. Clearance-induced orientation uncertainty of spherical linkages[J]. Journal of Mechanisms and Robotics, 13(2): 021021.

Chen K X, Wang M, Huo X M, et al. 2023. Topology and dimension synchronous optimization design of 5-DoF parallel robots for in-situ machining of large-scale steel components[J]. Mechanism and Machine Theory, 179: 105105.

Chen X L, Tang Y F. 2020. Dynamic modeling, response, and chaos analysis of 2-DOF hybrid mechanism with revolute clearances[J]. Shock and Vibration, 2020: 9172853.

Chen X L, Gao S. 2021. Dynamic accuracy reliability modeling and analysis of planar multi-link mechanism with revolute clearances[J]. European Journal of Mechanics—A / Solids, 90: 104317.

Chen X L, Yang W T. 2021. Dynamic modeling and analysis of spatial parallel mechanism with revolute joints considering radial and axial clearances[J]. Nonlinear Dynamics, 106(3): 1929-1953.

Chen X L, Jia Y H. 2022. Dynamic modeling and responses investigation of spatial parallel robot considering lubricated spherical joint[J]. European Journal of Mechanics—A / Solids, 92: 104458.

Chen X L, Gao S. 2023. Dynamic response and dynamic accuracy reliability of planar mechanism with multiple lubricated clearances[J]. Multibody System Dynamics, 57(1) : 1-23.

Chen X L, Mu X. 2024. Theoretical and experimental studies on effect of impact load on dynamic characteristics of multi-link press mechanisms with clearances[J]. Nonlinear Dynamics, 112(1): 81-100.

Chen X L, Gao W H, Deng Y, et al. 2018. Chaotic characteristic analysis of spatial parallel mechanism with clearance in spherical joint[J]. Nonlinear Dynamics, 94(4): 2625-2642.

Chen X L, Li Y W, Jia Y H. 2019. Dynamic response and nonlinear characteristics of spatial parallel mechanism with spherical clearance joint[J]. Journal of Computational and Nonlinear Dynamics, 14(4): 041010.

Chen X L, Gao S, Wang T. 2022a. Experimental verification of dynamic behavior for multi-link press mechanism with 2D revolute joint considering dry friction clearances and lubricated clearances[J]. Nonlinear Dynamics, 109(2): 707-729.

Chen X L, Jiang S Y, Wang T. 2022b. Dynamic modeling and analysis of multi-link mechanism considering lubrication clearance and flexible components[J]. Nonlinear Dynamics, 107(4): 3365-3383.

Chen X L, Wang T, Shuai Jiang. 2022c. Study on dynamic behavior of planar multibody system with multiple lubrication clearance joints[J]. European Journal of Mechanics-A / Solids, 91: 104404.

Chen Y, Wu K, Wu X Z, et al. 2021. Kinematic accuracy and nonlinear dynamics of a flexible slider-crank mechanism with multiple clearance joints[J]. European Journal of Mechanics—A/Solids, 88: 104277.

Dubowsky S, Freudenstein F. 1971. Dynamic analysis of mechanical systems with clearances—Part 1: Formation of dynamic model[J]. Journal of Engineering for Industry, 93(1): 305-309.

Dubowsky S, Moening M F. 1978. An experimental and analytical study of impact forces in elastic mechanical systems with clearances[J]. Mechanism and Machine Theory, 13(4): 451-465.

Erkaya S. 2019. Investigation of joint clearance effects on actuator power consumption in mechanical systems[J]. Measurement, 134: 400-411.

Erkaya S, Uzmay I. 2008. A neural-genetic (NN-GA) approach for optimising mechanisms having joints with clearance[J]. Multibody System Dynamics, 20(1): 69-83.

Fan S, Fan S W. 2020. Difference between the ideal and combined spherical joints and its effects on parallel manipulators[J]. Proceedings of the Institution of Mechanical Engineers, Part C: Journal of Mechanical Engineering Science, 234(5): 1112-1129.

Fang X, Zhang C H, Chen X, et al. 2015. A new universal approximate model for conformal contact and non-conformal contact of spherical surfaces[J]. Acta mechanica, 226(6): 1657-1672.

Flores P. 2010. A parametric study on the dynamic response of planar multibody systems with multiple clearance joints[J]. Nonlinear Dynamics, 61(4): 633-653.

Flores P, Ambrósio J. 2004. Revolute joints with clearance in multibody systems[J]. Computers & Structures, 82(17): 1359-1369.

Flores P, Lankarani H M. 2010. Spatial rigid-multibody systems with lubricated spherical clearance joints: Modeling and simulation[J]. Nonlinear Dynamics, 60(1-2): 99-114.

Flores P, Ambrósio J, Claro J C P. 2004. Dynamic analysis for planar multibody mechanical systems with lubricated joints[J]. Multibody System Dynamics, 12(1): 47-74.

Flores P, Ambrósio J, Claro J C P, et al. 2006a. A study on dynamics of mechanical systems including joints with clearance and lubrication[J]. Mechanism and Machine Theory, 41(3): 247-261.

Flores P, Ambrósio J, Claro J C P, et al. 2006b. Dynamics of multibody systems with spherical clearance joints[J]. Journal of Computational and Nonlinear Dynamics, 1(3): 240-247.

Flores P, Machado M, Silva M T, et al. 2011. On the continuous contact force models for soft materials in multibody dynamics[J]. Multibody System Dynamics, 25(3): 357-375.

Guo J, Randnll R B, Borghesani P, et al. 2020. A study on the effects of piston secondary motion in conjunction with clearance joints[J]. Mechanism and Machine Theory, 149: 103824.

Hairer E, Wanner G, Nørsett S P. 1993. Solving Ordinary Differential Equations I[M]. Berlin: Springer.

Hu S W, Guo X L. 2015. A dissipative contact force model for impact analysis in multibody dynamics[J]. Multibody System Dynamics, 35(2): 131-151.

Isaac F, Marques F, Dourado N, et al. 2019. A finite element model of a 3D dry revolute joint incorporated in a multibody dynamic analysis[J]. Multibody System Dynamics, 45(3): 293-313.

Jia Y H, Chen X L. 2022. Application of a new conformal contact force model to nonlinear dynamic behavior analysis of parallel robot with spherical clearance joints[J]. Nonlinear Dynamics, 108(3): 2161-2191.

Jiang S, Chen X L. 2020. Reducing undesirable effects of clearances on dynamic and wear of planar multi-link mechanism[J]. Nonlinear Dynamics, 100(2): 1173-1201.

Jiang S, Chen X L. 2021. Test study and nonlinear dynamic analysis of planar multi-linkmechanism with compound clearances[J]. European Journal of Mechanics—A/Solids, 88: 104260.

Johnson K L. 1987. Contact Mechanics[M]. Cambridge: Cambridge University Press.

Krinner A, Rixen D J. 2018. Interface reduction methods for mechanical systems with elastohydrodynamic lubricated revolute joints[J]. Multibody System Dynamics, 42(1): 79-96.

Lankarani H M, Nikravesh P E. 1990. A contact force model with hysteresis damping for impact analysis of multibody systems[J]. Journal of Mechanical Design, 112(3): 369-376.

Li P, Chen W, Zhu A B. 2013. An improved practical model for wear prediction of revolute clearance joints in crank slider mechanisms[J]. Science China Technological Sciences, 56(12): 2953-2963.

Liu C S, Zhang K, Yang L. 2006. Normal force-displacement relationship of spherical joints with clearances[J]. Journal of Computational and Nonlinear Dynamics, 1(2): 160-167.

Liu C S, Zhang K, Yang R. 2007. The FEM analysis and approximate model for cylindrical joints with clearances[J]. Mechanism and Machine Theory, 42(2): 183-197.

Ma J, Qian L F, Chen G S, et al. 2015. Dynamic analysis of mechanical systems with planar revolute joints with clearance[J]. Mechanism and Machine Theory, 94: 148-164.

Marques F, Flores P, Pimenta Claro J C, et al. 2016. A survey and comparison of several friction force models for dynamic analysis of multibody mechanical systems[J]. Nonlinear Dynamics, 86(3): 1407-1443.

Marques F, Isaac F, Dourado N, et al. 2017a. A study on the dynamics of spatial mechanisms with frictional spherical clearance joints[J]. Journal of Computational and Nonlinear Dynamics, 12(5): 051013.

Marques F, Isaac F, Dourado N, et al. 2017b. An enhanced formulation to model spatial revolute joints with radial and axial clearances[J]. Mechanism and Machine Theory, 116: 123-144.

Marques F, Roupa I, Silva M T, et al. 2021. Examination and comparison of different methods to model closed loop kinematic chains using Lagrangian formulation with cut joint, clearance joint constraint and elastic joint approaches[J]. Mechanism and Machine Theory, 160: 104294.

Miedema B, Mansour W M. 1976. Mechanical joints with clearance: A three-mode model[J]. Journal of Manufacturing Science and Engineering, 98(4): 1319-1323.

Muvengei O, Kihiu J, Ikua B. 2012. Numerical study of parametric effects on the dynamic response of planar multi-body systems with differently located frictionless revolute clearance joints[J]. Mechanism and Machine Theory, 53: 30-49.

Nikolic N, Torovic T, Antonic Z. 2012. A procedure for constructing a theoretical wear diagram of IC engine crankshaft main bearings[J]. Mechanism and Machine Theory, 58: 120-136.

Peng H, Wu M P, Lu H M, et al. 2022. A distributed strategy to attitude following of the multi-DOF parallel electrical manipulator systems[J]. IEEE Transactions on Industrial Electronics, 69(2): 1630-1640.

Pereira C M, Ramalho A L, Ambrósio J A. 2011. A critical overview of internal and external cylinder contact force models[J]. Nonlinear Dynamics, 63(4): 681-697.

Pereira C, Ramalho A L, Ambrósio J A. 2015. An enhanced cylindrical contact force model[J]. Multibody System Dynamics, 35(3): 277-298.

Qian M B, Qin Z, Yan S Z, et al. 2024. A comprehensive method for the contact detection of a translational clearance joint and dynamic response after its application in a crank-slider mechanism[J]. Mechanism and Machine Theory, 2020, 145: 103717.

Regis R G, Shoemaker C A. 2007. A stochastic radial basis function method for the global optimization of expensive functions[J]. Informs Journal on Computing, 19(4): 497-509.

Seneviratne L D, Earles S W E, Fenner D N. 1996. Analysis of a four-bar mechanism with a radially compliant clearance joint[J]. Proceedings of the Institution of Mechanical Engineers, Part C: Journal of Mechanical Engineering Science, 210(3): 215-223.

Soong K, Thompson B S. 1990. A theoretical and experimental investigation of the dynamic response of a slider-crank mechanism with radial clearance in the gudgeon-pin joint[J]. Journal of Mechanical Design, 112(2): 183-189.

Tian Q, Flores P, Lankarani H M. 2018. A comprehensive survey of the analytical, numerical and experimental methodologies for dynamics of multibody mechanical systems with clearance or imperfect joints[J]. Mechanism and Machine Theory, 122: 1-57.

Tian Q, Zhang Y Q, Chen L P, et al. 2009. Dynamics of spatial flexible multibody systems with clearance and lubricated spherical joints[J]. Computers & Structures, 87(13): 913-929.

Tsai M J, Lai T H. 2004. Kinematic sensitivity analysis of linkage with joint clearance based on transmission quality[J]. Mechanism and Machine Theory, 39(11): 1189-1206.

Wang G X, Wang L. 2019. Dynamics investigation of spatial parallel mechanism considering rod flexibility and spherical joint clearance[J]. Mechanism and Machine Theory, 137: 83-107.

Wang G X, Liu C S. 2020. Further investigation on improved viscoelastic contact force model extended based on hertz's law in multibody system[J]. Mechanism and Machine Theory, 153: 103986.

Weiss C, Morlock M M, Hoffmann N P. 2014. Friction induced dynamics of ball joints: Instability and post bifurcation behavior[J]. European Journal of Mechanics-A/Solids, 45: 161-173.

Xiang W W K, Yan S Z, Wu J N. 2019. Dynamic analysis of planar mechanical systems considering stick-slip and Stribeck effect in revolute clearance joints[J]. Nonlinear Dynamics, 95(1): 321-341.

Zhang H D, Zhang X M, Zhang X C, et al. 2017. Dynamic analysis of a 3-PRR parallel mechanism by considering joint clearances[J]. Nonlinear Dynamics, 90(1): 405-423.

Zhang H D, Zhang X M, Zhan Z H, et al. 2020. Dynamic modeling and comparative analysis of a 3-PRR parallel robot with multiple lubricated joints[J]. International Journal of Mechanics and Materials in Design, 16(3): 541-555.

Zhang J, Li W H, Zhao L, et al. 2020. A continuous contact force model for impact analysis in multibody dynamics[J]. Mechanism and Machine Theory, 153: 103946.

Zhang Q, Pan N, Meloni M, et al. 2021. Reliability analysis of radially retractable roofs with revolute joint clearances[J]. Reliability Engineering & System Safety, 208: 107401.

Zhang X C, Zhang X M. 2017. Minimizing the influence of revolute joint clearance using the planar redundantly actuated mechanism[J]. Robotics and Computer-Integrated Manufacturing, 46: 104-113.

Zhang X C, Zhang X M, Chen Z. 2014. Dynamic analysis of a 3-RRR parallel mechanism with multiple clearance joints[J]. Mechanism and Machine Theory, 78: 105-115.

Zhao B, Zhang Z N, Dai X D. 2013. Prediction of wear at revolute clearance joints in flexible mechanical systems[J]. Procedia Engineering, 68: 661-667.

Zhao B, Dai X D, Zhang Z N, et al. 2016. A new numerical method for piston dynamics and lubrication analysis[J]. Tribology International, 94: 395-408.

Zhao B, Hu X Q, Li H F, et al. 2022. A new approach for modeling and analysis of the lubricated piston skirtcylinder system with multi-physics coupling[J]. Tribology International, 167: 107381.

Zheng E L, Wang T Y, Guo J, et al. 2019. Dynamic modeling and error analysis of planar flexible multilink mechanism with clearance and spindle-bearing structure[J]. Mechanism and Machine Theory, 131: 234-260.

Zheng X D, Li J, Wang Q, et al. 2019. A methodology for modeling and simulating frictional translational clearance joint in multibody systems including a flexible slider part[J]. Mechanism and Machine Theory, 142: 103603.